文化部科技创新项目资助

光之变革

博物馆 美术馆 LED 应用调查报告

The Change of Light

Reports on the LED Application in Museums and Galleries

艾晶 主编

文物出版社

主　　编　艾　晶

副 主 编　李　晨

项目执笔　艾　晶　马　晔　伍必胜　高　帅　施恒照　姚　丽　李跃进
　　　　　陈同乐　李　晨　程　旭　荣浩磊　徐　华　索经令　翟其彦
　　　　　罗　明　牟宏毅　胡　波　周红亮　苑永春　黄秉中　沈迎九
　　　　　宣　琦　黄田雨　詹益祯　尹飞雄　王孟州　杜彬彬　姜宏达
　　　　　王艳平　饶连江

图书在版编目（CIP）数据

　　光之变革：博物馆、美术馆LED应用调查报告 ／ 艾晶
主编．— 北京：文物出版社，2016.8
　　ISBN 978-7-5010-4796-3

　　Ⅰ．①光… Ⅱ．①艾… Ⅲ．①发光二极管－照明技术
－应用－博物馆－调查报告－中国②发光二极管－照明技
术－应用－美术馆－调查报告－中国 Ⅳ．①TN383

　　中国版本图书馆CIP数据核字(2016)第235135号

光之变革

——博物馆 美术馆 LED 应用调查报告

主　　编　艾　晶
责任编辑　马晓雪　王　戈
责任印制　梁秋卉
封面设计　舒　欣

出版发行　文物出版社
　　　　　北京东直门内北小街2号楼
　　　　　邮政编码　100007
　　　　　http://www.wenwu.com
　　　　　E-mail:wed@wenwu.com
经　　销　新华书店
制版印刷　北京雅昌艺术印刷有限公司
开　　本　889毫米×1164毫米　　1/16
印　　张　20.5
版　　次　2016年8月第1版第1次印刷
书　　号　ISBN 978-7-5010-4796-3
定　　价　420.00元

立项单位 文化部科技司
承办单位 中国国家博物馆

项目策划 艾 晶 李 晨 伍必胜

项目组专家
常志刚 陈同乐 陈开宇 程 旭 荣浩磊 李跃进 李铁楠 仇 岩 徐 华
施恒照

项目组主要成员
牟宏毅 索经令 高 帅 郑春平 宣 琦 汤士权 胡 波 周红亮 黄秉中
姚 丽 宋沛然 张永升 汪小明

项目其他参与人员
马 晔 张 勇 尹飞雄 赵志刚 罗 明 翟其彦 焦胜军 黄田雨 苑永春
洪尧阳 詹益祯 黎健森 陈明红 杜彬彬 赵勇亮 李 坡 耿锦棋 谢素林
曹树仁 沈迎九 苗晓刚 俞文峰 陈 实 肖阳琳 范婉颖 宋 军 陈 琦
吴海涛 张红艳 王 杨 王小明 梁 贺 陈 舒 孙桂芳

项目媒体支持
李学良 崔 波 王 超 刘 莉 姚怡同 曹传双 陈玉梅 张 遇

项目合作单位
晶谷科技（香港）有限公司、WAC 华格照明灯具（上海）有限公司、iGuzzini（中国）有限公司、汤石照明科技股份有限公司、天禹文化集团有限公司、金大陆文化产业集团有限公司、文博时空科技（北京）有限公司、香港银河照明国际有限公司、石家庄中支河北钱币博物馆、欧普照明股份有限公司、松下电器（中国）有限公司、江苏创一佳照明股份有限公司、LEDING 浙江莱鼎光电科技有限公司、深圳点亮生活照明有限公司、广州新莱福磁电有限公司

项目参与单位
ERCO、上海莹辉照明科技有限公司、赛尔富电子有限公司、AKZU 深圳市埃克苏照明系统有限公司、北京玻名堂玻璃有限公司、惠州市西顿工业发展有限公司

技术支持单位

北京清控人居光电研究院有限公司、中央美术学院建筑学院建筑光环境研究所、浙江大学光电科学与工程学系颜色工程实验室、齐鲁工业大学灯光应用中心

项目支持单位

文化部全国美术馆藏品普查办、首都博物馆、南京博物院、中国博物馆陈列艺术委员会、全国高级照明设计师同学会、灯芯草学社

媒体支持单位

中国文物报、照明人、北京照明展、中国照明网、云知光

序
一

国际博物馆协会副主席　中国博物馆协会副理事长兼秘书长

　　博物馆是出于教育、研究和欣赏之目的而收藏、研究、展示和传播人类及其环境最直接见证的公共文化机构。其陈列展览涉及学科领域丰富、形式语言多元、技术手段多样，无疑是博物馆面向公众最主要的渠道，也是博物馆向社会提供的核心文化产品。伴随着时代的发展，越来越多的新技术和产品被广泛地运用于博物馆陈列展览的各方面。光环境历来是博物馆陈列展览的重要设计要素，它不仅关乎公众在博物馆参观中的审美体验质量、展品信息传播、参观疲劳周期等文化学、传播学以及人体工程学等方面的问题，而且越来越多地与陈列展览的运行维护成本和节能环保追求联系在一起。近年来，不少博物馆在展览照明中认识并运用了包括 LED 在内的新型光源。它们在实践中的使用效果也引起了博物馆业界的关注。

　　2014 年，联合国曾经明确指出，高效照明对解决全球气候变暖具有重要意义，加快高效照明转换在全球的推广，有助于减少电力消耗、雾霾产生和碳排放，促进建立资源节约和环境友好型城市。2015 年国际博物馆协会将国际博物馆日主题确定为"博物馆致力于一个可持续发展的社会（Museums for a sustainable society）"，特别强调面对日益增加的生态不稳定性，以及那些可能产生的自然和人为的挑战，博物馆必须能够确保发挥保护文化遗产的作用。近年来，许多西方博物馆学者已经提出并开始关注"低碳博物馆"这一概念，倡导博物馆通过自身努力，为减少碳排放和改善环境贡献力量。

　　2015 年，经文化部批准，由中国国家博物馆牵头，联合中国博物馆协会陈列艺术委员会和国内有关博物馆、照明企业开展了" LED 在博物馆、美术馆的应用现状与前景研究"项目，对国内 58 家重要博物馆、美术馆的照明情况进行了实地调研，并通过系统研究编写《光之变革——博物馆、美术馆 LED 应用调查报告》，系统梳理了国内博物馆、美术馆照明设备和技术情况，特别是深入分析了 LED 等新型光源应用的优势和存在问题。类似研究成果对于科学分析当前博物馆照明环境设计中的新方向和新课题是十分有益的。希望" LED 在博物馆、美术馆的应用现状与前景研究"小组能够在这本报告的基础上，继续关注博物馆照明问题，为中国博物馆陈列展览的发展，贡献出更多、更新的研究成果。

序二

邸擂奎

中国照明学会理事长

　　本书汇聚了全国照明领域的一些知名专家和博物馆照明专业生产企业的文章与调研报告，在全国照明界也产生了不小的影响。研究内容紧密围绕着文化部科技创新资助项目"LED 在博物馆、美术馆的应用现状与前景研究"的课题展开各项任务，内容翔实而又扎实深入，这在国内关于博物馆照明的研究著作中并不多见。尤其是该项研究主要参与者和项目负责人，是那些长期从事博物馆工作的研究人员。其主导的课题研究，对博物馆照明理论研究成果的进一步推广与应用，将起到重要的传输与桥梁作用。另外，本书内容的理论结构也体现出课题研究上的创新，体现出该课题项目负责人工作的细致，内容既细致全面，又富有前瞻性，深入浅出，全面概括，具有很强的现实指导意义和技术应用推广价值。后面的分报告是对全国有代表性和学术价值的博物馆、美术馆的实地调研分析，内容贴近实际工作，真实又具体地解读了当前我国博物馆、美术馆照明的实际发展状况。实验室的数据分析报告和大数据调研的分析报告，是对总报告概括内容的扩展与补充，共同勾画了一个真实而全面的关于我国当前博物馆照明发展的蓝图。该书还有关于"课题研究的拓展部分"的深入研究内容，进一步将国内外关于 LED 在博物馆、美术馆的最新技术引入，并介绍了一些最先进的国外成功案例。另外，从技术应用的角度，对照明专家们的前瞻性学术成果也进行了学术上面拓展，并从专业生产企业的技术研发角度指明发展方向，还有对那些有博物馆经验的专家实践经验的应用解读，无一不体现出本书的系统性和全面性。它将博物馆照明理论向前推进了一大步，已形成一套较完整的学科理论。

　　本书体现了该课题的研究方向，具有极强的时代特点。当前国内外照明领域，LED 技术的应用与发展可谓已势不可挡。如何将这一最新技术，运用于博物馆的日常展陈，使之更好地发挥潜能，也是当前照明学科领域研究的一个重点方向，而该课题的研究内容正好能填补我国在此领域的研究空白。该课题的理论研究还具有很强的可操作性，便于研究成果的后期推广与应用。该课题对全国的博物馆、美术馆做了大量的抽样实地调研与真实的数据采集工作，邀请了大量专家进行学术研讨与研究成果论证，并召开了多次专题研讨会进行深入研究，又通过实验数据和分析解决一些实际问题，用科学的数据分析与应用实践案例来，推导目前 LED 照明技术在我国的应用现状与发展问题，用技术的手段和艺术的审美，将 LED 在博物馆、美术馆的前景应用，提升到一个崭新的理论高度，为博物馆、美术馆还有照明行业的发展指点方向。

《光之变革》是一部很有学术价值的博物馆照明工具书和研究参考文献，而这些理论成果的汇集，离不开该书撰写者们的辛勤劳动，正是由于他们对博物馆照明工作的热爱与对博物馆展陈艺术美的追求，才使此书得以完美呈现。本人衷心祝愿我国的博物馆事业在未来能迈向一个崭新的台阶，用专业的博物馆照明学科的理论成果来带动前行，为中华传统文化的传承和博物馆事业全面发展作出更大贡献！最后，也希望广大读者们能从本书中，感受到那种追求博物馆高品质照明的精神，所散发出的醇香！

目录

前言 艾晶

近年来，我国政府大力倡导绿色节能，照明领域的 LED 照明产品不断向前发展，产品技术更新迅速。LED 照明产品以其能耗低、寿命长、控制灵活方便等优势，正在逐步替代传统照明产品。而博物馆作为保护和展示人类文明的重要场所，对照明产品的性能与质量要求更为苛刻，尤其在强调照明产品能保护展品方面更加严格。目前 LED 照明产品在博物馆的应用并不广泛，且由于以前 LED 照明产品技术不稳定，市面上很多 LED 照明产品，很多不是专门针对博物馆、美术馆的合格产品，国内博物馆、美术馆领域还没有及时开展这方面的理论研究，至今很多博物馆、美术馆在应用方面普遍存在某些顾虑。因此我们课题组承担了 2015 年度文化部科技创新项目"LED 在博物馆、美术馆的应用现状与前景研究"的课题研究。

该课题研究历时两年，由中国国家博物馆发起，自 2015 年 7 月 13 日启动以来，先后参与课题研究的专家和学者已有 70 余位，直接参与课题调研的技术人员也已有 200 多名，汇集了由国内外众多博物馆、美术馆、照明知名企业、科研院所、社会团体和专家学者共同参与的跨学科多领域的学术研究团队。影响领域和范围也在不断扩大，在博物馆界业内与照明领域也随着研究的深入和参与人员的增加，掀起了一股关注博物馆、美术馆 LED 照明问题的潮流，尤其是在 2016 年 4 月 15 日在北京照明展举办的"中国首届博物馆照明论坛"，我们课题作为本次论坛最为重要的专题报告之一的宣讲，将这股关注热推向一个高潮，进一步促进了博物馆、美术馆界和照明领域对本课题研究工作的重视，对我国博物馆与美术馆业内人士直接或间接产生应用 LED 光源的影响，以及让他们更多地了解 LED 光源目前在国内的应用现状与未来应用的前景。

我们课题的研究工作始终秉承严谨的治学态度，认真考察和核对各项调研和测试数据，积极调动业内众多知名专家与学者间接或直接参与课题研究，并充分发挥合作企业技术人员的专业优势，带动他们认真完成考察调研与测试工作，在充分依靠课题组专家的集体智慧下，反复斟酌和修改方案，并协调和组织人员进一步完善调研报告，采取优势互补和多方支援的相互合作模式，让科研院所的人员和仪器设备发挥最大优势，并多次协调补充调研数据，不断地完善研究成果。尽管力量有限，而且研究时间只有两年，也不可能将各项工作都做到尽善尽美，但我们课题组所有参与的合作者，已经发挥了自己最大的能量，可以做到问心无愧了。除积极配合我们的课题研究工作，还创造性地发挥了各自的能力并践行了他们的工作职责，也正是由于有这么多热爱博物馆、美术馆照明事业的热心人士的共同参与，才使我们的课题研究，在初始经费只有 5 万元的财力支持下，能够顺利完成任务。他们用奉献精神无偿地支援着我们的课题研究，尤其是那些合作企业的专业人员，不仅从人力方面还在物力上向我们课题组伸出了援助之手。另外，还要感谢那些为我们课题研究提供方便的博物馆、美术馆馆方，那些具有远见卓识的领导与同仁们的帮助，正是由于他们的大力支持，为我们课题的研究提供那么多便利条件，为我们无偿地奉献与提供着资源，让我们课题组调研工作能够顺利开展。他们不仅很好地配合了我们课题的调研工作，还为课题研究提供着智力支持，将那些难能可贵的宝贵经验无私地贡献与分享给大家，并为我们的研究提供着最好的测试环境。首都博物馆、南京博物院、上海博物馆、今日美术馆、广东省美术馆、中国抗日战争纪念馆等馆，还为课题组提供专场测试服务，无偿提供会议室供我们进行学术交流，有的提供未开放区域和库房供我们研究，并破例打开陈列柜供我们测试与采集数据，有的还提前增派人手配合我们的研究工作，调集相关专业人员与我们交流问题和完善调研问卷。他们的这些无偿付出我们都看在眼里记在心上，也让我们的研究团队更有激情地去投入工作，用饱满的热情与认真的工作态度完成各项研究工作。我们也希望本书的出版，将我们的研究成果，尽可能地回馈给支持和帮助过我们课题组研究的工作人员。在这里，向各位参与和支持过我们课题研究工作的各位领导与同事们表示由衷地感谢！

总报告

自 2015 年 7 月 13 日文化部科技创新项目"LED 在博物馆、美术馆的应用现状与前景研究"在中国国家博物馆正式启动以来，已历时一年多时间，项目组相继开展了一系列研究工作，包括大数据调研、实地数据测试和访谈、实验室比对模拟实验，以及课题研发工作"照明与展柜一体化设计"。尤其是我们实地调研了全国 58 家单位，博物馆方面 43 家，约占全国一级博物馆 96 家的三分之一；美术馆方面 15 家，其中重点美术馆 7 家，约占全国重点美术馆 13 家的二分之一，覆盖了全国 14 个省市和地区。现已完成课题预期的研究计划。本次课题组学术研究团队阵容庞大，汇聚了全国 32 家合作企业与科研院所，还有 8 家媒体和 4 家学术单位给予学术支持。课题组专家由 10 位在博物馆和照明领域有影响力的专家组成，还有超过 70 位的社会知名学者共同参与了该课题的研究工作。在调研工作方面，参与人数最多，粗略统计有 200 人左右，主要由课题合作企业的技术人员、科研院所的研究人员与博物馆、美术馆专家共同搭建组成团队。

总报告部分重点介绍课题研究的思路与方法，开展各项工作的细节内容，以及带有我们研究结论性的成果汇总，并提出了一些建设性意见，供今后博物馆、美术馆照明工作者参考。

因我们所开展的课题研究工作内容，在国内博物馆界和美术馆领域没有类似研究，很多基本工作处于无参考前例的原创，我们的整体工作主要分为四个方面：一是网络问卷的大数据采集设计；二是实地考察的设计；三是实验方式的设计；四是研发创新新产品。目前我们课题研究已经做了系列整理工作，除前期进行实地调研与网络问询研究以外，还开展了实验室模拟数据采集工作，现已陆续整理出了研究成果和实验分析结论，下面将一一汇总与各位专家同仁们分享。

课题研究的背景

中国国家标准化管理委员会和中华人民共和国国家质量监督检验检疫总局在 2009 年 12 月 1 日曾发布过《博物馆照明设计规范》，但随着时间的推移，以及照明行业迅猛的发展，此规范标准目前已经严重滞后。2013 年建设部与质检总局又联合新发布了《建筑照明设计标准》，其中对博物馆建筑照明标准也新增加了规定，主要是针对光源的照度、曝光量、眩光、照度均匀度、显色指数等宽泛指标进行了调整。这也是当前国内大力提倡节能环保和绿色节能建筑照明的新形势的总体反映，对如何提高博物馆照明质量来降低能耗问题，以及如何运用新技术新材料有具体要求。但对于目前国内外急速发展起来的 LED 照明产品，没有可对应的细则规定，这就使博物馆业主和管理者们在应用 LED 照明产品时会产生顾虑，对能否达到新标准要求和能否满足实际需要也不清楚。尤其当前国内针对博物馆 LED 照明产品的研究与理论研究成果匮乏的当下，会阻碍大家对 LED 照明产品在博物馆、美术馆应用和推广，进而会影响全行业对照明先进技术成果的发展与利用。

另外，未来博物馆将趋向智慧化博物馆发展，如何利用智能化产品，建构灵活可感知的新型博物馆，无疑是 LED 照明产品取代传统光源的最大潜力，它拥有传统博物馆光源无法比拟的诸多优越条件与智能化优势。但当前国内针对博物馆、美术馆所展开的相关研究工作相

对滞后，几乎找不到适合当下博物馆、美术馆应对新光源 LED 照明技术的可以供参阅的资料，这也是致使很多新建博物馆和改扩建博物馆领导不敢轻易尝试 LED 照明产品的主要原因之一，技术应用问题尚不明确，这些需要我们深入研究，方能得出较科学的结论。

基于以上问题的考虑，我们形成了目前的研究方向和目标，就是要有针对性地面对博物馆、美术馆展开 LED 应用现状与前景的研究，通过实地采集数据和实验室数据比对分析，找出应用中的实际问题，进而促进技术的进一步发展，让 LED 照明产品更好地为博物馆使用服务。具体课题研究内容主要分为以下三个方面：(1) 调研博物馆、美术馆的传统光源与常用 LED 照明产品的比对研究：主要通过光效、色温、显色性三个维度的综合评估，以及对使用率、销售前景等方面进行调研，综合评价 LED 产品与传统照明产品之间的差异与区别。(2) 通过实验室的抽样实验，比对传统光源与 LED 产品的各项技术指标，通过对红外、紫外、可见光三个光学区间的光学测试，以及 LED 芯片对展品保护的研究，和对博物馆展品的伤害类型的分析，做出合理的建议。(3) 根据对博物馆、美术馆实地展开的调研，集中所有实际应用问题和实验室数据，再结合一些欧美国家的先进经验，总结学术报告和成果，向更多的博物馆、美术馆提出当前应用 LED 照明产品的合理化建议。

研究方法与过程

一　调研准备阶段

课题的研究准备阶段，主要是完善研究计划与搭建学术研究队伍的工作，围绕课题中心研究工作进行详细规划。

完善研究计划。整个课题的研究过程是从 2015 年 6 月启动至 2016 年底结束，前期主要任务是开展数据采集工作，通过媒体、互联网、微信等平台收集大数据，以及联合支持单位对部分国内有代表性和典型性的博物馆与美术馆进行进一步对接及细致调研，力求收集更多的 LED 在博物馆、美术馆当前应用现状与技术方面的问题，结合调研成果进行实验技术比较，当前博物馆、美术馆内常规光源与 LED 照明产品主要从安全性和实用性两方面进行比对测试，联合支持合作单位和科研院所对有意向的博物馆、美术馆进行 LED 应用现状的技术改进工作等内容。

搭建学术研究队伍。研究队伍的组建我们分两步落实：一是课题组专家组建，采取邀请方式进行组建，专家人员构成，我们是按照博物馆领域与照明领域 1∶1 的比例进行搭建，一个跨学科的研究需要来自这两个领域有影响力的专家来指导，在人员组成上我们也尽量考虑他们的专业背景与对应课题研究的内容方向的指导力作用。二是课题组成员的搭建，这部分研究人员，我们主要采取媒体宣传与邀约的形式进行招募，通过中国照明设计师同学会上的课题研究汇报与宣传，以及邀请行业内专业生产厂家的介入等形式，吸引有共同研究志向的专业人士加盟。而课题研究队伍的正式组建，是在 2015 年 7 月 13 日对中国国家博物馆召开的项目启动与协调会上完成，可以说这次启动会是我们课题研究工作的启动引擎，由于中国国家博物馆领导的大力支持和课题组工作的积极筹备，在项目负责人全面介绍课题研究方向与内容后，课题组成员充分了解课题要研究的全部信息，与会专家们也纷纷献计献策，在研究目标明确与实施任务方法合理的部署下，大家信心满满，在目标一致的前提下，课题组成员们都明确表示要投入到下一阶段的研究工作之中，这个启动与招募课题组成员的工作也就此完成，准备工作结束。

1. 课题研究内容与研究方向的确立

课题研究思路。我们围绕当前国内博物馆、美术馆 LED 产品应用情况、弊端问题进行研究，透过采集测试数据与实地调研去发现一些应用问题，在此基础上，通过后期实验室实验来寻找解决答案，分析与比较

一些传统光源与 LED 照明产品的优缺点，为解决一些在博物馆、美术馆实际应用 LED 照明产品提供技术上的支持。

课题研究内容。（1）数据采集对博物馆、美术馆传统光源与 LED 照明产品进行比对研究，主要通过光效、色温、显色性这三个维度进行综合评估，以及各类照明产品的使用率、产品销售前景等问题进行数据采集，从而能综合地评价出 LED 产品与传统光源之间的差异与区别。（2）通过实验室抽样产品测试，比对传统光源与 LED 产品各项技术指标，通过对红外、紫外、可见光三个区间的光学测试，以及 LED 芯片对展品保护与色彩真实性还原的比对实验，对 LED 产品进行综合分析与评价。（3）对全国部分博物馆、美术馆进行实地抽样调研，集中所有问题与实际应用数据，再结合一些欧美国家的先进经验，总结学术报告与成果，让更多博物馆、美术馆人全方位地了解当前 LED 光源的应用现状与发展趋势。

课题研究方向。①在博物馆、美术馆中首先要选择什么样的照明设备，才可以很好地保护展品，才能够避除光危害与光污染等问题。②在博物馆、美术馆中做照明设计，需要拥有良好的艺术美感才能很好地营造氛围，才能发挥出光独有的艺术魅力。③选择博物馆、美术馆照明设备，在使用与维护方面，还必须要体现先进与科学性，以能提供简单便捷与可持续发展安全的照明设备为首选。

2. 大数据问询卷的设计

我们课题主要是对"博物馆、美术馆的 LED 应用现状与前景研究"展开相关研究，大数据采集工作必不可少，而且还要能覆盖到相关人群。我们锁定不同目标人群进行分类设计，从博物馆、美术馆 LED 的使用方、设计运用方和企业生产方三个目标人群全方位地调研，内容设计也尽可能地"浅显易懂，方向性强"。首先我们做了采集信息范围的设定。问卷的采集范围：一是能覆盖到博物馆、美术馆相关领域的专业人群，能从博物馆、美术馆 LED 的使用方、设计运用方和生产源头三个目标人群进行信息采集工作。二是对问卷设计进行分类整理，尽可能做到有针对性。（1）针对博物馆、美术馆馆方工作人员的问卷设计，我们主要是了解他们对 LED 在实际应用中存在的问题。（2）针对照明设计师、室内设计师、建筑师等职业设计师人群的问卷设计，主要是了解他们对 LED 使用情况与他们对 LED 未来发挥作用的期望。另外，也希望通过他们能够反馈一些在设计使用当中，暴露出的一些关于 LED 应用现状的缺陷问题并进行汇

总。（3）针对专业博物馆、美术馆照明生产企业的问卷设计，目标是了解这些企业中LED这种新型光源在生产领域生产比例与销售状况。通过这三种形式的问卷设计，对不同知识背景人群的差异化调研，区分这些目标人群对LED的关注点的差异。

大数据调研问卷的设计，我们一共设计了两套，前期第一套方案，已于2015年6月6日在珠海举办的中国照明设计师论坛上采用，会上我们针对参会的照明设计师与厂家进行了一次纸质问卷的调研与采集工作。第一套大数据采集工作的全面落实，是待课题正式启动会后，借助于学术交流的网络平台进行的工作收集。起初的问卷更多关注各个企业的品牌问题，对LED的应用与应用问题的反馈内容设计上不够全面与有效集中。我们依据前期纸质问卷的内容，重新设计了网络问询卷和利用二维码进行网络采集。经过两个多月的信息采集，我们已经做了大量的工作，但第一套问卷的设计，在内容指向性上存在着一些问题，尤其在针对厂家的问卷信息采集上，他们并不希望我们针对品牌排名进行调研。因此我们课题组在2015年8月在首都博物馆召开第一阶段工作会议上，连同实地调研的工作一起将问题进行汇总，通过和与会专家的探讨与交流等形式，对问卷全面进行了修改与调整，形成第二套问卷的设计，调研内容上更有针对性、目标更加明确，从此我们对大数据的采集工作才算正式进入采集轨道。我们调研后发现，生产企业方面相对冒进，设计师和博物馆方面则普遍反映出相对保守的一面。另外，博物馆、美术馆方面对照明设计的认识与重视程度没有设计师和企业那么高，大家关心的内容存在着显著的差异。我们不是要寻找他们之间的差异认识，而是在寻找这种差异下得出共同规律，在差异产生的背景下，寻求解答问题的方式，用大数据信息最能客观地真实反映LED的状况问题。第二套大数据调研问卷的设计内容具体见附件二维码312页。

3. 大数据调研问询卷制作二维码

最早我们课题研究的思路，就是采取最传统的纸质问卷调研，通过各种形式的学术会议散发问卷，回收率虽高但浪费很多精力和体力，后来我们课题组改用二维码的网络问卷形式，同时在手机微信朋友圈和网页上发布调研问卷内容，方法可谓简便多了。另外，我们课题组的媒体合作单位《照明人》也配合了我们的大数据信息采集工作，并特意结合我们的二维码调研内容，重新设计了微信版问询卷与二维码信息互通，并借助他们作为全国高级照明设计师同学会官方媒体的优势，在全国照明设计师领域与照明企业中发布我们的数据采集信息（图1），另外，我们还在《中国文物报》2016年2月2日的博物馆周刊第8版发表"LED光源的应用——'LED在博物馆、美术馆的应用现状与前景研究'中期调研综述"一文，同时刊发了我们调研博物馆、美术馆的二维码。这些媒体对我们课题调研工作的支持，也让我们的

大数据采集工作变得顺畅了很多，参与问卷解答的专业人士数量也能不断地增加，同时还进一步扩大了我们课题研究范围的深度与广度。

4. 初步宣传与工作启动

我们课题在国内博物馆、美术馆领域未有相似研究，所有开展的研究工作没有可参照物，不论是我们调研的表格设计，还是实地测试数据的采集方法，还有实验室的真实模拟方式与比对方式"照明与展柜一体化设计"的创想方式，包括课题整个内容的推进研究方式，以及人员组建方式基本属于原创，因此媒体的宣传与参与课题人员的组建方式显得非常重要。我们课题初步宣传是始于2015年6月6日珠海举办的"全国高级照明设计师论坛"，它是本课题研究前期的一个预热。会上我们宣布了课题的获批情况，并初步着手让参会的全国照明设计师与厂家代表进行填写调研问卷的工作，并召集感兴趣的合作企业加盟研究课题团队。同年7月13日在中国国家博物馆举办了课题组正式成立的启动会，会议除了邀约课题组专家与有意向合作的企业代表出席以外，中国国家博物馆副馆长陈成军以及北京博物馆协会秘书长崔学谙、知名学者宋向光，还有其他业内知名专家与特约专家一同出席了会议，会上大家相互熟悉，并畅谈了他们对课题研究的工作认识，并各自发表了他们对课题将来如何开展工作的想法。这些领导与知名学者的积极参与，为课题启动会后的工作顺利开展起了重要的支持作用（表1）。我们还邀请了部分媒体人加入到我们的研究团队之中，像《中国文物报》、《照明人》、《云知光》等媒体，我们希望通过他们发挥在学术成果传播上与大数据采集信息上的调研媒介作用。让其围绕我们课题的研究内容"博物馆、美术馆的LED应用现状与前景研究"进行信息传播工作，这项大数据调研与媒体宣传参与紧密

图1　设计过程中的调研二维码及问卷样例

表 1　博物馆 LED 创新研究课题项目启动会后的媒体报道与宣传

媒体	报道名称	日期
中国文物信息网	博物馆、美术馆照明探索	2015-7-23
中国装饰网	博物馆、美术馆未来照明发展之路探索	2015-7-16
爱微帮	光的社会责任：博物馆、美术馆未来照明发展之路探索	2015-7-18
照明人	［博物馆调研启动会］"跨界、合作、共赢"的博物馆、美术馆未来照明发展之路探索	2015-7-16
中国建筑报道	"跨界、合作、共赢"的博物馆、美术馆未来照明发展之路探索	2015-7-18
阿拉丁新闻	［博物馆调研启动会］"跨界、合作、共赢"的博物馆、美术馆未来照明发展之路探索	2015-8-19

结合，我们也希望此项信息采集工作，能够通过他们的参与覆盖到相关各领域的人群中。会后我们及时撰写了大量宣传材料给这些媒体人进行报道，进一步宣传课题的启动工作，并吸引更多有志向的学者与合作单位不断加入到我们的研究队伍当中，一个跨学科跨领域的学术研究团队也就此搭建完成。会后课题组进一步完善实地调研的工作部署与访谈工作计划，进而全面地铺开了对全国进行的一次关于课题研究的调研工作。

二　调研实施阶段

1. 实地调研工作的落实

课题实地调研工作是我们整个研究工作的基础，它是我们基础研究工作中最为重要的一项内容，除了必要的大数据信息采集工作以外，它也是关系到我们课题研究成果的真实与有效性的基石工作，对我们整个研究工作有重要的现实指导价值，后期的实验室比对研究工作，以及我们的研发工作，都是其内容的延展或对其现存问题的解决方案。因此也是我们最为重视与投入精力最多的工作。我们前后参与实地调研的人员不少于 200 人，大量的实地测试与访谈工作任务，主要由我们的合作企业技术人员来完成，中间我们博物馆人与科研院所的技术人员也参与其中，完成了面向全国 14 个省市和地区的各级各类博物馆、美术馆进行实地数据测绘与信息采集访谈工作。我们进行的是全国范围内的一次类似博物馆、美术馆领域照明的普查性工作，为开展博物馆、美术馆照明的研究开展普查工作在国内前所未有，在业内备受关注。我们先后有 15 家合作企业与科研院所参与了此项实地研究工作，投入了大量的人力与物力。我们课题组

在 2015 年 8 月 31 日召开了课题工作的第一次阶段性会议，在工作细节的设计上有了很大提升，经专家组专家们的逐一反馈修改意见并最终达成共识，会后我们对各种修改意见进行了汇总并重新修定内容，明确了下一步工作任务与调研的计划。我们的合作单位也积极配合我们课题的研究工作，并踊跃承担了各地实地调研的任务，这为我们课题的开展进行了很好的研究技术人员的储备（表 2）。会后，我们正式进入到对课题实地调研的工作进程，全面开展了对全国范围内的博物馆与美术馆抽样调研与访谈的系列工作。对大数据的问卷修改与采集工作也在同期进行。

调研工作计划设想。我们以国家级或省部级博物馆，优先考虑"十大精品"博物馆或一级美术馆为主要调研对象。

（1）考虑覆盖性（省、市级特色博物馆）。

（2）对展陈空间进行主要调研。

（3）分析照明灯具、光源、整体场景。

（4）实测数据（照度、显色性等）与《博物馆照明设计规范》、《建筑照明设计标准》两个标准的符合度。

（5）分析传统灯具、光源与 LED 灯具光源的应用比例。

（6）了解馆方或业主对于照明、灯具使用的直接感受。

（7）现场采集了解部分观众的感受。

2. 实地调研的信息反馈

我们在课题启动会后，大约经历了 2 个月的试调研，主要通过具体实地的采集数据，探索博物馆、美术馆照明应用案例的数据采集方法与规律，在收到一些信息与结果的反馈后，进一步完善工作。调研初期我们很快发现了在实地调研中，还存在着调研信息目标不明确，采

表 2　博物馆、美术馆调研分工

调研单位	调研数量	调研对象（博物馆）	调研对象（美术馆）	课题指导专家
银河	4	山东博物馆 广东省博物馆	山东美术馆 深圳关山月美术馆	徐华
华格 清控人居 晶谷	8	故宫博物院 首都博物馆 中国汽车博物馆 中国人民抗日战争纪念馆 河北省博物馆 深圳博物馆 河北省钱币博物馆	广东省美术馆	荣浩磊
iGuzzini	8	湖北省博物馆（新馆） 北京古代建筑博物馆 成都金沙遗址博物馆 西汉南越王博物馆 广汉三星堆博物馆 南通博物院	国家大剧院 北京今日美术馆	陈开宇
莱鼎 中央美院 创一佳 浙江大学	5	南京博物院 浙江省博物馆 六朝遗址博物馆 苏州博物馆	浙江省美术馆	陈同乐
华格	8	中国国家博物馆 故宫博物院 北京鲁迅博物馆 中国地质博物馆	中央美术学院美术馆 天津美术馆 湖北省美术馆 武汉大学美术馆	艾晶 仇岩
莹辉	7	中国海关博物馆 四川省博物馆 浙江自然博物馆 重庆中国三峡博物馆 青岛市博物馆	上海美术馆 震旦博物馆	程旭
松下 欧普	6	上海博物馆 上海自然博物馆 上海电影博物馆 上海玻璃博物馆 上海鲁迅博物馆	龙美术馆	施恒照
点亮生活	4	孙中山故居纪念馆 陕西历史博物馆 西安碑林博物馆 西安半坡博物馆		李跃进
汤石	1	亚洲大学现代美术馆		艾晶
周红亮照明	4	正阳门管理处	中国美术馆 北京画院美术馆 大都美术馆·安藤	艾晶

集的信息内容分散，调研人员缺少统一思想认识与规范实操的问题。另外，测试设备也存在缺乏技术性目标指导，技术人员可以随意搭配工作方式的混乱现象，合理性与真实性大打折扣，造成采集数据在真实与精准问题上令人堪状，因此很难实现课题对全国博物馆、美术馆实地采集信息目标的设定计划。调查人员还普遍反映采集数据时存在思路不清晰，细节测试工作缺少必要的约定与限制的前提条件等约定。此外，课题组对大数据信息采集工作也同样面临着诸多问题，很多厂家认为填写的内容牵扯品牌的争议问题，有不愿意填表的倾向，怕影响各自的声誉。课题组将这些问题一一进行了整理与修正。

我们从以下三个方面收集回馈信息：

（1）您认为前期调研工作是否可行；

（2）有无需要改进与补充的信息；

（3）能否提供更多关于调研信息采集工作的技术支持。

3. 实地调研的访谈设计

实地考察之前，我们在网络数据卷的基础上，又重新进行了一份实地访谈卷的修订与设计。因课题实地调研工作，除了采集测试数据以外，更为重要的一项工作就是要对馆方的专业人员进行访谈，这种访谈方式更为直接和简便的操作，我们做访谈问卷设计时，对信息收集要求内容更为具体、全面且集中，同时，兼顾对不同类型的博物馆、美术馆都可以进行问询访谈的信息收集，使其具有普遍性和适应性。另外，设计上我们还紧密围绕着我们的课题研究的主要内容LED应用状况进行问卷的设计。比如，我们针对每个博物馆、美术馆建筑情况进行设计问卷，对展厅数量、面积大小、层高、展览类型等方面进行一个大轮廓的问询。另外，像建设施工时间、完工日期、照明灯具设备的投入、陈列设计单位与照明设计单位，这些信息能让我们获取该单位在照明施工建设中必要的基本信息。同时选择题中对规范标准的设计，照明设备的选购信息来源，以及馆方的人员配置和设备选购的关注点设计，对了解馆方在照明工作上的细节问题和工作方式有一个必要的信息采集，还有问询卷的设计主要关注的是馆方的日常维护和管理问题，以

及和目前使用或未使用LED产品的真实原因，以及目前博物馆、美术馆内部工作人员对自己工作的一些问题的认识和需要提高的方向等问题，进行综合而全面的设计。我们希望通过问询卷调研可以基本掌握我们要了解的基本信息。这些数据对我们网络调研也是一个必要的内容补充。另外，由于实地调研中我们可以直接接触到工作在一线的博物馆、美术馆专业人员或技术人员。因此对这部分人群，我们访谈数据采集工作目标更明确，向他们采集信息与了解LED现状问题也最为直接和有效，也能最为直接地反映各馆应用LED的真实现状。因此我们对这部分内容的设计也更为具体和易于工作人员操作。内容见附件三。

4. 召集组织人员与工作分配

2015年7月13日实地调研工作在中国国家博物馆正式启动，历时近一年，我们相继开展了一系列实地调研工作。目前实地调研工作已经开展了58家，其中博物馆方面43家，约占全国一级博物馆96家的二分之一，美术馆方面15家，其中7家一级美术馆，约占全国重点美术馆13家的二分之一，覆盖全国14个省市或地区（表3）。

我们选择具体某个实地调研的博物馆、美术馆，主要考虑它们的地区分布和不同类型来搭配，主要抽选国家一级博物馆和国家重点美术馆为调研对象。主要考虑这些博物馆与美术馆，不论综合实力还是技术的先进性方面更为突出，对它们调研更具有典型性和示范作用，当然对课题研究的影响力也会更为突出。最终我们采样的调研实际结果，并不完全符合我们的预期计划。譬如像中国革命军事博物馆、中国丝绸博物馆由于近期改造，无法对其进行实地采样调研。另外，还有一个主要原因，就是部分博物馆、美术馆的馆方对我们的调研数据采集工作认识不足，害怕调研数据会影响该单位的声誉，因此阻挠我们调研。此外，由于我们合作单位与个人喜好问题，也致使被调研对象的选择与实施计划方面呈现出目前的调研结果。调研对象主要分布在北京、上海、广州、江浙一带，也客观地体现出这些地区的博物馆、美术馆兴盛与发达。另外，这也反映出这些博物馆、美术馆更具有先进性和代表性。

表3 课题组实地调研博物馆、美术馆的相关信息

地点	博物馆	美术馆
山东省	山东博物馆 青岛市博物馆	山东美术馆
广东省	广东省博物馆 深圳博物馆 西汉南越王博物馆 孙中山故居纪念馆	深圳关山月美术馆 广东省美术馆
北京市	故宫博物院 中国国家博物馆 中国人民抗日战争纪念馆 首都博物馆 中国汽车博物馆 北京古代建筑博物馆 国家大剧院 北京鲁迅博物馆 中国地质博物馆 中国海关博物馆 正阳门管理处 中国美术馆 北京画院美术馆 大都美术馆·安藤	北京今日美术馆 中央美术学院美术馆 中国美术馆 北京画院美术馆 大都美术馆·安藤
河南省	河南省博物院	
河北省	河北省博物馆 河北省钱币博物馆	
湖北省	湖北省博物馆·新	湖北省美术馆 武汉大学美术馆
四川省	成都金沙遗址博物馆 广汉三星堆博物馆 四川省博物馆	
重庆市	重庆中国三峡博物馆	
江苏省	南通博物院 南京博物院 六朝遗址博物馆 苏州博物馆	
浙江省	浙江省博物馆 浙江自然博物馆	浙江省美术馆
天津市		天津美术馆
上海市	上海博物馆 上海自然博物馆 上海电影博物馆 上海玻璃博物馆 上海鲁迅博物馆 震旦博物馆	上海美术馆 （世纪宫） 龙美术馆
陕西省	陕西历史博物馆 西安碑林博物馆 西安半坡博物馆 西安大唐西市博物馆	
台湾		亚洲大学现代美术馆

调研数据的采集与分析

一 实地调研访谈问询卷解析

我们在实地访谈的 58 家博物馆、美术馆中，绝大部分照明设计是由展陈公司承担，单独进行照明设计的不到 10 家，数量不足 1/6，这个数字要是放到对全国的 4516 家博物馆与美术馆总量上去核算，比例还会缩小很多。因大多数中小型博物馆、美术馆由于缺少资金等问题，进行专业的照明设计花费还会减少，因此出于节约成本的考虑，这部分投入基本被省略。另据馆方反馈，博物馆、美术馆的馆方内部懂照明设计的人很少，30% 的被调研单位反映他们自己有专业的照明设计人员，对展览公司和照明企业能够提供的技术服务，可以提供相应的技术要求。但在我们进一步深入了解详情后，发现这部分工作基本是由懂电的电工来承担，距离博物馆、美术馆需要的照明高品质要求，在设计水准方面还存在很大的差距，还需要加强这方面人员素质的整体培养。另外，在照明灯具的日常维护方面，调研情况也基本上是由于照明灯具损坏了才进行替换，很多博物馆、美术馆甚至在建馆设计之初，就没有预留今后对照明灯具的日常维护费，日常运营中的损坏问题也只能从整个博物馆的管理费中出，往往日常维护照明产品方面资金很难到位，这也让我们在实地调研中发现很多博物馆、美术馆灯具坏了，不能及时替换的真实原因。如果该博物馆、美术馆不做近期的展陈或基础设施大的改造工程，基本上没有预算可以大量替换 LED 新光源，只能是少部分小范围地替换，大多数情形也是出于买不到传统光源或配件才选择了 LED 光源，一种被动地不得已地替换淘汰工作，根本就谈不上有计划性和科学规律可言。今后还会有很多的博物馆、美术馆，在照明灯具日常维护问题上，出于被动地将传统光源替换成 LED。

在照明设备的整体投入方面，50 万以下投入的居多，而 20000 ～ 50000 m² 的大型博物馆、美术馆资金投入基本在 100 万～ 500 万以内的居多，对于要求高品质照明的博物馆、美术馆来说，对照明灯具的选择，除了极少部分国家级特大博物馆、美术馆以外，基本存在普遍资金投入不足的问题。此外，在调研博物馆、美术馆照明设备的采集渠道方面，有 40% 的被调研单位采取政府采购的形式购买照明设备，其他被调研单位则采取其他渠道的采购形式，尤其对于那些选用进口照明产品的单位，由于目前我们国家政策的指向性因素，让追求博物馆、美术馆高品质照明热衷于进口产品的单位，在购买力上增加了难度，只能寻求其他渠道才能选购上进口产品。当然，LED 在国内博物馆、美术馆专业领域发展迅速，很多合资品牌和国企对博物馆、美术馆照明专业领域，正发挥着巨大的潜能作用，相信也会有更多国产的品牌进入到政府采购名单之中供我们选择。

在博物馆、美术馆照明设计参照标准方面，25% 的被调研单位填了只参照 GB/T23863-2009《博物馆照明设计规范》进行设计，10% 的被调研单位参照了 GB/T23863-2009《博物馆照明设计规范》和 JGJ66-91《博物馆建筑设计规范》这两个文本。其他被调研单位都表示参照了多个标准，另有 10% 的被调研单位甚至还有不明确标准参照问题。可见我国博物馆、美术馆的照明设计与施工方面，馆方基本处于盲目状态，缺少必要有针对性的管理与规范引导。目前我国现行的博物馆规范文本是 GB/T23863-2009《博物馆照明设计规范》和 JGJ66-2015《博物馆建筑设计规范》这两个文本。美术馆方面更是缺少单独的标准文本。显然我们仅限于用这两个文本作为目前博物馆、美术馆的应用指导，已经落后于当前 LED 技术的推进与发展。通过本次调研，我们也可以清晰地从实地调研的结果中发现，LED 产品已经在我国博物馆、美术馆中被普遍运用了，尤其在新建和改扩建的博物馆、美术馆中，有些 LED 新技术的运用已走到了发展的前列，已全部采用了 LED 产品，有的还用了 dal 等智能化控制系统技术，像故宫博物院新开放的几个展览和中轴线宫殿照明改造工程、南京博物院新展陈项目、上海美术馆照明等基本上采用了目前最先进的 LED 技术。因此我们研究与调研目标还是锁定在 LED 最新技术的运用现状采集上。

二 测量数据采集卷设计解析

1. 数据采集目标

通过实地踏勘及仪器测量，获得一手的量化数据，掌握目前博物馆照明现状含灯具使用情况。

2. 数据采集项目

对实验条件的测量记录：

a. 对博物馆空间的尺寸进行测量以及对灯具尺寸的测量；

b. 对被照面（地面、墙壁、顶棚等）的反射率进行测量；

c. 对采光情况进行测量；

对主要项目的测量：

d. 对博物馆的前厅和展厅进行照度、亮度测量；

e. 对光源的色温、显色指数、光谱进行测量。

3. 前厅数据采集设计解析

博物馆的前厅区域包括前厅、过廊等公共空间，这些公共空间主要应满足功能需求。由于博物馆前厅区域在照明设计时都会考虑天然光的利用，所以在有条件时，应尽量分模式测量，包含无人工照明、仅开启环境照明、仅开启作业照明、常用照明模式等。墙面和地面的反射比对照度影响较大，测量时应记录。

为方便记录、提高效率，分为测量记录表和检查记录表。分别见表1和表2：表1照明测量数据统计表格为测量人员的测试记录表，表2前厅灯具情况统计表格为测试辅助人员的检查记录表。为规范化记录，本课题总结了常用的照明方式、灯具类型、光源类型、照明配件、照明控制，见附件，测试辅助人员填表时先从附表中选择对应的内容填写，如形式比较特殊，可单独记录。

4. 展厅数据采集设计解析

展厅是博物馆数据采集的重点区域，展厅的照亮度、照明方式等可能与展品类型有关，所以应记录和测量展厅的展品类型，在表3中进行详细记录。

展厅内的区域分为展厅的公共活动区域和展陈区域。

公共活动区域包含序厅和过道，序厅除了测试地面，还应关注前言板的照明。展陈区域按照明方式分为展柜内照明和展柜外照明，本节主要讲展柜内照明。

展柜的常见形式有壁柜（也称三面柜）、独立柜（也称四面柜）、平柜、龛柜等。对展柜内照明的检测包含以上类型，还应根据实际情况确定是否增加柜外照明检测。

展柜根据重要性也可分为普通展柜和中心展柜。普通展柜的测试记录表分为测量记录表和检查记录表。表4、6、8为测量人员的测试记录表，表5、7、9为测试辅助人员的灯具情况记录表。常用的照明方式、灯具类型、光源类型、照明配件、照明控制，可先查附件中表格填写编号，如形式特殊，可单独记录。中心展柜的测试内容比普通展柜多两项，一项是UGR的测试，一项是特殊显色指数的测试。

为测量完成后便于整理数据，并对应到平面上，最好可以联系馆方要到平面图。如没有条件，应手绘简单的平面，并标注尺寸、测试格尺寸、灯具布置方式、灯具间距离、灯具距墙距离、装灯高度等。

表1　照明测量数据统计

位置类型	材质反射比		测量条件	平均照度	均匀度	色温	一般显色指数 Ra	照片编号	主观评价
	墙面	地面							
前厅地面			无人工照明						
			仅开启环境照明						
			仅开启作业照明						
			常用照明模式						
过廊			仅开启环境照明						
			仅开启作业照明						
			常用照明模式						

注：为便于描述测量位置，测试员应简要手绘前厅和走廊测量布点，并标明各方向尺寸、测试格尺寸、各点测试数据。

表 2　前厅灯具情况统计

| 位置类型 | 测量条件 | 从附表中进行选择（可多选） | | | | | 灯具参数 | 灯具尺寸 |
		照明方式	灯具类型	光源类型	照明配件	照明控制		
前厅	无人工照明							
	仅开启环境照明							
	仅开启作业照明							
	常用照明模式							
过廊	仅开启环境照明							
	仅开启作业照明							
	常用照明模式							

注：为便于描述测量位置，测试辅助人员应简要手绘前厅和走廊平面及布灯图，并标明各平面尺寸、灯具布置方式、灯具间距离、灯具距墙距离、装灯高度等。

表 3　陈列与展品分类

陈列类型	金属展品	器皿	书画	雕塑	织物	杂项

表 4　序厅及走廊照明数据测试

类型	测绘位置	材质反射比	平均照度	均匀度	色温	一般显色指数 Ra	照片编号	主观评价
序厅	地面							
	前言板							
走廊	地面							

表 5　序厅及走廊灯具情况统计

| 类型 | 测绘位置 | 从附表中进行选择（可多选） | | | | | 灯具参数 | 灯具尺寸 |
		照明方式	灯具类型	光源类型	照明配件	照明控制		
序厅	地面							
	前言板							
走廊	地面							

表 6 普通展柜及展板照明数据测试

类型	细分类型	展柜尺寸	材质反射比	平均照／亮度	色温	一般显色指数 Ra	照片编号	主观评价
展柜	壁柜1							
	壁柜2							
	独立柜1							
	独立柜2							
	龛柜1							
	平柜1							
展板	前言							
	段首							
	辅助展板							
	连续展板							

表 7 普通展柜及展板灯具情况统计

类型	细分类型	从附表中进行选择（可多选）					灯具参数	灯具尺寸
		照明方式	灯具类型	光源类型	照明配件	照明控制		
展柜	壁柜1							
	壁柜2							
	独立柜1							
	独立柜2							
	龛柜1							
	平柜1							
展板	前言							
	段首							
	辅助展板							
	连续展板							

表 8 中心展柜照明数据测试

类型	细分类型	展柜尺寸	材质反射比	平均照／亮度	色温	UGR 值	照片编号	主观评价
展柜	壁柜1							
	壁柜2							
	独立柜1							
	独立柜2							
	龛柜1							
	平柜1							

表 9 中心展柜照明各项数据统计

类型	细分类型	从附表中进行选择（可多选）					灯具参数	灯具尺寸
		照明方式	灯具类型	光源类型	照明配件	照明控制		
展柜	壁柜1							
	壁柜2							
	独立柜1							
	独立柜2							
	龛柜1							
	平柜1							

三 仪器设备和使用方法解析

1. 测量仪器设备

测试项目主要有照度、亮度、色温、显色性、反射率、距离尺寸等，满足《照明测量方法》GB/T5700–2008 标准要求的仪器都可以采用，但应注意测试仪器应在校准期内。本课题列出了几个常用的仪器型号，仅作参考，见表 10。

表 10　常用测试仪器

测试项目	仪器类型	仪器品牌
照度	照度计	远方 SPIC-200B 光谱彩色照度计
		浙大三色 CS2200 便携智能照度计
		新叶 XYI- Ⅲ 全数字照度计
		美能达 T10 高精度手持式照度计
亮度	亮度计	美能达 LS-110 便携式彩色亮度计
		美能达 CS200 彩色亮度计
		杭州远方 CX-2B 成像亮度计
色温、显色性	光谱彩色照度计	杭州远方 SPIC200
		照明护照
反射率	分光测色仪	美能达台式分光测色仪
距离、尺寸	测距仪或卷尺等	不限定品牌

2. 仪器使用方法分析

a. 照度计

照度计较为常见，在使用时应注意所选用的照度计量程不宜过小，一般常用测量范围为 0.01 ~ 299900 lx，根据本课题情况，测量范围不宜小于 1 ~ 100000 lx。在测试时，应注意测量人员不要对光有遮挡，最好选用测试探头与读数器分开的类型。见图 1。

图1　探头与读数器分开的照度计

b. 亮度计

可使用点亮度计和成像亮度计进行数据采集。使用点亮度计应选择合理的测量角度，如图 2 所示。

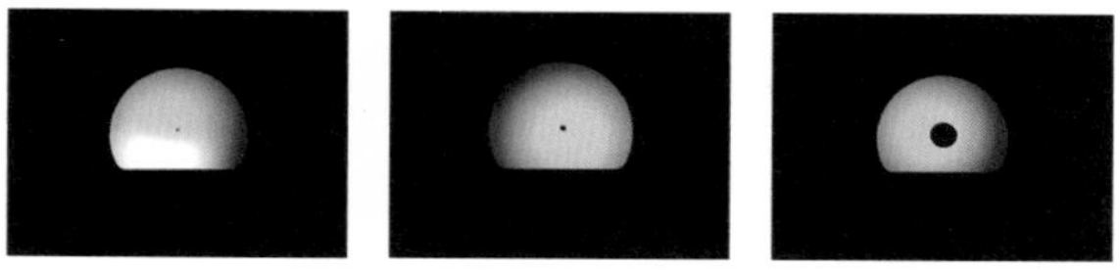

0.1°　　　　0.2°　　　　1°

图2　点亮度计的测量角度选择

在选择了测量点之后，应调节焦距至镜像清晰，再按测量键进行测试。如图 3 所示。

旋转镜头调整焦距至清晰

图3　点亮度计

c. 光谱彩色照度计

光谱彩色照度计在本课题中应满足可测试光谱、显色指数 Ra 及 Ri (i=1–15)、色温 (1000 ~ 10000 K) 等要求。

操作时应注意不要遮挡光，由于使用本仪器测量的数据较多，可使用保存测试数据的模式进行。如图 4 所示。

图4　光谱彩色照度计

d. 分光测色仪

分光测色仪用来测试材料表面反射率，应注意测试前先要进行归零和对白板校准的过程。测试数据会出现 SCI（包含镜面反射光）和 SCE（消除镜面反射光）两种，用于分别记录材料的反射特性。如图 5 所示。

四 实地测试采集方式解析

实地调研采集数据，我们主要采取规范性文本来进

图5　分光测色仪

行操作。首先我们设计了实地调研的规范性文本设计内容，设计了3类表格。①测试表附表，主要做详细工作类型的说明。②测试方法的说明，逐一落实测试内容，用表格化的采集数据的形式进行现场可操作工作的引导。我们的考察规范性文本设计，在实操采集数据测试表上规范化程度最高，这部分内容主要是引导测试人员在现场调研收集有效信息，如色温、照度、反射率、照明方式等具体内容进行统一的规定。③常规测量器材的清单，通过规定和建议的形式，向实际调研单位进行专业设备引导和推荐。再次，是关于实地考察测试报告的统一规范性格式的文本设计，从文字量上到综述的内容框架结构一一进行了内容限定。目的是为后期出版工作服务，能够快速地统一与规范整理。各测量参数的测试依据《照明测量方法》GB/T5700-2008，本节主要叙述在测试中应注意的问题。

1. 前厅测量说明

a. 测量方式

如果白天测试，先关掉所有照明，测试天然采光的地面照度；

开启环境照明，测试（间接照明或洗亮墙面的方式）地面照度；

开启作业照明，测试地面照度。

b. 测试布点

根据前厅尺寸，测点间距5米×5米或10米×10米，测试位置为地面，测试格中心位置。如图6所示。

○——测点　　图6　在网格中心布点

2. 展厅测量说明

a. 测试说明

序厅地面及展厅地面，测试方式及布点同前厅；

序厅前言板及展厅展板，测试垂直照度，每间隔2米至少按上中下各取一点；

展厅地面测试：关闭展柜展台照明，测试地面照度；测试选择主要过道地面的中心线，每5米或10米一个测试点；

龛柜测试对外的一面，平柜测试顶面，如有坡柜，测试斜面。

b. 参数测试指引

显色指数测试时，测试探头高度与展品顶齐平，探头朝上，距离展柜外沿10厘米；

水平照度测试时，应选取人可接触到的角，每个角测试一个点；人可接触到的边，每个边中心位置测试一个点；展品中心测试一个点，如果没有围挡，测试展品位置，如果有围挡，按照围挡位置进行测试；

垂直照度测试时，展柜的外立面的中心线照度，测上中下三点。如果有柜内照明和柜外照明结合，应该测试两个方向的照度；

亮度测试时，以展品的亮度、展台亮度和背板亮度为主要测试对象。

垂直照／亮度测试时，应选取人可接触到的面，每个面的中心线，按照上中下各测三个点；

UGR测试位置，如图7所示。

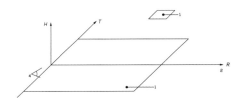

1-灯具中心；2-视线；3-水平面；4-观测者
在观察者的位置测量，具体公式见规范。

图7　UGR测试位置示意

3. 文物整理室／文物库房

a. 文物整理室，测点高度0.75米，测点间距2米×2米；

b. 文物库房，通道测量地面，测量中心线，间隔2米；

文物柜，测试柜（垂直）面，每间隔2米，按上中下各取一点。

五　实地调研方式的解析

我们的实地调研工作有两项内容：一是进行现场数

据的信息采集工作，调研人按照我们课题组预先设计好的统一测试表进入实地调研场所进行数据采集工作，完成采集数据信息后，再进行统一格式的实地调研报告的后期整理工作。二是调研的同时与被调研的馆方一线工作人员进行面对面的访谈交流工作，在我们设计好的访谈问询卷的基础上进行现场询问与业务交流。访谈后的问卷内容，既可以提供给我们测试人员进行后期整理调研报告使用，也可以作为我们课题的大数据调研信息，对后期必要的内容进行归纳与补充使用。这两项工作按我们课题研究的预先设想进行的一体化调研工作模式。但在实地调研当中，访谈问询卷的完成，大多数馆方是经过后期调研的反复斟酌，用书信与网络的形式传递给我们来完成。这也可以看出受调研的博物馆与美术馆的馆方既积极配合了我们的工作，又十分地重视我们的访谈，既保证内容的真实性与可靠性，也力求严谨与有效地提供给我们作参考，在此我们课题组也要向他们表示深深的感谢！

另外，在实地测试调研当中，我们的人员搭配主要依靠照明企业的技术人员与科研院所的研究人员互相配合工作来完成任务。课题组专家充分发挥指导作用，有的亲自参加了实地的数据采集工作和访谈任务，像课题组专家徐华、荣浩磊、施恒照先生不仅投身到实地调研当中，他们还亲自动手进行测绘，以及承担后期的调研报告的整理与撰写工作，另外，像课题专家程旭、陈开宇先生也亲自参加了课题实地测试与访谈工作，还有课题组成员牟宏毅先生支援了南京博物院与六朝博物馆的实地调研工作，以及索经令先生指导和参与了中国海关博物馆的实地测试与调研工作。

在此期间，课题组专家徐华、李铁男、李跃进等几位先生对课题实地测试的规范性文本的制定与修订也投入了大量精力，徐华先生最先为我们实地调研工作设计了最早的规范性文本，初期我们的课题调研工作开展并不顺利，研究目标与方向不明确，在经过两个多月的初步调研后，开始暴露了诸多问题，集中在无统一的规范性限定实操上，没有规定合理的测绘用仪器，没有提供测试的内容，这使实地测试操作整体处于盲目无规律之中，让调研的数据采集偏离了博物馆、美术馆的真实情况，数据采集后的结果误差很大。另外，在调研成果提供方面，也没有统一格式进行约定，使初步呈现的调研报告在采集内容信息上形式不够统一，成为各调研组独自发挥的闹剧。因此在课题第一阶段工作会上，集中反映了这些问题，会后经课题组专家反复磋商与汇总修改，才将问题一一修正，最终形成实地调研可以使用的规范性文本4个文件，见附件，我们进行了统一发放，才让实地调研数据的采集工作顺利开展。特别是荣浩磊先生特意委派他们研究所的技术人员，到中国国家博物馆实地展厅进行了模拟现场文本的使用测绘，反复修订测试内容与采集信息方式，后经我们反复修改，才最终完善了这套规范性文本的设计，使其用简单的方式来指导专业技术人员方便地完成调研任务，绘制的可实操测试图例，可以清晰地指引我们调研人员进行参考，这些准备工作无疑对我们的后续调研工作打下了很好的基础。此外，课题组其他几位专家像李晨、仇岩、李跃进、陈同乐先生，他们还为课题的实地调研工作落实与联络组织工作，提供了必要的帮助，特别是李晨先生的协调工作，为课题的顺利开展起了很大作用。正是由于他们的积极奉献与辛勤工作，才使我们的课题实地调研工作得以顺利开展。

LED 在博物馆、美术馆应用优势

博物馆、美术馆作为照明要求极高的光环境空间，十分注重文物与艺术品保护、展品的真实表现、空间照明舒适性等，这个空间照明多采用卤素灯、节能灯、金卤灯、LED 灯具。卤素灯因其显色性高、色温恒定等，成为博物馆陈列空间的主要使用灯具；节能灯则由于色温偏高、产品节能等原因，成为博物馆柜内普通照明、大面积洗墙空间照明、工作区与休息区的照明的主要灯具；金卤灯由于照度高、色温饱和等原因，成为馆内高空间照明的主要灯具，偶尔也会用于图文板照明（仅限于小功率产品）。

GB/T23863-2009《博物馆照明设计规范》对于光源与灯具的选择规定如下：

4.2 照明光源的选择

4.2.1 选用的照明光源应符合国家现行的相关标准或有关规定

4.2.2 选择光源时，应在满足文物保护、显色性等要求的条件下，根据光源、灯具及镇流器等的效率、寿命和价格在进行综合技术经济分析比较后确定

4.2.3 照明设计时可按下列条件选择光源

陈列室宜采用细管径直管形荧光灯、紧凑型荧光灯、卤素灯或其他适用的新型光源

陈列和收藏文物的场所应使用无紫外线光源

陈列室的出入口宜采用细管径直管形荧光灯、紧凑型荧光灯或小功率的金属卤化物灯

4.2.4 应根据识别颜色要求和场所特点，选用相应的显色指数的光源

4.2.5 应急照明应选用能快速点燃的光源

4.3 照明灯具及其附属装置的选择

4.3.1 选用的照明灯具应符合国家现行相关标准的有关规定

4.3.2 在满足配光和眩光限制要求的条件下，应选用效率高的灯具

4.3.3 照明装置应具有防止坠落可能造成人员伤害或财物损失的防护措施

近年来，随着 LED 技术的发展，博物馆照明空间应用 LED 灯具越来越多，大有取代卤素灯、节能灯、金卤灯之势。为此，我们对卤素灯、节能灯、金卤灯、LED 灯进行比较，了解优缺点，以提供实际应用的参考，本文将从以下几个方面展开讨论。

1. 热与化学伤害：从展品保护以及灯具的光品质方面分析，比较各类光源的优缺点。

2. 节能：从光效（通俗而言，即消耗每瓦功率所产生的光通量）方面来分析（一般来说光效越高，灯具越节能；光效越低，灯具越耗能）。

3. 低碳环保：主要考虑碳排放、产品损坏及达到寿命期后，销毁时对于环境的影响。

4. 寿命与维护成本：从产品寿命长短及维护保养的成本比较分析。

5. 综合成本与性价比：比较各类产品的初始成本、运行与维护等综合成本，进行比较。

6. 响应与智能化：根据光源的开关与调光的响应时间、智能控制的接口等方面分析，探讨其用于复杂光环境的便利性。

一　热与化学伤害

光作为一种电磁波，会产生各类辐射，它包括紫外辐射、可见光辐射、红外辐射的热伤害。

紫外辐射：波长比可见辐射短的光学辐射（波长 1 ~ 400 纳米）；

可见辐射：能引起视感觉的光学辐射（波长 380 ~ 780 纳米）；

红外辐射：波长比可见辐射长的光学辐射（波长 780 纳米 ~ 1 毫米）。

紫外辐射是引起展品变褪色的主要原因。它会使展品脆化、老化；红外辐射会使展品的表面温度上升，从而使其发生干化、变形、裂纹等。

不同光源的光辐射与其光谱分布有关，卤素灯的光谱分布与其波长基本呈正比关系，波长短的蓝光、紫光及紫外光占比非常低；波长比较长的红光，红外光占比高。故其辐射主要集中于红外与可见光辐射。

卤素灯的主要缺点是光效很低、发热量大，灯具工作时所消耗的功率 90% 以上转化为热能，光效转换率不足 10%。

相对而言，节能灯红外辐射极低，但紫外辐射较强。这与其发光原理有关：通过对灯丝加热加压，激发电子，在电子返回基态时，发出紫外光，紫外光激发灯管上涂覆的荧光粉而发光。但如果紫外线穿透了荧光粉层或者不能与荧光粉作用时，就会漏出，造成紫外辐射。故这种光源的主要辐射是可见光辐射和紫外辐射。

金卤灯属于气体放电发光，本身会产生紫外辐射，但光源外的一层钢化玻壳具有紫外辐射过滤功能，因此辐射相对少于节能灯。但红外辐射也是比较强。故金卤灯的红外、紫外辐射处于卤素灯与节能灯之间。即紫外辐射低于节能灯，但高于卤素灯；红外辐射低于卤素灯，

但高于节能灯。

LED（Light Emitting Diode），俗称发光二极管，它是一个半导体的晶片，晶片附在支架上。该晶片由两部分组成，一端是 P 型半导体，另一端是 N 型半导体，两种半导体连接起来形成一个 P-N 结。当电流通过时，电子由 N 区流向 P 区，在 P 区与空穴复合，复合时发出能量，这种能量以光子的形式发出。故其发光比较直接。因此我们可以看出，LED 是通过电流通过 P-N 结而发出的光子，因此它的发热量极小，几乎不含紫外，红外辐射。

据以上分析，我们可以看出，红外辐射由大到小依次排序：

卤素灯 - 金卤灯 - 节能灯 - LED。

紫外辐射由大到小排序如下：

节能灯 - 金卤灯 - 卤素灯 - LED。

二 节能分析

卤素灯、节能灯、金卤灯光效相差很大，我们根据博物馆空间常用的产品型号、功率以及市场主要品牌来比对。

对于不同类型光源而言，显指与色温是不得不考虑的因素，如卤素灯偏向于暖色，其一般显色指数接近100。节能灯、陶瓷金卤灯、LED 灯具的显指能达到 80 以上，且其显色性与光效有一定关系，显指高则光效低一些。

色温与光效也有一定的关系。因此，考虑比对条件的差异，我们统一设定显指 80 以上，色温 3000 K。

数据取自各品牌的官方公布资料。

资料来源：OSRAM官方网站：产品/灯泡/卤素灯/DECOSTAR/DECOSTAR 51 PRO（http://www.osram.com.cn/osram_cn/products/lamps/halogen-lamps/decostar/decostar-51-pro/index.jsp）资料获取时间（2016年6月14日）

产品数据表

技术参数

电参数

标称功率	50.00 W
标称电压	12.0 V
额定功率	50.00 W
功率因数 λ	1.00
相当于白炽灯功率标称值	75 W

光度数据

标称可用光通量 90°	870 lm
发光强度	2850 cd
色温	3000 K
EN 12464-1 标准光色	Warm White
显色指数 Ra	100
额定可用光通量 90°	870 lm

图1　卤素灯光学参数

1. 卤素灯

从图 1 数据看出，卤素灯的光效 17.4 lm／W，总体来看光效还是很低的。

2. 荧光灯

我们选 T5 灯管，抓取数据如下：

资料来源：OSRAM官方网站：产品/灯泡/荧光灯/T5 荧光灯/LUMILUX T5HO（http://www.osram.com.cn/osram_cn/products/lamps/fluorescent-lamps/fluorescent-lamps-t5/lumilux-t5-ho/index.jsp）资料获取时间（2016年6月14日）

产品数据表

技术参数

电参数

标称功率	24.00 W
额定光效（高频 25 ℃）	78 lm/W
额定功率	22.50 W

光度数据

显色指数 Ra	≥80
额定光通量	1750 lm
25 ℃ 光通量	1750 lm

图2　荧光灯光学参数

从图 2 数据看出，荧光灯的光效 78 lm／W，光效比较高。

3. 节能灯

筷子管（U 管）在博物馆空间也用得比较多，我们也参考一下其数据。

资料来源：Phillips官方网站：主页/产品目录/光源/分离式紧凑型荧光灯/PL-C/MASTER PL-C 2 Pin http://www.lighting.philips.com.cn/prof/lamps/compact-fluorescent-non-integrated/pl-c/cplc2p/productsinfamily 资料获取时间（2016年6月14日）

产品数据

· 整体参数		LLMF 场致发光片，额定 6000 小时	83 %
灯头座	G24d-2	LLMF 场致发光片，额定 8000 小时	81 %
灯头座信息	2P	设计温度	28 C
寿命至 10% 故障	6500 hr	色度坐标 X	440 -
· EM		色度坐标 Y	403 -
50% 失效时寿命（配电感镇流器）	10000 hr	· 电参数	
LSF 场致发光片，额定 2000 小时，3 个时循环	99 %	额定光源功率	18 W
LSF 场致发光片，额定 4000 小时，3 个时循环	98 %	光源功率，电磁 25℃，标称	18 W
LSF 场致发光片，额定 6000 小时，3 个时循环	92 %	光源功率，EM 25℃	17.9 W
LSF 场致发光片，额定 8000 小时，3 个时循环	78 %	光源电压，场致发光片 25℃	96 V
· 电参数		光源电流 25℃	0.230 A
色标	830 [CCT of 3000K]	可调光	No
色温度数	82 Ra8	· 环境参数	
显色描述（文字）	暖白色	能效等级标识（EEL）	B
色温	3000 K	汞（Hg）含量	1.4 mg
光通量，场致发光片 25℃，标称	1200 Lm	Energy consumption kWh/1000h	22 kWh
光通量，场致发光片 25℃，标称	1200 Lm	· 产品尺寸	
照明效率，额定场致发光片 25℃	67 Lm/W	基座面与基座面 A	109.5 (max) mm
LLMF 场致发光片，额定 2000 小时	92 %	插长度 B	128.0 (max) mm
LLMF 场致发光片，额定 4000 小时	87 %	总长 C	150.4 (max) mm
		直径 D	27.0 (max) mm
		直径 D1	27.1 (max) mm

图3　节能灯光学参数

从图 3 数据看出，单 U 型节能灯的光效 67 lm／W，光效比较高。

4. 金卤灯

HCI-T 35 W/830 WDL PB

POWERBALL HCI-T | 适用于封闭式灯具的陶瓷内管金卤灯

适用领域

- 精品内饰、商店橱窗
- 门厅和接待区
- 餐饮场、展示柜
- 直流电机和直接照度
- 工厂和车间
- 仅适合离子照明灯具
- 室外使用时，需安装收合适灯具

资料来源：OSRAM官方网站：产品/灯泡/高强度气体放电灯/陶瓷内管金卤灯/POWERBALL/ HCI-T（http://www.osram.com.cn/osram_cn/products/lamps/high-intensity-discharge-lamps/metal-halide-lamps-with-ceramic-technology/powerball-hci-t/index.jsp）资料获取时间（2016年6月14日）

技术参数

电参数

标称功率	35.00 W
额定功率	39.00 W
灯泡电流	0.52 安培
50 Hz 时 PFC 电容	6 μF [1]
启动电压	3.6 / 5.0 kVp [2]

[1] 额定电压下且 cos φ ≥ 0.9

[2] Minimum; for superimposed ignition with square wave electronic ballast 3.0 kVp are sufficient / Maximum; this limit is for safety reasons

光度数据

光通量	3700 lm [1]
发光效率	95 lm/W [2]
显色指数 Ra	85
色温	3000 K
光色	830

图4　金卤灯光学参数

根据官方资料数据，光效为 95 lm／W 计算，光效非常显著。（图4）

5. LED 光源

LED 光源的光效不断提升，目前已经达到 120 lm／W，我们选用市场上比较通用的科锐芯片（该芯片应用广泛，比较稳定）。（图5）

根据图 6 参数，我们核算该光源在常规工作条件下（芯片节温 60 度左右，电流 350 mA，电压 3.0 V）的光效：功率：3×0.35=1.05 W，光通量：93.9 ~ 109 lm（节温 85 度时 93.9，节温 25 时 109，实际情况节温大概 60 度，我们选择光通量 100 lm）。

光效：100/1.05=95.2 lm／W。

根据表 1 数据，我们可以明显看出 LED 光源光效最高。其次是金卤灯、节能灯。

从技术发展来看，卤素灯、节能灯、陶瓷金卤灯光效基本达到上限，而 LED 光源光效仍在提升。

Cree® XLamp® XP-E2 LED

产品说明

XLamp® XP-E2 LED在原来 XP-E LED 的基础上又增加了高达20%的流明输出，同时保留了一个单晶粒LED点光源以进行精确的光学控制

特点

- 冷白色、户外白、80-CRI白、85-CRI白、90-CRI白、宽蓝色、蓝色、绿色、琥珀色、红色和紫光色 粉状数据随各等级发布可用的

资源

- 特性........................2
- 通量特性 - 白色..............3
- 通量特性 - 彩色..............4
- 5
- 相对光强度分布..............6

数据来源

科锐官方网站　主页/Xlamp LEDs/XP-E2（http://www.cree.com/~/media/Files/Cree/LED-Components-and-Modules/Chinese/XLamp/Data-and-binning/XLampXPE2.pdf）

图5　LED芯片参数

通量特性(T_J = 85 °C) - 白色

颜色	CCT范围		基本订购代码 最小光通量(lm)（350 mA时）			计算的最小 光通量(lm)** （85 °C时）		订购代码
	最小值	最大值	组	通量(lm)（85 °C时）	通量(lm)（25 °C*时）	700 mA	1.0 A	
冷白	5000 K	10000 K	Q4	100	116	171	218	XPEBWT-L1-0000-00C51
			Q5	107	124	183	233	XPEBWT-L1-0000-00D51
			R2	114	132	195	249	XPEBWT-L1-0000-00E51
			R3	122	142	209	266	XPEBWT-L1-0000-00F51
户外白	4000 K	5300 K	Q4	100	116	171	218	XPEBWT-01-0000-00CC2
			Q5	107	124	183	233	XPEBWT-01-0000-00DC2
			R2	114	132	195	249	XPEBWT-01-0000-00EC2
			R3	122	142	209	266	XPEBWT-01-0000-00FC2
中性白	3700 K	5300 K	Q4	100	116	171	218	XPEBWT-L1-0000-00CE4
			Q5	107	124	183	233	XPEBWT-L1-0000-00DE4
			R2	114	132	195	249	XPEBWT-L1-0000-00EE4
80-CRI白	2200 K	4300 K	Q2	87.4	101	150	191	XPEBWT-H1-0000-00AE7
			Q3	93.9	109	161	205	XPEBWT-H1-0000-00BE7

图6　LED光源光通量参数

表 1　不同类型光源光效比较表

项次	光源类别	代表品牌	产品型号	光效 (lm/W)	对比说明
1	卤素灯	Osram 欧司朗	DECOSTAR 51PRO 50W	17.4	
2	荧光灯 T5	Osram 欧司朗	HO 24W/830	74	● 色温 3000 K ● 通用显色指数大于 80 ● 选择品牌：市场占有率高，通用产品 ● 数据来源：官方网站或产品目录
3	节能灯	Osram 欧司朗	PL-C 2PIN	76.3	
4	金卤灯	GE 通用照明	HCI-T 35W/830	95	
5	LED 光源	Cree 科锐	XP-E2	95.2	

三　碳排放与环保

如今各国都致力于环保节能产品的推广，以此降低碳排放。低碳环保与可持续发展已成为继国内生产总值之后，成为我国政府的考核重点，并进行相应的工作推进。我国碳排放交易 2011 年启动，2013 年深圳正式上线交易，至年底交易额 850 万元。目前深圳、北京、上海三地已经完成基础建设，开始上线交易。我国的目标是 2020 年单位国内生产总值二氧化碳排放比 2005 年下降 40% ~ 45%。

LED 作为节能照明产品，势必得到大力推广及应用。新版的标准对于节能提出了更高的要求。

GB50034-2013《建筑照明设计标准》规定了博物馆建筑功率密度值。

由于光效的提高，LED 产品能有效降低博物馆建筑的碳排放。我们选择博物馆常用的产品进行比较分析。

博物馆展陈空间常用 50 W 卤素灯，达到 2400 lm 光通量，需要配置 2.75 只灯，消耗功率约 140 W。

如此推算，节能灯选用 PL-C 需要配置 2 只灯，消耗功率约 36 W。

金卤灯选用 OSRAM 39 W 的陶瓷金卤灯，配置灯具 0.65 只，消耗功率约 25.3 W。

LED 光源选用 CREE 的 XPE2 光源，配置大功率光 24 颗，消耗功率约 26 W。

因此，不同光源以发光量 2400 lm 为参照，折算灯具数量，消耗功率如下表 3。

考虑灯具正常使用时，电器（变压器、镇流器、驱动器）存在功耗，我们假定电器损耗为 2%，如此推算灯具在博物馆工作一年的碳排放（假定每天工作 10 小时，一年工作 300 天，每一度电按 0.997 千克二氧化碳排放计算，不同光源达到 2400 lm 的光通量，对应的功率，年消耗电能，碳排放如下表 4。

以 LED 产品作为参照，相比其他各类光源，可减少的碳排放如下表 5。

故从应用看，除金卤灯外，与其他光源相比，使用 LED 光源在博物馆建筑中降低了碳排放还是非常明显的。

除了碳排放降低之外，在环境污染方面，LED 灯具的表现也强于其他灯具：节能灯管中存在对环境影响的有害物质，金卤灯也存在这个问题，LED 灯具则不存在环保损害。

表 2　博物馆各类空间照度与功率密度值

房间或场所	照度标准值 (lx)	照明功率密度值 (W/m²)	
		现行值	目标值
会议报告厅	300	≤ 9.0	≤ 8.0
美术制作室	500	≤ 15.0	≤ 13.5
编目室	300	≤ 9.0	≤ 8.0
藏品库房	75	≤ 4.0	≤ 3.5
藏品提看室	150	≤ 5.0	≤ 4.5

表 3　各类灯具能耗比较

项次	光源类别	代表品牌	光源类别及型号	光源功率（W）	光通量	2400 lm 折合的光源个数（只）	2400 lm 折合的灯具功率（W）
1	卤素灯	Osram 欧司朗	DECOSTAR 51PRO 50W	50	870	2.8	140
2	节能灯	Phillips 飞利浦	PL-C 2PIN	18	1200	2	36
3	金卤灯	Osram 欧司朗	HCI-T 35W/830	39	3700	0.65	25.3
4	LED 光源	Cree 科锐	XP-E2	1.05	100	24	25.2

表4　各类灯具碳排放量比较

项次	光源类别	代表品牌	光源类别及型号	光源功率（W）	电器损耗（W）	年能电（kW/h）	碳排放（kg）
1	卤素灯	Osram 欧司朗	DECOSTAR 51PRO 50W	140	2.8	428.4	427.1
2	节能灯	Phillips 飞利浦	PL-C 2PIN	36	0.72	110.2	109.9
3	金卤灯	Osram 欧司朗	HCI-T 35W/830	25.3	0.5	77.4	77.16
4	LED 光源	Cree 科锐	XP-E2	25.2	0.5	77.1	76.87

表5　传统灯具与LED灯具节能比较

项次	光源类别	代表品牌	光源类别及型号	节约耗能（kW·h）	节约碳排放（kg）	节能比
1	卤素灯	Osram 欧司朗	DECOSTAR 51PRO 50W	351.3	350.23	82%
2	节能灯	Phillips 飞利浦	PL-C 2PIN	33.1	33.03	30%
3	金卤灯	Osram 欧司朗	HCI-T 35W/830	0.3	0.29	0.4%

四　寿命与综合成本

　　LED 灯具的寿命非常长，如今随着芯片耐温能力的提高，散热技术的发展，其产品寿命大大提高，标称可达到50000小时，实际用30000小时已经没有任何问题。

　　各类光源的工作寿命如下。

　　卤素灯：(Osram 欧司朗 DECOSTAR 51PRO，50 W，5000 小时)

　　节能灯：(Phillips 飞利浦 PL-C 2PIN，6500 小时)

　　金卤灯：(Osram 欧司朗 HCI-T 35 W/830，12000 小时)

　　故根据以上资料统计如下表6。

　　博物馆展陈区经常使用卤素灯，一只卤素灯寿命大概1年，节能灯大概2年换一次，金卤灯时间长一点，4～5年。LED 灯具达到10年。故从表6可以看出，在LED 灯具的寿命期，其他灯具需要更换光源2.5～6次不等，每次更换除了光源费用，还有人工费用，这个费用其实也不少。

　　以 LED 灯具30000 小时寿命期，同时发出光通量2400 lm 为基准，我们计算在此期间各类灯具产生的综合

费用：初始投入费用（灯具设备投入）；维护费用（灯泡更换，维护）；能耗（用电成本）。

　　初始投入费用我们预估如下：（专业博物馆照明普通品牌产品）

　　卤素灯（配用光源约 140 W，用于陈列区照明）：1500 元。

　　节能灯（配用光源约 36 W，用于洗墙或环境照明）：1800 元。

　　金卤灯（折合配用光源约 25.3 W，用于高空间照明）：2100 元。

　　LED 灯（折合配用光源 25.2 W，用于陈列区照明）：2500 元。

　　维护费用：各种光源的价格，更换次数，每次更换人工费。

　　卤素灯在发出光通量2400 lm，工作30000 小时情况下，需要16.8只灯泡，每只灯泡预估为50 元，每次人工费用为25 元，在此期间的维护费用为1260 元。

　　节能灯在发出光通量2400 lm，工作30000 小时情况下，需要9.2只灯泡，每只灯泡预估为80 元，每次人工费用为30 元在此期间的维护费用为1012 元。

表6　各类灯具寿命比较

项次	光源类别	代表品牌	光源类别及型号	寿命（小时）	30000 小时内光源消耗数量（只）
1	卤素灯	Osram 欧司朗	DECOSTAR 51PRO 50W	5000	6
2	节能灯	Phillips 飞利浦	PL-C 2PIN	6500	4.6
3	金卤灯	Osram 欧司朗	HCI-T 35W/830	12000	2.5
4	LED 光源	Cree 科锐	XP-E2	30000	1

表7 不同光源综合成本分析

项次	光源类别	代表品牌	光源类别及型号	初始成本（元）	运营电费（元）	维护成本（元）	综合成本（元）
1	卤素灯	Osram 欧司朗	DECOSTAR 51PRO 50W	1500	4284	1260	7044
2	节能灯	Phillips 飞利浦	PL-C 2PIN	1800	1102	1012	3914
3	金卤灯	Osram 欧司朗	HCI-T 35W/830	2000	774	487.5	3361.5
4	LED	Cree 科锐	XP-E2	2500	771	0	3271

每只金卤灯在 30000 小时工作期，需要 2.5 只灯泡，每只灯泡预估为 250 元，每次人工费用为 50 元，在此期间的维护费用为 487.5 元。

每只 LED 灯在 30000 小时工作期，不需要产生维护与更换，且灯本身含有光源，维护费为 0 元。

能耗：达到 2400 lm 光通量在 30000 小时寿命期，各灯具耗电量及电费（每度电以 1 元计算）如下。

卤素灯：4284 度，电费 4284 元。

节能灯：1102 度，电费 1102 元。

金卤灯：774 度，电费 774 元。

LED 灯：771 度，电费 771 元。

根据以上各项数据，不同光源达到 2400 lm 光通量在 30000 小时寿命期内，综合成本比较如表 7。

从上表看，我们发现 LED 灯的综合成本最低，金卤灯比较接近，其他灯具相差非常大。

但是，金卤灯功率及光通量太大，在陈列区不太合适，红外、紫外辐射也比较大。而且其热启动时间也比较长，故虽然比较划算，但实用性不强。

节能灯表现相对较好，但一般用于博物馆公区或休息区。偶尔用于陈列区的展柜、洗墙空间，其他大部分情况用于环境照明。

卤素灯在各个空间都适用，但能耗过大，综合成本过高。

五 光质量

卤素灯在博物馆照明有其独特的优势，那就是显色性，其显色指数接近 100，其他光源都比它低。

光源的显色评价指标是显色指数，它是指 14 个标准色块（8 种中等饱和度的代表性色调，6 种饱和度较高的红、黄、蓝、叶绿色、欧美人肤色，中国还增加了亚洲妇女的肤色）在被测光源和标准光源照明下，其颜色的符合程度。若物体受被测光源照射后，其颜色效果接近标准光源，则其显色性好，反之显色性差。

《博物馆照明设计规范》（GB/T23863-2009）及《建筑照明设计标准》（GB50034-2013）有关博物馆照明的相关内容规定：对于陈列绘画、彩色织物以及其他对辨色要求高的场所，光源的一般显色指数 >90。其他要求不高的场所，显色指数 >80。

故我们在选用照明产品时，显色指数应达到要求。光源的显色指数，与其光谱分布相关，光谱分布越齐全、连续，显色性越好。通过观察各类光源的光谱分布，我们可了解其显色性的差异，见图 7～10。

卤素灯光谱比较连续，蓝光成分相对低一些，整体光色偏黄。显色性高，不过对于部分冷色系展品，光色表现稍微欠缺。

节能灯的光谱是不连续的，虽然其显指也能达到 80 以上，但对于展品的真实性表现不足。

金卤灯的光谱表现比较好，波长基本连续，光色饱和。LED 光谱相对连续，在红光与蓝光区域有两个峰值，对于不同颜色的展品表现相对较强。由于蓝光峰值的存在，对于冷色系展品表现好一些。

资料来源：OSRAM 官方网站：产品/灯泡/卤素灯/DECOSTAR/DECOSTAR 51 PRO（http://www.osram.com.cn/osram_cn/products/lamps/halogen-lamps/decostar/decostar-51-pro/index.jsp）

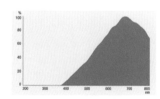

图7 卤素灯光谱

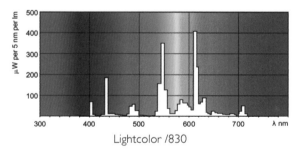

Lightcolor /830

资料来源：Phillips 官方网站：主页/产品目录/光源/分离式紧凑型荧光灯/PL-C/MASTER PL-C 2 Pin（http://www.lighting.philips.com.cn/prof/lamps/compact-fluorescent-non-integrated/pl-c/cplc2p/productsinfamily）

图8 节能灯光谱

综上所述，卤素灯的光谱最连续、饱和。从光谱我们也能看出，该光源整体光色偏暖，色温固定，在 2700～3000 K，能完全真实地表现展品颜色、质地等。

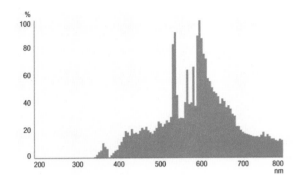

资料来源：OSRAM官方网站：产品/灯泡/高强度气体
放电灯/陶瓷内管金卤灯/POWERBALL/ HCI-T
（http://www.osram.com.cn/osram_cn/products/lamps/
high-intensity-discharge-lamps/metal-halide-lamps-
with-ceramic-technology/powerball-hci-t/index.jsp）

图9　金卤灯光谱

相对光谱功率分布

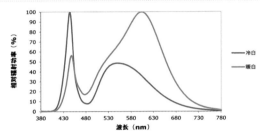

注：以红色曲线为准
数据来源：
科锐官方网站　主页/Xlamp LEDs/XP-E2
（http://www.cree.com/~/media/Files/Cree/LED-Components-and-
Modules/Chinese/XLamp/Data-and-binning/XLampXPE2.pdf）

图10　LED光源光谱

节能灯差一些，由于光谱不连续，对于展品的真实
表现欠缺。

金卤灯好一些，光谱较连续，色泽饱和，表现真实。

LED光源光谱表现较好，相对饱和，但不如卤素灯，
不过它也有优于卤素灯的地方，那就是色温选择范围更
大（2200～6500 K），对于艺术类展品表现更自然。

随着技术的发展，LED的显色性也越来越优秀，高
显产品已经达到95以上。最近有些厂家推出全光谱LED
光源，其颜色更饱和，显色性更好。

六　响应时长与智能化

在响应与智能化方面，LED灯具与传统灯具相比，
优势很明显。在响应时间方面，LED光源表现最好（响
应时间：从接通电源到正常发光的时长）。

节能灯：十秒级，频繁启动影响寿命。

卤素灯：十秒级。

金卤灯：冷灯启动分钟级，热启动十分钟级。

LED灯具：秒级。

可以看出，LED灯具的表现非常优秀，且频繁开关
对于灯具无任何影响。

卤素灯次之，响应时间较快，频繁开关对于灯具影
响比较小。但是在冷启动时，瞬间电流大，对灯具会有
一定影响。

节能灯响应时间较快，但频繁开关影响灯具寿命。

金卤灯冷灯启动时间较长，从发光到灯具正常工作
达数分钟。而如果是热启动（亮灯后断电或关灯，再重
新启动），这个时间会特别长，需要十多分钟。这是影响
其应用的障碍之一。

其次是调光与控制，LED光源由于是一种新型光源，
与传统光源相比，控制与调光更方便。

卤素灯：调光简单，小功率可直接通过调光旋钮操
作，大功率需配置调光或控制系统。通过配置感应开关，
可实现感应控制。由于光色固定，无法进行色温调节。

节能灯：主要通过0/1-10 V接口调光，小功率可
通过专用0/1-10V调光器调光，大功率通过专业调光或
控制系统处理，相对复杂、成本高。

金卤灯不能调光，只能控制开关，而且热启动时间长。

LED灯具，开关方便，对产品寿命无任何影响。调
光灵活，兼容可控硅、0/1-10 V、Dali等多种调光方式。
通过控制系统，还可以调节色温，光色等，通过配置感
应开关，可实现感应控制，随着智能控制系统的发展，
控制终端更加多样化，如电脑、手机、APP等，控制界
面更加人性化。

综上所述，各类光源综合比较如下表8。

表8　各类灯具响应时间与智能控制比较

项次	光源类别	节能	综合成本	显色性	色温范围	响应时间	调光与智能控制
1	卤素灯	最差	最高	最高	低色温，色温固定	十秒级	较方便
2	节能灯	较好	较低	较差	色温范围大、色温固定	十秒级、频繁启动影响寿命	一般
3	金卤灯	非常好	非常低	较高	色温范围3000～5000K，色温固定	冷灯启动分钟级，热启动十分钟级	不适合
4	LED光源	最好	最低	较高	色温范围最大2200～6500K，色温可能出现偏差	秒级	非常方便

目前博物馆、美术馆普遍存在的问题

一　博物馆、美术馆 LED 应用层面的问题

有的博物馆馆方反馈，应用的 LED 光源的光衰很厉害，不到三个月的时间，比初始安装时光强明显减弱，还有的甚至不亮了，这些与光源、灯具以及配件的质量有很大关联，尤其是轨道的类型问题、电器的配置问题，还有调光系统的选择等任何一个小小的纰漏，都会影响光源使用的最终结果。LED 在未来的使用趋势毋庸置疑，但众所周知的只有一条节能，在专业照明领域没有统一的应用及检验标准，作为使用方则对 LED 的检验更加模糊，他们希望有一套更加完整的标准来衡量，避免各种不达标的产品对后期使用产生影响，尤其是对博物馆美术馆专业照明领域的影响。LED 自推出以来，一直受到大众关注，发展很快，但这个过程中也出现一些问题，譬如刚开始推广时的不稳定，寿命并不如标称的 30000 或 50000 小时，光通量不高，没有像宣传的那样节能等。

人们在使用时也有不少困惑，如为什么宣传资料讲得很好，用起来却大相径庭？因此，许多人对 LED 灯具是否节能，长寿命产生怀疑，甚至在应用时出现抵触。

今天，LED 灯具应用已经比较成熟，工作相对稳定，应用也比较广泛。我们现在回过头来分析一下这种状况的原因。

首先，宣称 LED 发光效率高，比传统光源高出很多倍，这里主要讲的是 LED 光源，光源测试出来的光效的确很高，数据也是真实的，这一点是没有什么可怀疑的。不过，用户最终使用的是灯具，光源只是其中的一部分，除此之外，还有驱动电器、灯体散热构件等。

驱动电器会消耗一部分功率，在技术发展初期（2010 年左右），驱动器面世不久，功率因素不高（一般在 0.8 左右），能到 0.9 的很少，这样，灯具因为功率因素低，元器件功率消耗，会损耗灯具 5% ~ 10% 的功率。

其次是散热构件，LED 发光芯片对温度敏感，对整灯的散热要求很高，以前，芯片节温不能超过 75 度，这个温度对于很多传统灯具如卤素灯而言是很低的，卤素灯外壳的温度比它都要高。这么严格的要求，对于当时的灯具生产企业来说，散热是个技术瓶颈，因为当时的散热构件设计与工艺水平都不高。因此，灯具做出来以后，常在工作时出现节温度超标，温度一旦超标，芯片的光效就会大大降低，影响寿命，严重时会烧坏芯片造成损坏。

LED 芯片的公布数据是在理论节温及环境温度值下测出来的，若在实际工作时超过这个理论值，就会出现光效降低，这个一般会影响 10%，如此一来，因为散热问题，造成整灯光效又下降了 10%。

因此，在正常工作时，灯具的实际光效同光源公布的数值，实际已经打了八折。

再次，LED 芯片在应用时，为达到实际需要的各种窄、中、宽等光束角，还需要配置光学透镜等，而这些光学配件在改变灯具出光的同时，也会损失部分光通量。

上述这些因素，是造成灯具应用时的光效低，寿命不足，稳定性欠缺的主要原因。

但是，近几年 LED 照明技术突飞猛进，其应用技术的不断成熟，从电器到光学配件，散热构件等都有了质的提高，LED 灯具的整灯光效也大大提高。

芯片的耐温性大大提升，优质芯片的节温耐温值已经达到 90 多度，这个温度对于散热设计大大降低了难度。

驱动器的功率因素普遍提高，多数厂家达到 0.95，这提高了整灯光效。

散热及光学设计已非常成熟，现在 LED 灯具的各种散热套件、标准结构市场都有，散热基本不成问题；针对不同芯片的各种光束角透镜也比较齐全，且出光效率大大提高。

因此，如今 LED 灯具整灯光效提高，已经达到了名副其实的高效节能与长寿命。在实际应用中也得到了广泛推广。在酒店与专卖店等空间，LED 灯具由于节能效果明显，如今正在大批替换金卤灯。

博物馆行业相对保守一些，由于可靠性及高显色性的严格要求，对 LED 灯具应用存在一定的顾虑，但这几年，新上项目也开始使用，推广力度越来越大。

不过，LED 作为一种新兴的光源，与传统产品毕竟不同，在应用方面也有一些需要注意的事项。

首先是评判标准。前些年由于有关 LED 照明的标准相对滞后，LED 光源与灯具方面，应用与检测基本无章可依。随着各项标准与认证的完善，也逐渐正规。故在使用该类产品时，应根据参考标准检测或使用通过认证产品。而博物馆 LED 灯具，应主要考虑以下标准。

（1）灯具的一般安全要求：GB7000.1-2015。灯具 第一部分，针对 LED 灯具特性有详细明确的要求，而且增加了光生物安全检测。LED 灯具的 CCC 认证检测，完全依照此标准进行。

（2）《建筑照明设计标准》（GB50034-2013），针对博物馆照明空间的照度，功率密度，防眩值等有明确要求。

（3）《博物馆照明设计规范》（GB/T23863-2009）对于博物馆照明部分照度值、功率密度、色温范围、显色性，光源推荐，灯具防眩等都有详细规定。

第一个标准主要针对灯具安全及可靠性方面的检测标准，后面两个标准主要是针对节能、照明效果方面的要求。博物馆 LED 灯具的选型应首先考虑是否符合这几个标准，是否通过 CCC 认证，这是质量保证的依据与前提。

除此之外，我们还要注意 LED 灯具不同于传统灯具的地方，这要求我们在设计、应用等方面注意。

1. 色温的问题

与传统产品不同，LED 灯具的色温是一个范围值，而不是一个固定值，这是最大的区别。

譬如卤素灯色温是 2700 K，那么同一品牌的灯具都是这个色温，没有什么分别。不同品牌的产品，只要标称是这个色温，也基本没什么差别。下一次换灯时，选同型号或同参数的灯具就可以了，不会出现肉眼可辨的色温差异。

LED 灯具就不一样了，譬如它的色温虽然标称是 3000 K，但它是一个范围值，一般会出现 200 K 左右的偏差。如标称 3000 K 色温，其色温值一般在 2900 ~ 3100 K，一批灯具的色温就会在这个区间分布，如果灯具色温往上下限分布时，就会出现肉眼可辨的色温差，这批灯具装在一个空间，就会看起来不一样，有的偏白，有的偏黄。在后期维护修理时，如果需要更换灯具，问题会更明显。因此，在实际应用时，应尽可能选用同一品牌的同一标称参数的产品，否则，采用同一品牌不同批次或不同品牌的灯具，也会有这类问题。

在 LED 照明发展初期，差异很明显，而这些年随着技术的发展，逐渐得到改进，有些品牌的光源芯片，色温已经能控制在 50 K 以内，这个区间的差异值，肉眼已经很难分辨出来，同一空间，也就看不出差异了。

假如芯片的质量控制无法达到这么精准，那么就应该注意，需要与供应厂家做好沟通，确定色温控制范围，同时做好记录，譬如某个项目，应用时那个标称的色温，光源芯片的 BIN 区，色温控制范围，最好留下样灯，以方便后期维护参照。

2. 显色性的问题

传统的卤素灯，显色指数接近 100，不用考虑展品显色失真的问题。但是 LED 灯具就有些差别，不同的 LED 灯具，显色指数 Ra 从 60 ~ 95 都有，在选定参数时，应限定显色指标，《建筑照明设计标准》GB50034-2013 有相关规定：辨色要求一般的场所 Ra 不应低于 80，辨色要求高的场所，Ra 不应低于 90。因此，实际应用时我们应参照此标准。

Ra 是一个均值，是一个对 15 个色块的显色真实性的均值。我们确定了显色指数后，还应该注意，某色块若在空间应用较多，需要注意该色块的显色指数。因为 LED 灯具 Ra 虽然达到要求，但对于某些关键的颜色，显色性实际很低，这些颜色的材料就会无法真实表现。

如今 LED 灯具显色指数提高很快，显指 80 已能普遍满足。但在实际测试时，会发现 R1 ~ R15 相差较大，尤其是 R9（饱和红色），有的只有 20 左右，有些可能更低，若出现这情况，灯具对于光环境空间的红色系材料，就无法真实表现。针对这种情况，我们除规定 Ra 达到要求以外，还应限制 R9（饱和红色）的数值，尤其对于陈列区以及革命历史题材类的博物馆，这项非常重要。

3. 展品保护

LED 照明产品的发热量极低，较少存在红外、紫外辐射，故可充分应用在博物馆照明的各类空间，尤其是展柜空间。该空间相对狭小，灯具离展品近，热量对展品损坏很大，以前展柜考虑光热分离，因而采用光纤灯，但成本极高，而 LED 产品推出以后，由于尺寸小，发热量极低，日后在展柜空间会广泛应用，且大大降低了成本，因此，LED 灯具因为光品质好，十分有利于展品的保护。

4. 灯光调试

LED 光源是一种比较脆弱的芯片，应防止电冲击、静电、过热等。因此，在实际调试时，不能带电操作。譬如陈列区轨道灯的安装调试，亮灯前应将灯具调好，统一亮灯。不能在轨道带电时装灯调灯，这样可能因为电冲击，损坏光源。另外，若多只灯具共用一台电器时，应注意灯具的电压、电流与电器都要配套，否则会出现显烁、不亮或过载等。

5. 照明频闪现象

灯具频闪就是由光线的明暗变化而形成的，通常分为两种：一种是变化频率在 100 Hz 以下的，此时的频闪可以被人眼捕捉；另一种是变化频率在 100 Hz 以上的，这种频闪不会被人看到，但实际上已经对人体造成了伤害。卤素灯基本没有这个问题，其他的如节能灯、金卤灯、LED 灯具或多或少地存在这些问题。

LED 灯具对于第一种频闪已经解决，但第二种频闪仍存在。这种频闪不能通过肉眼感知，但是如果用照相机、摄像机拍摄时，就会出现闪烁的水纹频闪现象。这种频闪对于长期处于该空间下的人们会产生伤害，主要包括可能产生偏头痛、视觉功效降低、注意力分散、错觉等。由此，应选用无频闪的 LED 灯具。这关系到厂商的 LED 光源以及驱动电器的选择，优质的芯片与无频闪电源，是保证生产出无频闪技术 LED 灯具的核心。故在 LED 灯具选择时，应强调频闪控制，现在的"照明护照"已经有这个检测功能，若没有仪器，可直接用手机拍摄，查看是否出现水纹频闪现象。

二 设计师应用层面的问题

LED 是一种新型光源，很多设计师由于习惯问题和个人喜好问题，对博物馆、美术馆做照明设计的时候，运用 LED 光源目前仍处在适应与排斥状态，还需要一段时期运用才能改变，尤其是由于较早尝试过运用 LED 光源进行设计的设计师，后期业主有关应用问题和反馈维修问题等因素，让他们品尝到了苦头，致使某些设计师们开始拒绝 LED 新型光源进行当下设计任务。另外，对它的排斥还表现在灯具的参数化选择方面。传统卤素灯光谱稳定，灯具与光源分离，光源的色温和显色指数也比较固定，而 LED 这种新型光源，灯具与光源一体化居多，色温等参数选择范围由于数值化显得更为复杂多变，除了需要及时增强专业知识的修养以外，还要能根据不同场所的适用性，进行合理地选择与运用 LED 光源的参数设置，才能实现设计目标。

LED 灯具是一种新技术的结合，是革命性光源与新型电器、新散热构件与光学器件的结合体，且技术发展十分迅速。与传统照明产品相比，会给照明设计等方面带来一定的冲击。在设计师层面应注意以下问题。

1. 照明基调

LED 灯具相对传统照明产品，有相同的一面，也有不同的一面。在传统照明灯具设计时，由于主要采用卤素灯，光源的色温与显指是固定的，这一方面不需要前期做什么规划。但是，LED 灯具不一样，其色温选择范围非常大，而且，由于灯具的显色不一，且与成本相关，故在博物馆照明设计时，设计师应确定照明基调，即考虑整个光环境的色温、照度、显色性等参数。譬如历史题材类馆以暖色、低照度、高显色为主；文化艺术类博物馆照度会高一个层级，色温也会偏高，如 4000 K 左右，同时注重高显色性，能营造出自然、明亮的观赏氛围。（表1）

2. 色温的控制

LED 灯具虽然能够提供非常宽的色温区间，但是，考虑对于展品的保护以及整体色温一致性，我们应遵循以下规定。

《博物馆照明设计规范》GB/T23863-2009 相关内容：

6.3 光源颜色

6.3.1 一般陈列室直接照明光源的色温应小于 5300 K，文物陈列室的直接照明光源的色温应小于 3300 K。同一展品的照明光源的色温应保持一致。

6.3.2 室内照明光源色表可按其相关色温分为三组，光源色表分组宜按表1确定。

表1　博物馆空间色温分组

色表分组	色表特征	相关色温(K)	适用场所
I	暖	<3300	接待室、售票处、存物处、文物陈列室
II	中间	3300-5300	办公室、报告厅、文物提看室、研究阅览室、一般陈列室
III	冷	>5300	高照度场所

一般博物馆陈列区我们会控制色温低于 4000 K。这里面主要是辐射控制的问题。我们知道，光辐射对于光

敏感类的展品同样是有伤害的。在可见光的光谱，频率越高，辐射能量越大，对于展品的伤害也越大。而光源的频率是与色温相关的，频率越高，色温越高；频率越低，色温越低。因此，从辐射的角度考虑，我们应该尽量在博物馆陈列区应选择低色温灯具。

3. 参数选择

设计师在灯具选型时也需要注意，传统卤素灯产品灯具与光源分离，在灯具选型时，只需注明厂家型号，选配光源参数即可（色温与显色性不需要标明）。LED 灯具的灯架与光源一体，因此，在灯具选型时，应注明产品型号、色温区间、显色范围（特别是 R9 值）、光束角等。

4. 灯具防眩

《建筑照明设计标准》GB50034-2013 对于博物馆陈列区照明灯具防眩规定。

直接型灯具遮光角不应小于表2的规定。

表2　光源表面亮度与遮光角要求

光源亮度 (kcd/m²)	遮光角 (°)
1 ~ 20	10
20 ~ 50	15
50 ~ 500	20
>500	30

卤素灯光源表面的亮度较高，一般超过 500 kcd/m²，防眩角要求大于 30 度。因此，我们常见的博物馆专业品牌灯具，也基本达到了这个要求。

LED 10 W 以上的单颗芯片灯具，其表面亮度也很高，同样需要达到这个防眩要求，但是，小功率的 LED 灯具，尤其是展柜灯，功率小、表面亮度低（1 ~ 3 W，表面亮度低于 50 kcd/m²），防眩角会在 15 度以下。而对于多颗芯片的灯具，由 1 ~ 3W 光源芯片组合而成（如灯具功率 30 W，由 10 颗 3 W 的芯片光源组合而成），若光学透镜是分开的，其防眩角也可以小一些。

5. 充分发挥 LED 灯具的优势

博物馆空间展品大小不一，展示主题有时会变化，尤其在临展较多时，因此，在灯具选型时，可充分发挥 LED 产品灵活多变的特点，进行适当的选择。

投射角度可调，根据展品所需的投光方向，灯具选择可水平 365 度，垂直 90 度可调的灯具。

亮度可调，根据展品光照度要求，选择可调光 LED 灯具。专业的 LED 博物馆灯具，单灯调光产品大多数可以实现 10% ~ 100% 的无级调光。

光束角可调，根据展品大小，调节光束角，实现精准配光。

感应调节，部分珍贵展品为严格控制曝光量，可通

过配置红外或光感器，实现人来灯亮，人走灯灭。

6.LED 照明技术应用

LED 灯具发展很快，在照明设计时，了解最新技术产品，实现理想的照明效果。

单灯可调光，可变焦 LED 灯具（可实现亮度、光束角、投射角的灵活调节）。对于临展空间，原传统照明产品一般难以达到要求，需要多配灯具，临时增减。而 LED 灯具的灵活多变性能解决这一问题。单灯可调光、可变焦的产品，可以根据产品的大小、位置自由地调节亮度、投射角、光束角。极大地方便了设计与调试。

智能感应。LED 灯具的智能感应接口很便利，应用方便。传统照明产品为实现感应控制，需要配置专业的控制系统。而 LED 灯具就相对简单了，一般在展柜上配置了控制电器与感应开关后，就能很好地解决问题。

调试及应用。LED 灯具的控制终端越来越便利和多样化。如电脑、手机、APP 等，其控制界面简单，用户操作方便。若设计时选用，则无论在设计师灯光调试还是现场灯光维护都很方便。通过移动终端，设计师可完全根据自己的设计意图，调节灯具的亮度等。而不像以前，设计师负责设计，电工负责调试，常出现脱节。当然，有些很实干的设计师会亲自调试灯光，但这也有问题，因为在调光时，设计师是站在梯子上边调灯是从上往下看效果，在上面感觉效果合适了，但一下来，站在观众的位置看，又不满意了。而有了移动控制终端，设计师可手持终端，直接站在下面调节，会非常方便。

三　厂家技术层面的问题

很多厂家盲目地追赶工期，在产品质量上没有把控好质量关，致使在国家还没有 LED 标准的情况下粗制滥造，造成大量的低劣产品流入应用端的博物馆、美术馆陈列中。另外，还有技术不衔接问题，尤其是导轨的不通用问题突出，有的厂家甚至自己的产品也导轨不通用，像传统光源的导轨与 LED 的导轨就不能自家通用。另外，很多国内的生产厂家在生产博物馆与美术馆专业产品上外形研发方面欠缺，不是品种单一，就是个头太大，缺乏精细加工设计的意识。尽管我们的产品质量与配光等技术方面比国外同类型产品相差甚微，但光从视觉效果上和外形上就大打了折扣。另外，在严把质量关方面问题也很突出，散热问题、芯片的一致性问题、色容差的控制范围问题等等，没有严格的质量把控，产品自然没有好的光效。

LED 灯具作为一种新兴的产品，由于技术发展、标准配套等方面的原因，与传统产品相比有一些新的问题，具体如：统一标准，接口，芯片与驱动电器的标准化。

市场主流的芯片及厂家很多，如科锐、日亚、西铁城、Luminus、Osram 等，这些厂商都有自己规格的芯片，尺寸不一、参数不同。同样是 COB 芯片，科锐、西铁城、Luminus 等的支架、发光面积、配套驱动都不相同，灯具厂家在进行选型开发时，希望做一款通配主流芯片与电器的产品，几乎不可能性实现。

驱动器也是如此，其尺寸、参数、接口各家不一。不过，驱动器是根据主流芯片而定的，故在灯具开发时，选定了主流芯片，还要选择与该类芯片配套的驱动器，不胜繁琐。

国际上 ZHAGA 联盟，是一个由 LED 生产商组成的联盟协会。通过标准化来实现光引擎的兼容性和互换性，并以此加速 LED 技术的广泛应用，其使命是为灯具制造商提供一个更好更有效的光源方案解决平台。避免大量的不兼容光引擎产品在市场上流通，使市场上有多家光引擎可供选择，从而达到减少光源应用的开发成本，并通过培养竞争力来促进市场增长。但实际情况非常糟糕，基本没有达到标准化认证与生产导向。

1. 技术发展变换

LED 照明技术发展很快，每半年各家芯片巨头都会推出新产品或改良品，有的是提高光效，有的是提高光的质量。但是无论是哪一类，新旧芯片的色温可能会产生差异，配套电器、光学透镜也需要改变，这给灯具生产厂商带来很大的麻烦。厂商为了控制灯具色温，会对芯片备库存，应用新品就会滞后，而在新旧交替时，色温等差异就表现在灯具上了，如此控制一致性是一项非常繁琐的工作。

另外，由于技术竞争，在各个时段，市场主流的光源芯片或者主流厂商主打芯片会发生变化，这些变化，会直接影响灯具生产厂商。譬如原来设计配套的是科锐的某款芯片，但过了一段时间发现其竞争者普瑞的另一款芯片更好，在市场上已经普遍使用。灯具厂家势必转而采用普瑞的产品，如此，电器、芯片支架、光学透镜全部得推倒重来。

2. 配套开发

每一次光源芯片的升级、竞争性的降价，都会拉动灯具生产企业的配套开发，芯片是灯具的核心，这种因为芯片更换的配套开发，包括电器、光学透镜、散热构件等，其开发成本无疑是巨大的。

因为光源的变化，原有的光学系统必须重新设计，而新的芯片推出时，市面并无成熟光学透镜配套，需要厂家开发，这是一个非常耗时的工作。每次升级，都倒逼灯具厂家进行光学透镜的开发，各个厂家的重复开发量大，资源也浪费。

其次是配套的驱动电器开发，新的光源出来后，电流、电压等都会有变化，这需要灯具厂家与电器厂家沟通协调，进行调整参数。不过，相对于光学系统，这个过程没有那么复杂。

最后是散热器件与结构配套。光源芯片升级后，耐热能力更强，灯具的结构套件也要进行简化设计。如缩小散热面积，减轻重量等。譬如以前我们看到的 LED 灯具，槽多孔多体积大。现在槽孔越来越少了，也变轻了。

3. 质量控制

LED 照明技术的快速发展，也带来了灯具成品质量控制的繁杂度。

首先是一致性的控制，如芯片色温。为保证灯具色温一致性，厂家必须固定供应商，尽量持续采购同一厂家同一 BIN 区的光源芯片，同时注意每批次色温区间的记录，这样，客户再次下单时，通过查找记录，选配同样参数的光源芯片，才能防止造成色温的混杂。

其次是潜在品质问题的检测，LED 灯具比较复杂，隐性的问题多。而传统照明灯具质量问题一般是显性的，可直接通过亮点检测发现。LED 灯具就大不一样，很多问题不能通过点亮检测出来，还需要进行老化，以检测可靠性、色温一致性等。一般通过 12 小时老化，来验证灯具整体热稳定性、电器与芯片配合可靠性、芯片发光稳定性等。

再次是工艺要求更严格，LED 芯片比较脆弱，在装配加工时，需要防静电、防尘、防湿等，比起传统产品，对操作人员要求更高。

4. 库存成本压力

由于 LED 芯片、电器型号、灯体构件比较多，材料整体库存会大大增加。而另一方面，LED 灯具的灯体大多与光源是组合在一起的，传统产品灯体与光源是分离的，一种灯体通过配用不同的光束角的光源，实现型号简化。而 LED 灯具因为光源与灯体组合，不同光束角会对应不同的成品型号，如此也增加了成品库存。

综合材料与成品库存的增加，无疑增加了厂家的成本压力。

基于厂家技术层面的问题在研发方面，我们课题也做了规划：

①根据调研数据确定研发；
②从使用功能上考量新功能；
③了解最新博物、美术馆照明灯具发展趋势，找方向；

④分析未来博物馆，美术馆灯具的潜在功能需求；
⑤确定研发目标、方向、功能定位；
⑥确立研发阶段的研究任务；
⑦进行合作研发；
⑧课题最终组织验收与结题。

四 实验室测试层面的构想

课题实验室的构想最初主要考虑的问题是：

（1）抽测具有典型性和代表性的博物馆、美术馆展陈灯具产品，送检测单位检测。

（2）检测内容涵盖新型 LED 光源的光效、色温区间、显色性、光束角、防眩角等基本指标，其他如转动、定位、功率、功率因素、电流、电压保护等内容。还有检测 LED 光源的紫外、红外线含量。

（3）检测部分传统灯具的光效、色温区间、显色性、光束角、防眩角等基本指标，其他如转动、定位、功率、功率因素、电流、电压保护等内容。以及所含紫外、红外线，或者加盖防红外、紫外的滤光片后的辐射值。进行比对测试。

（4）LED 新光源特别要采集检测包括 R9、R13 在内的显色值。

谈及 LED 灯具的实验室产品测试，首先是基于标准的测试。而标准分为安全的、光效与光质量方面的，下面我们逐一说明。

1. 基于安全的实验室测试

两个标准（GB7000.1-2015《灯具 第 1 部分：一般要求与试验》以及 GB/T23863-2009《博物馆照明设计规范》）的相关的要求。

GB7000.1-2015《灯具 第 1 部分：一般要求与试验》对于 LED 灯具的安全性进行了详细的要求，标准还明确了蓝光的危害要求：带有整体式 LED 或 LED 模块的灯具应根据 IEC/TR62778 进行蓝光危害评估。对于固定

表 3 蓝光危害分类

危害	危害产生前所需要的照射时间（单位：秒）				发射限值		
	0 类危险（RG0 豁免级）	1 类危险（RG1 低危）	2 类危险（RG2 中危）	3 类危险（RG3 高危）	0 类危险（RG0 豁免级）	1 类危险（RG1 低危）	2 类危险（RG2 中危）
蓝光危害（300～700nm）	10000	100	0.25	—	100 W·m⁻²·sr⁻¹	10000 W·m⁻²·sr⁻¹	4000000 W·m⁻²·sr⁻¹
蓝光危害-小型光源（300～700nm）	10000	100	0.25	—	1.0 W·m⁻²·sr⁻¹	1.0 W·m⁻²·sr⁻¹	400 W·m⁻²·sr⁻¹

式灯具，如果在200毫米距离处测得的蓝光危害等级超过RG1，则需要通过试验确定灯具刚好处在RG1时的临界距离。制造商应在产品说明书中给出该距离值，为照明设计师和施工方提供参考。

蓝光危害的产生、危害所需的照射时间及发射限值的规定见表3。

2. 基于光质量要求的实验室测试

《建筑照明设计标准》GB50034-2013对于博物馆照明灯具也有直接与间接的要求，与之相关的要求点罗列如下。

紫外辐射：应减少灯光和天然光中的紫外辐射，使光源中的紫外线相对含量小于20μW/lm。

光源选择：选用的照明光源应符合国家现行的相关标准或有关规定。

应根据识别颜色要求和场所特点，选用相应的显色指数的光源。

辨色要求一般的场所Ra不应低于80，辨色要求高的场所，Ra不应低于90。

照度均匀度：陈列室一般 照明的地面照度均匀度不应小于0.7。

对于平面展品，照度均匀度不应小于0.8；对于高度大于1.4米的平面展品，照度均匀度不应小于0.4。

根据这个指标，应注意配置宽角灯具，在模拟及现场试样时，应达到这个均匀度。

防眩角，直接型灯具的遮光角见表4。

表4 直接型灯具表面亮度与防眩角要求

光源亮度（kcd/m²）	遮光角（°）
1～20	10
20～50	15
50～500	20
>500	30

故对于灯具的防眩，应根据光源的表面亮度，检测是否达到防眩要求。

光源颜色：一般陈列室直接照明光源的色温应小于5300 K。文物陈列室的直接照明光源的色温应小于3300 K。同一展品的照明光源的色温应保持一致。在实际检测时，根据不同的空间，检测应用该类空间的灯具，色温是否达到要求。

3. 基于实际应用与效果评价的测试

博物馆类别很多，但根据照明应用划分，主要包括三大空间（展柜空间、重点照明空间、洗墙照明空间）。实际检测时，对于不同应用空间的灯具测试，应模拟实际环境（如在检测展柜类灯具时，模拟应用环境，将柜类灯具安装于各类展柜内进行测试），主观评判与客观数据相结合。

譬如展柜空间，对于灯具及照明质量要求罗列如下。

（1）由于展柜空间相对较小，故展柜灯具应选用尺寸小、便于安装的类型。

（2）由于柜内的展品珍贵，应保证灯具光质量：不受红外／紫外辐射侵害（对光源进行红外、紫外过滤或采用不含紫外、红外辐射的LED光源）；选用高显色的光源（Ra>90）。

（3）由于空间很小，灯具与展品相隔距离近，故应评估灯具发热量。发热量大的灯具，容易对展品产生热辐射伤害（最好是采用光热分离的光纤灯或LED小功率灯具）。

（4）眩光控制，由于观众对展柜内的展品的近距离观赏，故眩光控制很重要，应评估灯具本身防眩角大小。

（5）灯具投射角度的调节性。考虑观众从多个方向观看展品，应评估灯具在水平、垂直方面的调节角度，是否灯具可从不同方向投射，是否便于观赏，和营造立体感。

（6）灯具溢光与杂散光控制，展柜灯具不仅需要消除后部杂散光、漏光，还需要控制投射光圈、出光的柔和度等。

通过以上这三个方面的综合评测，业主或馆方对于博物馆灯具的优劣也就更加清楚明了了。

对策建议

当前博物馆要面对大量的普通观众，展陈工作异常繁忙，展览形式也必须要不断地推陈出新，才能吸引更多观众走进博物馆，这也是目前国内博物馆展陈工作的现状。展览工作内容在不断拓展与延伸，尤其是筹备临时展览的时间相当紧张，但又必须要追求新颖的陈列形式，在此情形下，像博物馆照明这类基础工作，很容易被大家忽略或轻视。而这看似微不足道的博物馆照明工作，却蕴藏着大学科的专业知识，尤其在对文物的保护方面，是绝不允许轻视和忽视的，因此我们需要"小题大做"来改变这种对它认识与重视不足的现状。

一 博物馆照明工作必须要"小题大做"

1. 照明具有艺术化的表现作用

"有光才有色"，光的艺术表现作用不容忽视。照明在现代博物馆陈列艺术设计当中富有艺术上的表现作用。一个成功的陈列展览，照明设计能否跟上现代博物馆陈列艺术发展的趋势，直接会影响到整个陈列展览的最终效果。文物或艺术作品的表情是需要用光的设计，来表现其展品的生动性，好的照明设计不仅可以给展品带来被照亮的可视感，还可以富有更丰富的艺术感染力，进而形成陈列空间整体上的时代感与艺术特效。

当然，这些作用力都离不开光与影的搭配，是它们让博物馆照明具有了某种神奇的魔力，让文物展品展现内涵与寓意，通过光与影的表情来倾诉，在文物呈现物理意义上的三个维度以外，还烙上了一个"时间"的第四维，通过光与影的变换，将时空关系进行色彩与明暗地重组，让观众心理产生某种暗示的作用力，运用光的色温与光的明暗强度，有时可以表达一种豁达与舒畅的明亮感与辉煌感，有时可以表现一种阴暗冷酷的清冷或更加强烈的无情的冰冷，这些都可以通过光来实现寓意，带给我们陈列形式上的情感体验。博物馆照明只有通过光与影的合理运用，再结合展品的内外表情化的寓意作用，才能使文物展品富有个性，其内在的寓意才可以被抒发和延伸出来，进而实现它在艺术表现上的感染力的效果。

2."光污染"会影响博物馆的品质

博物馆照明是一把双刃剑，用得好它就富有了艺术上的感染力，用得不好，它还会成为影响陈列展览艺术效果的桎梏。尤其目前国内很多博物馆对博物馆照明认识薄弱，照明设计上的问题可谓比比皆是。主要表现在

陈列当中的光污染问题较严重，尤其表现在对灯具的选择合理性与适用性不当等问题突出。特别是眩光问题，在很多博物馆的陈列中，由于不重视对照明的设计，致使很多陈列中的展柜光源外漏，灯具形成直接眩光影响着观众的观赏，或陈列空间的导轨式射灯，没有防眩光的配件做防护遮挡，也使很多博物馆的展陈照明眩光问题突出。另外，还有镜面反射问题，特别是四面柜问题更为突出，因为玻璃会反射光，如果没有特别的用光设计和采取低反射玻璃来减少光的污染，观众会很难看清楚展柜中的展品，这种二次反射的眩光问题在博物馆中也很严重。其次，是博物馆使用的装饰材料也会造成光的污染问题，像博物馆的地面用材，如果使用了过于光滑与平整的地面材料，会很容易产生折射杂光等现象，造成不必要的光污染问题。此外，就是灯具本身设计上的控光问题，也会直接影响博物馆展陈照明的品质。因为博物馆对光的专业要求很高，对灯具的配光应有严格的控制，如果灯具本身设计不够合理，在使用选择上不够专业，其灯具本身的配光设计就会存在缺陷问题，这样不够专业化的灯具使用，也会很难让照明设计发挥令人满意的设计效果。所以我们这里要强调：博物馆照明设计一定要选用专业化的灯具，才能实现高品质的博物馆照明设计要求，只有用它才能实现博物馆理想化的展陈艺术效果。

3. 博物馆照明工作"重中之重"是保护展品

在博物馆、美术馆中做照明设计，还要兼顾对文物的保护要求，对光强、色温、显色性方面都要严格地进行规范化控制，因此博物馆照明不再只是艺术的表现工具，更多还要体现在它的技术上要符合文物保护的标准。我们都知道博物馆的照明设计要考虑文物的保护问题，所选择的光源与电器设备一定要具有防紫外线和红外线的措施，才能满足使用要求，尤其对博物馆传统光源的使用，更是必不可少的设计要求。通常我们对博物馆陈列进行照明设计时，首先要选择博物馆专业化生产的灯具或具有防护措施的配件产品，才能够满足使用需求。因为博物馆照明对不同展品有不同的照明规范设计要求，尤其是对于那些传统的光源，在照明强度和色温方面都有严格的规范要求，尤其对那些不可再生的珍贵文物，对光特别敏感的丝织品和书画类展品更要审慎使用。当前虽然LED光源在紫外线含量方面已经大大降低了含量，在红外线防控方面也可以降低，但其可见光部分和安全性方面还需要加强管理，尤其光源本身的蓝光控制方面，以及光源本身的色彩还原性和色彩饱和度要求方面，更

需要审慎地进行选择，这也是 LED 光源的技术特性，决定了对它的技术要求。

4. 博物馆的后期运营与管理

博物馆照明工作，不仅是一个艺术形式，同时也对文物展品有防护的作用，另外，它还涉及各博物馆日后的正常运营与后期管理等深层面的经济问题。各个博物馆在照明设备的使用与选择方面会有千差万别，尤其在重视程度与经费投入方面存在巨大差距。省级以上的大型一级博物馆一般会对照明工作有足够的重视，会非常看重照明在艺术表现方面的价值，会对照明设计与设备给予足够的经费支持。但对于那些中小型博物馆，尤其是那些资金紧张的单位，在做展陈设计中，他们会将有限的资金更多地用到展陈装饰或陈列柜上，很少会将资金投入到博物馆照明上面来，因此造成博物馆照明光害污染严重，甚至造成不可逆转的文物损害。照明工作力度的良莠不齐，也使各博物馆之间存在差距。

追求博物馆高品质的照明，需要有专业化的照明产品来提供服务，还需要有专业的设计师来做照明设计，才能发挥博物馆的照明艺术特色，这些都需要资金上的投入才可以实现。如果仅仅通过运用价格低廉的普通商业级照明产品，就想实现高品质的博物馆照明艺术效果，是一件非常困难的事情。另外，并不是我们使用了专业级的博物馆照明产品，就意味着可以实现博物馆的高品质照明效果，它还需要有照明设计师的艺术构思才能实现，这二者不可或缺，缺一不可。但如果灯具本身品质差或配光不合理，那是无论如何也难以实现理想的照明设计，因为艺术本身就是要追求极致地完美体现，没有好的工具和材料，再优秀的设计师也会"巧妇难为无米之炊"，难以实现艺术上的追求目标。此外，对博物馆的照明设计，还要体现在在文物保护方面的设计要求，那些运用了博物馆专业照明产品的设计，在此方面更具优势。

另外，如果选择了价格低廉的照明产品，虽然在采购方面初始费用会很低，但在后期管理上，它们会更容易损坏且增加人力的成本，还会带来后期管理上的诸多问题。而选择了优良的博物馆专业级照明产品，则在博物馆后期运营方面也会更加便捷与节省，很多品牌企业还有严格的后期跟踪与配合服务，这对于博物馆的后期设备管理也会带来维护上的方便。

二 提高途径就是要加强学术研究

1. 探讨博物馆照明工作的提高途径

前面已经探讨了博物馆的照明工作的重要性，因此我们需要重视和研究它，尽可能地让博物馆领导和同仁们对它有足够地了解，并且能正确地规范它、管理它才能发挥好博物馆照明工作的积极作用。那么怎样提高博物馆照明工作是需要我们认真探讨的问题，它包括：如何在博物馆运用最先进的 LED 照明产品实现博物馆高品质照明；如何将绿色、高效、节能、环保的照明先进理

念应用到博物馆照明；如何在博物馆有效地推广现代化的照明智能化控制系统，这些新动向已经成为当前我国博物馆照明工作发展的方向。在实际工作中只有解决好这些发展问题，才能进一步提高我国博物馆的照明工作，尤其目前在博物馆解决好新型光源 LED 与传统照明产品的替换问题更为突出。那如何解决？途径是什么？在大家对博物馆高品质照明普遍缺乏足够认识的当下，我们认为最好的途径就是做好博物馆照明工作的学术研究，将学术成果有效地进行宣传推广是当务之急。只有加强了博物馆照明学术研究工作，用学术成果助推实践应用，才能有效地提高博物馆从业人员对照明工作的认识，才能消除目前具有盲目性和无序的博物馆照明工作状态。

形式是手段，目标与方向才是终极目标。通过学术研究来提高大家的认识，组织高端技术人员与科研人员进行学术研究，以此助推当前博物馆照明工作的发展需要，通过以点代面的形式带动博物馆行业对照明工作的重视。当然，学术研究只能是一项解决问题的途径，还会有其他形式，但我们认为无论何种形式，目标与方向都会是一致的，那就是要让更多的人了解什么是博物馆高品质照明，什么是博物馆专业化照明工作的发展方向，才能真正推动我们的博物馆照明工作发展。

2. 理论探索要落实到实践之中

任何理论研究如果脱离了实践，不注重实地调查研究，都会对实践工作没有任何帮助，只能是形而上的空中楼阁。因此我们所承担的课题研究工作，一开展就是要本着探索推进我国博物馆照明工作的实际、解决当前 LED 产品替换传统光源困惑的难题、提高大家对博物馆照明工作的认识为目的，将理论研究落实到实践运用的一次有益尝试。当前国际上 LED 技术快速发展，LED 运用对我国博物馆也有重要的影响，我们所承担的 2015 年度文化部科技创新项目"LED 在博物馆、美术馆的应用现状与前景研究"的课题，就是一项加强博物馆照明研究工作的实践与探索。课题要通过两年的时间，开展一系列研究工作。目前课题组已经实地调研了全国 58 家单位，其中博物馆方面调研了 43 家，约占全国一级博物馆 96 家总量的三分之一，美术馆调研了 15 家，其中 7 家是全国重点美术馆，约占全国重点美术馆 13 家总量的二分之一。调研对象覆盖全国 14 个省市与地区，课题后期研究工作还包括"照明与展柜结合一体化设计"的研发工作，研究成果也在出版当中。本次课题组研究阵容很庞大，是一次全新地组建学术研究团队的新尝试，已经汇聚了全国 32 家企业与科研院所共同参与项目，还有 5 家媒体和 4 家学术团体单位给予学术支持。特别是有 10 位在博物馆和照明领域有影响力的专家带队指导工作，还有超过 70 余位社会知名学者共同参与了本课题的研究工作，还有来自合作企业的技术人员、科研院所的研究人员和博物馆、照明领域专家的跨界联合，通过本次学术实践活动，我们也起到抛砖引玉地带动全行业发展照明工作的作用。

三 当前博物馆照明工作面临的变革

1. 照明工作目标与方向的转变

早期博物馆多为一种追求高层次的精英文化，对照明的关注也集中在展品保护或展品真实再现的简单层面。随着我国政策的导向与人民对精神文化的祈求提高，我们的博物馆工作的重心也在悄然转变着，陈列形式已转向普通大众，迎合大众多元的欣赏口味将日趋明显，陈列空间强调艺术效果，不仅要凸显展品还要加强对展品本身的艺术性与学术性的体现，展览形式也越来越追求趣味化和体验感。但是，展陈工作在面对普通观众时，怎样迎合不同年龄层次和不同文化水平的欣赏口味，他们认同的风格也参差不齐，这也给博物馆工作者带来艰辛地考验，不得不变换各种新鲜元素来丰富展览形式，以增加设计感和观众兴趣。展陈艺术形式的多元化发展，风格各异的表现之路自然形成，求新求变也将成为当前博物馆陈列艺术的发展趋势。

博物馆照明也是陈列艺术形式的一种形式，无不例外地面临挑战。但是，它又有着自身的特殊性，博物馆照明工作要发挥艺术上的表现作用，前提也是要满足它对展品的保护要求，其次才能是艺术上的表现，这个前提条件在任何时候都不容忽视，因为我们的博物馆承载着人类文明，它一切工作的重心都围绕那些不可再生的展品而展开，对文物的保护自然是重中之重。如果博物馆用光的艺术表现形式，是以损害文物展品为代价，那么即便它艺术上表现再优秀也要摒弃。LED 新型产品能否取代传统光源，也在很大程度上受以上因素的影响。

2. 照明技术的发展

博物馆光环境对照明要求很高，不仅需要保护文物展品，还要体现展品的艺术价值，才能够满足观众对陈列照明的需求。传统的博物馆照明多采用卤素灯、节能灯、金卤灯等光源。卤素灯因其显色性高、色温恒定等特点在陈列中运用最多。节能灯则由于色温偏高、产品节能等优越条件，也在博物馆陈列柜内普遍使用，而金卤灯由于照度高、色温饱和等原因在高空间的陈列空间中也有运用优势。但近些年来，随着 LED 技术的发展，博物馆照明空间应用 LED 灯具越来越多，大有取代卤素灯、节能灯、金卤灯之势。

LED 产品具有更加节能环保、使用寿命长、智能化更具优势等特点，国际上 LED 发展非常迅猛，技术也在不断地成熟，这也让很多传统的光源面临着逐步减产或退出历史舞台的局面。2016 年 3 月 13 日在德国法兰克福举办的国际照明展上，这种应用趋势已十分的明显。很多博物馆正悄然地发生着改变，LED 逐步在替代着传统的光源，但是大家还是普遍存在着运用上的顾虑，LED 的最新技术对展品有无损伤问题大家也都普遍关注，国际上也有很多国家在研究 LED 在博物馆、美术馆中的合

理利用问题。2014 年 11 月美国能源署，关于博物馆的 LED 照明评估报告，也是在此问题上展开的调查研究。

3. 需加强对博物馆照明工作的管理

以往国内很多博物馆的展陈照明工作由基建部门负责，普通电工来管理工作，他们对展陈照明的态度就是照亮展品的原则，没有什么科学性和艺术性可言，博物馆业内人士也不重视光的艺术表现，知道博物馆在用光方面需要对展品进行保护的人很少，清楚博物馆照明各项规范要求，在实践工作中能按规范执行的博物馆更是少之又少，更谈不上科学的亮化管理与智能化控制等先进照明管理了。特别是在我们开展了对全国博物馆的实地调研工作后，发现国内仅有几家国家级大博物馆在实践中真正按规范操作和进行照明测试与管理，对于大量存在的中小型博物馆的照明测试与管理根本就称不上科学的运营管理，对博物馆照明工作进行专业化设计得也很少见，这也让我国距离迈向国际先进博物馆大国行列的发展目标相去甚远。当前对博物馆长期要保存的文物展品存在光化损伤的问题相当严重，尤其那些年代久远对光特别敏感的展品更为突出，博物馆照明工作亟待改进。

从专业产品研发的角度，国内目前专门生产博物馆级照明设备的企业数量有限。目前博物馆级的照明产品，也多被国外的品牌所占据，国内企业在技术研发方面的专业程度明显有落后的迹象，因此很难与国际品牌形成同性价的竞争。另外，我国的照明优质品牌又过多地集中在商业领域，产品的相似与雷同现象明显，质量方面良莠不齐，进而造成市面上的价格差异大，让那些依靠低价中标的小企业尝到了巨大甜头。而在我们的博物馆应用领域，又对博物馆级专业照明产品没有严格的控制与把关，缺少官方的正确引导与量化管理来制约，导致一些价格低廉而质量劣质的商业照明产品能轻松地进入到博物馆的专业应用领域。这次，在我们的课题研究进程中的实地调研与测试环节，可以明显地发现很多博物馆在展陈照明有超标问题，照明产品质量也不符合博物馆应用要求的现象突出，这些问题势必会影响我国博物馆在用光方面的科学发展。这里我们也希望借助课题的研究成果，来触动国内博物馆领域相关部门与领导的重视，进而能加强对博物馆照明工作的科学管理和规范化操作，只有这样，才能真正推进我国博物馆照明工作的事业发展。

四 面对变革的行动与对策

1. 建设恰当的工作模式

博物馆照明工作的模式好坏，会直接影响到一个博物馆日常的照明质量和先进化水平。那么博物馆的照明工作模式包括哪些？我们认为有以下几个方面：博物馆照明的日常工作方式与方法，场馆中所呈现的不同照明设计方式与设备操作方法，在建设运营中有无专业的照明设计人员参与，以及照明设计的目标与方向，照明设

备的后期维护与运营管理都应在概念之中。如何建立一个恰当的博物馆照明工作模式？首先，我们要树立一个清晰的认识，那就是博物馆照明工作要努力的方向是什么。我们认为：其一，要选择合适的照明设备，让其有效地保护我们的展品，免除光污染与光危害对展品的损伤。因为博物馆应用领域，对照明设备要求比较苛刻，对照明产品的质量与光学配置要求也高，应用中有些产品还需要增加必要的特殊配件才能够满足博物馆的使用，并不是所有的一般商业照明产品都能在博物馆内应用，因此我们需要审慎选择照明设备，分辨它们的性能与质量，最好通过仪器测试来进行挑选，只有合格产品才能让其进入博物馆使用。其二，博物馆要拥有良好的照明设计，对博物馆进行照明设计，必须是那些具有专业照明基础知识的特殊人群，他们对博物馆照明有规范性的掌握，对不同展品有用光表现的特殊技能，对光学仪器设备的操作，以及对照明产品的辨别与光学符号的认知，这些技能并不是一般电工和展陈设计师所能胜任的。因此对博物馆进行照明设计，尤其重要的展陈项目或基本陈列，最好能邀请有博物馆从业经验的照明设计师来承担任务，才能更好地发挥用光对博物馆独有的艺术表现力，以及用光设计的美感和艺术氛围。再次，是对博物馆照明设备的匹配选择，在使用和维护方面如果条件允许，要尽可能地选择那些具有先进的智能控制系统的设备，它们会对博物馆照明设备的后期管理带来便捷，也可以更好地免除日后维护的烦恼。这三者密不可分，对博物馆照明工作发挥着巨大作用，也会影响着博物馆事业的长足发展。

2. 加强科研工作的扶持

博物馆需要研究的内容十分广泛，可以说是历史的与艺术的研究，也可以是科技或娱乐方面的研究，更有可能是某学科的专项或综合研究，某个历史人物或重大事件的研究，这些研究对博物馆的策展工作十分有益，因此在研究方面也倍受重视，在研究课题的审批工作中领导与专家也更具有倾向性。而看似无关紧要的博物馆照明工作，很少有人重视与认真对待它。即便是我们已经获得了文化部的课题支持，也取得了部分有价值的研究成果，但如果没有相关领导与专家们的支持，日后也是很难得到推广与应用，这就是为什么我们国内关于博物馆照明研究匮乏的真正原因。大家都关注商业照明和户外照明，对于照明要求高的博物馆反而没有人太多地去深入研究，即便国内有屈指可数的几项研究成果，也局限在高校或研究所之内开展工作，很多研究的成果也脱离应用的实践，工作成果如空中楼阁很难满足博物馆的实际应用。我们认为，只有加强博物馆自身领域对此工作的重视与积极推动，自觉提供研究便利的条件，才能够发挥研究工作的应用价值，才能真正提高博物馆照明工作的质量，让研究工作长期得到发展。

3. 建立科学的运营管理机制

（1）当前LED技术的发展势不可挡，目前已经有很多的传统博物馆、美术馆光源开始停产或转型，相信在不久的将来，很多博物馆、美术馆将会面临由于传统光源损坏无法寻找替换的风险。因此我们需要逐步接纳LED新型光源，这也是一个自然的选择结果，不要试图去改变和排斥它。（2）我们的博物馆与美术馆最好在运营方式上，采用循序渐进地方式来替换传统光源，当前国内还不易于大规模全面推进LED的使用，从我们访谈和测试的各项数据上可以明显地反映出此技术的不成熟，还处于要不断提升的阶段，完全用它来替换传统光源我们认为还未到时机，变量因素还很大。（3）要在博物馆、美术馆中逐步建立一套完善的光环境评估体系，从日常工作中进行科学量化管理。

4. 照明设备后期维护要全面提升

随着LED光源的运用与发展，今后在博物馆、美术馆照明设备的后期维护工作会更加重要。我们课题组在实践调研中发现，很多国内博物馆与美术馆在照明设备的日常维护方面普遍存在混乱操作的现象，主要表现在：博物馆使用的灯具品种过于丰富，灯具品牌太庞杂，这势必会造成日后在照明设备正常维护方面制造麻烦，一旦发生设备的损坏现象，一般很难寻找到可以替换的产品。在大多数情况下，会普遍存在随意匹配或混乱替代的现象。这一维护难又乱的问题，以往对于博物馆传统光源的维护还可以马马虎虎，问题显得不太那么严重与突出，但对于推广与使用中的LED照明新型产品，这一问题会异常地放大。因为LED光源本身对于不同批次产品在目前技术条件下，在色彩还原与一致性方面，不同时期生产的产品与不同品牌之间会存在巨大的差异，如果再按以往工作作风，随意进行替换来解决损害问题，只会人为制造更多的烦恼，无异于加大问题的严重性。因此，在解决LED光源后期维护上，需要强调后期的科学管理，我们必须要建立严格的档案管理制度，才可以有效地解决问题。我们建议：（1）在建馆之初，在照明设备的购买上要预留出可以替换的光源做后期维护的储备。（2）购买照明灯具等设备时，要有严格的档案管理做记录，内容要包括产品品牌型号与产品生产日期和不同的批次技术要求，还要登记各种配件的组合方式和类型等具体信息，内容越详细越有利于照明工作的后期管理。（3）有专人负责照明设备的后期维护与更换问题，这关系到博物馆的正常运行，对待此项工作如能像对待我们博物馆的文物展品一样，那很多照明设备的维护工作也就会变得更有条理和更轻松。

结语

近年来，党和国家领导人高度重视博物馆的发展，还将文物工作提到了"培养社会主义核心价值观、实现中华民族伟大复兴、彰显大国形象"的阵地与窗口的高度，密集出台的一系列政策，以及财政力度支持的不断加大，也使我国的博物馆与美术馆数量不断地增加，呈现出一个良好的发展态势。当然这也给我们博物馆与美术馆工作带来前所未有的机遇与挑战，尤其在 2008 年以后，全国公共博物馆逐步实行免费开放政策，促使更多普通观众走进了博物馆，参观人数逐年增加，博物馆、美术馆现已经成为了大众文化休闲的一个主要场所。观众不同的欣赏需求也给博物馆的展陈工作带来异常的艰辛与复杂，这使得博物馆不得不重新面对多元化变革，照明工作作为一种陈列艺术形式也不例外。另外，博物馆、美术馆是承载人类文明的重要场所，其一切工作的重心都将会围绕那些不可复制的展品而进行，对展品的保护工作尤为重要，只能采取最为严格的保护措施才能使其长期有效地利用。因此博物馆、美术馆的照明工作重点也在保护文物展品上，LED 产品能否取代传统光源也在很大程度上受其影响。

另外，国际上 LED 的发展迅速，技术不断地成熟，很多传统的光源也面临着逐步减产或退出历史舞台的可能，2016 年 3 月 13 日在德国法兰克福举办的国际照明展上，这种应用趋势也十分明显。当然，我国的 LED 产业发展也非常强劲，LED 的出口创汇约占整个出口额的22.5 %，可谓发展势头势不可挡。LED 产品逐步替代传统光源，很多国内的博物馆、美术馆也正悄然地发生着改变，但是大家还是普遍存在着运用上的顾虑，能否大胆地使用 LED，还有，LED 的最新技术对文物展品有无损伤等话题，大家都普遍关心，国际上很多国家也开始了研究 LED 在博物馆、美术馆内合理利用的问题。2014 年 11 月美国能源署关于博物馆的 LED 照明评估报告，也是就此展开的调查研究工作。我们国家的博物馆、美术馆在 LED 应用方面，是否就落后于国际的发展，又呈现出一个怎样的情形，应用情况如何，这皆是我们课题工作要研究的起因。

本课题研究于 2015 年 7 月 13 日在中国国家博物馆正式启动，在两年时间内，会相继开展了一系列研究。课题组还邀请了 10 位在博物馆和照明领域有影响力的专家与学者带队，超过 70 余位社会知名学者共同参与了本课题的研究工作，尤其在调研方面，参与人员众多，主要由合作企业技术人员和科研院所研究人员，以及博物馆、照明领域专家的跨界联合。

本课题研究工作得以开展，在博物馆领域是难得的一次机遇，虽然博物馆照明工作非常重要，但以往它很容易被忽视，这也导致对此研究内容的稀缺。正因为如此，也给我们的研究工作带来巨大的挑战性，找不到可以参阅的研究资料，没有人有这方面的研究经验，我们只能凭着对此项工作的热情与兴趣，试探性地去努力拓展研究工作，尤其在课题申报经费仅有 5 万元的支撑下，很多工作想充分开展，没有经费支持会变得异常困难。另外，我们在课题组人员搭建上采取的跨界联合，有合作企业、照明专家、博物馆专家，还有科研院所的研究人员，参与人员遍布全国各地，这在工作的联络上和组织协调上显得异常繁杂，会增加我们的精力投入，使大量地工作也花在了人员调配与协调工作之中，还有筹集各项工作的经费之中。

尽管我们开展工作难度很大，但我们却得到了全国很多家博物馆与美术馆领导的支持。特别是我们在开展向全国博物馆、美术馆进行抽样实地调研工作中，很多博物馆领导在接到我们调研工作函后，普遍能积极配合我们的调研工作，有的提供会议室让我们进行座谈，有的召集相关业务部门人员与我们工作衔接，有的还在闭馆期间为我们调研组专门开放，还有的博物馆破例为我们打开展出中的文物展柜，供我们近距离采集测试数据。更难能可贵的是像上海博物馆李仲谋副馆长，还亲自督导和批改我们的调研报告，首都博物馆黄雪寅副馆长亲自出席我们的课题研究工作会议，并给予我们研究工作的大力支持，还有南京博物院龚良院长，也给予我们课题组大量支持等等不胜枚举。他们的热情给予了我们这些便利研究条件，让我们的研究工作奠定了基础，使我们能获取真实可靠的第一手研究资料，尤其在访谈一线的工作调研资料上，让我们获取目前我国博物馆照明工作最真实的现状问题，也了解到了大家对此研究工作的寄望。这些实地调研的基础性工作，为我们进一步研究做好了铺垫，激发着我们更多地扩展研究内容的动力。另外，我们课题成员们的积极参与和饱满的工作热情也是我们所始料未及的好现象。也许因为我国对博物馆照明的专业研究的稀缺，使大家对这块拓荒之地产生好奇，纷纷表示愿意参与到课题的研究之中，想了解博物馆、美术馆照明工作目前的状况，从博物馆应用的源头，来拓展业务工作。他们用奉献精神和自愿的形式来参与的课题研究工作，这在很大程度上弥补了我们经费不足的困难。特别是我们课题工作启动后，引发社会各界的关注，很多媒体自发地纷纷报道，这让更多知名照明企业闻讯不断申请加入到我们的研究队伍之中、我们从最初的三家联合申报单位，到课题研究阶段吸纳的全国 32 家合作单位，有来自全国各地几百人参与的研究项目，形成了一个庞大的研究团队，产生意想不到的社会影响力，将此项研究工作能量无限地放大。此外，我们课题研究之中，还穿插了一次"北京照明展"举办的"中国博物馆照明及智能设计高峰论坛"和一次将在"博物馆及相关产品与技术博览会"上开展的专题论坛，还有与我们课题合作的项目"石家庄中支河北钱币博物馆的照明改造提升计划"，获得 2016 年第八届"祝融奖"中国照明应用设计大赛北京赛区的"优胜奖"。这些成果的取得来之不易，令人欣慰与振奋鼓舞。

我们的课题研究是建立在对博物馆、美术馆实际运用基础上的理论研究，各项工作的开展也是围绕博物馆实际工作来研究。譬如我们调配照明专业技术人员对全国博物馆、美术馆进行实地调研与测试工作，还有访谈一线的工作人员，都是为了解实际问题和获取真实信息来开展工作。另外，我们的各项工作也紧密依靠课题组专家们的集体智慧来调整工作方针，以充分发挥他们的专业特长和经验，给我们课题研究提供智力支持。我们也借助了高校与科研院所擅长的严谨学术作风，为课题研究来保驾护航，自始至终保持在学术研究方面的科学性与真实可信度。还有，我们的研究工作是一次从实践出发的基础研究，并不是单纯的理论研究，我们希望研究成果能与博物馆工作结合，因此研究工作的落脚点集中在为博物馆研发一套适合今后发展的"照明与展柜一体化设计"的方案实施上，用我们的研发团队，将课题组的研究设想与企业进行技术与产品之间对接，将现实与理想结合，研发适合将来博物馆应用的新型展柜产品，将研究成果直接转化为物化的实物，引入到博物馆日常工作应用之中，用实物展品的先进性来验证我们理论研究成果的合理性。

我们的研究工作仅有短短的两年时间，我们需要挑战极限和挑战自我的勇气，才能最大程度地完成各项研究工作，像我们所采取的大数据调研工作，用立体而全方位地覆盖调研形式来获取调研信息。以及我们通过组织生产厂家提供最新技术产品，来进行实验室模拟数据的采集工作，分析传统光源与新型 LED 产品之间的各项技术指标进行比对实验，用真实可靠的科研数据来完成理论研究上的突破，不做主观的臆断与随意下结论的肤浅做法，用真实研究数据推导结论，用先进的产品实物来影响和改变未来我国博物馆的照明工作实践。将我们课题研究在短期内所取得的成果，最大程度地去影响未来我国博物馆照明工作的品质提升。本书将此课题各项研究成果全面地剖析，进一步实现我们向全国博物馆进行理论宣传的计划。用实际行动来推动改变现状，提升大家对博物馆照明工作上的重视，让更多的博物馆自觉地推进照明工作的进展，这也是我们更深层的追求目标。

最后，由于我们课题研究仅两年，在时间上受制约，因此很多研究工作，不可能做到全面而深入展开，工作中尚还存在着因追赶进度，只能采取抓大放小的原则，必然会遗漏诸多细节工作造成遗憾，还有很多研究内容有待进一步深入探讨。这里我们仅希望我们的研究工作，能够得到博物馆行业同仁的认可，能激发有关部门完善工作，尤其对照明工作的监管，能否用制度化的手段和日常化的管理来解决博物馆照明问题，朝着更加规范与合理的方向发展，这也是我们所希望的目标计划。只有这样，才能从根本上解决很多研究工作中容易脱离实际的难题，也有助于我们进一步研究工作的开展。当然，我们也希望我们的课题研究工作，能让更多的人了解博物馆、美术馆照明工作的重要性，激发他们也能参与到博物馆照明工作的研究之中，以此来全面带动学科的全面发展。

附件 LED 在博物馆、美术馆的应用现状与前景研究

（2015 年文化部科技创新资助项目）

课题调研与测试用文件

一 测量工作说明表

1. 测量表

表 1 对象分类

	照明方式	光源	灯具	配件	照明控制
1	发光顶棚	卤素灯	直接型	展柜与灯具组合	手动控制
2	格栅顶棚	荧光灯	半直接型	防眩光	时间控制
3	嵌入式洗墙	金属卤化物灯	漫射型	防紫外线	声音控制
4	嵌入式重点	LED 灯	半间接型	防红外线	红外控制
5	导轨投光	光纤	间接型	色温调整	分回路／分模式控制
6	反射式	其他		光束角拉伸	未分回路／分模式控制
7	可移动式			其他	KNX 协议
8	其他				DMX512 协议
9					Dali 协议

注：1. 前厅、走廊、序厅的照明方式在此表中选。
 2. 前厅、走廊、序厅、展柜展板的光源、灯、配件、照明控制在此表中选。

表 2 陈列与展品分类

	陈列类型	金属	器皿	书画	雕塑	织物	杂项
1	历史类	青铜器、哑光等金属制品	瓷器	中国书画	雕塑	丝绸制品	家具
2	艺术类	金银器等高反光金属制品	陶器	纸制品（文献、印刷品、照片）	蜡像	麻制品	皮毛制品
3	科学类		石质器物	油画	综合材料艺术品	棉制品	文物和墓葬遗址
4	综合类		木制品	粉彩		毛制品	濒危遗产古建
5			漆器	壁画等用彩色颜料制品		精细纺织品	其他
6						粗纤维制品	

注：表中未涵盖的内容，可在补充内容中填写。

表 3　展柜照明方式分类

名称	照明方式
三面柜（壁柜）	方式 1　　方式 2　　方式 3　　方式 4
四面柜（独立柜）	方式 5　　方式 6　　方式 7　　方式 8
龛柜	方式 9　　方式 10
平柜	方式 11　　方式 12　　方式 13　　方式 14　　方式 15

注：表中未涵盖的内容，可在补充内容中填写。

　　如表中无匹配的展柜照明方式，可在问卷背后，以手绘形式表达相应照明方式的实际情况。

2. 测量方法说明

（1）前厅测量说明

①测量方式

A. 如果白天测试，先关掉所有照明，测试自然采光的地面照度；

B. 开启环境照明，测试（间接照明或洗亮墙面的方式）地面照度；

C. 开启作业照明，测试地面照度。

②测试布点

根据前厅尺寸，测点间距 5 米 ×5 米或 10 米 ×10 米，测试位置为地面，测试格中心位置。

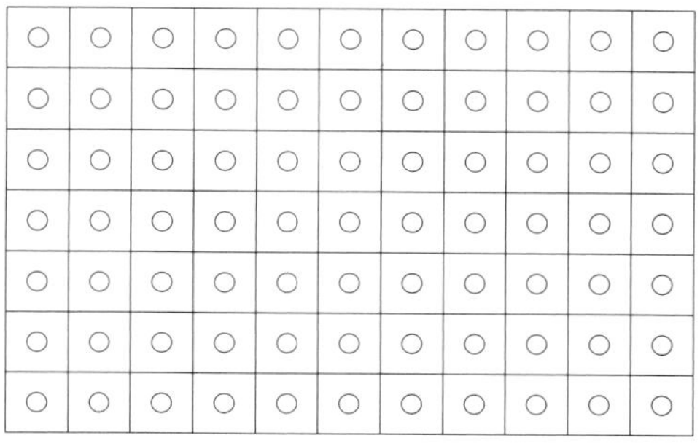

○—— **测点**

图1　在网格中心布点

（2）展厅测量说明

①测试说明

A. 序厅地面及展厅地面，测试方式及布点同前厅；

B. 序厅前言板及展厅展板，测试垂直照度，每间隔 2 米，至少按上中下各取一点；

C. 展厅地面测试：关闭展柜展台照明，测试地面照度；

测试选择主要过道地面的中心线，每 5 米或 10 米一个测试点。

②参数测试指引

A. 显色指数测试说明：

测试探头高度与展品底齐平，探头朝上，距离展柜外边缘 0.1 米。

B. 水平照／亮度测试位置说明：

a. 人可接触到的角，每个角测试一个点；

人可接触到的边，每个边中心位置测试一个点；

展品中心测试一个点；

b. 如果没有围挡，按照常见观察位置进行测试（距离展柜外边缘 0.5 米）；

如果有围挡，按照围挡位置进行测试。

c. 测试高度 1.5 米。

C. 垂直照／亮度测试位置说明

人可接触到的面，每个面的中心线，按照上中下各测三个点。

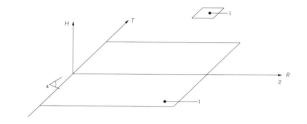

1-灯具中心；2-视线；3-水平面；4-观测者
在观察者的位置测量，具体公式见规范。

图2　UGR 测试位置

（3）文物整理室、文物库房测量说明

① 文物整理室，测点高度 0.75 米，测点间距 2 米 ×2 米。

②文物库房，通道测量地面，测量中心线，间隔 2 米。文物柜，测试柜（垂直）面，每间隔 2 米，按上中下各取一点。

3. 常规测量器材清单

表 4　测量器材

照度计	远方 SPIC-200B 光谱彩色照度计
	浙大三色 CS2200 便携智能照度计
	新叶 XYI-Ⅲ全数字照度计
	美能达 T10 高精度手持式照度计
亮度计	美能达 LS-110 便携式彩色亮度计
	美能达 CS200 彩色亮度计
	杭州远方 CX-2B 成像亮度计
光谱彩色照度计	杭州远方 SPIC 200
	台湾 Uptrek MK350 色彩照度计
测距仪	迈测 S2 激光测距仪
	博世激光红外线测距仪
	深达威红外线测距仪电子尺
	CEM LDM-40 激光测距仪
分光测色仪（测反射率）	三恩驰 3nh 分光色差仪
	NR20XE 分光测色仪
	美能达台式分光测色仪
	爱色丽 X-rite 分光光度仪

照度测量范围下线为50 lx,对博物馆、美术馆检测不太适用。其他符合《照明测量方法》要求的仪器也可以使用。

二 博物馆、美术馆照明测量表

调研单位：

测绘工具名称：

型号：

表5 前厅测试

前厅（反射率：墙面 ＿＿＿＿ 地面 ＿＿＿＿ 顶面 ＿＿＿＿ ）

位置类型	测量条件	平均照度lx	均匀度	色温	一般显色指数Ra	照明方式（可多选）	灯具类型（可多选）	光源类型（可多选）	照明配件（可多选）	照明控制（可多选）	照片编号
前厅地面	无人工照明										
	仅开启环境照明										
	仅开启作业照明										
过廊	仅开启环境照明										
	仅开启作业照明										

注：1.照明方式、灯具类型、光源类型、照明配件、照明控制在附表1中选。

2.前厅和走廊布点手绘图(请标明各方向尺寸、测试格尺寸、各点测试数据)。

展览或展厅名称：

面积：

高度：

展览开展时间：

表6 陈列与展品分类表

请根据测量工作说明中，选择序号1～6中的一种，如果不在以上分列中，请填写其类型。

陈列类型	金属展品	器皿	书画	雕塑	织物	杂项

注：以上在表2中选。

表7 序厅及展厅地面测试

序厅及展厅地面：（反射率：墙面 ＿＿＿＿ 地面 ＿＿＿＿ 顶面 ＿＿＿＿ ）

类型	测绘位置	平均照度	均匀度	色温	一般显色指数Ra	照明方式（可多选）	灯具类型（可多选）	光源类型（可多选）	照明配件（可多选）	照明控制（可多选）	照片编号
序厅	地面										
	前言板										
展厅	地面										
库房	地面										

注：1.照明方式、灯具类型、光源类型、照明配件、照明控制在表1中选。

2.前厅和走廊布点手绘图(请标明各方向尺寸、测试格尺寸、各点测试数据)。可记在纸背面。

3.有条件的可以测试一下库房，无条件的可以放弃。

表8　普通展柜及展柜区

类型	细分类型	水平照/亮度	垂直照/亮度	色温	一般显色指数Ra	照明方式（可多选）	光源类型（可多选）	灯具类型（可多选）	照明配件（可多选）	照明控制（可多选）	照片编号
展柜	壁柜1（三面柜）										
	壁柜2（三面柜）										
	独立柜1（四面柜）										
	独立柜2（四面柜）										
	龛柜1（测一面）										
	平柜1（测顶面）										
展板	前言										
	段首										
	辅助展板										
	连续展板										

注：照明方式在表3中选，灯具类型、光源类型、照明配件、照明控制在附表1中选。

表9　选择主要展品区域测试

展品	材质	平均照/亮度	垂直照/亮度	色温	照明方式（可多选）	光源类型（可多选）	灯具类型（可多选）	照明配件（可多选）	照明控制（可多选）	UGR值	照片编号

Ra	R1	R2	R3	R4	R5	R6	R7	R8	R9	R10	R11	R12	R13	R14	R15

注：照明方式在表3中选，灯具类型、光源类型、照明配件、照明控制在附表1中选。

展厅主观评价：

1. 您检测时对展厅照明的直接感受　　不舒适　-3　-2　-1　0　1　2　3　舒适
2. 玻璃展柜是否有其他映像　　　　　　有　　无
3. 是否有光幕反射　　　　　　　　　　有　　无

补充说明：

1. 展厅若有天然采光，要注明开窗位置、朝向、面积以及对室内产生的地面平均照度（可记在纸背面）。
2. 向馆方寻要展厅布展平面图

表 10 文物整理室／文物库房测试

文物整理室／文物库房（反射率：墙面 _____ 地面 _____ 顶面 _____ ）

位置类型	测量条件	平均照度 lx	均匀度	色温	一般显色指数 Ra	照明方式（可多选）	灯具类型（可多选）	光源类型（可多选）	照明配件（可多选）	照明控制（可多选）	照片编号
文物整理室地面	工作面										
文物库房通道	地面										
	柜（垂直）面										

注：照明方式、灯具类型、光源类型、照明配件、照明控制在表1中选。

三　博物馆、美术馆室内照明问询表

总体情况（问询）						
工程名称					基本陈列	☐
陈列设计单位		照明设计单位		该馆陈列类型有	常设展	☐
					临时展览	☐
工程类型		博物馆☐　美术馆☐			对外交流展	☐
					古代绘画展	☐
工程现状	已建☐　在建☐待建☐　改建☐	竣工时间			文物库房	☐
					公共大厅	☐

建筑概况（问询）							
建筑层数	地上　　层地下　　层	建筑高度（m）		最大公共空间		建筑总面积	
						公共空间	
						展厅数量	
				最大展厅空间	建筑面积（m²）	基本陈列展厅	
				最小展厅空间		临时展厅		
室内公共空间	有无照明设计	有 ☐无 ☐		陈列空间	有无照明设计	有 ☐无 ☐	
	照明灯具设备的投入	50万以下 ☐			照明灯具设备的投入	50万以下 ☐	
		50万～100万 ☐				100万以下 ☐	
		100万～500万 ☐				100万～500万 ☐	
		500万以上 ☐				500万以上 ☐	

LED的应用概况（问询）					
LED应用情况	没有应用 ☐		LED应用优势	节能 ☐	
	局部应用 ☐			适用灵活 ☐	
	混合应用 ☐			智能化 ☐	
	完全应用 ☐			安全可靠 ☐	

选择题

1. 贵馆展厅照明设计的依据什么标准？（　　　　　　）

　　A 博物馆照明设计规范 GB/T 23863-2009　　　B 建筑照明设计标准 GB50034-2013

　　C 其他标准做依据　　D 标准不明确　　E 参考多个标准

2. 选择灯具关注什么？（　　　　　）

　　A 质量　　B 信誉　　C 安全　　D 美观　　E 适用和灵活　　F 节能　　G 智能化　　H 品牌　　I 维护方便

3. 贵馆选择照明产品时，主要通过什么渠道？（　　　　　　）

A 政府采购　　B 其他渠道

4. 是否仅为招标公司中标方案中提供的各种规定和技术标准的承诺？（是或不是）有无标准核实？（无或有）

5. 馆内有无从事展览专业照明师？（有或无）能否为展览或照明公司提供相应的技术支持（能或不能）

问答题

1. 贵馆灯具的维护有哪些情况？维护成本的主要来源？

2. 您认为 LED 光源目前的使用缺陷是什么？未来应用 LED 照明产品会朝着什么方向发展？

3. 贵馆目前照明最主要的问题您认为是什么？您认为贵馆陈列厅、公共空间或库房目前照明舒适度的问题集中在什么地方？有待提高的地方集中在什么地方？

填表人概况	
姓名	
工作单位	
联系方式	

四　调研报告内容综述的规范要求

1. 文字数量要求：2000～5000 字。

2. 内容主要针对：实地调研进行专业解析。

3. 综述目的：寻找博物馆、美术馆中传统照明光源、LED 光源的应用现状，有无存在的现实使用问题。不同光源类型优缺点表现在什么地方，LED 光源未来前景如何？

4. 文章基本结构：

博物馆、美术馆整体情况概述：位置、类型、建筑面积、展厅数量，选择测试地点、照明设计的整体情况，照明投入，LED 应用情况，以及照明的直观感受。

实测数据的解析：可根据实测的内容表格逐项阐述解析，配照片和测绘数据以及手绘或 CAD 图。并比对博物馆照明规范的现行要求。

结论性论述：实地调研的情况描述，针对数据实测结果的分析和问卷调研的结果的专业评判，寻找出传统光源、LED 光源的优劣情况，并对 LED 的应用前景展开预测。

分报告

我们对全国部分博物馆、美术馆进行实地调研时，设计初衷是为让更专业的人员做更专业的事情。无论从课题调研规范性文本的设计与操作，还是从技术人员与科研学者的调研工作搭配上，我们的课题组成员们皆投入了巨大的精力，这在国内博物馆、美术馆领域尚无先例。

　　期间，课题组专家们发挥了积极作用，像徐华先生原创了调研设计表，荣浩磊先生组织技术人员完善了规范性文本，徐华先生、荣浩磊先生、程旭先生、陈开宇先生、施恒照先生，以及特约专家牟宏毅先生、索经令先生、翟其彦博士、姚丽博士等还亲自参加了课题调研工作。在组织联络方面，李晨先生、李跃进先生、陈同乐先生、仇岩女士、程旭先生、陈开宇先生都给予了极大的帮助。我们在短短的半年时间内，实地调研了全国14个省、市和地区58家单位，完成报告52篇，这些工作成绩的取得，离不开那些为课题研究默默奉献的课题组成员们，以及被调研的博物馆与美术馆领导的大力支持，在此一并感谢您们的奉献与帮助！

　　我们从收到的52篇报告中，认真筛选，并经相关馆方进一步确认，最终选定25篇报告呈现给大家。虽然还有很多工作不够完美，但这里面凝聚着我们的辛勤汗水和对博物馆照明工作的满腔热爱。

故宫博物院调研报告

报告提交人：华格照明灯具（上海）有限公司
调研对象：故宫博物院
调研时间：2015 年 12 月
调研人员：李培、孙桂芳、苑永春、谢彬、昌园
调研设备：照度计（TES1339）照明护照（远方 SPIC-200）

一　博物馆整体情况概述

1. 建筑概况

北京故宫博物院，建立于 1925 年 10 月 10 日，是在明、清两代皇宫及其收藏的基础上建立起来的综合性博物馆，也是中国最大的古代文化艺术博物馆，其文物收藏主要来源于清代宫中旧藏。

2. 展厅概述

2015 年故宫博物院迎来 90 周年院庆。为迎接 90 岁生日，故宫博物院开放了四大新的区域，筹备了一系列新展并同时亮相。新开放的四大区域包括宝蕴楼、慈宁宫区域、午门－雁翅楼区域、东华门区域，其中设置了八个展览，开放面积由目前的 52% 增加至 65%。这些展览不再另收门票，观众进入故宫博物院后即可免费参观。展览包括"普天同庆——清代万寿盛典展"、"寿康宫原状及崇庆皇太后专题展"、"慈宁宫雕塑馆常设展"、"营造之道——紫禁城建筑艺术展"等。

二　慈宁宫调研

1. 建筑概况

慈宁宫建筑位于紫禁城内廷隆宗门外西侧，始建于明嘉靖十五年，十七年建成。万历十一年火毁，十三年重建。清沿明制，顺治十年重修慈宁宫，以后经历康熙、乾隆、光绪历朝修缮，明清两代均为太皇太后、皇太后居所。慈宁宫门前有一东西向狭长的广场，两端分别是永康左门、永康右门，南侧为长信门。慈宁门位于广场北侧，内有高台甬道与正殿慈宁相通。院内东西两侧为廊庑，折向南与慈宁门相接，北向直抵后寝殿（即大佛堂）的东西耳房。前院东西庑正中各开一门，东曰徽音左门，西曰徽音右门。（图1）

正殿慈宁宫居中，前后出廊，黄琉璃瓦重檐歇山顶。面阔 7 间，当中 5 间各开 4 扇双交四椀菱花槅扇门。两梢间为砖砌坎墙，各开 4 扇双交四椀菱花槅扇窗。殿前出月台，正面出三阶，左右各出一阶，台上陈鎏金铜香炉 4

座。东西两山设卡墙，各开垂花门，可通后院。

如今，慈宁宫被重新修缮作为故宫雕塑馆开放，展览共计展出 400 余件雕塑文物，雕塑馆有很多首次亮相的大体量雕塑。年代跨度从秦代到清代，包括慈宁宫正殿（雕塑荟萃馆）、慈宁宫东庑（修德白石馆）、慈宁宫西庑（汉唐陶俑馆）、大佛堂（佛教造像馆一室）、大佛堂东暖阁（佛教造像馆二室）、大佛堂西庑（砖石画像馆）六个展室。

展览突破性的实现部分展品以"裸展"的方式进行展示，即没有玻璃隔挡，观众和文物直接"面对面"。

2. 慈宁宫光环境分析

雕塑文物"裸展"对展厅整体光环境有着很高的要求。

其次全馆采用 LED 灯具，既节能又不受红、紫外线的辐射。由于展品均为雕塑，多数采用的是立体照明方式，完美展现雕塑形体的细节。建筑本身是一件不能破坏的文物，安装条件受限，采用架空方式解决照明。为不阻挡观赏天花和大型雕塑的视线，灯具本身体积不能过大，大角度光束角去均匀铺照建筑。且灯具的外形消隐在建筑中，不破坏建筑空间的整体美感。另外采用 DALI 系统控制照度及光照时间。

3. 实测数据分析

本次测量为慈宁宫雕塑馆，馆内全部采用 LED 灯具。馆方对古建筑窗户采用了新的材料控制室外光的进入。

慈宁宫坐北朝南，内部挑高约 12 米，建筑为古建，内部展示空间约 400 平方米。

图1　慈宁宫雕塑馆正殿

（1）展厅实测数据分析

图2　大佛造像

前厅由于当时正在施工没有进行照度测量。

展厅地面照度在 4.2 lx，参观者刚入展厅对相对较暗的室内空间需要短暂视觉调整时间，前厅的设计已经考虑到阻挡室外光和视觉缓冲的作用，所以参观者不会有明显的不适应感。展厅地面采光依靠窗户、空间漫反射，4.2 lx 的照度对参观路线没有障碍。

前言展墙照度为 120 lx，在整个光环境比较突出，观看说明没有障碍。见图 2～6。

图3　藻井　　　　　图4　前厅雕像

图5　展厅内前言板

（2）木造像实测分析

展厅内展品主要为木质、石质、陶瓷、金属等，本次展品测试选择一件石造像、一件大型木造像、一组陶瓷造像。这样选择因为器形和材质上比较有代表性，测试数据比较有说服力。见图 7～10。

展柜采用柜外照明，控制系

展厅平面说明

图6　展厅平面说明

测试展品01

三个射灯，10°，5W

1：86.2 lx　2889K CRI 91.2
2：126.3lx　2943K CRI 91.4
3：174.5lx　2925K CRI 91.5
4：52.7 lx　2944K CRI 91.5
5：115.7lx　2936K CRI 91.4
6：45.4 lx　2931K CRI 91.5
7：113.8lx　2892K CRI 91.1

造像后面窗户经过设计改造，室内测光＜30lx

裸展，石器造像

红色箭头为灯具照射方向参考

图7　石器造像

1：25.8lx　2838K CRI 89.9
2：23.7lx　2922K CRI 91.1
3：17.4lx　2838K CRI 90.2

高地面约1.5m处

木造像，测试时间上午：8∶00～10∶00

红色箭头为灯具照射方向参考

图8　木造像

三个射灯，10°，5W

1：48 lx　2900 K
2：50 lx　2888 K
3：45 lx　2900 K

彩色木造像，整体调光控制，照度控制在≤50lx

木造像，测试时间上午：8∶00～10∶00

展柜内部测光

图9　木造像

彩色瓷器雕像，整体调光控制，

照度控制在 100～150 lx

图10　彩色瓷器雕像

统采用整体 DALI 控制系统调光。因为室内展品有彩色木雕、彩色泥塑等对控光要求很高，照度控制在 50 lx 以下。照明效果见图 11～图 15。

4. 主观性评价

慈宁宫整个建筑空间光照明环境非常漂亮。由于建

图11　柜内瓷器雕像

图12　木质雕像

图13　东配殿

图14　西配殿

图15　正殿东部

筑本身坐北朝南，上午自然光照非常强烈，增加了前厅空间的设计及新型窗户材料阻挡了大部分自然光射入，对室内光环境没有造成大的影响。窗户材质的选择很特殊，室外光对室内窗下测量照度仅为 30 lx。馆方对每类展品的照度要求都有严格的控制标准，按照博物馆照明规范要求。例如：木器、彩色泥塑等展品，照度控制在 50 lx，又采用 DALI 调光技术等。

在展品表面测得，灯具的显色性已经达到 Ra91.2。伴随技术的不断创新，尤其是芯片技术的发展，我们相信在显色性的表现力方面还会有很大的飞跃。

建筑空间采用 LED 轨道灯具照射，单灯手动调光。对古建筑空间、彩画、雕刻的光照都能很好地控制和展现。

不得不提的是总体照明空间设计非常独特。为保持建筑空间环境完整性，线条是最能隐藏自身的一种形态，故照明系统在建筑空间 8 米处悬吊以碳纤维为支架的灯具，对空间实现上下两层次的照明，碳纤维材质的应用在国内外博物馆灯具领域还是第一次。全馆灯具结合 DALI 控制系统，点对点的对单个灯具进行控制。照明系统悬挂于 8 米的高度，依照人体工程学，这个高度人的视觉处消隐位置，所以不会给空间造成凌乱即视感。

展厅环境照明采用 ERCO 轨道灯，展柜照明采用 WAC 吊装灯具。设计师对这两个品牌的完美把控使得整个展陈空间明暗有序，层次分明。在这样一个有着宫廷文化底蕴结合现代科学光环境的空间中，视觉与文物直接面对面的接触、交流，让我们忘记了光的存在，整个空间中只有文物与它身上斑驳而深远的历史印记。从全局分析可以深切感受到设计团队的用心、周虑的从文物保护角度出发，尽善尽美地去展现作品以及深度思考了如何将展品融合进文物建筑内。让整个慈宁宫成为一个非常沉稳而优秀的展区，无愧于它千百年来为人们所向往，欲一探究竟之所。

三　延禧宫调研

故宫博物院"石渠宝笈"特展，计划展览时间为 2015 年 9 月 5 日至 11 月 4 日，本特展分为武英殿及延禧宫两个展区，以《石渠宝笈》著录书画为主轴，详细介绍作品的流传经过、递藏经历，同时也展示了故宫博物院在建院 90 年中征集、保存、维护书画所取得的成就。观众可以获得完整的文化体验和艺术感受，也为研究者提供了翔实、完整、全面的参考资料。延禧宫展区整合了以往《石渠宝笈》的研究成果，并进一步深入发掘资料，主要通过文物展示《石渠宝笈》的编辑、版本、钤印、收藏地点等，具有较高的学术性，大多数书画展品和善本图书皆为首次展出，对进一步推动《石渠宝笈》的研究有所裨益。

1. 展厅概述

延禧宫为古代汉族宫殿建筑，属于紫禁城内廷东六宫之一，位于东六宫区的东北下角。1931年，故宫博物院在延禧宫遗址上修建了一座文物库房，为了让库房能和故宫其他建筑相平衡，在库房上又覆盖了一层黄色琉璃瓦。1949年以后，延禧宫文物库房分别为中国古陶瓷研究中心和中国古书画研究中心使用。2010年，延禧宫对外开放，举办古陶瓷标本展和中国古文字展。

本次测量地点延禧宫古书画研究中心为二层建筑，一层展厅主要以延墙展柜为主，二层展厅以延墙展柜和独立展柜及墙面展板形式，展览性质为临展。

2. 延禧宫光环境分析

两层结构的展厅采用LED灯具与卤素灯具相结合使用，LED灯具采用品牌WAC华格，卤素灯具品牌是ERCO。灯具有使用防眩光配件、洗墙配件等。这个展厅灯具采用两种光源形式，形式上看是一种技术与科技新尝试。

3. 延禧宫实测数据分析

前厅入口地面照度在600 lx，主要受自然光影响很大，但好在从室外进入室内空间有前厅的设计，是参观者对室内外光环境的一种缓冲与调节。

（1）序厅

序厅的地面照度18.8 lx和展板照度59.8 lx受自然光影响很小，对参观者进展厅起到了良好的过渡区作用。照明效果见图17～图19。

（2）展厅

一层主要以展柜为主，展柜里整体采用照明控制和红外感应，展品为古书画作品。柜外测量44.6 lx。

询问故宫策展人员柜内整体调光，了解到照度控制在50 lx以下。与博物馆照明规范要求一致。

（3）尾厅

前厅A门在下午2点至4点有阳光进入，由于玻璃、地面折射反色对B点对展柜文物有自然光影响。

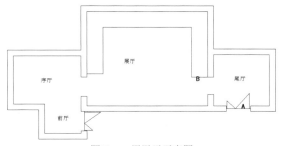

图16　一层展示示意图

图17　序厅地面

图18　序厅展板

图19　序厅展柜

4. 结论性论述

整体光环境很舒服，在前厅和序厅有过渡区域，对参观者进入主展厅起到良好的过渡作用。

本展厅大部分采用LED灯具，在二楼喷绘展板区域有少量的卤素轨道灯。LED的低热、无紫外红外的优点，可以看出馆方倾向于LED灯具，在重要的区域如展柜、书画、杂品区域都采用的是LED轨道灯具、光纤产品。

在本次LED灯具测试数据中在总的显色性已经达到Ra90以上，R9测试值在65。对于R9这样的指标由于芯片技术发展，很多厂家已经开始逐步提高这个指标。

从本次测量展厅来看，馆方很重视LED灯具的使用，也配了调光控制系统。LED的技术不断更新发展，LED在展馆使用前景很明朗。

展馆LED灯具采用WAC华格轨道射灯，ERCO卤素轨道射灯和少部分光纤产品。

感谢故宫博物院孙淼主任、冯崇利老师、王朵朵老师以及清华大学建筑学院张昕老师的支持与帮助。

中国国家博物馆调研报告

报告提交人：华格照明灯具（上海）有限公司
调研对象：中国国家博物馆
调研时间：2015 年 12 月
调研人员：艾晶、王文雍、苑永春、谢彬、孙桂芳、郑春平
调研设备：照度计、照明护照、远方 SPIC-200

一　概况

1. 建筑概况

中国国家博物馆是世界上建筑面积最大的博物馆，总建筑面积近 20 万平方米。其中展厅建筑面积近 7 万平方米。建筑高度 42.5 米，地上 5 层，地下 2 层。

建筑由两轴两区构成。两轴为由西门到东门的东西轴线和由南到北的南北轴线。两区为由中轴内中央大厅分隔的南北两个展区。西门面向天安门广场，与人民大会堂相对；设有 800 座位的剧院；600 平方米的演播室；300 座位的学术报告厅兼数码影院，功能完善设备齐全。

2. 展厅概述

现有展厅数量 48 个，最大的近 3000 平方米，展厅最小的近 1100 平方米。在不同楼层的展厅采用了不同的吊顶及铺地材料。这样既可以选择在用材考究的展厅里举办隆重的展览，也可以在具有工作室、车间特征的展厅内举办其他个性化的展览。

3. 光环境概况

公共区域灯具光源采用 LED 与金卤灯组合。多个展厅的展陈照明采用轨道灯，少部分基础照明有应用荧光灯。灯具品牌有 ERCO、WAC 华格等；展柜照明灯具光源采用 LED、光纤、荧光灯等。（图 1a、1b）

图1a　展厅公共区

二　现场调研数据分析

国博平时开放展览的众多，展线较长，本次采集测试内容由项目负责人艾晶制定。

图1b　展厅公共区

本展厅无自然光，主要采用人工光。展厅内以展柜为主，柜内照明和展厅照明。展厅照明是 ERCO 轨道卤素灯，单灯可调光有多种配件共同使用。展柜照明以展柜内 LED 射灯为主。

1. 中国古代钱币展厅调研数据剖析

（1）序厅分析

30.2 lx，2541 K，CRI 97.6（距离地面 1700 毫米）（每 2 米取一个测试点），平均照度 33.6 lx。

	照度	色温	显色指数Ra
A点	50.5 lx	2773 K	88.4
B点	25.8 lx	2677 K	90.7
C点	24.6 lx	2662 K	96.0

图2　序厅地面

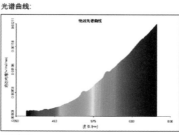
光谱曲线：

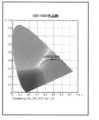

测量参数：

光照度E= 45.7762 lx　　辐射照度Ee=0.310298 W/m²

CIE x= 0.4763	CIE y= 0.4045	CIE u'=0.2760	CIE v'=0.5275
相关色温=2441 K	峰值波长=760.0 nm	半波宽=132.8 nm	主波长=586.7 nm
色纯度=64.4 %	红色比=29.3 %	绿色比=68.2 %	蓝色比=2.5 %
Duv=-0.00318	S/P=0.00		

显色指数Ra=98.4	R1= 99	R2= 99	R3= 99
R4= 98	R5= 99	R6= 99	R7= 98
R8= 98	R9= 99	R10= 98	R11= 98
R12= 95	R13= 98	R14= 99	R15= 98

Emes=55.58 lx　　E(EVE)=0.00 lx　　SDCM=13.6(F2700(Note1))

图6　B点测光数据图

	照度	色温	显色指数Ra
A点	26.6 lx	2545 K	98.5
B点	30.2 lx	2541 K	97.6

图3　前言展板

	照度	色温	显色指数Ra
A点	20.3 lx	2773 K	98.9
B点	26.9 lx	2677 K	98.9
C点	15.9 lx	2683 K	97.8
D点	10.2 lx	2694 K	95.3
E点	10.2 lx	2662 K	95.3
F点	10.6 lx	2710 K	95.4

图4　展厅地面

	照度	色温	显色指数Ra
A点	24.5 lx	2587 K	97.7
B点	45.8 lx	2440 K	98.4
C点	15.0 lx	2769 K	96.9
D点	20.8 lx	2660 K	97.2
E点	17.6 lx	2867 K	97.2
F点	24.7 lx	2717 K	96.7

图5　展柜1灯光测量

序厅照度均匀度很好，测试每2米取一个点平均照度15.7 lx。整个展厅照度均匀，地面平均照度在15 lx，没有很暗的感觉，在配上立体空间展柜的光反射，整体空间非常协调。（图2～4）

（2）展柜1：平柜

展柜内使用LED灯具侧面照射，柜外轨道卤素灯辅助照明。墙上书画轨道灯直接照明，有防眩光配件使用。（图5）

B点测光数据：展柜外测光显色性98.4，柜外有卤素轨道灯辅助照明。（图6）

F点测光数据：墙上壁画测光显示色性96.7，由柜外卤素轨道灯照亮。（图7）

（3）主观性评价

展厅整体光环境很舒服，在前厅和序厅有过渡区域，对参观者进入主展厅起到良好的过渡作用。序厅平均照度33.6 lx，展厅平均照度15.7 lx。展柜秩序排列在柔和照明光环境中，彰显宁静有氛围的展览气氛。

展厅内展柜有多种形式，展柜内使用可调角LED射灯为主。柜外卤素灯对说明牌和展品进行补光。柜内LED灯具光色和照度由卤素灯具进行补充。弥补了LED产品的不足。

展厅有高大窗户，但都有用窗帘对自然光加以遮挡，使展品不被自然光照射，也不会形成光反射，考虑很周到。展厅地面灰色塑胶地面，这个材质和颜色没有强烈反光。

光谱曲线：

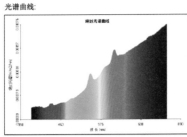 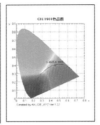

测量参数：

光照度E= 24.7415 lx　　辐射照度Ee=0.140973 W/m²

CIE x= 0.4525	CIE y= 0.3995	CIE u'=0.2627	CIE v'=0.5219
相关色温=2717 K	峰值波长=760.0 nm	半波宽=182.9 nm	主波长=585.4 nm
色纯度=55.8 %	红色比=26.8 %	绿色比=70.3 %	蓝色比=2.8 %
Duv=-0.00353	S/P=0.00		

显色指数Ra=96.7	R1= 98	R2= 99	R3= 97
R4= 96	R5= 97	R6= 98	R7= 96
R8= 93	R9= 86	R10= 95	R11= 95
R12= 96	R13= 99	R14= 98	R15= 98

Emes=32.77 lx　　E(EVE)=0.00 lx　　SDCM= 2.2(2700K/ELR)

图7　F点测光数据图

2. 威尼斯展厅与调研数据剖析

（1）展厅分析

展厅以油画为主，展品照射采用卤素轨道射灯。采用一些防眩光配件、滤红滤紫透镜等。

光对光敏物品的损坏是不可避免的，但可采取某些措施减少这损失。光中的红外线、紫外线对油画伤害很大，因此最重要的是尽可能杜绝紫外、红外辐射，同时限制照度与减少光照射的时间。各种光源的红外线、紫外线含量取决于它们光谱能量分布。卤素灯具实际上是紫外成分占很大比例的，常用滤光片来除去这部分高能辐射。滤去紫外辐射后对展示陈列品几乎没有影响，因紫外对人眼来说是不可见光，不影响参观者色觉。

卤素光源有着无可比拟的光色还原性，卤素灯是白炽灯的改进，它保持了白炽灯所具有的优点：简单、成本低廉、亮度容易调整和可控制、显色性好（Ra=100）。同时，卤素灯还克服了白炽灯的许多缺点：使用寿命短、发光效率低（一般只有6% ～ 10% 可转化为光能，而其余部分都以热能的形式散失）。单卤素光源使用平均寿命4000 小时左右，与LED 光源寿命相比差距很大。

展厅内部对光分布采用立体式分割，这里概括为上部光、中部光、下部光。

上部光，主要采用投影机把图案投射到一块幕布上，起了装饰作用，又对周围光环境起了补充照明的作用。在装饰性方面突显展览主题威尼斯水上风情城市的作用，装饰作用大于实际照明作用。（图 8a）

中部光，是指展品照明。利用轨道卤素灯具对展品进行重点照明。配防眩光配件、滤红滤纸透镜等。（图 8b）

本展览是一些意大利重要艺术家的精品油画展，对光与光环境有很高的要求，本次展览中油画属于对光敏感的展品，从测量上看展品照度控制在 50 ～ 80 lx。（图 9a、9b）

下部光，展品以下区域的光环境。展览区域地面照明利用装饰性灯带对参观线路的地面补光。有利于观众在展厅内参观行走，更好地控制易散光对展品的影响或损害。（图 10a、10b）

图8a　威尼斯展厅顶部投影

图8b　威尼斯展厅中部展品照明、下部照明

（2）主观性评价

威尼斯与威尼斯画派是展厅使用灯具类型较多的，有筒灯、轨道射灯、LED 灯带等。照明手法多样，有功能性照明和装饰性照明；本展厅主要灯具采用卤素轨道射灯，这种光源在科技的发展下有被提升和替代的空间。

本站开展测光距离受限，距离画作大概200毫米，高度距离地面约1200毫米

图9a　画面灯光效果

光谱曲线：

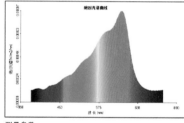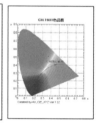

测量参数：

光照度E= 41.3154 lx　　辐射照度Ee=0.147835 W/m²

CIE x= 0.4478　　CIE y= 0.4049　　CIE u'=0.2573　　CIE v'=0.5233
相关色温=2831 K　　峰值波长=642.0 nm　　半波宽=121.9 nm　　主波长=583.9 nm
色纯度=55.9 %　　红色比=25.2 %　　绿色比=71.8 %　　蓝色比=3.0 %
Duv=-0.00101　　S/P=0.00

显色指数Ra=95.1　　R1= 95　　R2= 98　　R3= 99
R4= 95　　R5= 95　　R6= 99　　R7= 93
R8= 87　　R9= 73　　R10= 96　　R11= 96
R12= 98　　R13= 96　　R14= 99　　R15= 92

Emes=56.76 lx　　E(EVE)=0.00 lx　　SDCM= 4.4(F3000)

图9b　画面测光数据

图10a　地面补充效果

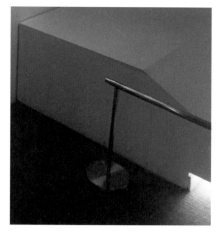

图10b　地面补光效果

3. 大美家具展厅照明概况

展厅内采用轨道灯照明，展品木器家具，裸展。主要灯具采用 ERCO 卤素灯可单灯调光，有多种防眩光配件。本展厅展柜很少，一组木器构件柜子，采用 LED 展柜射灯。

（1）大美家具调研数据剖析

前言板测光测量数据见图 11。

展厅地面测光测量数据见图 12。

长方几测光测量数据见图 13a、13b。

裸展灯光测量数据见图 14a、14b、14c、14d。

（2）主观性评价

"大美木艺中国明清家具珍品展"的展厅采用米黄色地毯，地面均匀照度 18.8 lx，序厅平均照度在 22.4 lx，前厅平均照度 118.7 lx，从序厅到展厅，在照明强度方面有节奏上的规划控制。展厅展品照度 50 ～ 90 lx。该厅为展示明清家具为主的特展，按照国家标准 GB/T23863−2009《博物馆照明设计规范》在控光方面，必须要严格遵守规范的要求见表 1、2，因此该展示场景的照明强度不能过高，强度不能超过 150 lx，但对于场景中某些有花纹的明清家具，在目前的照明环境下，在表现其色彩与图案精美度方面在视觉清晰度上略微弱了一些，今后还有提升的空间。

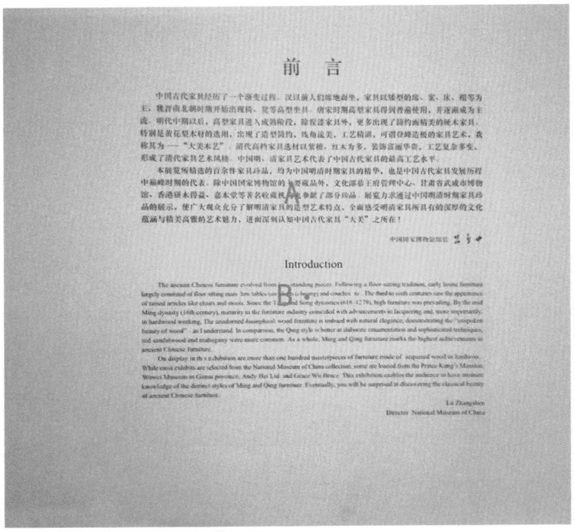

	照度	色温	显色指数Ra
A点	26.6 lx	2545 K	96.9
B点	138.3 lx	2541 K	97.6

图11　前言板测光

长方几尺寸：长1900毫米、宽400毫米、高600毫米

	照度	色温	显色指数Ra
A点	45.8 lx	2728 K	98.1
B点	48.8 lx	2731 K	98.9
C点	62.1 lx	2694 K	95.3
D点	40.5 lx	2664 K	99.5

图13a　长方几测光

	照度	色温	显色指数Ra
A点	20.3 lx	2611 K	98.9
B点	26.9 lx	2658 K	98.9
C点	15.9 lx	2683 K	97.6
D点	10.2 lx	2694 K	95.3
E点	10.2 lx	2699 K	95.4

图12　展厅地面测光

光谱曲线：

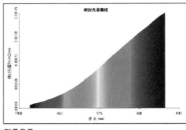
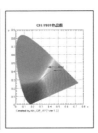

测量参数：

光照度E= 40.4724 lx　　辐射照度Ee=0.246006 W/m²

CIE x= 0.4613	CIE y= 0.4084	CIE u'=0.2644	CIE v'=0.5267
相关色温=2664 K	峰值波长=760.0 nm	色纯度=61.1 %	主波长=584.7 nm
色纯度=61.1 %	S/P=0.00	绿色比=70.2 %	蓝色比=2.8 %
Duv=-0.00092			

显色指数Ra=99.5	R1=100	R2=100	R3=100
R4=99	R5=100	R6=100	R7=99
R8=99	R9=99	R10=99	R11=99
R12=99	R13=100	R14=100	R15=100

Emes=53.45 lx　　E(EVE)=0.00 lx　　SDCM: 3.0(F2700(Note1))

图13b　长方几测光数据

图14a   图14b   图14c

图14d　裸展灯光效果及测光数据

表1　2009年版《博物院照明及设计规范》中陈列室展品照度标准值

类别	参考平面及其高度	照度标准值（lx）
对光特别敏感的展品：织绣品、绘画、纸质物品、彩绘陶（石）器、染色皮革、动物标本等	展品面	≤ 50
对光敏感的展品：油画、蛋清画、不染色皮革、银制品、牙骨角器、象牙制品、宝玉石器、竹木制品和漆器等	展品面	≤ 150
对光不敏感的展品：其他金属制品、石质器物、陶瓷器、岩矿标本、玻璃制品、搪瓷制品、珐琅器等	展品面	≤ 300

表2　2009年版《博物院照明及设计规范》中陈列室展品年曝光量限值

类别	参考平面及其高度	年曝光量限值（lx·h/a）
对光特别敏感的展品：织绣品、绘画、纸质物品、彩绘陶（石）器、染色皮革、动物标本等	展品面	50000
对光敏感的展品：油画、蛋清画、不染色皮革、银制品、牙骨角器、象牙制品、宝玉石器、竹木制品和漆器等	展品面	360000
对光不敏感的展品：其他金属制品、石质器物、陶瓷器、岩矿标本、玻璃制品、搪瓷制品、珐琅器等	展品面	不限制

中国美术馆调研报告

报告提交人：北京周红亮照明设计有限公司
调研对象：中国美术馆
调研时间：2015 年 11 月 13 日、2016 年 6 月 16 日
调研人员：艾晶、陈开宇、程旭、周红亮、王军
调研设备：照明护照（台湾产）、SEKONIC 世光亮度计（日本产）

一　概述

1. 美术馆建筑概况

中国美术馆始建于 1958 年，1962 年竣工，是中国杰出建筑大师戴念慈独具匠心的设计，也是中华人民共和国建国十周年十大建筑之一，是以收藏、研究、展示中国近现代艺术家作品为重点的国家造型艺术博物馆。它占地面积 3 万余平方米，建筑面积 17051 平方米。（图 1）

2. 照明概况

调研当日：1 层正在布展施工，3 层展览内容为"不朽之光——中国美术馆馆藏杨之光作品陈列"、"故事绘——中国美术馆藏连环画原作精品展"。

美术馆展览照明方式整体采用自然光与人工光相结合的方式。自然光使用可控百叶窗调节光线。人工光又可细分为：

a. 发光顶棚（作为基础照明，通常仅用于布展及清扫；展览期间一般会关闭，偶尔使用也会调暗亮度作为辅助照明）；

b. 线性洗墙照明（作为展览照明的基础光）；

c. 轨道照明系统（以窄光、中光、宽光三种配光为基础，搭配多种光学透镜，实现更多配光，满足各种展览照明需求）；

d. 天花灯槽间接照明（用于营造柔和氛围及强调空间感）。

美术馆照明控制方式：各个展厅独立控制，手动开关。

照明场景分为两大类：展览照明及工作照明。其中展览照明又依据展览主题，利用馆内照明系统及另行定制的方式再做具体的照明艺术设计。

光源应用：展览照明皆使用传统卤素光源，荧光灯辅之；咖啡休息区、纪念品售卖区结合装修及展柜有部分 LED 光源。

二　具体调研数据剖析

1. 大厅照明

照明情况：筒灯（光源：紧凑型荧光灯、色温：3000 K 暖白光）为空间提供基础光，天花画框样式吊灯使用间接照明（光源：T5 荧光灯、色温：4000 K 暖白光），上照天花，画框本身呈剪影效果，此照明手法呈现良好的艺术感，也营造出"空间很高"的视觉印象。轨道射灯（光源：金属卤化物灯、色温：3000 K 暖白光）用来照亮展板等需要强调的对象。（图 2）

大厅区位及测光点位见图 3，数据见表 1。

测量时间：2016 年 06 月 16 日下午，天气：晴。

大厅是通往展厅的过渡空间，也是美术馆内部重要的交通节点。人流量大，是观众进入美术馆的第一通道。

大厅照明现状：以筒灯作为基础照明，顶部画框式吊灯为间接照明，为空间提供着柔和的漫射光，使整个空间呈现光色柔和又温馨的印象。相对低一些的环境照度为背景光，为各个展览照明提供一个良好的过渡空间。但光色的显色指数较低，我们认为这种手法是起衬托其他陈列空间高品质照明的作用。此外，因此空间有室外自然光的过渡，如果主光源吊灯在亮度和色温上能与室外的自然光衔接的基础上适当变化，给观众的视觉舒适度会更好（后期和馆方沟通后了解到，他们也考虑了此问题，但由于中国美术馆建馆年代较早，以前预埋的线路目前没有条件进行改造）。

图1　中国美术馆外观

图2 美术馆大厅

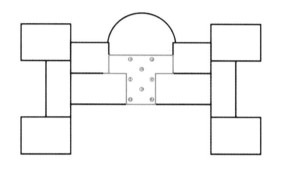

图3 大厅测量点位索引图

表1 大厅照明测量数据

空间名称	具体点位	水平照度(lx)	色温(K)	一般显色指数(Ra)	照明方式	光源类型	灯具类型	照明控制	照片编号
大厅	E	21	2589	80	间接照明、嵌装下照	荧光灯、金属卤化物卤灯、LED灯	直接型、间接型	手动控制	图2
	F	21	2600	78					
	G	34	3288	75					
	H	34	3264	75					
	I	33	3259	75					
	J	30	3313	75					
	K	54	3672	73					
	L	33	2950	76					

2. 展厅照明：3层"不朽之光——中国美术馆馆藏杨之光作品陈列"

展厅空间位置见图4。

展厅材质：墙面（浅灰色涂料）、地面（黄色石材）、顶面（灰色涂料）。

"不朽之光"展厅测试点见图5，数据见表2。

小结：此区域为艺术品陈列厅，调研当天是国画展览。线性洗墙作为基础照明，把墙面均匀照亮，轨道投光照亮绘画，表现细重点部。

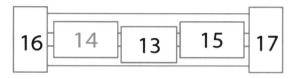

图4 "不朽之光"展厅位置索引（第14展厅）

图5 杨之光作品展墙测量点位

表2 "不朽之光"展厅测量数据

空间名称	点位编号	照度(lx)	亮度(cd/m²)	色温(K)	一般显色指数(Ra)	照明方式	光源类型	灯具类型	照明控制	照片编号
展厅	1	370	48	2910	96	嵌入式洗墙、轨道投光	荧光灯、卤素灯	直接型	手动控制	图5
	2	355	70	2950	99					
	3	200	41	2890	96					
	4	120	10	2870	92					
	5	135	14	2920	93					

3. 展厅照明：5层"故事绘——中国美术馆藏连环画原作精品展"

展厅空间位置见图6。

展厅材质：墙面（浅灰色涂料）、地面（黄色石材）、顶面（灰色涂料）。

"故事绘"展厅测试绘见图7，数据见表3。

小结：此展厅位于5层，调研当天是连环画主题展览。因视觉中心在倾斜的展板上，故照明方式没有大面积的洗墙照明，仅用轨道投光照亮展板区域，起到良好的视觉引导作用。

三 主观评价

中国美术馆的整体照明系统比较完善，可以满足各类艺术展览的照明需求。

其中自然采光用电动百叶形式，通过百叶转动来控制进入室内的光数量，可以节约灯光能源消耗，又可让人通过自然光感知时间的变化。但因为大多数参展艺术家可能因对照明认识上的差异，不太接受自然光，担心其影响展览效果，导致自然采光设备被束之高阁。

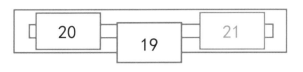

图6 "故事绘"展厅位置索引（第21展厅）

传统的卤素光源以其良好的显色性、配光及易于调节明暗等优点，长期作为展览主照明在使用。但现在随着高光效、长寿命的发光二极管（LED）光源的普及，卤素灯的应用范围大幅减少，供应中国美术馆的厂家已经停产卤素光源及灯具，现有传统照明系统要持续应用，面临很大困难。当前，与卤素光源照明品质相当的 LED 光源已经比较成熟，而且在技术上还在不断进步，更换 LED 照明系统已成为无法避免的趋势，只是时间问题。专业美术馆需要显色性高、配光准确、易于调光、安全稳定的照明系统。馆方反馈，达到专业美术馆应用的灯具当前价格还是比较贵；就他们所了解，达到专业照明要求的产品还比较少。另外就我们调研其他项目了解到，大量使用 LED 照明时，其自身的谐波问题也是急需解决的。

感谢中国美术馆相关人员的支持和配合。

图7 连环画原作精品展展墙

表 3 "故事绘"展厅测量数据

空间名称	点位编号	照度(lx)	亮度(cd/m²)	色温(K)	一般显色指数(Ra)	照明方式	光源类型	灯具类型	照明控制	照片编号
展厅	1	180	42	2910	96	嵌入式洗墙、轨道投光	荧光灯、卤素灯	直接型	手动控制	图 7
	2	160	24	2950	99					
	3	90	28	2890	95					
	4	105	32	2870	93					
	5	140	36	2920	94					

上海博物馆调研报告

报告提交人：松下电器（中国）有限公司
调研对象：上海博物馆
调研时间：2015 年 8 月
调研人员：黄秉中、肖阳琳、沈辛盛
调研设备：照度计 T-10A(美能达)、亮度计 BM-9(TOPCON)、照明护照 ALP-01、测距仪 DLE40professional（BOSCH）

一 概况

上海博物馆位于上海市中心人民广场的南侧，地址为人民大道 201 号，是一座大型的中国古代艺术博物馆。建筑总面积 3.92 万平方米，建筑高度 29.5 米，象征"天圆地方"的圆顶方体基座构成了新馆不同凡响的视觉效果。

上海博物馆地上 5 层，地下 2 层，其中地上 1～4 层为展厅部分，设有十一个专馆，三个展览厅。上海博物馆地上 5 层，地下 2 层，其中地上 1～4 层为展厅部分，本次调研就是 1～4 层作为调研对象。因展厅众多，具体如下：

1 层（3 个常设展厅，1 个临时展厅）

（1）中国古代青铜馆（2）中国古代雕塑馆（3）第一展厅

2 层（1 个常设展厅，1 个临时展厅）

（1）中国古代陶瓷馆（2）第二展厅（未开）

3 层（3 个常设展厅）

（1）中国历代书法馆（2）中国历代印章馆（3）中国古代会划馆

4 层（4 个常设展厅，1 个临时展厅）

（1）中国古代玉器馆（2）中国历代货币馆（3）明清家具馆（4）少数民族工艺馆（5）第三展厅

二 现场调研数据分析

展馆整体照明基本以卤素灯为主，部分区域辅以荧光灯照明。展厅安装红外人体感应探测器，能实现无极调光，另外，少数区域采用光纤照明，光源采用金卤灯。

1. 照明灯具、光源使用情况及比例

光源：卤素灯 60%，荧光灯 35%，光纤 5%（金卤灯光源）。

灯具：明装轨道射灯（卤素灯）30%，展柜一体化照明：30%，边柜暗藏式照明（嵌入式灯具）40%。

2. 照明描述（按区域及使用光源不同点进行区分）

（1）展厅——卤素灯

①轨道射灯，安装 35W 及 50W 卤素灯光源，并未安装固定的轨道，而是根据展厅及展品的特性、位置、具体等进行专门的照明点位设计。大致情况：安装高度 3.6 米，根据被展示物大小，使用 1～4 台灯具，基本以 2 台灯为一组。展品照度 200～300 lx，光源 Ra96～99，色温 2700 K 左右。（图 1）

②展柜整体化照明：在展柜顶部四周安装 2～4 盏卤素射灯，或边柜安装一排卤素射灯，投射展品。（图 2）

展品照度 150～300 lx，光源 Ra96～99，色温 2700K 左右。

图1 中国古代雕塑馆轨道射灯

图2 中国古代雕塑馆展框整体化照明

图3 中国古代青铜馆展柜整体式照明　　图4 中国古代青铜馆展柜整体式照明　　图5 中国古代青铜馆暗藏式照明

（2）展厅——荧光灯

荧光灯照明主要为展柜整体照明或边柜暗藏式照明方式。

①展柜整体式照明：在展柜顶部安装T8（少量T5）三基色荧光灯，部分安装普通环形荧光灯，透过乳白板或网纹格栅均匀发光。展品照度200～400 lx，光源Ra80左右（安装环管荧光灯的展柜Ra仅50），色温3000 K左右。（图3、4）

②暗藏式照明：主要应用在四周边柜，在边柜顶部使用透光型乳白板，在乳白板上方安装连式灯带，均匀照明。展品照度200～400 lx，光源Ra 80左右，色温3000 K左右。（图5）

③展厅——基础照明

无专用基础照明灯具，均为展示照明的外溢光作为基础照明，展厅基础照度5～30 lx，Ra90～95。

④大堂、走道等公共区域

采用2×13 W及2×18 W防眩光筒灯，照度150～200 lx，色温3000～4000 K，Ra80～90。

三　总结

上海博物馆作为国内数一数二的知名博物馆，馆内重点文物众多，每天参观展览的观众也络绎不绝。上博非常重视照明在博物馆的应用，并且达到了非常不错的效果，主要体现在以下两点：

（1）重点考量光照对于文物安全的满足性。

不同文物的所使用的照明光源不一样，同时，照射强度、时间也有仔细的考量。

例如织物、书画的紫外红外控制非常严格，因此，采用卤素灯照明时，照度适当降低，在荧光灯照明时避免重点照明，采用均匀照明方式，使展品避免过强的照明直射（图6a、6b、7a、7b）。而青铜、雕塑等展馆，

由于展品较大，同时对红外紫外防止要求相对较低，因此，采用轨道射灯重点照射展品。以突出展品结构及细节特征，因此照度较其他展馆高。并可兼以公共照明及氛围照明。

（2）重点考量到观众在文物观赏时的功能性满足及舒适度满足。

为了满足展品的突出程度，在公共区域照度基本维持在5～30 lx，与展品的照度差有20～30倍。同时，为了兼顾舒适度，所有灯具都加装防眩光罩。此外，还在各展厅安装了人体红外感应探头，可以根据人流量的变化，进行灯光的同步明暗变化，实现节能的效果。（图8a、8b、9）

四　后记：业主对照明现状的感受及关注点

根据与上海博物馆陈列设计部等相关部门的对话，业主对上博的照明现状表示基本满意，同时表示随着科技的发展，博物馆的灯光照明也应不断地加以提高和完善。主要表现在：（1）现使用的展陈照明灯具（ERCO）专业化程度较高，角度、光强、光通量均可调整，可以灵活地实现各种照明需求。（2）现有照明光源在红外控制、紫外防止等方面基本能满足需求。

关注点：（1）主要是照明对展品的影响。（2）重点是织物、书画等展品的红外、紫外防止。

期望点：原照明灯具可在灯具上实现照射角度的调整，该款灯具已停产，现有替换灯具无法实现该功能，若还需要改变角度，则需要拆下来更换灯体内部的反射器（灯杯），比较麻烦。

对LED的需求展望：暂时不考虑灯具的大规模替换，但由于ERCO已经停产传统灯具，因此，下次更换照明时，会全部采用LED光源，前提是必须满足红外、紫外的防止要求，并能达到显色性95以上。

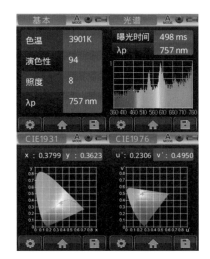

图6a　中国古代雕塑馆

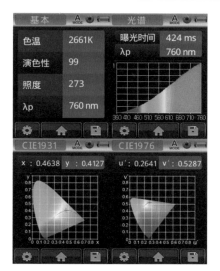

图6b　中国古代雕塑馆数据

图7a　中国历史书画展

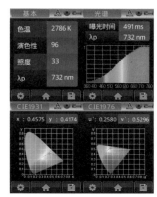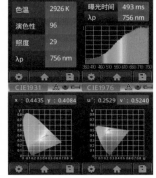

图7b　中国历史书画展数据

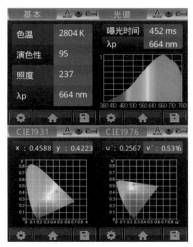

图8a　公共区域照明数据1

图8b　公共区域照明数据2

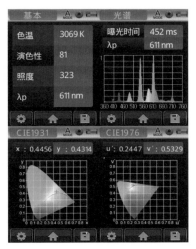

图9　展品区域照明数据

中国人民抗日战争纪念馆调研报告

报告提交人：北京智博创业商贸有限公司、华格照明灯具（上海）有限公司
调研对象：中国人民抗日战争纪念馆
调研时间：2015 年 12 月 25 日
调研人员：曹燕、苑永春、李培、孙桂芳、余德智、余子平
调研使用设备：光谱彩色照度计 SPIC-200

一 概述

1. 中国人民抗日战争纪念馆简介

中国人民抗日战争纪念馆是社会科学类专题历史纪念馆，位于北京市丰台区宛平城内，距卢沟桥 500 米，距市中心 15 公里。纪念馆于 1987 年 7 月 7 日（"卢沟桥事变"五十周年）对外开放。其二期工程于 1997 年抗战 60 周年前夕建成并开放。2015 年党和国家纪念中国人民抗日战争暨世界反法西斯战争胜利 70 周年。纪念馆举办"伟大胜利 历史贡献"大型主题展览，进行较大规模改造，以全新的面貌对外开放。抗日战争纪念馆占地 4 万平方米，建筑面积近 3.4 万平方米，"伟大胜利 历史贡献"大型主题展，展览面积 6700 平方米。

2. 展览简介

展览以"铭记历史、缅怀先烈、珍爱和平、开创未来"为主题，展出照片 1170 幅，文物 2834 件。

展览共分为八个部分。第一部分，中国局部抗战——揭开世界反法西斯战争的序幕，主要反映中国共产党独立领导东北抗联进行抗日斗争，提出建立抗日民族统一战线的主张。第二部分，全民族抗战——开辟世界第一个大规模反法西斯战场，主要反映中国共产党倡导的以国共合作为基础的抗日民族统一战线正式形成，正面战场、敌后战场协同作战，共同抗击日本侵略者。第三部分，中流砥柱——中国共产党坚持正确抗战指导及其敌后抗战，主要反映中国共产党实行全面抗战路线，提出持久战方针和一整套作战原则，广泛发动人民群众，成为抗日战争的中流砥柱。第四部分，日军暴行——现代文明史上最黑暗的一页，主要反映日本侵略者对中国人民进行的惨无人道的屠杀、迫害和摧残，揭露日本帝国主义累累罪行。第五部分，东方主战场——彪炳史册的历史贡献，主要反映中国人民抗日战争持续时间最长，牵制日本兵力最多，有力策应和支持盟国作战，是世界反法西斯战争的东方主战场。第六部分，得道多助——国际社会积极支援中国人民的正义战争，主要反映中国人民抗日战争得到了国际社会的同情和支持。第七部分，

伟大胜利——日本法西斯侵略者遭到彻底失败，主要反映中国人民创造了半殖民地弱国打败帝国主义强国的奇迹，对世界反法西斯战争作出了巨大贡献和民族牺牲，中国的国际地位空前提高。第八部分，铭记历史——携手世界各国共建持久和平，主要反映中国政府和人民将以最大的决心和努力，同世界各国人民一道，坚决捍卫中国人民抗日战争暨世界反法西斯战争的胜利成果。本次展览全景式展现了全国各民族、各阶级、各党派、各社会团体、各界爱国人士、港澳台同胞和海外侨胞，英勇抵抗日本帝国主义侵略的光辉历史和巨大贡献，突出表现了中国共产党的中流砥柱作用和中国东方主战场作用。

3. 照明概况

中国人民抗日战争纪念馆邀请北京智博照明依据《博物馆照明设计规范》《建筑照明设计标准》《国际 CIE 照明标准》《智能建筑照明设计标准》等，进行了专业的照明设计。

纪念馆是以红色革命故事、纪念、文物、国防教育、红色旅游景点等主题的展馆。照明主要采用 LED 产品、照明与智能控制相结合。照明与展陈的声、光、电、控相结合，模拟与还原战争与伟大胜利的历史场面，让每一个参观者看到、听到、感觉到、触摸到、领悟到"铭记历史、缅怀先烈、珍爱和平、开创未来"的重大展览主题。

二 现场调研数据分析

1. 前厅照明环境及用灯情况

（1）前厅长 18 米、宽 10 米、高 7 米，前厅后部分有钢铁战士们高大威武的金色铜雕塑，金色铜雕塑脚前方为大理石的烈士献花台。整个序厅白天自然光充足，照明灯具全部采用智能控制。参观路线从序厅左侧进入场馆"历史贡献 伟大胜利"，右侧"铭记历史、缅怀先烈、珍爱和平、开创未来"为尾厅，整个展厅参观路线流畅、和谐。

前厅观众从展馆外进入展馆内，明暗视觉过渡、自然光与人工光结合，照明与智能控制相结和。前厅为重大活动主要转播场面、用光要注意空间画面的整洁、庄重、严肃、端庄、艺术、美感、震撼。

整个空间以红色与金色为主色调；红色代表激情、胜利与庆祝。金色代表希望、向往、未来、憧憬、美好、光辉与幸福。布光全部为内藏深防眩。雕塑采用特殊色温。重点突出先烈威武的英雄气魄，用主光、侧光、环境光等组合用光方式。

时间：下午 1 点，开启两侧大显示屏正常展览状况下。

图1　前厅：金色铜雕塑的群英烈战

环境：前厅用约 40 W、色温 3000 K 的 14 盏下照 LED 筒灯作为基础与应急照明。地面平均照度 200 lx，色温 3236 K，显色指数 Ra=95.6。

雕塑：
①照度 453.1 lx，色温 3592 K，显色指数 Ra=97.6。
②照度 476.6 lx，色温 3547 K，显色指数 Ra=94.9。

（2）序厅天花颜色以红色为主题色，两边为米黄色大理石雕刻墙，照明主要强调"铭记历史、缅怀先烈、珍爱和平、开创未来"的主题；照明方式主要为藏灯见光方式，照明设备选用 LED 线性可调光洗墙灯与嵌入式 LED 下照可调光防眩筒灯，色温为 3000 K。照明效果请参考图2。
①照度 201.9 lx，色温 2700 K，显色指数 Ra=94.4。
②照度 203.9 lx，色温 2700 K，显色指数 Ra=94.1。

图2　序厅地面

2. 展厅照明环境及用灯情况

展厅照明分为展板照明、展柜照明、场景照明、雕塑照明、文物照明、艺术品照明等。展板内容主要以图片为主，照明采用 LED 灯具色温为 3500 K，单灯调光等专业展陈射灯。展板展示内容主要为历史资料，对于重点需要强调的历史革命性主题，特采用高色温、高照度，予以突出、提高以图片与文字为展览内容的重点展览主题，也避免视觉的疲劳。展柜内的照明采用洗墙照明与重点照明方式相结合，重点照明选用 LED 可调光射灯，满足文物的国家与国际的安全限值，使展品得到充分的展示与保护。

3. 根据展览主题中的人物、事件、场景分析

白桦林为非标大通柜的场景。根据展览主题中的人物、事件、场景分析。文物参照国际与国内的限制标准。静态与动态场景相结合。远、中、近景的光层次秩序、光照度比例。光氛围用圣洁、悲伤、自由与良知的白光作为大面积主色调，明亮的色调突出整个静态场景，用 3000K 色温的暖光照文物来点缀、冷暖色温的对比，结合多媒体大雪纷飞的动态场景，让观众视觉与心灵都有深深感触，达到展览的目的与意义，有很好的展观关系。

图3：
①照度 322 lx，色温 3477 K。
②照度 338.8 lx，色温 6151 K。

图4：
①照度 154.6 lx，色温 4210 K。
②照度 181.2 lx，色温 9890 K。

图3　历史场景模拟

图4　历史场景模拟

台儿庄战役灯光使用说明：灯具全部采用 LED 窄光 3000 K 色温，以此来雕刻前赴后继战士们的高大身影，用光与多媒体互动模拟战火激烈的前线战场。光遵循"火"由红到青烟，到黑烟滚滚的自然过程，充分展现台儿庄战役千钧一刻的战斗场景。照明效果请参考图 5。

①照度 160.3 lx，色温 3664 K，显色指数 Ra=93.6。

②照度 158.0 lx，色温 4976 K，显色指数 Ra=88.7。

图5　台儿庄战役历史场景模拟

南京大屠杀展项的灯光使用说明：展项的展陈形式为多种结合、一级、二级标题板，展板为文字图片，展柜为文物，小场景模拟日军罪行。标题板为重点照明，展板上的图片与被杀害人数的醒目数字，惨不忍睹。光运用到惨白才能表达悲愤情绪，才能悲诉沉重的历史场景，展柜中的文物按国家限制标准，垂直取光，所有照明设备采用 LED 可单灯调光、多色温、RGB 色彩可调节的灯具。照度、均匀度、色温一致、Ra 显指、R9 数值在这里已不是主要考虑的要素。展板照明采用艺术照明的形式，利用蓝白、冷暖色温的反差。产生视觉的冲击力，激扬爱国主义情怀与民族精神。照明效果请参考图 6。灯具安装：安装高度 5 米，轨道离墙均 1.8 米。

①照度 140 lx，色温 3970 K，显色指数 Ra=89.1。

②照度 442.1 lx，色温 3378 K，显色指数 Ra=94.9。

③照度 92.5 lx，色温 100000 K，显色指数 Ra=62。

图6　南京大屠杀展项

该馆的展板大部为历史黑白照片，定制 3500 K 色温，显指略低的 LED 产品，目的是考量该馆为爱国主义教育基

地，团队接待的很多，场景与展品都较为残酷，低色温、低照度心情有些不适，调节舒缓情绪，选用色温略偏高，照度略高的照明灯具，让青少年观展时有认真、严肃、理性、敬仰的心理视觉，充分理解历史背景与历史故事。照度 390.8 lx，色温：3497K，显色指数 Ra=82.1。

"百团大战"为静态与动态相结合的战争历史场景，LED 灯具与展陈声、光、电、控、多媒体影片相结合，模

图7　百团大战历史场景模拟

拟与还原历史真实的战争场景。动态的色彩、合适的色温、合适的色饱和度，都充分突出场景，让观众有一种亲临战场，感受炮火战争的场面，从心灵深处感谢共产党、感恩先烈们的英勇付出，珍惜今天来之不易的和平。

照明效果请参考图 8。

①照度 212.6 lx，色温 2969 K，显色指数 Ra=90.5。

②照度 320 lx，色温 2914 K，显色指数 Ra=89.5。

图8　英烈环廊展墙

狼牙山五战士为群雕采用 LED 灯具，用成功、希望、阳光的色温侧投战士的上半身。用圣洁、自由、良知的冷白光侧逆光投向战士肩膀。冷暖色彩对比、立体、剪影、雕刻、塑造战士的性格、表情、心理。促进观众与壮士内心情感的沟通。照明效果请参考图 9。

①照度 323.2 lx，色温 3417 K，显色指数 Ra=82.3。

②照度 1730 lx，色温 3135 K，显色指数 Ra=89.5。

图9 狼牙山五壮士雕塑

这是一个还原日本投降的历史场景，两边展板选用LED产品，色温 3500 K，中间用高色温、高照度还原历史场景。照明效果请参考图 10。

①照度：370.4 lx，色温：3018 K，显色指数 Ra=76.4

②照度：427.4 lx，色温：3498 K，显色指数 Ra=83.4

展板照明采用 LED 产品，定制色温 3500 K，显指80 度满足整体空间的和谐、舒适。

①照度：899.9 lx，色温：3421 K，显色指数 Ra=82.6

②照度：870.1 lx，色温：3421 K，显色指数 Ra=83.7

图11 "新中国成立建立中日友好关系"区展板

三 调研综述

1. 从展陈主题、展陈形式、展陈内容，LED 光源灯具能更全面诠释。

从文物安全方面考虑，LED 光源产品灯具更加安全。

2. 照明理念、照明方式、照明质量，LED 光源产品相对优势大一些。

3. 从环保、节能、后期维护与管理、投资与回报经济上考虑，LED 产品相对具有优势。

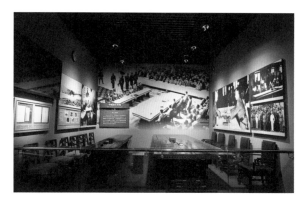

图10 日本投降历史场景模拟

首都博物馆调研报告

报告提交人：北京清控人居光电研究院有限公司
调研对象：首都博物馆
调研时间：2015 年 11 月 26 日
调研人员：艾晶、荣浩磊、陈海燕、赵志刚、高帅、刘思辰、朱佳南、曹树仁、谢素林
调研设备：光谱彩色照度计 SPIC-200、面亮度计 LMK mobile advance、分光测色仪 KONICA/CM-2600d
　　　　　照度计 T-10、测距仪 BOSMA、点亮度计 KONICAMINOLTACS-200 等

一　概述

1. 首都博物馆简介

首都博物馆位于长安街西延长线上（西城区复兴门外大街 16 号），占地面积 2.41 万平方米，总建筑面积 64896 平方米，建筑高度 40 米，地上 5 层，局部 6 层，地下 2 层。

2. 展品简介

展厅面积约 2.48 万平方米，首都博物馆内设基本陈列、精品陈列和临时展览三类。基本陈列"古都北京·历史文化篇"是首都博物馆展陈的核心，表现了恢宏壮丽的北京文化，并成为国内一流博物馆品牌陈列。此外还有"京城旧事——老北京民俗展"；精品陈列有"古代瓷器艺术精品展"、"燕地青铜艺术精品展"、"古代玉器艺术精品展"、"古代佛教艺术精品展"，这些是对北京文化展现的补充和深化。临时展览提供研究与观赏北京文化与其他地区文化、中国文化与世界文化交流关系的舞台。

3. 照明概况

首都博物馆室内依照《博物馆建筑设计规范》电气部分、《建筑照明设计标准》、《博物馆照明设计规范》等，进行了专业的照明设计，照明设备投入在 100 万以上，馆内以卤素灯具为主，部分使用了 LED 灯具。

馆方运营管理者和使用者较为认可 LED 的优势，但同时认为存在若干劣势，对 LED 在博物馆建筑中的应用前景表示支持。（表 1）

二　现场调研数据分析

1. 展厅照明及用灯情况

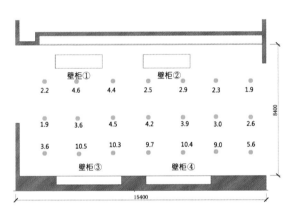

图1a　展厅地面照度测量布点图

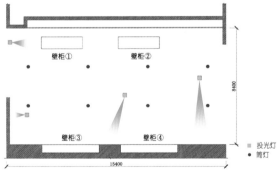

图1b　展厅灯具布置图

表 1　关于 LED 灯具的优劣势调研统计

	节能高效	LED 灯具光效高，节能
优势	使用灵活	运用于局部泛光、装饰方面，灯体小，便于隐藏
	智能控制	可进行调光，便于根据展品内容进行照明效果的调整
	安全可靠	紫外、红外辐射小，对展品具有保护作用
劣势	色彩还原	色彩还原性较差，从主观感受角度，不利于展品观看
	使用稳定	偶尔出现频闪现象，主观感受舒适度欠佳
	资金投入	产品价格高，由于资金限制，目前较难大批量使用
前景	文物保护	由于安全性高，在文物保护方面有较大应用前景
	色彩还原	如能提高色彩还原性，将在多个类型的展厅中有较广应用

调研区域为康熙御窑瓷展示局部（图1a、1b），长15400 毫米，宽8400 毫米，高4000 毫米，8 盏卤素筒灯，展览时间段不开启，在日常维护时间段提供功能照明。布置4盏卤素光源轨道射灯作为重点照明，用于照亮墙壁展板，功率 50 W，色温 2700 K；展厅地面平均照度4.9 lx。

运用面面亮度计对展厅亮度进行测量，制作的亮度伪色图如图2，从图中可直观得出展厅内的照明亮度分布情况。

图2　展厅亮度测量伪色图

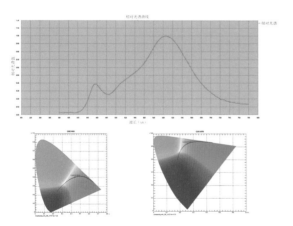

图3　壁柜1、2灯具光学参数测量数据图

2. 展柜照明及用灯情况

区域内布置有四个壁柜，内设置射灯照亮展品。运用面亮度计对亮度进行测量，LMK 软件进行分析，可得出展柜背板及各展品的亮度测量数据；同时对灯具的光学参数（显色性、光谱分布曲线等）进行测量，数据对比见表2～4，图3～6。

表2　壁柜1、2亮度测量数据

序号	测试部位	平均亮度（cd/m²）
1	壁柜1背景	3.5
2	壁柜1—展品1	0.6
3	壁柜1—展品2	0.5
4	壁柜1—展品3	0.6
6	壁柜2背景	4.6
7	壁柜2—展品1	1.0
8	壁柜2—展品2	2.2
9	壁柜2—展品3	1.0

通过对测量数据的分析，壁柜采用两种类型的光源，光色一致性较好，但此处展柜使用的 LED 光源为临时采购安装的灯具，显色指数 Ra 较低，在 84～86 左右，且 R9 为 25，数值明显偏低。安装 LED 灯具的壁柜，其垂直照度和背景亮度较卤素灯的壁柜高，展品的亮度也较高，与灯具的安装方式和光源类型有关。

测量参数	R3: 99
光照度 E: 6.65807 lx	R4: 98
辐射照度Ee: 0.0428522	R5: 99
CIE x: 0.4354	R6: 100
CIE y: 0.3954	R7: 98
CIE u': 0.2534	R8: 97
CIE v': 0.3451	R9: 95
相关色温 2954 K	R10: 99
峰值波长: 780.0 nm	R11: 98
半波宽: 195.8 nm	R12: 97
主波长: 584.3 nm	R13: 99
色纯度: 49.4%	R14: 100
duv: 0	R15: 99
红色比: 24.9 %	仪器状态
绿色比: 71.8 %	测试仪器：SPIC-200
蓝色比: 3.3 %	平均次数：49
显色指数Ra: 98.2	灵敏度：低
显色指数R	峰值AD IP: 16135.2
R1: 99	积分时间：10000 ms
R2: 100	

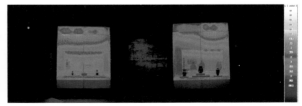

图4　壁柜1、2亮度测量伪色图

表3 壁柜3、4亮度测量数据表

序号	测试部位	平均亮度（cd/m²）
1	壁柜4背景	14.1
2	壁柜4—展品1	1.8
3	壁柜4—展品2	2.2
4	壁柜4—展品3	0.8
5	壁柜4—展品4	3.8
7	壁柜3背景	13.3
8	壁柜3—展品1	6.6
9	壁柜3—展品2	4.7
10	壁柜3—展品3	4.5
11	壁柜3—展品4	4.3

3. 主观评价

室内功能区域照度合适，能够满足通行需求。照亮墙面展板的卤素投光灯无眩光。观赏两组展柜内展品过程中无不适感，可清晰观赏展品细节，对色彩还原方面，LED光源和卤素光源下展品能感觉到细微差异。

测量参数

光照度 E: 34.316 lx　　　　R3: 95
辐射照度Ee: 0.11705　　　　R4: 84
CIE x: 0.4441　　　　　　　R5: 86
CIE y: 0.4063　　　　　　　R6: 95
CIE u': 0.2534　　　　　　　R7: 85
CIE v' 0.3489　　　　　　　R8: 66
相关色温: 2900 K　　　　　　R9: 25
峰值波长: 605.0 nm　　　　　R10: 88
半波宽: 136.3 nm　　　　　　R11: 84
主波长: 583.3 nm　　　　　　R12: 81
色纯度: 55.2%　　　　　　　R13: 88
duv: 0　　　　　　　　　　　R14: 98
红色比: 24.0 %　　　　　　　R15: 79
绿色比: 73.2 %　　　　　　　仪器状态
蓝色比: 2.9 %　　　　　　　　测试仪器: SPIC-200
显色指数Ra: 86.0　　　　　　平均次数: 49
显色指数R　　　　　　　　　灵敏度: 低
　R1: 86　　　　　　　　　　峰值AD IP: 39227.7
　R2: 96　　　　　　　　　　积分时间: 8853 ms

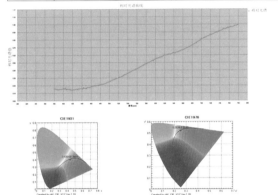

图5　壁柜3、4灯具光学参数测量数据图

图6　壁柜3、4亮度测量伪色图

表4　灯具及参数测量数据汇总表

类型	细分类型	展柜尺寸（mm）	垂直照度（lx）	色温（K）	一般显色指数 Ra
展柜	壁柜1	2600×3800×520	13.9	2928	98.6
	壁柜2	2600×3800×520	12.8	2953	98.2
	壁柜3	4000×3800×580	31.6	2952	84.8
	壁柜4	4000×3800×580	32.5	2900	86.0

类型	细分类型	照明方式	灯具类型	光源类型	照明配件	照明控制	灯具参数
展柜	壁柜1	轨道安装重点	直接型	卤素灯	带棱镜扩散片	单灯手动调光，开关灯由控制系统统一完成	50 W 宽光束射灯
	壁柜2	轨道安装重点	直接型	卤素灯	带棱镜扩散片	单灯手动调光，开关灯由控制系统统一完成	50 W 宽光束射灯
	壁柜3	嵌入式重点	直接型	LED	无	开关灯由控制系统统一完成	3 W，3000 K 可调角度
	壁柜4	嵌入式重点	直接型	LED	无	开关灯由控制系统统一完成	3 W，3000 K 可调角度

南京博物院调研报告

报告提交人：中央美术学院建筑学院建筑光环境研究所、江苏创一佳照明股份有限公司、南京基恩照明科技有限公司
调研对象：南京博物院
调研时间：2016 年 3 月 8 日
调研人员：牟宏毅、姚丽、张尧
调研设备：照明护照 TES1322A、照度计 SEKONICL-758CINE、亮度计 NIKOND90

一　调研总结

通过此次对南京博物院 LED 应用的考察及现场测量，南京博物院在室内展陈照明 LED 应用进行了大量的探索与尝试，应用了许多博物馆先进照明理念。博物院的用光是考量博物院室内展陈空间照明质量的重点，包括展品的重点照明、亮度、照度、色彩还原度以及均匀度的体现。通过对现场数据的分析与计算，南京博物院的照明理念与品质，在国内博物馆展陈 LED 应用照明方面有着引领和示范作用。

二　博物院调研概述

1. 历代雕塑陈列馆概述

陈列馆征集文物及其他历代雕塑精品百余件，采用柜内展陈、室内陈设的展览方式。除陈列部分木雕、陶塑外，主要以石刻塑像为主。这里有北魏、北齐、北周和隋唐雕塑，以及极为难得的石刻、金铜佛像等。直到明清，各个时代都在南京留下了雕塑的绝世精品。

2. 珍宝院概述

珍宝院是南京博物院艺术院的院中之冠，展品多为南博的一级文物和国宝级文物。也是时代精神与社会进步的标志。明代的鎏金喇嘛塔，塔高 0.35 米，须弥座高 0.16 米，塔底刻有"金陵牛首山弘觉禅寺永充供养"和"佛弟子御用监太监李福善奉施"题记。塔身有四个门，佛龛有释迦、韦陀佛像。塔刹上置相轮十三天、宝盖、葫芦宝顶。珍宝院集结了历朝历代精华，可以说是中国古代人文心智的结晶，它见证了中国文化的源远流长，成为历史长河中光彩夺目的印证。

3."和·合——中国传统文化中的和谐之道"特展馆概述

南京博物院年度大展"和·合——中国传统文化中的和谐之道"特展馆。展览分为"天人合一""阴阳和合""和和美美"三大部分，布置 7 组文化景观，共展出文物 250 余件（套），其中一级文物 50 余件，展示中国传统文化中的和谐融洽关系，以及人与人、人与自然、人与社会和谐相处的理念。

三　照明概况

此次考察的三个展馆，照明方式以全封闭式人工照明为主。博物院内所展出的物品除个别雕塑类展品外，均不能接受自然光的直射。考查目的在于了解 LED 在博物院的室内空间照明以及对各种展品照明的应用表现形式。LED 照明产品的应用在此空间发挥了积极有效的作用。通过高显色与周围光环境的比对将展品需要突出展示的特点展现给受众。

四　调研范围

1. 历代雕塑陈列馆

（1）历代雕塑陈列馆综述

历代雕塑陈列馆位于艺术院 -1F 层，采用全闭合人工照明与自然光照明相结合的照明方式。入口处为序言。此区域展品照明，灯全部采用欧科 ERCO、LED 方形 12 头投光灯照射，灯具安装于吊顶，下照投射，层高 3.8 米。

（2）序言区域实际测试数据

有少数自然光从序言左侧引入，整个地面照度见图 1。
相关色温 CCT：3040 K；
显色指数 CRI(Ra)：90；
Re(R1～R15)：86，R9=47。

测试结论：测试区域均匀度、亮度适中。游客能较为清晰地看清序言所述内容。其中序言板块 2、板块 4 上有较为明显的暗区。

优化建议：顶部三套灯具，两边灯具投射角度向内略作调整，或增加一套灯具以消除暗区增加均匀度。

（3）序言右侧展柜区域选取左右两个雕塑测试数据（图 2）

左侧雕塑测试数据；
相关色温 CCT：3013 K；

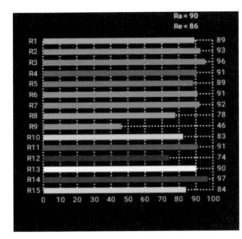 

图1　历代雕塑陈列馆序言部分光环境

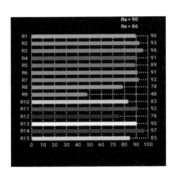 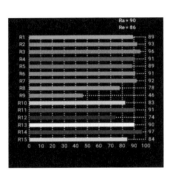 

图2　历代雕塑陈列馆壁龛部分光环境

显色指数 CRI(Ra)：90；

Re(R1～R15)：86，R9=48。

右侧雕塑测试数据：

相关色温 CCT：2969 K；

显色指数 CRI(Ra)：89；

Re(R1～R15)：85，R9=45。

测试结论：

左侧测试区域，照度充足，针对该雕塑的表现形式良好，明暗对比度优良。整体光环境效果较好。

右侧测试区域，均匀度良好，但针对于该雕塑的表现形式，照度以及亮度较低，欠缺突出感。其次地面照度较高，主光斑未照明在雕塑本体上。

原因分析：灯具投射角度、灯具自身发光角度。

优化建议：调整灯具照射角度，检查灯具光束角是否合适。

（4）三面柜雕塑照明（图 3）

相关色温 CCT：3055 K；

显色指数 CRI(Ra)：90；

Re(R1～R15)：86，R9=46。

测试结论：

测试区域照度充足，针对该雕塑的表现形式良好，明暗对比度优良。整体光环境效果较好。但雕塑基座表面反

射率较高，光斑投射到表面，会形成较高亮度的光反射。

原因分析：基座白色反射面，反射率为 0.7～0.8。

优化建议：可改为深色的反射面材质。

（5）三面柜旁雕塑照明（图 4）

因展柜内部射灯未开启，因此该位置亮度只做参考。

测试结论（参考）：

在不开启橱柜内射灯的情况下，展柜内照度较为均匀，但照度及亮度明显较暗。在雕塑的照明方面还需要提高照度。

（6）展馆中厅雕像（图 5）

相关色温 CCT：3406 K；

显色指数 CRI(Ra)：93；

Re(R1～R15)：89，R9=59。

测试结论：

空间照明采用顶部投光灯下照，外加穹顶自然光照射，照度充足，均匀度良好。基座照度稍高，此处是为突出在整体大的光环境下，挺立的雕塑像，能够更加突出地进入游客的视角。

（7）观音像（图 6）

相关色温 CCT：3028 K；

显色指数 CRI(Ra)：90；

Re(R1～R15)：86，R9=47。

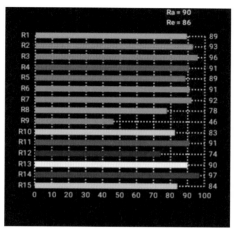

图3　历代雕塑陈列馆三面柜光环境

图4　历代雕塑陈列馆长行三面柜光环境

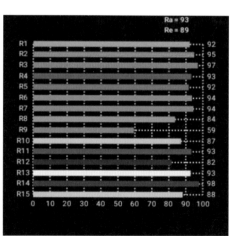

图5　历代雕塑陈列馆中厅光环境

测试结论：

照明方式采用投光灯斜向下投照的方式，照亮石雕壁画。测试范围，照度良好，均匀度较高，亮度适中。从整体光环境考量，给游客的感觉较好。

2. 珍宝院

珍宝院主要藏品为明代的鎏金喇嘛塔，其照明方式为顶部投光灯下照喇嘛塔以及地面。（图8、11）

图9为4头投光灯下照喇嘛塔，图10为9头投光灯下照地面，提供基础照明。

相关色温 CCT：3878 K；

显色指数 CRI(Ra)：83；

Re(R1～R15)：77，R9=16。

测试结论：

喇嘛塔照度充足，能够充分展示各节点，均匀度较

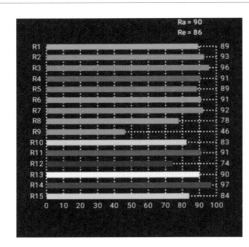

图6　历代雕塑陈列馆观音像光环境

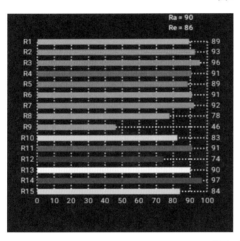
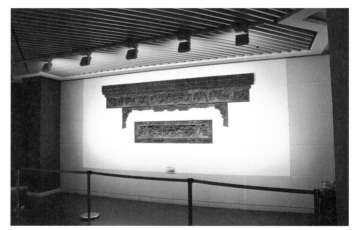

图7　历代雕塑陈列馆壁挂立面光环境

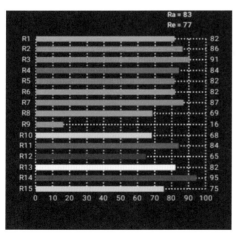

图8　珍宝院四面柜立面光环境

高。唯一存在的缺憾为前期展院建成使用的为蓝玻璃超白玻璃，该玻璃材质透光率一般，反射率略高，容易在玻璃表面形成被照物镜像，某种程度上会影响展品的展示效果。

　　地面照度较大，实际测试照度，地面半径 1.5 米范围内平均照度约为喇嘛塔的 2 倍。

图9　四头投光灯　　　　图10　九头投光灯

优化建议：将展柜玻璃改换为超白钢化玻璃透光率98%以上，反射率低于1%的低反玻璃，透光率可高达92%，且玻璃内表面形成喇嘛塔镜像效果会降低；适当降低地面投光灯的LED颗数或者电流，突出体现喇嘛塔的展示效果。

3."和·合——中国传统文化中的和谐之道"特展馆

(1)入口处"和·合"展画（图12）

位于入口，灯具照射方式为一列三套投光灯依次分段下照。

测试结论：

该入口展画属于重点照明，在周围光环境照度110 lx条件下，使用窄角度投光灯分段下照，意在突出"和·合——中国传统文化的和谐之道"标题。

(2)入口画布（图13）

入口标题，照明方式为吊顶部投光灯正照，将整个标题打亮；画布照明方式为背光灯背后投射。

测试结论：

入口空间环境照度为5～7 lx，标题"和·合——中国传统文化中的和谐之道"亮度为32～180 cd/m²，标题醒目。且从展院外围110 lx的光环境进入展院内部，依据人眼瞳孔对光环境的适应性，该亮度较为适中，能够让人很清楚地看到该展院所要展示的核心理念。

画布亮度范围为8.5～14 cd/m²，在环境照度5～7 lx的条件下，良好的均匀度，使游客能够很舒适地看清画布上的一人一物。

(3)天人合一展板（图14）

测试结论：

测试区域照度充足、均匀度优良、整体光环境效果舒适度高。

(4)陶罐展柜（图15）

该区域照明方式为顶部投光灯下照，突出表现陶罐。

测试结论：

该测试区域，对展品的照明体现较好。明暗对比明显，能够突出表现陶罐形态，且暖色调色温，使得游客具有良好的观赏舒适度。

(5)四面柜青铜兽（图16）

该区域照明方式为展柜内部多个微型投光灯下照。

测试结论：

该测试区域，由于使用的是多个微型投光灯，因此在展品的重点照明方面，效果良好。展台亮度范围2.3～4 cd/m²，展品亮度为12～34 cd/m²，明暗对比较为明显，能够突出表现展品。唯一不足之处在于，展院建成初期使用的为蓝玻璃，对射灯的镜像反射较为明显。

优化建议：玻璃改为高透光超白玻璃，其次微型投光灯的出光口应加以防眩光配件，避免出光口的高亮度于玻璃内表面形成反射。

图11 珍宝院四面柜地面光环境

图12 "和·合"厅展画光环境

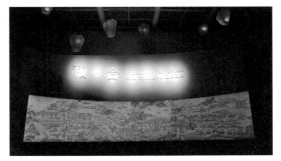

图13 "和·合"厅入口处画布立面光环境

图14 "和·合"厅展板光环境

图15 "和·合"厅展板光环境

图16 "和·合"厅四面柜光环境

图18 "和·合"厅名画展柜光环境

图17 "和·合"厅青铜器展柜光环境

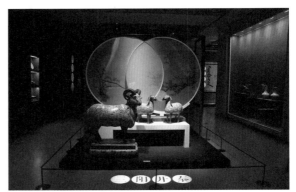

图19 "和·合"厅"三阳开泰"光环境

（6）青铜器展柜（图17）

测试结论：

该测试区域照度充足，均匀度优良。展示画亮度范围 15～30 cd/m²，周围背景布亮度 1.9～3 cd/m²，整体明暗对比较为明显，突出展示画卷。投光灯下照青铜器，表面亮度 1～6 cd/m²，展示台表面亮度 0.6～1.1 cd/m²，能够很好地表现所陈列展品的形态。整体光环境效果舒适度高。

（7）名画展柜（图18）

测试结论：

该测试区域照度充足、均匀度优良。展示画亮度范围 11～24 cd/m²，周围背景布亮度 1.2～1.7 cd/m²，整体明暗对比较为明显，突出展示画卷。整体光环境效果舒适度高。

其中有一点，右边长幅画卷，有两个较高亮度的光斑，可能原因为灯具松动造成局部照度过大。

（8）三阳开泰（图19）

测试结论：

测试区域照度适中，均匀度良好。背景锦绣明暗对比较高，地面与三羊照度有明显亮暗区分，与"三阳开泰"主题相映衬。整体光环境舒适度较高。

（9）四季牧歌（图20）

测试结论：

周围光环境亮度为 0.8 cd/m² 左右，橱柜内瓷器亮度约为 5.7 cd/m²，整体层次感较强，能够突出表现所陈列展品，均匀度较高。

五 调研结论

南京博物院不仅是六朝文化的代表，也是中国历史的宝贵财富。而其陈列品的照明展示方式与 LED 应用的理念，值得现代博物馆照明应用的借鉴与学习。本次调研的三个展院为历代雕塑陈列馆、珍宝院、"和·合——中国传统文化中的和谐之道"特展馆，针对其室内空间照明以及展品陈列照明的考察，整体照明设计极为成功，是中国博物馆 LED 照明应用与探索的成功案例。

图20 "和·合"厅"四季牧歌"光环境

山东博物馆调研报告

报告提交人：香港银河照明国际有限公司 、济南光汇灯光设计有限公司、齐鲁工业大学灯光应用中心
调研对象：山东博物馆
调研时间：2016 年 1 月 25 日
调研人员：徐华、焦胜军、王宏伟、郑国良、国璐媛、陶娜、胡波、张勇、杨帆
调研设备：照度计 T-10A（美能达）、亮度计 CS200 彩色（美能达）、照明护照 ALP-01
测距仪 SW-100（深达威）、分光测试仪 X-rite 爱色丽分光广度仪

一　概况

1. 建筑概况

山东博物馆新馆位于济南市经十东路 129 号（燕山立交桥东 2 公里）。2010 年正式开馆。总占地 14 万平方米，建筑面积 8.3 万平方米，是目前省级博物馆中面积最大、结构最复杂、技术含量和现代化程度最高的大型综合性博物馆。设计理念上突出"天圆地方，天人合一"的传统哲学思想，建筑外观宏伟、典雅，体现了民族风格与现代艺术的结合。

博物馆地上建筑为三层。第一层有汉代画像艺术展和佛教造像艺术展两大常设展区；第二层是山东历史文化展、孔子文化大展、馆藏绘画书法展等几大常设展区。第三层主要有"话说考古"与"考古成果展"两大固定展区。另外，各层均有临时展厅若干。

2. 照明概况

山东博物馆照明与室内装饰、陈设同步设计和实施，于 2011 年完工并面向公众开放。近年来，曾对部分增设展馆和临时展馆进行过局部的灯光改造和提升。

本次灯光测试有针对性地选择了公共大厅、佛教造像艺术展馆、刘国松水墨艺术馆等几处最具代表性的重要区域。测试地点涵盖了公共照明、展馆照明及既有的传统光源照明和经过改造后的 LED 照明。

据悉，山东博物馆照明总投入不足 500 万元。公共大厅、走廊等区域以荧光灯光源为主；常设展馆以卤素灯光源为主；部分增设展馆和临时展馆经改造后，基本以 LED 光源为主。山东博物馆展览区基本没有开窗、天窗等自然光照明，全部依靠人工照明。目前，公共大厅部分和走廊部分，光源（节能灯）已出现明显的光衰、色温不一致的现象（或为产品质量原因）。展厅照明部分，不管是卤素灯光源还是 LED 光源，在光环境舒适度、眩光控制、光色一致性、色彩饱和度等方面都很不错。

二　实测数据的解析

1. 大厅照明情况概述以及分析

（1）灯具以及光源使用情况

大厅及走廊照明灯具主要为筒灯，光源为紧凑型荧光灯。灯具损坏情况明显，维护不便。

（2）照明环境现状综述

色温为 2500 ～ 2700 K；平均照度约为 150 lx（不计入口玻璃幕墙透入天光的影响），略低于 200 lx 的标准

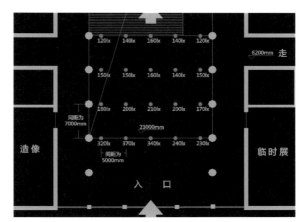

图1　大厅实测点位布置图

图2　大厅实测照片

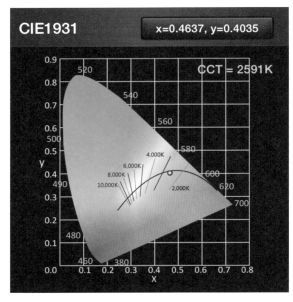

图3　大厅实测数据1

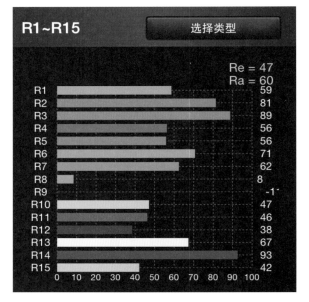

图4　大厅实测数据2

值。光源显色性 Ra=60，且 R9 为负值。光源色表明显出现色差现象，加上光源损坏和装饰材料的反射作用，观感有凌乱和不适感。(图 1 ~ 4)

2. 佛造像馆照明情况概述以及分析

佛造像馆序厅功能照明为轨道灯，光源为卤素灯；环境照明（背光源）为 LED 灯带（未设置一般照明）。地面平均照度仅为 32 lx（避开环境照明影响），低于

100 lx 的标准值。整体效果偏暗，且均匀度较差。光源色温为 2450 K，显色性 Ra=96。

佛造像馆展厅主要灯具为导轨灯，光源为卤素灯、自

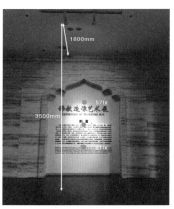

图5　前言实测点位与数据

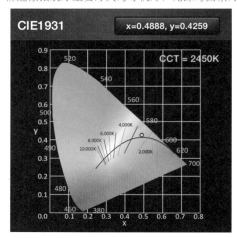

图7　前言与序厅实测数据1

图6　序厅实测点位与数据

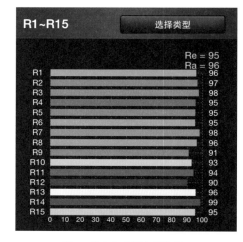

图8　前言与序厅实测数据2

2010 年开馆至今已使用 5 年。色温 2400 ~ 2700 K，Ra
保持在 90 以上，R9 为 79 ~ 98 之间，总体环境较暗，但
展品亮度适宜，光环境舒适、柔和。（图 5 ~ 14）

3. 水墨艺术馆照明情况概述以及分析

（1）灯具以及光源使用情况：展厅重点照明（展品）
灯具主要是导轨射灯，LED 光源；环境照明（吊顶暗藏

图9　壁龛实测点位

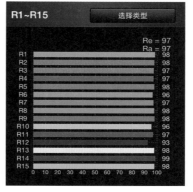

图10　壁龛实测数据1

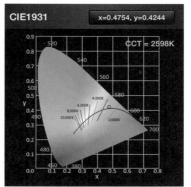

图11　壁龛实测数据2

图12　四面展柜实测点

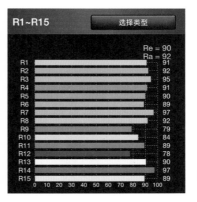

图13　四面展柜实测
　　　数据1

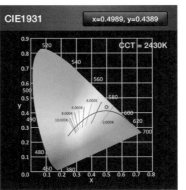

图14　四面展柜实测
　　　数据2

式灯槽）光源为 LED 灯带，射灯功率为 15 ~ 35 W，色温 3400 ~ 3800 K。

（2）照明环境情况：地面平均照度 203 lx，展品垂直照度 640 ~ 1100 lx。整体光环境感觉明亮、舒适，无不适眩光。

（3）水墨艺术馆展厅照明情况：展品主要灯具为导轨射灯（功率 15 ~ 35 W，可调光），光源为 LED，吊顶暗藏灯槽为 LED 灯带（15 W/m²）。经 2013 年改造至今已使用 2 年。色温 3400 ~ 3850 K，Ra 保持在 83 ~ 85，R9 为 23 ~ 32。展厅整体感觉明亮、舒适。色温方面，3500 K 左右的暖白色给人感觉舒畅而亲切。（图 15 ~ 23）

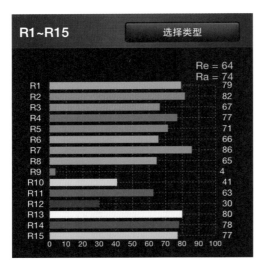

图15　水墨艺术馆序厅实测数据1

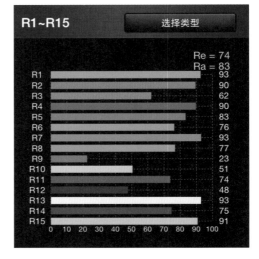

图18　水墨艺术馆展厅实测数据1

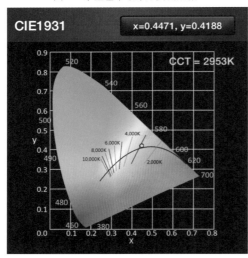

图16　水墨艺术馆序厅实测数据2

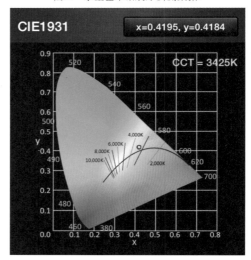

图19　水墨艺术馆展厅实测数据2

图17　水墨艺术馆序厅实测点位

图20　水墨艺术馆展厅实测点位

 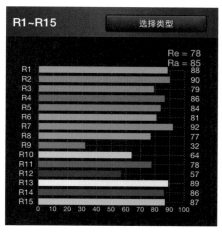 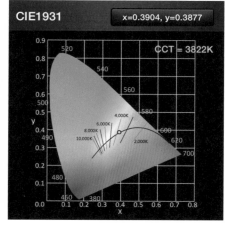

图21　水墨艺术馆实测点位　　　　图22　水墨艺术馆实测数据1　　　　图23　水墨艺术馆实测数据2

三　山东博物馆调研综述

山东博物馆在建设初期（2011年）灯具选用方面基本以节能灯（公共照明）和卤素灯（展示照明）为主，但在随后的增设和改造（2013年）展厅中均选用了LED灯具。通过实际应用，业主对LED光源灯具的表现持正面评价。

1. LED光源、卤素灯、节能灯的应用比较

除去办公区域，山东博物馆在灯具应用上节能、LED灯和卤素灯大致各占1/3的比例。不过，通过与馆方代表的交流，在山东博物馆未来的改造中LED灯将逐步、依次替换节能灯和卤素灯。

2. LED光源、卤素灯、节能灯的实测数据比较

（1）显色性能比较。由图24看出，节能灯在显色性表现上没什么优势（该案例中应该有质量因素），在本案中已给业主留下落后的印象。LED灯在色温上已满足博物馆部分场所要求的Ra不低于80、R9大于0的要求，但与卤素灯相比，还应有很大的提升空间。目前数据显示，LED灯具在色温上已接近卤素灯的表现。如果LED稳定性提高，成本下降，完全有替代卤素灯的可能。

（2）因博物馆展品的特殊性，在照明上对紫外线和红外线要求严格。在这方面LED具有天然优势。而节能灯很可能产生紫外线；卤素灯红外线比较严重，自身产生热量较多。

（3）在节能方面，LED灯优势明显、节能灯次之，卤素灯比较耗能。

（4）单纯从LED照明看，近两年LED在照明性能提升较快，基本达到博物馆照明的要求，但是由于早期LED发展不成熟，也导致大家对LED使用有所顾虑。以下是近期LED光源和早期LED光源在显色性能上的比较。

总结：LED灯是一个新生事物，有着锐不可当的发展势头。其技术发展状况、趋势和留给使用者的印象都是积极、乐观的一面。但LED产品的质量良莠不齐也是不争的事实。提高和统一行业和产品标准已迫在眉睫。就本案来讲，馆方对LED的应用评价不错，但也透露出希望使用更好、更专业LED产品的愿望。

感谢山东省博物馆王勇军老师的大力支持。

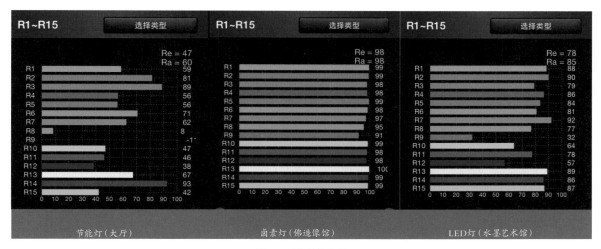

图24　显色性能比较

山东省美术馆调研报告

报告提交人：济南光汇灯光设计有限公司、齐鲁工业大学灯光应用中心
调研对象：山东省美术馆
调研时间：2015 年 12 月
调研人员：焦胜军、牟维、王宏伟、郑国良
调研设备：测光表、照明护照 — 光谱仪、照度计
设备型号：SEKONIC（L-758CINE）、照明护照精华版、特安斯 TA8130

一　山东省美术馆概况

　　山东省美术馆新馆于 2013 年 10 月 12 日正式对外开放。新馆位于济南市区主干道经十路东段（经十路 11777 号），投资 6 亿元，占地 2.07 万平方米，建筑总面积 5.2 万平方米，共分 5 层，设有展厅 12 个，分布在建筑的 1 至 4 层，总面积 1.97 万平方米，实际可用展线 1600 米。新馆建筑主体是以正方体为代表的"城"和以正方体变体为代表的"山"的巧妙融合，建筑顶层的天窗设计象征着"泉"，将"泉城"济南的特色融入其中。山东省美术馆以其先进的功能设施、高雅的艺术品位、优美的建筑形象、鲜明的建筑个性、独特的文化内涵，成为山东富有时代气息的文化标志性建筑。

　　山东省美术馆室内照明设施定位高端，公共部分和展厅的主照明以 LED 光源为主，部分展厅照明结合卤素灯、荧光灯或天光照明。其灯光设计和灯具设备定位高端（LED 灯具为国际一流品牌）。山东省美术馆光色一致性、色彩饱和度都很不错，眩光控制良好，光环境舒适宜人。

二　具体调研数据剖析

1. 一层油画展馆照明情况概述以及分析

　　（1）灯具以及光源使用情况：空间展品灯具主要是导轨射灯，光源为卤素灯，功率 60 W，色温 2400 ～ 2700 K；一般照明采用吊装造型发光板，光源为 T8 日光灯管，光色温 2500 ～ 3000 K。

　　（2）照明环境情况：一般照明开启，展示物

图1　展厅照片

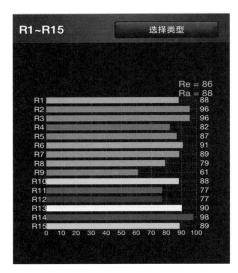

图2　展厅测试数据1

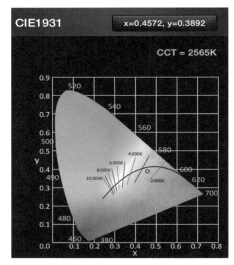

图3　展厅测试数据2

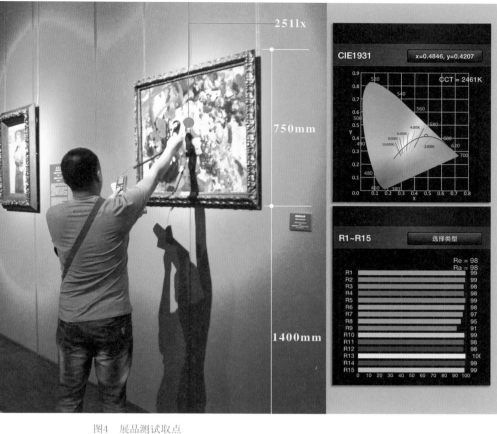

图4　展品测试取点

图5　测试数据1

图6　测试数据2

做重点照明，地面平均照度 14 lx，展品垂直照度 160～270 lx。展品重点突出。（图 1～6）

油画展馆照明综述：作为一般照明的日光灯管，通过发光板的透射，形成均匀柔和的基础光，光色一致性较好，色温保持在 2500～3000 K，Ra 在 88 左右，R9 保持在 60 左右。照射展品的重点照明为 60 W 的卤素灯，其色温保持在 2400～2700 K，Ra 在 98 左右，R9 保持在 90 左右。200 lx 以上的照度，灯具 5 米以上安装高度，

加上灯具本身的优秀控光。油画展厅、展品的光环境柔和、舒适，无明显不适光。

2. 陶瓷作品（陶瓷画、陶艺）展厅照明情况概述以及分析

（1）灯具以及光源使用情况：展厅基础照明、空间展品、壁柜照明等，灯具均为导轨射灯，光源为 LED，功率 24 W，色温 2700～3000 K。

图7　展厅照明取点

图8　测试数据1

图9　测试数据2

光之变革

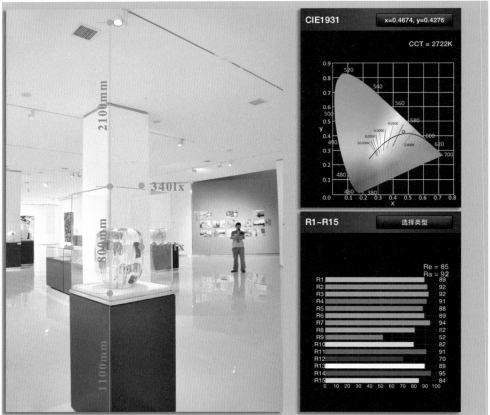

图10 展品（陶瓷画）照明取点

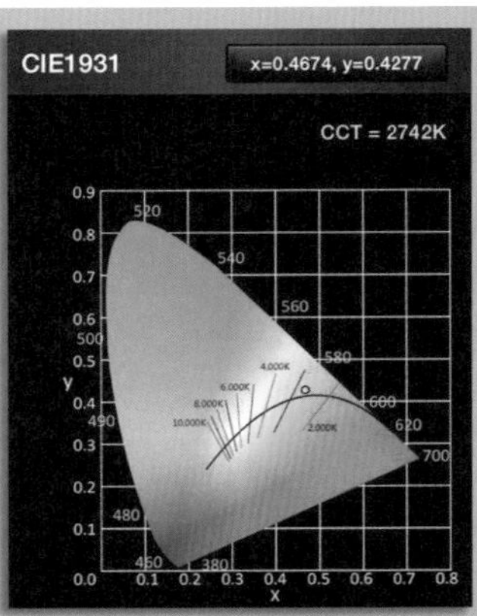

图11 测试数据1

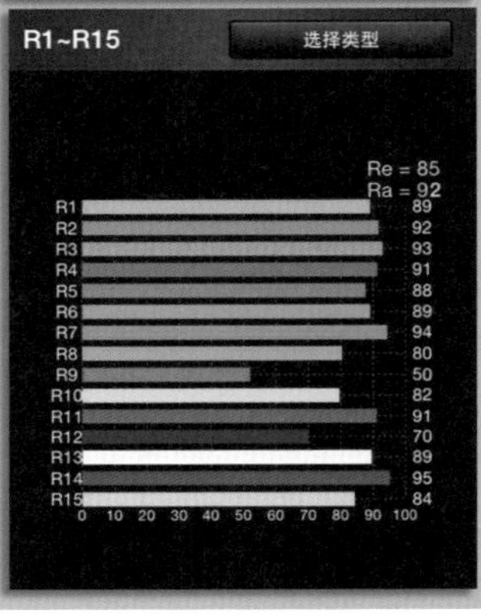

图12 测试数据2

图13 四面柜（陶器）照明取点

图14 测试数据1

图15 测试数据2

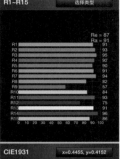

图17　采集数据1

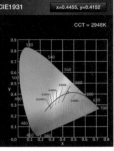

图18　采集数据2

图16　展厅测试数据采集点

图19　展厅（图片）测试数据采集点

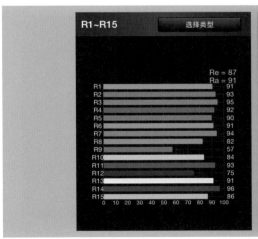

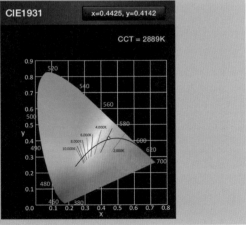

图20　展厅（实物）测试数据采集点

图21　测试数据1　　　　　图22　测试数据2

（2）照明环境情况：地面平均照度 150 lx，展品照度 400～1000 lx。环境亮堂明快，展品清晰易读。(图 7～15)

陶瓷作品展厅照明综述：展厅、壁柜、壁挂展品照明均使用 LED 导轨射灯。从测试情况看，光色一致性良好，色温保持在 2600～2750 K，Ra 保持在 90 以上，R9 保持在 50 以上，展厅照度保持在 95～160 lx。展品和展柜的主要测试点照度在 260～450 lx。四面柜展品为顶棚透射光的照明方式，因周边布光均匀，室内棚、地、壁饰面材料反射率较高，故柜内展品的垂直照度也在 200 lx 以上，视觉效果净洁，明亮，舒适。

3. 民俗展馆照明情况概述以及分析

大厅照明主要采用自然光，自然光主要从大厅的顶部，向西的主入口的自然光作为补充，其他三个面没有自然光补充。大厅周边的廊采用自然光和人工灯光相结合的方式，自然光来自大厅，灯具采用筒灯，光源为插拔管节能灯。(图 16～22)

民俗展厅照明综述：展厅、展柜、展品照明主要使用 LED 导轨射灯。基础性照明未开启（有机发光板，日

光灯管光源）。从测试情况看，光色一致性良好，色温保持在 2700～2900 K，Ra 保持在 90 以上，R9 保持在 50 以上，展厅照度保持在 95～160 lx。展品和展柜的主要测试点照度在 260～450 lx。四面柜展品为顶棚透射光的照明方式，因周边布光均匀，室内棚、地、壁饰面材料反射率较高，故柜内展品的垂直照度也在 200 lx 以上，视觉效果净洁，明亮，舒适。

4. 当代书画展馆照明情况概述以及分析

当代书画展展厅以发光天棚（T8 日光灯管）为主要光源，以轨道射灯（LED 光源）作为重点照明的补充。

地面照度为 400～435 lx，照度均匀度很高。但因为发光天棚的主要光强都朝向地面，所以壁挂的展品需要重点照明的补光。展品的照度值在 600～1000 lx。发光天棚是利用人工照明的方式模拟自然光效果。该展厅营造的天光效果逼真，但其功率密度值约为 11 W/m²，远超出 5 W/m² 的限定值（美术馆建筑照明功率密度值限值——绘画展厅）。(图 23)

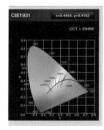

图23　当代书画展厅数据测试点及数据

展厅平均照度：415 lx
展厅照度：600～1200 lx
展厅：CCT=2948　R1=91　R9=52

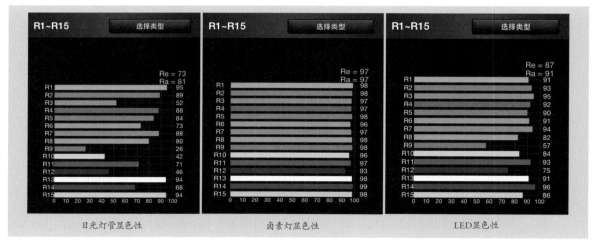

日光灯管显色性　　　　卤素灯显色性　　　　LED显色性

图24　显色性能比较

三 调研综述

山东省美术馆新馆于 2011 年土建开工,到 2013 年
10 月面向公众开放。从建筑、装修、展示到灯光都以国
内先进、国际一流的标准开展设计和建设。在展厅展品
照明上,将 LED 灯具(国际顶尖产品)作为主要光源应
用于美术馆照明。

我们在测试中对 LED 光源、卤素灯、节能灯进行了
比较。在这一次调研中,80% 灯具采用 LED,15% 灯具
采用节能灯具,5% 灯具采用卤素灯具,所以同时测得了
三种光源的数据,做一比较。

(1) 显色性能比较

从图 24 关于显色性的比较看,显色性 Ra 基本全部
符合美术馆照明基本要求,卤素灯和 LED 达到 90 以上,
而节能灯为 81,但是从 R1 ~ R15 看,节能性能最差,
卤素灯最为优异,LED 灯具尽管和卤素灯有一定差别,
但这种差别已经缩小了相当的距离。在影响鲜艳色彩饱
和度的 R9 上,LED 灯具可达到 52 以上,比节能灯性能
高出不少。

(2) 节能性比较

从光源本身来讲,LED 节能性能最好,其次是节能
灯,卤素灯最不节能。而照明方式和照明手法的运用也
是影响建筑节能的重要因素,比如大面积(人工照明的)
发光天棚的应用,会造成巨大的能耗。

(3) LED 光源的印象与认识

LED 照明本身是一个高新行业,随着近两年 LED 性
能的提升和成本的大幅下降,LED 产品得到了空前的普
及。但这种普及对 LED 行业是一把双刃剑,因为大量劣
质 LED 产品涌向市场,给用户形成诸如眩光大、易光衰、
显色性差、光的色表不稳定、灯具易坏等等不好的印象。

怎样提升和改善 LED 光源先天的性能劣势,发挥其
节能、易于控制的优势,让 LED 光源产品在高质量标准
的前提下普及应用,值得业界深思。

LED 光源在山东省美术馆新馆的应用,无疑是非常
成功的,但其投入巨大,使用的为国外产品。

感谢山东省美术馆给予的大力支持。

河北博物院调研报告

报告提交人：北京周红亮照明设计有限公司、晶谷科技（香港）有限公司
调研对象：河北博物院
调研时间：2015 年 11 月 7 日
调研人员：周红亮、谢素林、曹树仁
调研设备：照明护照（台湾产）SEKONIC、世光亮度计（日本产）

一　概述

1. 博物院建筑概况

河北博物院位于石家庄市文化广场，其前身是河北省博物馆，成立于 1953 年 4 月。现馆舍建筑分为南北两区，北区建于 1968 年，外观仿北京人民大会堂的廊柱式建筑，总建筑面积 2 万平方米。南区为新建区，建成于 2014 年，新建筑周围环以高大的廊柱，与北区建筑形制和主色调相呼应，总建筑面积 3.31 万平方米。河北博物院（南北区）总建筑面积 5.3 万平方米，展览面积 2.2 万余平方米。老馆以临时展览为主。基本陈列体系，共 8 个常设陈列，均在新馆。其中：

1F"北朝壁画"、"曲阳石雕"、"名窑名瓷"；

2F"战国雄风——古中山国"、"大汉绝唱——满城汉墓"；

3F"石器时代的河北""河北商代文明"、慷慨悲歌——燕赵故事。

2. 照明概况

馆内大厅采用自然光和人工光结合的方式，使用手动开关控制，分晴天、阴天及活动三种照明场景模式。展厅照明分为开放日照明和工作照明，工作照明主要是节能灯，主要目的是日常维护工作以及展品更换时做基本照明用，在公众开放日是关闭的。展示部分主要的光源是节能灯管、LED 灯、光纤灯及卤素灯。基本陈列馆照明状况各有不同，曲阳石雕展馆、中山古国展馆等使用 LED 为主，辅以节能灯管。北朝壁画展馆使用卤素光源为主，辅以节能灯管。照明效果整体看，展厅的展品和环境亮度对比较强，利于凸显展品。

二　具体调研数据剖析

1. 大厅及过廊

大厅区位：见图 1。（黄色是大厅、橙色是过廊）
测量时间：2015 年 11 月 13 日上午。
天　　气：小雨转晴。

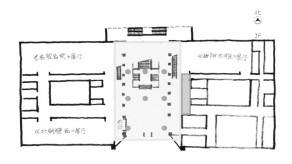

图1　大厅及过廊平面测量点位图

测量点位：大厅 8 个点（图 1 中蓝色点）；过廊 4 个点（边角及中间）。

晴天模式。天气状况良好时，大厅人工照明关闭，仅靠自然光即可获得比较舒适的光环境（注：测试当天是阴天，未能呈现晴天效果。（图 2）

阴天模式。阴雨天时，大厅一般照明开启，包括：天花筒灯（4000 K、高显指金卤光源）、柱子上射光（4000 K LED 光源）和下射光（3000 K 卤素光源），呈现明亮、温暖的照明效果。（图 3）

活动模式。有重要宾客来访时，天花花格内的装饰照明（LED 灯带 3000 K）开启，营造出隆重、欢迎的氛围。（图 4）

图2　无人时照明

图3 仅开启一般照明和局部照明 阴天模式

图4 开启全部的一般照明、局部照明和装饰照明 活动模式

具体测量数据见表1。

2. 展厅照明——以"曲阳石雕展厅"为代表

空间位置：见图5。

空间尺度：面积729平方米、高度4米。

展览开展时间：2014年6月。

展厅简介："曲阳石雕"按时代分为西汉、北魏、东魏、北齐、隋唐五代、宋辽金元、明清、现代8个部分，展示了从汉代到元代的曲阳石雕精品132件，大部分为佛教造像，还有石像生、墓志、石雕艺术品等。

展厅各界面反射率：墙面（灰色涂料）23%，地面（灰色地砖）33%，顶面（白色乳胶漆）85%

计算方法：反射率 ＝ 反射光照度 ÷ 入射光照度

3. 测量点位

（1）序厅

平面：5个测量点，见图5；

墙面：4个测量点，见图6。

（2）展厅

平面：5个测量点，见图7。

（3）展陈照明

展品展示方式以展柜为主，也有开放式独立展品。

a．展柜照明测量具体数据见表4。

b．独立展品展区测量具体数据见表5。

表1 博物馆的大厅、过廊测量数据表

位置类型	测量条件	平均照度（lx）	均匀度	色温（K）	一般显色指数Ra	照明方式	灯具类型	光源类型	照明配件	照明控制	照片编号
大厅地面	无人工照明	126	/	4093	95	/	/	/	/	/	图2
	仅开启一般照明	267	/	3835	96	嵌入式一般	直接型	金卤灯	无	手动控制	图3
	开启一般照明和装饰照明	333	/	3500	89	嵌入式一般	直接型、漫射型	金卤灯、LED灯、卤素灯	无	手动控制	图4
过廊	仅开启环境、作业照明	107	/	3872	83	嵌入式一般	直接型	荧光灯	无	手动控制	/
	无人工照明	35	/	3842	85	/	/	/	/	/	/

表2 陈列与展品分类表

陈列类型	金属展品	器皿	书画	雕塑	织物	杂项
历史类	/	石质器物	/	雕塑	/	文物和墓葬遗址／其他

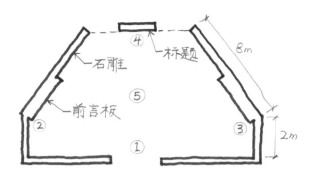

图5　曲阳石雕平面图

图6　曲阳石雕入口

图7　曲阳石雕展厅

表3　曲阳石雕展厅的序厅平面测量数据表

类型	测绘位置	平均照度（lx）/亮度（cd/m²）	均匀度	色温 K	一般显色指数 Ra	照明方式	灯具类型	光源类型	照明配件	照明控制	照片编号
序厅	地面	184/6.8		4568	72.8	条形洗墙、导轨投光	直接型	LED 灯	其他	手动控制	图5
	前言板	212/27		3766	75	条形洗墙、导轨投光	直接型	LED 灯	其他	手动控制	图6
展厅	地面	12.5/–		3000	84	导轨投光	直接型	LED 灯	其他	手动控制	图7

表4 普通展柜及展板区

类型	细分类型	水平照度（lx）亮度（cd/m²）	垂直照度（lx）亮度（cd/m²）	色温 K	一般显色指数（Ra）	照明方式	光源类型	灯具类型	照明配件	照明控制	照片编号
展柜	壁柜 1 北朝壁画展厅—陶俑	42/43	41/23	2600	86	发光顶棚嵌入式重点	卤素灯、LED 灯	直接型、半直接型	展柜与灯具组合	手动控制	图 8
	壁柜 2 战国雄风展厅—青铜器	78	381	3700	74	发光顶棚嵌入式重点	卤素灯、LED 灯	直接型、半直接型	展柜与灯具组合	手动控制	图 9
	独立柜 1 名窑名瓷展厅—瓷瓶	65/26	45/30	3000	67	发光顶棚嵌入式重点	LED 灯、光纤	直接型、半直接型	展柜与灯具组合	手动控制	图 10
	独立柜 2 曲阳石雕展厅—石刻	12/7	32/14	3000	76	发光顶棚嵌入式重点	LED 灯、光纤	直接型、半直接型	展柜与灯具组合	手动控制	图 11
	龛柜 1（测一面）曲阳石雕展厅—石佛像	38/25	103/32	3100	76	发光顶棚嵌入式重点	LED 灯、光纤	直接型、半直接型	展柜与灯具组合	手动控制	图 12
	平柜 1（测顶面）名窑名瓷展厅—瓷盘	269/7	–	3000	82	导轨投光	LED 灯	直接型	防眩光	手动控制	图 13
展板	前言 北朝壁画	295/17	32/ 8	2700	94	导轨投光	卤素灯	直接型	无	手动控制	图 14
	段首 北朝壁画	120/–	115	2600	95	导轨投光	LED 灯	直接型	无	手动控制	图 14
	辅助展板 名窑名瓷	130/–	90	3000	83	导轨投光	LED 灯	直接型	无	手动控制	图 15
	连续展板 曲阳石雕	300/–	280	2900	84	导轨投光	LED 灯	直接型	无	手动控制	图 16

图8　北朝壁画展厅展示陶俑的展柜

图11　展示"白石彩绘散东图浮雕"的四面柜

绿色是照度测量点；橙色是亮度测量点。（图8~17均同）

图9　战国雄风展厅—青铜器的壁柜

图12　曲阳石雕展厅—石佛像龛柜

图10　名窑名瓷展厅—瓷瓶独立展柜

图13　名窑名瓷展厅—瓷盘平柜

图14　北朝壁画序厅前言板

图16　曲阳石雕展厅的连续展板

图15　名窑名瓷展厅的辅助展板

图17　曲阳石雕展厅的石雕佛像

表 5　开放式独立展品——佛像测量表

展品	材质	平均照度（lx）/亮度（cd/m²）	垂直照度（lx）/亮度（cd/m²）	色温	照明方式	光源类型	灯具类型	照明配件	照明控制	UGR值	照片编号
佛像	石质	380/18	277/40	2988	导轨投光	LED灯	直接型	无	手动控制	—	图 17

Ra	R1	R2	R3	R4	R5	R6	R7	R8	R9	R10	R11	R12	R13	R14	R15
84	83	91	97	82	82	89	86	64	17	79	81	69	85	99	76

三　主观评价

据展厅工作人员反映：大约1成观众感觉展厅过暗，这部分观众年龄大约40～60岁。我们分析，这可能是因年龄或视力不好等个人原因所导致的；其次在有些区域，环境和展品亮度对比确实有过强的状况。

据馆方电气工程人员反映：大厅天花造型由于大量使用LED灯，使用初期出现明显的谐波干扰，致零线电流过大，线路发热。考虑电气安全，采购昂贵的谐波电流阻断器（图18）控制谐波水平。就此个案看，LED虽然省电，但整体看，其经济性、稳定性并不令人满意。希望未来谐波问题能够有更好的技术解决。

感谢河北博物院相关人员的支持和配合。

图18　谐波电流的阻断器

广东省博物馆调研报告

报告提交人：徐华、香港银河照明国际有限公司
调研对象：广东省博物馆
调研时间：2016 年 3 月 8 日
调研人员：徐华、胡波、蒙超、李晓敏、许艳钗
调研设备：照明护照 TES1322A、照度计 SEKONICL—758CINE、亮度计 NIKOND90

一 概况

1. 建筑概况

广东省博物馆新馆处于广州新城市中轴线——珠江新城中心区南部的文化艺术广场，于 2004 年 12 月 12 日奠基，于 2010 年开馆，总用地面积 4.1 万平方米，总建筑面积 6.7 万平方米，建筑地下一层（停车），地上五层，主要展馆集中在 3 ~ 4 层。展馆分为历史馆、自然馆、艺术馆和临展馆四大部分。

2. 照明概况

广东省博物馆新馆主要的照明是在 2010 年开馆时设计和实施的，展厅照明分为展示照明和布展照明，布展照明主要用节能灯，主要目的是日常维护以及展品更换时做基本照明用，在公众开放日是关闭的。展示部分主要的光源是陶瓷金卤灯、节能灯管、LED 灯和少量的卤素灯，2013 年对两个展厅的照明做了改造，改造后的展示照明主要是 LED 灯具，改造的展馆是展厅三（临馆）和书画展厅，这两个展厅也是我们这一次调研的重点。这个光环境舒适度很好，眩光控制很好，光色一致性较好，色彩饱和度较高。LED 灯具部分主要是国内品牌。

二 具体调研数据剖析

1. 展厅三（"牵星过洋：万历时代的海贸传奇"展馆）照明情况概述以及分析

本展厅中展示照明原来为卤素灯，后主要灯具改造为 LED 灯具。两种灯具在展厅中均有采用。

LED 灯具使用情况：空间展示照明灯具主要是导轨射灯，光源为 LED，功率 13 ~ 15 W，色温 2700 ~ 3000 K；展柜照明主要是嵌入式荧光灯和卤素灯，色温 2700 ~ 3000 K；此厅仅有展示照明，无基础照明。

照明环境情况：没有做基础照明，展示物做重点照明，地面照明仅靠展示照明的逸散光，照度为 5 ~ 9 lx，展品照度 40 ~ 170 lx。展品重点突出。

皇都积盛图测试取点数据见图1、2。（本报告图内长宽高距离单位：毫米）

本次调研中同时测量了亮度（图3），但亮度与画面中颜料的色彩关系很大，不同色彩的测点，亮度值差别很大，无实际意义，所以后续测量仅测量了照度等参数。

卤素灯使用情况：展厅的卤素灯已较少采用，此次展览中，有一处木质半球展品采用了原来的卤素灯，测

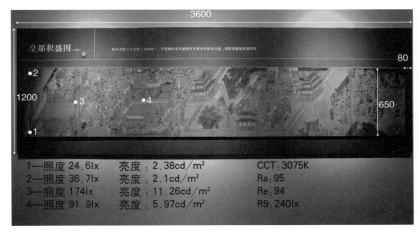

3600		80
1200		650

1—照度 24.6lx 　亮度：2.38cd/m² 　　CCT：3075K
2—照度 36.7lx 　亮度：2.1cd/m² 　　Ra：95
3—照度 174lx 　亮度：11.26cd/m² 　Re：94
4—照度 91.9lx 　亮度：5.97cd/m² 　R9：240lx

图1 皇都积盛图区点及数据

图2 展厅三进门处照明
（导轨灯，光源：LED）

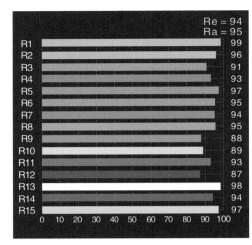

图3 皇都积盛图照度

试取点以及测试数据见图4。

展厅三照明综述：展厅三大量应用 LED 照明，从测试情况看，光色一致性非常好，灯具使用近 2 年，没有出现色温的飘逸现象，色温保持在 2950 ～ 3070 K，Ra 保持在 90 以上，R9 保持在 88 ～ 93，无明显不舒适光，从灯具使用上看，应当是 LED 灯具在博物馆内一次成功的应用。但是和卤素灯相比，显色性上还是有差距，但 LED 的光色已经非常接近卤素灯的效果，单纯从观赏性考虑，是没有明显差距的。(图 5)

2. 展厅二（书画展厅）照明情况概述以及分析

此展厅的展示照明均采用了 LED 光源，灯具型式主

要有导轨射灯和杆吊式射灯，见图 6、7。

灯具以及光源使用情况：空间展品灯具主要是导轨射灯，光源主要为 LED，功率 13 ～ 15 W，色温 2700 ～ 3000 K；壁柜照明主要为 LED 射灯，功率 3 ～ 10 W，色温 2700 ～ 3000 K；独立式展柜为成套产品，灯具主要为无红外线和紫外线的日光灯，色温 2700 ～ 3000 K。

照明环境情况：此展厅做了布展照明作为基础照明，光源为节能灯，仅在布展时开启，地面照度 6 ～ 15 lx（展示照明没有开启时），展品做重点照明，展品照度 51 ～ 1300 lx。展品重点突出。

1——照度 92lx
Ar111 光源 灯高 5 米，
水平 25 米，75 W

图4 展馆三照明图

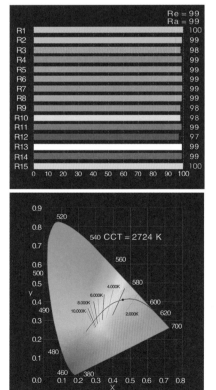

图5 展馆三照度

壁柜立式书画照明取点以及测试数据（导轨射灯，光源：LED），见图8、9。

壁柜水平放置书画照明取点以及测试数据（导轨射灯，光源：LED），见图10～12。

立柜水平放置书画照明取点以及测试数据，见图13、14。

书画展厅照明综述：书画展厅中，壁柜照明、壁挂展品照明主要使用LED射灯，从测试情况看，光色一致性可以接受，色温保持在2610～2950 K，Ra保持在90以上，R9保持在10左右，大部分照度保持在200～300 lx，但是壁柜中水平摆放的展品照度达到1000 lx以上。无明显不适光，玻璃有非常轻微反光；从灯具使用上看，独立展柜照明采用日光灯管外加扩散片，出光均匀，色温3400 K左右，Ra保持在90左右，R9保持在10～14。在这个展馆中主要用了LED光源和日光灯管，从比较看，LED在光色上没有明显的劣势。照明设计上需要注意照度超标较多，对展品保护不利，均匀度欠佳，LED灯具

图6 书画馆导轨射灯图

图7 书画馆吊杆射灯图

图8 壁柜立式书画照明

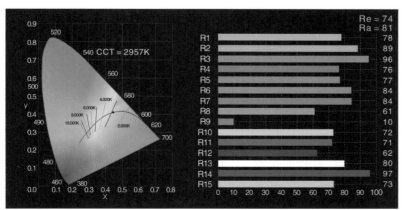

图9 壁柜立式书画照度分析

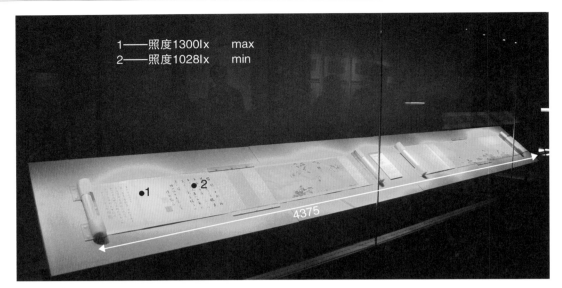

图10　壁柜水平放置书画照明

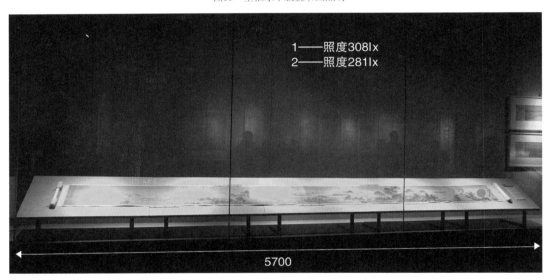

图11　壁柜水平放置书画照明

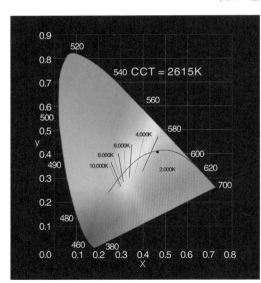
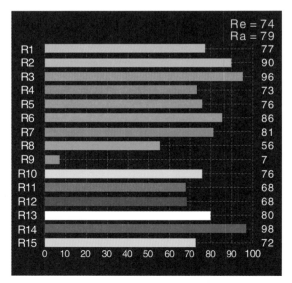

图12　壁柜水平放置书画照度

图13　立柜水平放置书画照明（导轨射灯，光源：LED）

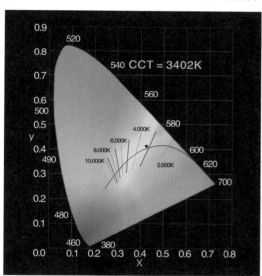
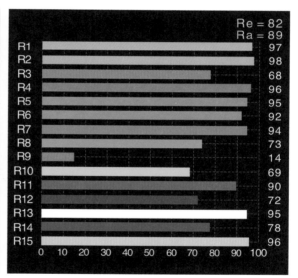

图14　立柜水平放置书画照度分析

的显色性和 R9 等关键指标按照现在技术，还有很大的提升空间。

3. 大厅照明情况概述以及分析

大厅照明主要采用自然光，大厅顶部自然光为主，向西主入口的自然光作为补充，其他三个面没有自然光补充。大厅周边的走廊采用自然光和人工灯光相结合的方式，自然光来自大厅，灯具采用筒灯，光源为插拔管节能灯。

大厅照明综述：大厅照明主要采用自然光，主要是从顶部和西面采集自然光，光线采集充分，基本不用人工光做补充。大厅四周的廊，采用嵌入式节能筒灯补光，照度在 63 ～ 91 lx，均匀度很好，照度的差异主要还是采集自然光的多少，从图 15、16 可以看，距离入口和大厅近的，照度明显提高。

4. 展示区域走廊照明情况概述以及分析

展示区域走廊主要是以人工照明为主，部分自然光作为补充，灯具采用 T5 节能格式灯为主，T5 格栅嵌入比较深，截光角比较大，眩光控制很好。

自然光: 1900 lx
CCT:5797 K
Re:92,
R9:71

图15　大厅自然光照明测试
　　　数据采集点以及数据

1——照度97　lx
2——照度110　lx
3——照度123　lx
4——照度130　lx

图17　展示区域走廊照明测试
　　　数据采集点以及数据

1——照度82.6　lx
2——照度66.5　lx
3——照度63.5　lx
4——照度65.8　lx
5——照度83　lx
6——照度91　lx

图16　大厅周边廊照明测试
　　　数据采集点以及数据

　　走廊数据测试点以及测试数据，见图 17、18。
　　走廊的照明综述：走廊采用人工为主，自然光补充
的形式，地面照度从 100 ~ 130 lx，照度比较均匀，照
度合适，从走廊进入展厅或者从展厅走出到走廊没有因
为巨大的照度差异引起不适。

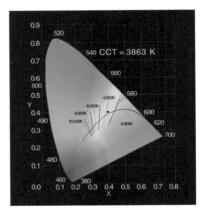

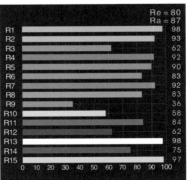

CCT: 3863 K
Ra: 87
R1: 80
R9: 36

图18　展示区域走廊照度

三　调研综述

1. 概述

　　广东省博物馆处于国家改革开放的前沿，从照明手
法上看，将 LED 灯具用于博物馆照明，敢于先试先行，
但是馆方并没有盲目使用。首先从对文物的保护角度出
发，对灯具的紫外和红外有严格要求，馆方有专用设备，
测试文物区域的紫外和红外，不合格绝对不用，以保证
文物的安全。博物馆灯具选择合理、色温合适、灯具布
局较合理，照明舒适度高。

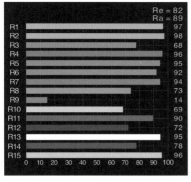
节能灯

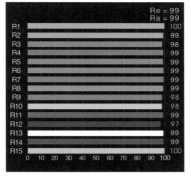
卤素灯

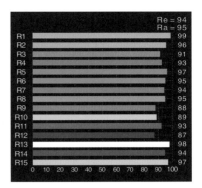
LED灯具

图19　LED光源、卤素灯、节能灯显色对比

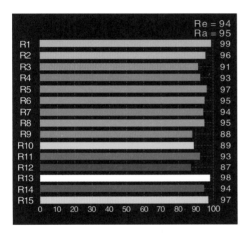
最近两年的LED

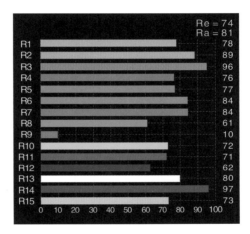
早期LED

图20　早期和近期LED光源显色对比

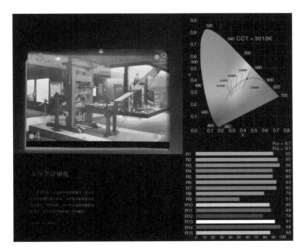

1——照度181　lx
2——照度191　lx
3——照度151　lx
4——照度193　lx

图21　展厅二的LED光源照明

2.LED 光源、卤素灯、节能灯的比较

在这一次调研中，80% 的灯具采用 LED，15% 的灯具采用节能灯，5% 的灯具采用卤素灯，同时测得三种光源的数据，做一比较如下。

（1）显色性能比较，从上面图 19 关于显色性的比较看，显色性 Ra 基本全部符合博物馆照明基本要求，基本达到 90 以上（节能灯为 89%），但是从 R1 ～ R15 看，节能性能和卤素灯、LED 灯具相差比较大，特别是 R9，节能灯的只有 14，卤素灯为 99，LED 灯为 88，所以在鲜艳颜色还原度以及色饱和度上，节能灯是最差的；卤素灯的显色性能接近日光，显色性能最佳；LED 灯具的显色性能比卤素灯略差，但是基本接近卤素灯，在显色性能上具备替代卤素灯的特性。

（2）灯具尺寸比较，节能灯具尺寸一般比较大，隐蔽性能不好；LED 和卤素灯因为均需要电器安装位置，所以灯具尺寸相近；但是对于小距离投射，LED 灯具可以做得更小。

（3）紫外红外方面比较，节能灯产生紫外的概率很大；卤素灯红外比较严重，一般均要求增加红外滤片。产生热量角度，在书画、丝织品照射中要严格控制热量，特别是展柜中；LED 红外和紫外部分相对比较弱，安全系数大。

（4）从节能比较，LED 节能性能最好，其次是节能灯，卤素灯最不节能。

（5）单纯从 LED 照明看，近两年 LED 的照明性能提升较快，基本达到博物馆照明的要求，但是由于早期 LED 发展的不成熟，也导致大家对 LED 使用有所顾虑。图 21 是近期 LED 光源和早期 LED 光源在显色性能上的比较。

（6）LED 灯具配光发展很快，不同的镜片可以得到不同的光斑，与传统的博物馆用灯具相比更有优势，如用一款镜片，一个射灯可以射出方形或矩形光斑，对绘画展品效率极高。

总结：广东省博物馆 LED 照明应用，特别是展厅三的 LED 应用是非常成功的，是博物馆 LED 照明应用的一个成功案例。同时馆方表示 LED 灯具调光不方便，调

图22　团队调研（正中为徐华老师）

试比较困难（其实可以避免，在具体照明设计时，要与产品供应商做好协调）。

感谢本次调研的指导老师：徐华老师
感谢调研单位：广东省博物馆

龙美术馆西岸馆调研报告

报告提交人：松下电器（中国）有限公司
调研对象：龙美术馆西岸馆
调研时间：2015 年 10 月 13 日
调研人员：黄秉中、肖阳琳、沈辛盛
调研设备：照度计（美能达 T-10A）、亮度计（TOPCON BM-9）、照明护照（ALP-01）、测距仪（BOSCH DLE 40 professional）等

一 概述

龙美术馆是由中国收藏家刘益谦、王薇夫妇创办的私立美术馆，目前在上海浦东和徐汇滨江同时拥有两个大规模的场馆——龙美术馆浦东馆和龙美术馆西岸馆，构成独特的"一城两馆"的艺术生态，是目前国内最具规模和收藏实力的私立美术馆。

本次我们调研的是位于徐汇滨江的西岸馆，竣工于 2014 年 3 月，整体照明以 LED 为主，部分区域辅以荧光灯照明，局部安装感应探测器，能实现无极调光。

二 具体照明综述

1. 照明灯具、光源使用情况及比例

光源：LED 灯具 90%，荧光灯 10%。

灯具：明装轨道射灯（LED）90%，展柜一体化照明（荧光灯）10%。

2. 照明描述（根据区域划分）

（1）1F 入口公共区域、商店——LED 轨道射灯

灯具基本全部安装于轨道上，根据功能及被照物不同分别使用了导轨洗墙灯及射灯，根据位置等因素，结合日光的利用，进行了专门的照明设计。入口处层高为 12 米，基本以两灯为一组，地面照度约 357 lx，光源色温 4200 K 左右，Ra90 左右。

（2）1F 展厅："15 个房间"临展

展厅主体以轨道射灯作为基础照明，每个房间作为临时布展需求，安装荧光灯具。公共区域地面平均照度 380 ～ 660 lx 左右，色温 3800 K 左右，显色指数 Ra80 左右。小房间内地面平均照度 300 lx 左右，色温 3800 K 左右，显色指数 Ra60 ～ 80 不等（此处为荧光灯）。

（3）公共区域（1F 至 2F 台阶）

公共区域以借助室外光线为主，仅简单布置了几套轨道洗墙灯，满足基本照明需求为主。平均照度 270 lx 左右，色温 4000 K 左右，显色指数 Ra83 左右。

 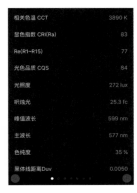

相关色温 CCT	3890 K
显色指数 CRI(Ra)	83
Re(R1~R15)	77
光色品质 CQS	84
光照度	272 lux
呎烛光	25.3 fc
峰值波长	599 nm
主波长	577 nm
色纯度	35 %
黑体线距离Duv	0.0050

图3　1F至2F台阶　　　　图4　照明护照测试数据

（4）二楼展厅："九九变法：王兰若"临展

以轨道射灯为主，选用大角度均匀洗亮，大面积借用室外光线，以达到节能效果。层高基本 5.6 米，灯具安装位置离墙约 1.2 ～ 1.7 米，轨道吸顶或吊装。平均照度 150 ～ 1500 lx 不等（照度等级高的地方，有可能是被日光影响），色温 4000 K 左右，显色指数 Ra80 左右。

（5）B1 公共区域

采用暗槽线型灯带及嵌入式筒灯均匀洗亮整个空间，靠墙部位安装轨道射灯，以备临时布展需求。平均照度

图1　公共空间　　　　　图2　临展空间

140～330 lx，色温 3000 K，显色指数 Ra84，层高 3.6 米。

（6）B1 展厅："革命的时代：延安以来的主题创作展"临展

图5　二楼展厅　　　　图6　二楼展厅2

图7　公共区域1　　　　图8　公共区域2

图9　展厅公共区域　　　图10　展品

图11　展厅通道　　　　图12　展厅公共区域

展厅高度 3.6 ～ 4 米，导轨安装轨道射灯，基本一画一灯，较大幅面作品一画两灯。灯具离墙 0.8 ～ 1.2 米，选用中角度照明器具，未特别设置走道照明，平均照度 300 lx，色温 3000 K，显色指数 Ra83。

（7）B1 展厅："盛清的世界：康雍乾宫廷艺术大展"临展

展厅入口处选用灯带＋小射灯的做法，均匀洗亮，入口照度 210 lx 左右，色温 2900 K 左右，显色指数 Ra84。

玻璃展柜（靠墙）选用 LED 线条软灯带，上方加装轨道射灯，玻璃柜上照度约 1300 lx，色温 3000 K，显色指数 Ra83。

中心展柜无照明。平均照度 50 lx，色温 3500 K，显色指数 Ra80。

落地玻璃展柜设置感应装置，内部安装荧光灯，平均照度 87 lx，色温 3800 K。

三　总结

龙美术馆作为国内最具实力的私人美术馆，举办过众多涵盖中国传统艺术、现当代艺术、"红色经典"艺术，以及亚洲和欧美的当代艺术等各种门类的展览。由于临时的短期展览较多，而馆方又没有专业的负责照明方面的资源，对方也反映馆内存在照明灯光功能不清晰，各种类型灯光混用的问题。

（1）宜考虑灯具光源对文物安全出现危害的情况，基于对展品的影响，建议临展的场所，应注意选择在红外控制、紫外控制方面符合要求的产品。

（2）部分区域也应考量到观众在观赏时所需的功能性的满足及舒适度的满足，调整照射角度。

（3）增加明暗对比，可以使用减小部分照明设备角度，突出展品。建议在公共区域将照度降低到 5 ～ 30 lx，提供一定有指向意义的照明手段。

（4）调整设备角度，避免眩光。

（5）为兼顾舒适度，所有灯具建议加装防眩光罩，此外，若在各展厅安装了人体红外感应探头，可以根据人流量的变化，进行灯光的同步明暗变化，实现节能的效果。

图13　落地玻璃展柜

图18　临展公共区间

图19　临展一角

图14　玻璃墙柜

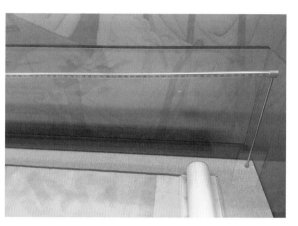

图20　展柜一角

图15　临展玻璃展柜　　　　图16　临展玻璃落地柜

图21　玻璃落地柜

图17　临展通道

玻璃博物馆调研报告

报告提交人：欧普照明股份有限公司
调研对象：玻璃博物馆
调研时间：2016 年 1 月 10 日
调研人员：黄秉中、范婉颖、翁晓丽、李儒雅
调研设备：照度计 T-10A（美能达）、亮度计 BM-9（TOPCON）、照明护照 ALP-01、测距仪 DLE 40 professional（BOSCH）

一　概述

1. 玻璃博物馆简介

玻璃博物馆，坐落于上海市宝山区长江西路，其前身是上海轻工玻璃公司的玻璃窑炉车间，目前则是所极具现代概念的博物馆。由上海文物管理委员会主管，是所非营利的私立博物馆。

于 2011 年 5 月 18 日正式向大众开放，玻璃博物馆，在展示展览品时大多是隔着展柜展出，所以展示展品时采用了对光反射相对较少的钢化玻璃与照明相结合，从而避免观展过程中过多的眩光问题。

2. 展品简介

自 2011 年建成开馆以来，玻璃博物馆在几年间不断为公众奉献着精彩纷呈的展览，从一年一度的中国古玻璃特展，到吸收全球顶尖玻璃设计品的 Keep it Glassy 特展，来自美国、英国、意大利、德国、荷兰、土耳其、澳大利亚、墨西哥、肯尼亚、日本、韩国等共 23 国的艺术家与设计师参与博物馆各类展览项目和公众活动。玻璃设计与艺术正跨越空间和语言文化的藩篱，将各式形态的玻璃设计与艺术藏品共享于众。

图2　立面展示墙

3. 照明概况

照明灯具、光源使用情况及比例：
光源：LED 灯具 55%，荧光灯 5%，卤素灯 40%；
灯具：明装轨道射灯（LED）55%，嵌入式灯。

二　现场调研分析

1. 上海玻璃博物馆主场馆 1F——主要光源：卤素灯

1F 主场馆：展厅，演示区。1F 展馆的展示主要是展

图1　展柜区

图3　演示区

柜展示，以及立面墙体展示。展柜：①顶面打光②外部打光与背面（底部）透光，展示立面墙：墙体内部投光以及外部打光。

轨道射灯：主要安装的是 70 W 卤素灯光源。大致情况为：层高约 6000 毫米，安装高度约 4000 毫米。

（1）展柜照明：在展柜上方安装轨道射灯，以及展柜内的展品底座安装灯管，投射展品，展品照度 100 ~ 150 lx，光源 Ra82 ~ 89，色温 2700 K 左右。（图1）

（2）立面展墙照明：在墙体中装有灯管，展墙照度约 167 lx，光源 Ra84 ~ 86，色温 3700 K。（图2）

演示区，采用的是吊装 65 W 荧光工矿灯，操作台桌面照度约 700 ~ 130 lx，色温约 3000 K。（图3）

图4　玻璃房

图5　古玻璃珍宝馆

2. 上海玻璃博物馆主场馆 2F——主要光源：卤素灯、荧光灯

2F 主场馆：玻璃房，古玻璃珍宝馆，临展，咖啡馆。展柜主要使用的是整体照明或柜内顶部暗藏式照明方式。

主场馆 2F 玻璃房使用的是 LED 光源，玻璃房中小玻璃房装有的是两排 LED，15 W 轨道射灯。立面玻璃柜由小玻璃房顶部装排的两排 LED 轨道射灯，50 W 卤素灯，照度 810 lx 左右，光源 Ra92，色温 3100 K。（图4）

古玻璃珍宝馆，使用的主要灯具为 QR111、荧光节能灯。展柜内四只 35 W 下投光卤素灯，近期采购的展柜开始使用四只 6 W 下投 LED 射灯，展柜照度 215 lx 左

图6　临展厅　　　　　　　图7　咖啡馆

右，光源 Ra92，色温 2800 K。（图5）

临展，此区域有大面积材质为透明玻璃作为顶部天花，自然采光充足。区域内装有 70 W 金卤灯、轨道射灯，光源 Ra85 左右，色温 3000 K。靠墙的展示区灯下照度约 900 lx，过道照度 200 lx，临展厅中央展台区因受顶部天光的影响，照度约 500 lx、过道照度 300 lx，照度相对平均。（图6）

咖啡馆，装有 35 W 多颗 LED 轨道射灯，意大利艺术吊灯，馆内用餐区照度 200 ~ 600 lx。（图7）

3. 上海玻璃博物馆国际创意展——主要光源：LED 光源

展厅主要光源为 LED 灯。（图8）

LED 灯具安装形式主要有轨道射灯、嵌入式射灯。

图8　展厅LED灯光源

中心大面积展品是以嵌入式射灯投射为主，立面墙体的展品以轨道射灯投射为主，立柜有用到间接灯管，展品在嵌入式射灯投射下，光源 Ra86 照度 200 lx 左右，色温 3500 ~ 4000 K。立面墙，50 W 轨道射灯，光源 Ra87 左右照度，1300 lx 左右，色温 3000 K 左右。

4. 上海玻璃博物馆儿童玻璃博物馆——主要光源：LED 光源

1F：纪念商品以及餐饮。1F 大部分是黑色裸顶结构，灯具是以轨道式射灯以及吊装防爆灯管为主，收银区域以及部分靠墙展示柜架有嵌入式筒灯。

入口照度约 1800 lx，Ra93 左右，色温约 3000 K。

图10　儿童餐厅

图11　纪念商品商店

图12　创意工坊　　　　图13　艺术表演

餐厅收银台照度2900 lx左右，用餐区域照度1200 lx左右，Ra92左右，色温3000 K左右。（图10）

纪念商品商店照度1800 lx左右，光源Ra92，色温3000 K左右。（图11）

2F创意工坊照明效果见图12，灯工艺术表演照明效果见图13。

2F大部分是黑色裸顶结构，灯具是以明装筒灯以及吊装灯管为主要照明灯具。照度800 lx左右，光源Ra93左右，色温3400 K左右。

四　总结

上海玻璃博物馆，是一家专门用来展示玻璃作品的馆所，馆内展示的作品的材质以玻璃为主。为了体现博物馆的专业性，上海玻璃博物馆还是非常重视照明在博物馆的应用，主要体现在以下两点。

（1）重点考量光照在玻璃材质中的反射问题。

玻璃是一种高反射材质，作为一所专业展示玻璃的博物馆，在展示展品时采用的方式不同，结合展示作品本身玻璃材质的反射与照明角度、强度的配合，又是有自己的考量。例如玻璃柜中的展品、玻璃墙面的展示在灯光照明下的光反射的控制，非常看重，因此，通过边柜暗藏式照明，发光面板的上透光，以及控制玻璃材质对光反射、透射，使观看展品避免过强的光照反射给人眼造成眩光等不舒适感。

（2）从照度上看，从墙体内部测量光照与外部测量有显著的差异。

根据馆内各展区所需照明需求的特性，采用了不同的照明侧重点。（图14a、14b、14c）

上海玻璃博物馆大致可分为三个区域：博物馆主馆区、国际创意展区、儿童玻璃博物馆区。

针对的人群不同，主馆区平均照度为：200～700 lx，光源Ra81～89，色温3000 K左右。

图14a　展示墙内部

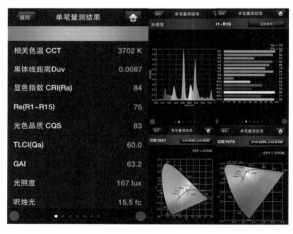

图14b　展示墙内部测试数据

图14c　展示墙外部测试数据

图15a　国际创意展区

图16a　儿童玻璃区域

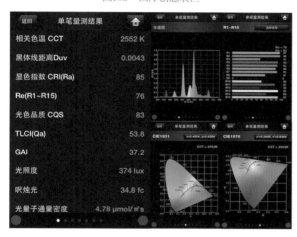

单笔量测结果	
相关色温 CCT	2552 K
黑体线距离 Duv	0.0043
显色指数 CRI(Ra)	85
Re(R1~R15)	76
光色品质 CQS	83
TLCI(Qa)	53.8
GAI	37.2
光照度	374 lux
呎烛光	34.8 fc
光量子通量密度	4.78 μmol/㎡·s

图15b　国际创意展区数据1

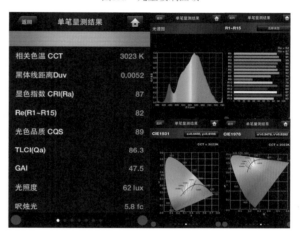

单笔量测结果	
相关色温 CCT	3023 K
黑体线距离 Duv	0.0052
显色指数 CRI(Ra)	87
Re(R1~R15)	82
光色品质 CQS	89
TLCI(Qa)	86.3
GAI	47.5
光照度	62 lux
呎烛光	5.8 fc

图16b　儿童玻璃区域数据1

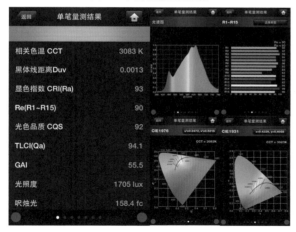

单笔量测结果	
相关色温 CCT	3083 K
黑体线距离 Duv	0.0013
显色指数 CRI(Ra)	93
Re(R1~R15)	90
光色品质 CQS	92
TLCI(Qa)	94.1
GAI	55.5
光照度	1705 lux
呎烛光	158.4 fc

图15c　国际创意展区数据2

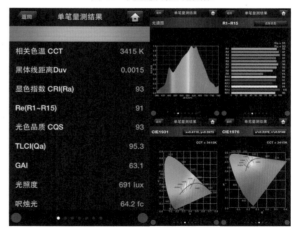

单笔量测结果	
相关色温 CCT	3415 K
黑体线距离 Duv	0.0015
显色指数 CRI(Ra)	93
Re(R1~R15)	91
光色品质 CQS	93
TLCI(Qa)	95.3
GAI	63.1
光照度	691 lux
呎烛光	64.2 fc

图16c　儿童玻璃区域数据2

国际创意展区以展示个人作品，以重点照明为主，在公共区域照度基本维持在 5 ～ 30 lx（图15a、15b、15c），与展品的照度差有 20 ～ 40 倍。儿童玻璃区域，内装用色鲜艳，在照明上，平均照度在 800 ～ 2000 lx，光源 Ra91 ～ 95，色温 3000 K 左右。（图 16a、16b、16c）

图17a　儿童玻璃区

图18a　主馆区

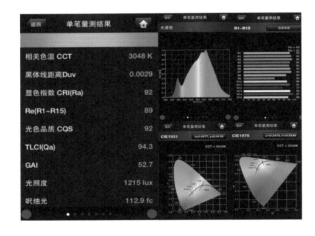

图17b　儿童玻璃区域数据1

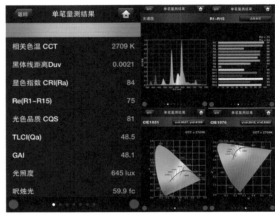

图18b　主馆区数据1

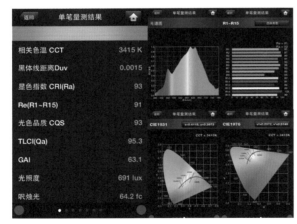

图17c　儿童玻璃区域数据2

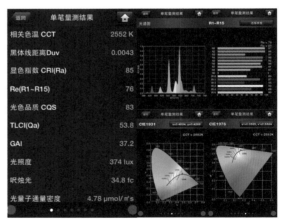

图18c　主馆区数据2

上海自然博物馆调研报告

报告提交人：欧普照明股份有限公司
调研对象：上海自然博物馆
调研时间：2015 年 12 月 13 日
调研人员：黄秉中、张旭东、范婉颖、翁晓丽、徐瑞阳
调研设备：照度计 T-10A（美能达）、亮度计 BM-9（TOPCON）、照明护照 ALP-01、测距仪 DLE 40 professional（BOSCH）

一　概述

1. 上海自然博物馆简介

上海自然博物馆新馆地址位于静安雕塑公园内，由美国帕金斯威尔设计师事务所（PERKINS+WILL）与同济大学建筑设计研究院共同参与设计。2009 年 6 月破土动工，2012 年底建设完工。上海自然博物馆新馆的总建筑面积45086 平方米。其中，地上三层，高 18 米；地下两层，深15 米。

2. 展品简介

该馆基本陈列面积共 5700 平方米。陈列内容包括人类发展史、古动物史、动物和植物的进化史四大部分。人类发展史陈列，用大量实物、模型、出土文物以及二三百万年前的前期猿人生活情况的景象，揭示了人类的起源、人类社会的形成和发展。古动物史陈列厅展出的 180 件展品中，在中国历代古尸陈列厅里，展出有新疆的出土距今 3000 多年前的哈密古尸，以及唐、宋、明三朝古尸。动物和植物进化史主要是古尸的陈列和植物陈列。

3. 照明概况

上海自然博物馆室内依照《博物馆建筑设计规范》电气部分、《建筑照明设计标准》、《博物馆照明设计规范》等，进行了专业的照明设计，馆内以 LED 灯具为主，照明灯具使用情况及比例：明装轨道射灯（LED 灯）50%，展柜一体化照明；30%，边柜暗藏式照明（嵌入式灯具）20%。光源使用情况及比例：LED 70%，金卤灯 15%，荧光灯 10%，舞台灯 5%。馆方运营管理者和使用者较为认可 LED 的优势，对 LED 在博物馆建筑中的应用前景表示支持。

二　现场调研数据分析

1. 大型开敞式展厅

展厅基本使用 LED 轨道射灯为主，轨道灯的安装位置主要考虑了展品位置后而定的。根据展厅及展品的特性、位置等进行专门的照明点位设计。大致情况：展厅

高度 18 米，根据被展物体的大小使用成组的灯具去照明，基本为 2 个一组和 3 个一组，展品照度 500 ~ 1000 lx，色温 3000 K，Ra88。（图 1a、1b）

2. 中型舞台式展厅

使用 LED 轨道射灯，根据不同的天花造型，轨道安装的方式也不一样（图 2a），灯具环绕一圈安装，使被展物体均匀受光，同时又有灯具能兼顾整个展台和展品简介的照明（图 2b）。安装方式为对物体点对点照明。展品照度 1000 ~ 1500 lx，色温 3000 K，Ra90。

3. 展柜展示

展柜的照明形式以大部分灯管在展柜顶上均匀排布，透过乳白板或网纹格栅均匀发光，洗亮整个展柜，根据展柜内部空间大小，配合轨道灯或小型嵌入式射灯

图1a　大型开敞式展厅

图1b　大型开敞展厅

图2a　中央舞台式展厅

图4a　立面展示　　　　图4b　立面展示

图4c　立面展示

图2b　中央舞台式展厅　　　图2c　中央舞台式展厅

做重点照明（图3）。或者有些趣味性展柜，使用暗藏式灯管均匀洗亮被照物体。展品照度200～500 lx，色温3000 K，Ra70。

4. 立面

立面展览使用LED轨道射灯做照明，根据展品的大小，灯具成组照亮一幅展品体现重点或均匀排布洗亮整个墙面，使展品均匀受光。临时展厅轨道排布均匀，灯具可以根据展品位置任意变动，灵活性强。展品照度300～800 lx，色温3000 K，4000 K，Ra80。（图4a、4b、4c）

5. 大堂、走道等公共区域

展厅内的通道无专用基础照明灯具，均为展示照明的外溢光作为基础照明，照度5～30 lx。（图5）

公共区域使用筒灯做基础照明，由于展馆采光充足，过道筒灯间隔使用，每3个灯开1个。休息区采光少，灯具全开，照度约300 lx，色温4000 K，Ra85。

图3　展柜展示　　　　　　　　　　图5　大堂、走道等公共区域

三　总结

上海自然博物馆作为国内数一数二的知名博物馆，馆内重点文物众多，每天参观展览的观众也络绎不绝，因此上海自然博物馆非常重视照明的应用，主要体现在以下三点。

（1）重点考量光照对于展品安全的满足性。

不同展品所使用的照明光源不一样，同时，照射强度、时间也有仔细的考量。例如大型展厅内标本众多，整个区域光照均匀。其中有许多带皮毛的标本和模型，为了防止皮毛因为过于干燥和高热量产生的变脆褪色，所以使用 LED 灯照射展品，而一些不带毛皮的模型则使用金卤灯照射。有被阳光直射到的展品在窗内挂一层薄纱，防止太阳紫外线直射展品，起到保护展品的作用。（图6a、6b）

（2）重点考量整个展馆的节能。

整个展馆运用了大量的自然采光，顶部使用了导光板，白天既可以让自然光直射进馆，还可以吸收太阳能储存电量。展馆的另一面细胞墙，也可以引进大量的自然光，使展馆的大部分公共空间在白天可以减少灯具的使用频率，节约电量。（图 7a、7b）

（3）重点考量灯具的独特运用。

展厅利用灯具独特的特点，加以灵活运用，增加展厅内的亮点。

例如生态万象展厅，展厅高 15 米，不仅展示生物模型、标本，还会有大荧幕和悬空的投影屏。此空间使用舞台灯和投光灯做照明，在展示时能满足照明，当进入放映模式时，也能体现出与其他展厅的区别。展品照度 500 ~ 1000 lx，色温 3000 K，Ra95。（图 8a、8b）

目前业主对自然博物馆的照明现状表示满意，主要表现在：

图6a　大型展厅照明

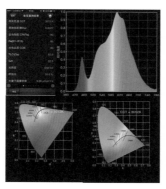
图6b　大型展厅测试数据

图7a　展馆自然光使用

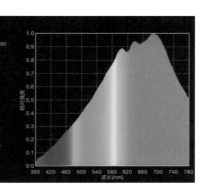
图7b　展馆测试数据

图8a　生态万象展厅

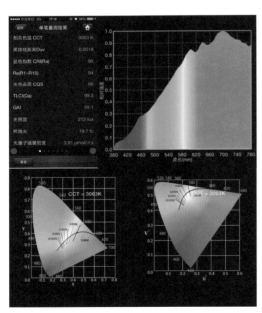
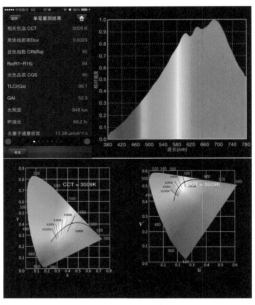

图8b　生态万象展厅测试数据

　　①现使用的展陈照明灯具专业化程度较高，角度、光强、光通量选择多样，对不同区域匹配度较高，可以灵活地实现各种照明需求。

　　②LED的节能性，可调控性可以降低成本。

上海电影博物馆调研报告

报告提交人：欧普照明股份有限公司
调研对象：上海电影博物馆
调研时间：2015 年 12 月 13 日
调研人员：黄秉中、范婉颖、张旭东、翁晓丽、徐瑞阳、李儒雅
调研设备：照度计 T-10A（美能达）、亮度计 BM-9 (TOPCON)、照明护照 ALP-01、测距仪 DLE 40 professional（BOSCH）

一　概述

1. 上海电影博物馆简介

上海电影博物馆位于上海电影制片厂原址：漕溪北路 595 号上海电影集团大楼总体面积达 1.5 万平方米，是一座融展示与活动、参观与体验为一体，涵盖文物收藏、学术研究、社会教育、陈列展示等功能的行业博物馆。

2. 展览简介

博物馆共四层，展分为四大主题展区，五号摄影棚及一座艺术影厅。呈现了百年上海电影的魅力，生动演绎了电影人、电影事和电影背后的故事，是满足大众电影文化需求的艺术圣殿，也是上海电影乃至中国电影最为重要的展示窗口之一，是徐汇区打造的首个 4A 级都市旅游景区的重要文化景点之一，更将成为上海城市文化的新地标。

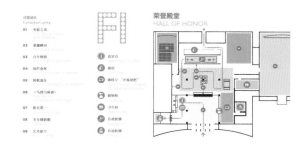

3. 照明概况

上海电影博物馆根据展馆场景氛围高度需求，以卤素灯为主，配合较多的多媒体技术，巧妙且有创意地展示了电影的发展历史。

照明光源、灯具使用情况及比例如下。

光源：LED 灯具 15%，金卤灯 10%，荧光灯 15%，卤素灯 60%。

灯具：明装轨道射灯（卤素灯及 LED）65%，嵌入式灯 5%，展柜一体化照明（LED 灯）10%，边柜暗藏式照明（荧光灯具）10%，投影灯 10%。

二　现场具体调研

1. 上海电影博物馆 1F 荣誉殿堂——主要光源：金卤灯、荧光灯管

1F 荣誉殿堂：灿烂金奖杯墙，荣耀瞬间照片墙，百年辉煌照片墙。

1F 展馆的展示主要是立面展示，以及一个中岛展示。

（1）立面奖杯展示墙照明：照度 150 ~ 300 lx，光源金卤灯具（佩戴遮光罩），色温 3000 K 左右。（图 1）

（2）荣耀瞬间照片墙：照度在 300 lx 左右，上方使用荧光灯管加格栅片做防眩光处理，外侧使用金卤射灯补充重点照明，色温分别在 4000 K 和 3000 K 左右。（图 2）

（3）百年辉煌照片墙，使用金卤射灯，色温 4000 K，角度 40° 左右。（图 3a、3b）

图1　灿烂金奖杯

图2　荣耀瞬间照片墙

图3a　百年辉煌照片墙

Parameter	ulae
相关色温 CCT	4038 K
黑体线距离 Duv	0.0106
黑体指数 CRI(Ra)	66
Re(R1~R15)	54
光色品质 CQS	69
TLCI(Qa)	42.4
GAI	60.2
光照度	125 lx
激漾光	11.6 fc
光量子通量密度 (400~700 nm)	158 #mol/m²·s
峰值波长	546 nm
主波长	575 nm
色纯度	37 %
明视觉比 SP Ratio	1.4

图3b　立面展柜区测试数据

国歌诞生——中岛区，采用 LED、音乐和控制系统相结合的多媒体互动模式。（图 4）

当国歌响起，方形模块六面的文字会随着音乐逐个亮起，字字铿锵有力。音乐、灯光和控制系统结合得天衣无缝。

2. 上海电影博物馆主场馆 2F 电影工场——主要光源：LED 灯、卤素灯

2F 主场展区：化妆服装工作室，电影百科，一号摄影棚，二号录音棚。

（1）化妆工作室主要采用天棚 LED 造型灯作为基础照明，立面柜内采用荧光灯管泛光结合卤素射灯重点照明。天花发光膜灯光色温在 5000 K 左右，前排卤素射灯色温 3000 K 做重点光源补充。（图 5a、5b）

（2）一号摄影棚主要采用 LED 投光灯，LED 发光天棚，LED 色彩变化等。（图 6）

图4　国歌诞生中岛区

图5a　化妆服装工作室

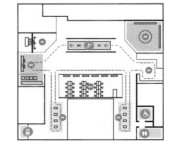

Parameter	Value
相关色温 CCT	3498 K
黑体线距离 Duv	0.0009
黑色指数 CRI(Ra)	87
Re(R1~R15)	82
光色品质 CQS	87
TLCI(Qa)	73.7
GAI	66.9
光照度	273 lx
呎烛光	25.4 fc
光量子通量密度(400-700) nm	4.14 μmol/m²·s
峰值波长	595 nm
主波长	581 nm
色纯度	40 %
暗明视觉比 SP Ratio	1.5

图5b 化妆工作室数据

图6 摄影棚

图7a 影史长河

3. 上海电影博物馆 3F 影史长河——主要光源：LED 光源、投影、金卤射灯

光影长河：使用投影灯光贯穿整个历史长河，拿感应系统和灯光结合产生互动，效果震撼。（图 7a、7b、7c）

但是传统卤素投影机功率大，热量高，容易损坏，更换率和维修成本高，这是目前存在的技术问题。

Parameter	Value
相关色温 CCT	20211 K
黑体线距离 Duv	0.0303
黑色指数 CRI(Ra)	50
Re(R1~R15)	25
光色品质 CQS	42
TLCI(Qa)	6.3
GAI	49.2
光照度	79 lx
呎烛光	7.3 fc
光量子通量密度(400-700) nm	1.19 μmol/m²·s
峰值波长	439 nm
主波长	485 nm
色纯度	39 %
暗明视觉比 SP Ratio	3.1

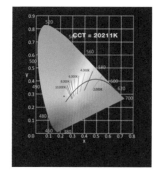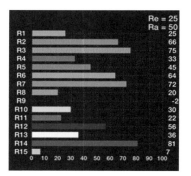

图7b　影史长河数据

Parameter	Value
相关色温 CCT	2839 K
黑体线距离 Duv	0.0020
黑色指数 CRI(Ra)	93
Re(R1~R15)	90
光色品质 CQS	93
TLCI(Qa)	97.3
GAI	47.6
光照度	120 lx
呎烛光	11.2 fc
光量子通量密度(400-700) nm	2.21 μmol/m²·s
峰值波长	780 nm
主波长	583 nm
色纯度	60 %
暗明视觉比 SP Ratio	1.3

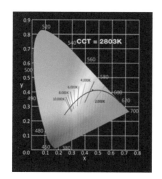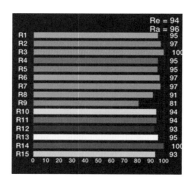

图7c　影史长河数据

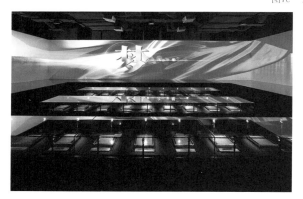

图8　影海溯源　　　　　　　　　　图9　译制经典

　　影海溯源：大背景使用投影，柜内使用卤素光源展示柜内照明，并且使用控制系统控制灯光明暗，比较容易坏，现在已经调整为统一亮度值，防止灯具损坏。（图8）

　　译制经典：采用外部金卤射灯表现柜内产品展示。（图9）

图10a　动画长廊

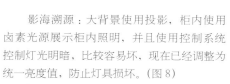

Parameter	Value
相关色温 CCT	3459 K
黑体线距离 Duv	0.0170
显色指数 CRI(Ra)	61
Re(R1~R15)	47
光色品质 CQS	66
TLCI(Qa)	37.9
GAI	36.9
光照度	237 lx
呎烛光	22.0 fc
光量子通量密度(400-700) nm	2.82 μmol/w·s
峰值波长	576 nm
主波长	576 nm
色纯度	62 %
暗明视觉比 SP Ratio	1.2

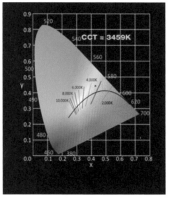
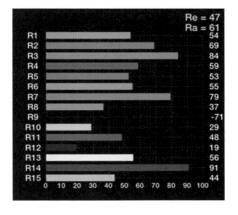

图10b　动画长廊数据

图11a　梦幻工厂

动画长廊：采用 LED 投光灯补充空间光，投光灯展示小蝌蚪找妈妈的鲜活景象，踩泡泡灯互动感应，让整个空间活泼充满趣味。(图10)

梦幻工厂：采用荧光灯管做天棚照明，前方补充卤素射灯做重点照明。(图 11a、11b)

Parameter	Value
相关色温 CCT	3100 K
黑体线距离 Duv	0.0036
显色指数 CRI(Ra)	87
Re(R1~R15)	81
光色品质 CQS	86
TLCI(Qa)	70.9
GAI	56.9
光照度	101 lx
呎烛光	9.4 fc
光量子通量密度(400-700) nm	1.48 μmol/w·s
峰值波长	614 nm
主波长	581 nm
色纯度	54 %
暗明视觉比 SP Ratio	1.3

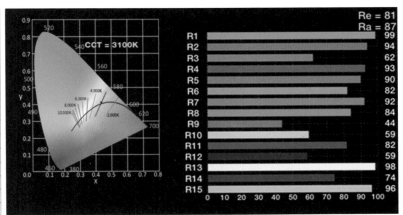

图11b　梦幻工厂数据

4. 上海电影博物馆 4F——主要光源：LED 光源、金卤射灯

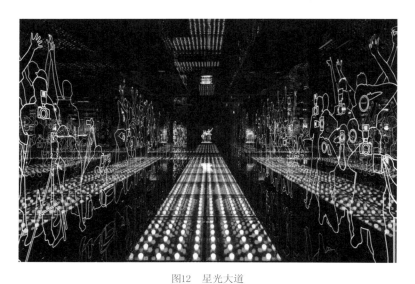

图12　星光大道

星光大道：LED 灯具，冷阴极管，以及控制系统相结合。（图 12）

图13a　星耀苍穹

星耀苍穹：荧光灯管背景发光，投影拼接画面。（图 13a、13b）

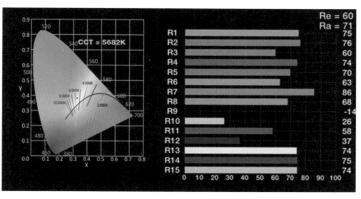

图13b　星耀苍穹数据

图14　大师风采

大师风采：采用卤素射灯，感应控制（有人来过灯光亮起，人走灯光暗掉）。（图14）

三　总结

上海电影博物馆因为规划建设较早，因此主要采取传统卤素射灯、荧光灯、金卤射灯为主，LED射灯辅助的光源类型，但是在多媒体应用、控制系统、感应系统等方面和灯光表现紧密结合，成为非常重要的特点，并且使用较为广泛，给人留下深刻的印象。

LED在上海电影博物馆中可以较好地推广和应用，原因有以下3点：

（1）上海电影博物馆对灯光明暗调节，红外感应，场景互动要求较高，LED的特性非常适合和多媒体以及多功能场景演示结合。

（2）较多面放光的天棚以及立面照片墙适合使用LED作为背景光。

（3）LED产品可以大大降低现有功耗和售后维修成本，这也是目前电影博物馆认为可以提升的地方。

空间丰富多变化，测试点较多，展示如图15a、15b。

Parameter	Value
相关色温 CCT	3279 K
黑体线距离 Duv	0.0050
显色指数 CRI(Ra)	60
Re(R1~R15)	46
光色品质 CQS	61
TLCI(Qa)	29.6
GAI	48.3
光照度	532 lx
呎烛光	49.4 fc
光量子通量密度(400-700)nm	6.60 μmol/m²·s
峰值波长	584 nm
主波长	580 nm
色纯度	51 %
暗明视觉比 SP Ratio	1.1

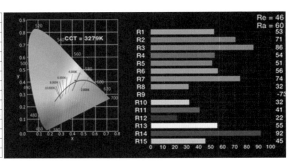

Re = 46
Ra = 60
R1 53
R2 71
R3 86
R4 54
R5 51
R6 56
R7 74
R8 32
R9 -73
R10 32
R11 41
R12 22
R13 55
R14 92
R15 45

Parameter	Value
相关色温 CCT	2727 K
黑体线距离 Duv	0.0019
显色指数 CRI(Ra)	96
Re(R1~R15)	95
光色品质 CQS	96
TLCI(Qa)	99.5
GAI	45.0
光照度	358 lx
呎烛光	33.3 fc
光量子通量密度(400-700)nm	7.02 μmol/m²·s
峰值波长	778 nm
主波长	583 nm
色纯度	63 %
暗明视觉比 SP Ratio	1.3

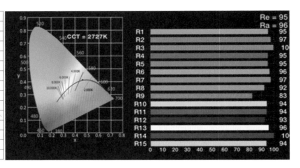

Re = 95
Ra = 96
R1 95
R2 97
R3 10
R4 95
R5 95
R6 96
R7 97
R8 92
R9 83
R10 94
R11 94
R12 96
R13 96
R14 10
R15 94

Parameter	Value
相关色温 CCT	2753 K
黑体线距离 Duv	0.0013
显色指数 CRI(Ra)	96
Re(R1~R15)	95
光色品质 CQS	96
TLCI(Qa)	99.5
GAI	47.2
光照度	253 lx
呎烛光	23.5 fc
光量子通量密度(400-700)nm	4.95 μmol/m²·s
峰值波长	780 nm
主波长	584 nm
色纯度	62 %
暗明视觉比 SP Ratio	1.3

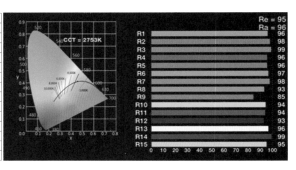

Re = 95
Ra = 96
R1 96
R2 98
R3 99
R4 96
R5 96
R6 97
R7 98
R8 93
R9 85
R10 94
R11 94
R12 93
R13 96
R14 99
R15 95

Parameter	Value
相关色温 CCT	2922 K
黑体线距离 Duv	0.0054
显色指数 CRI(Ra)	69
Re(R1~R15)	57
光色品质 CQS	71
TLCI(Qa)	38.3
GAI	43.7
光照度	54 lx
呎烛光	5.0 fc
光量子通量密度(400-700)nm	0.67 μmol/m²·s
峰值波长	613 nm
主波长	581 nm
色纯度	62 %
暗明视觉比 SP Ratio	1.1

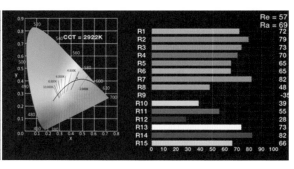

Re = 57
Ra = 69
R1 72
R2 79
R3 73
R4 70
R5 65
R6 65
R7 82
R8 48
R9 -35
R10 39
R11 55
R12 28
R13 73
R14 82
R15 66

图15a

Parameter	Value
相关色温 CCT	2782 K
黑体线距离 Duv	0.0023
黑色指数 CRI(Ra)	96
Re(R1~R15)	94
光色品质 CQS	95
TLCI(Qa)	99.5
GAI	45.9
光照度	106 lx
呎烛光	9.9 fc
光量子通量密度(400-700) nm	2.05 μmol/m²·s
峰值波长	780 nm
主波长	583 nm
色纯度	62 %
暗明视觉比 SP Ratio	1.3

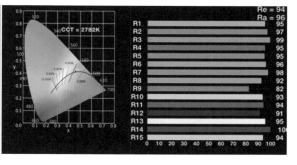

CCT = 2782K, Re = 94, Ra = 96
R1 95, R2 97, R3 99, R4 95, R5 95, R6 96, R7 98, R8 92, R9 82, R10 93, R11 94, R12 91, R13 95, R14 100, R15 94

Parameter	Value
相关色温 CCT	2757 K
黑体线距离 Duv	0.0019
黑色指数 CRI(Ra)	96
Re(R1~R15)	95
光色品质 CQS	96
TLCI(Qa)	99.6
GAI	46.0
光照度	661 lx
呎烛光	61.4 fc
光量子通量密度(400-700) nm	12.90 μmol/m²·s
峰值波长	778 nm
主波长	583 nm
色纯度	62 %
暗明视觉比 SP Ratio	1.3

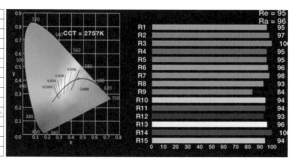

CCT = 2757K, Re = 95, Ra = 96
R1 95, R2 97, R3 100, R4 95, R5 95, R6 96, R7 98, R8 93, R9 84, R10 94, R11 94, R12 93, R13 96, R14 100

Parameter	Value
相关色温 CCT	3366 K
黑体线距离 Duv	0.0142
黑色指数 CRI(Ra)	65
Re(R1~R15)	52
光色品质 CQS	69
TLCI(Qa)	43.8
GAI	39.4
光照度	205 lx
呎烛光	19.0 fc
光量子通量密度(400-700) nm	2.58 μmol/m²·s
峰值波长	582 nm
主波长	577 nm
色纯度	61 %
暗明视觉比 SP Ratio	1.2

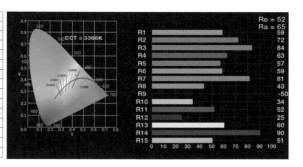

CCT = 3366K, Re = 52, Ra = 65
R1 59, R2 72, R3 84, R4 63, R5 57, R6 59, R7 81, R8 43, R9 -50, R10 34, R11 52, R12 25, R13 60, R14 90, R15 51

Parameter	Value
相关色温 CCT	2678 K
黑体线距离 Duv	0.0018
黑色指数 CRI(Ra)	96
Re(R1~R15)	95
光色品质 CQS	96
TLCI(Qa)	99.5
GAI	43.6
光照度	485 lx
呎烛光	45.1 fc
光量子通量密度(400-700) nm	9.59 μmol/m²·s
峰值波长	780 nm
主波长	584 nm
色纯度	65 %
暗明视觉比 SP Ratio	1.3

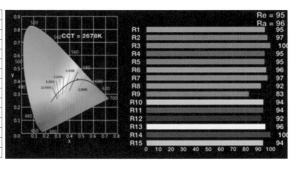

CCT = 2678K, Re = 95, Ra = 96
R1 95, R2 97, R3 100, R4 95, R5 95, R6 96, R7 97, R8 92, R9 83, R10 94, R11 94, R12 92, R13 96, R14 100, R15 94

图15b

国家大剧院调研报告

报告提交人：iGuzzini（中国）有限公司
调研对象：国家大剧院
调研时间：2015 年 10 月 23 日
调研人员：黄田雨、王磊、侯霄宇、郑祥龙
调研设备：亮度计 konica minolta LS-110、照度计 CEM　DT-1308、照明护照 ALP-01、测距仪 HCJYET　HT-310U

一　概述

1. 国家大剧院简介

中国国家大剧院位于北京市中心天安门广场西，人民大会堂西侧，西长安街以南，由国家大剧院主体建筑及南北两侧的水下长廊、地下停车场、人工湖、绿地组成，总占地面积 11.89 万平方米，总建筑面积约 16.5 万平方米，其中主体建筑 10.5 万平方米，地下附属设施 6 万平方米。

2. 展品简介

国家大剧院展览部设有常展和临展两个部分。临展内容为艺术展览，以舞台艺术展览为主，临展更换周期约为两个月。常展内容则为大剧院内一些经典演出的道具及服装。

3. 布展灯光调试

每次换展时灯光需相应地进行调试，大多数艺术家本人会在现场对每个艺术品的灯光输出、灯光角度的不同进行详细调节，馆方配合现场调试。

4. 灯具整体情况

展区灯具于 2013 年完成安装，采用 ERCO 轨道射灯配卤素光源对展品实施照明，自然光较为充分。

二　现场调研数据分析

现场我们灯光调研时，馆内临展区正在进行"欧洲当代舞台美术设计展"，展品为雕塑、服装道具、舞台设计展等。

1. 传统灯具照明调研结果

A. 艺术塔

使用灯具：ERCO 卤素轨道射灯（窄光）；配件：拉伸透镜，内防眩光罩。

灯具布置：灯具安装高度 3.1 米，距离艺术塔水平距离 2.5 米；正前方单灯照射。

控制系统：配有控制系统可手动或自动调光。

艺术塔材质反射率：在测试艺术塔位置同一点测试

白纸亮度，根据公式（ρ 艺术塔 =L 艺术塔 /L 白纸 × ρ 白纸）；计算得反射率 0.46（其中白纸的反射比取 0.6）。

测试结果：艺术塔正前方一套灯具提供照明，艺术塔上部最高照度约为 120 lx 左右，艺术塔中部照度最高为 106 lx 左右；艺术塔下部照度为 87 lx，体现整体立式效果，灯光通过拉伸透镜后均匀变化，灯光效果控制得较好。亮度值请参考图 1 数据。

光源参数测试结果：卤素光源色温 2724 K，Ra99，R9 为 94。（图 2、3）

1. 照度：117　lx　　亮度：26.2　cd/m²
2. 照度：106　lx　　亮度：26.9　cd/m²
3. 照度：87.7　lx　　亮度：18.7　cd/m²
4. 照度：78.6　lx　　亮度：5.5　cd/m²

图1　艺术塔照度及亮度测试结果

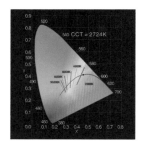

图2　艺术塔显示指数R1～R15　　　图3　艺术塔相关色温CCT

B. 喷绘作品：国家地图（图4）

使用灯具：ERCO 卤素轨道射灯（窄光）。

灯具布置：灯具安装高度 3.1 米，距墙 1 米。

控制系统：配有控制系统可手动或自动调光。

画面装裱：喷绘粘贴，无玻璃。

画面材质：PVC 喷绘纸。

测试结果：画面直径 1.5 米，画幅适中，选用的是窄光透镜，画面重点中心区照度 738 lx 左右，较暗区照度 20～30 lx 左右；点照度值亮度值请参考图5。

光源参数测试结果：卤素光源色温 2483 K，Ra99，R9 为 99。（图6、7）

图4　国家地图

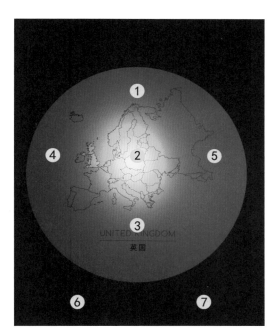

1. 照度：38.69 lx　亮度：7.0 cd/m²
2. 照度：735 lx　　亮度：134.8 cd/m²
3. 照度：28.4 lx　　亮度：53.9 cd/m²
4. 照度：24.4 lx　　亮度：4.2 cd/m²
5. 照度：23.09 lx　亮度：4.4 cd/m²
6. 照度：3.75 lx　　亮度：0.1 cd/m²
7. 照度：5.0 lx　　　亮度：0.09 cd/m²

图5　国家地图照度及亮度测试点分布图

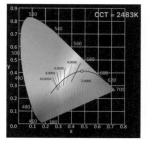 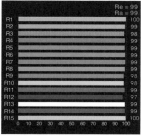

图6　国家地图相关色温CCT　图7　国家地图显色指数R1～R15

C. 常设展展板

使用灯具：ERCO 卤素轨道射灯（中光束）。

灯具布置：灯具安装高度 3.1 米，距墙 1.447 米。

控制系统：配有控制系统，可手动或自动调光。

材质：PVC 喷绘纸。

测试结果：展板为喷绘制作，三盏灯具从正前方照射。由于照片均为剧照，所以在亮度方面在不同颜色的反射下差距较大。整体照度比较均匀。具体亮度值请参考图8、图9数据。

光源参数测试结果：光源色温 2722 K，Ra 99，R9 为 96。（图10、11）

2. LED 灯具照明调研结果

A. 五面柜（图12～23）

大剧院内新规划了一块以戏曲舞台模型为主的展区，所有的舞台模型都在展柜内展出。

这些舞台模型为常设展览，照明主要以展柜内灯光为主，环境灯光为原来公共空间的下射筒灯提供，地面设计了特殊造型灯光，把展区内所有展柜连接成一个整体，所有展柜内及地面灯光为亚克力透光方式，光源均为 LED 线条灯，为了把展柜内的透光与地面透光区别开，设计展柜内透光为 3000 K，地面为透光为 2700 K。整体展柜内灯光分为三部分。

展品底部亚克力透光，把模型下部所有结构细节均匀体现，色温 3000 K。

展品顶部玻璃反光，把 LED 透光板上灯光反射均匀照亮模型顶部。

图8　展板

1. 照度: 157 lx　亮度: 4.8 cd/m²
2. 照度: 410 lx　亮度: 45 cd/m²
3. 照度: 301.2 lx　亮度: 9.66 cd/m²
4. 照度: 256.2 lx　亮度: 14.3 cd/m²
5. 照度: 520.2 lx　亮度: 32 cd/m²
6. 照度: 360.3 lx　亮度: 12 cd/m²
7. 照度: 239.9 lx　亮度: 10.5 cd/m²
8. 照度: 180.2 lx　亮度: 33.8 cd/m²
9. 照度: 110.5 lx　亮度: 1.0 cd/m²

图9　展板照度及亮度测试点分布图

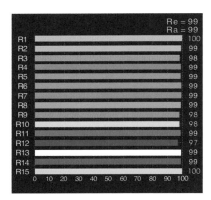

图10　展板显色指数R1～R15

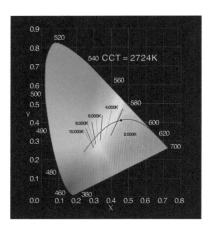

图11　展板相关色温CCT

图12　五面柜一

图13　五面柜二

图14　展品照明系统说明

注: 1. 展柜顶部玻璃通过镜子反射底部LED面板灯光, 把灯光均匀反射在模型上, 提供模型上部均匀照明。
　　2. 模型内部通过LED小射灯, 还原舞台内自然真实效果, 更好地体现木结构建筑的古朴气息。
　　3. 展品底部LED透光面板通过底面均匀灯光把模型细节充分体现出来。

　　展品内部细节灯光, 通过模型内安装LED小射灯, 还原舞台内真实自然效果, 更好地体现了木结构建筑的古朴气息, 色温4000 K。

　　综上分析, 展柜内灯光通过LED更容易体现展品细节, 比传统卤素灯具更灵活方便。

　　B. 特制柜 (图24～27)

　　该特制柜照明为柜内打灯方式, 采用LED灯带直接

图17　柜内展品正面

图18　柜内展品背面

1.亮度: 50 cd/m²
2.亮度: 43 cd/m²
3.亮度: 68 cd/m²
4.亮度: 52 cd/m²
5.亮度: 48 cd/m²
6.亮度: 5 cd/m²
7.亮度: 49 cd/m²
8.亮度: 37 cd/m²
9.亮度: 65 cd/m²

1.亮度: 18 cd/m²
2.亮度: 42 cd/m²
3.亮度: 61 cd/m²
4.亮度: 54 cd/m²
5.亮度: 44 cd/m²
6.亮度: 63 cd/m²
7.亮度: 22 cd/m²
8.亮度: 44 cd/m²
9.亮度: 65 cd/m²

1.亮度: 37 cd/m²
2.亮度: 26 cd/m²
3.亮度: 22 cd/m²
4.亮度: 7 cd/m²
5.亮度: 19 cd/m²
6.亮度: 18 cd/m²
7.亮度: 42 cd/m²
8.亮度: 53 cd/m²
9.亮度: 65 cd/m²

图19　展品正面照度及亮度测试　　　图21　展品侧面照度及亮度测试　　　图20　展品背面照度及亮度测试

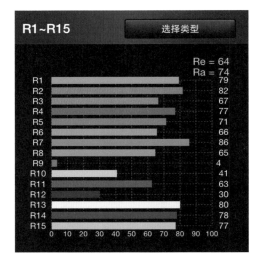

图22　五面柜相关色温CCT

图23　五面柜显色指数R1～R15

照明方式，色温 4000 K，Ra=72，展柜背板可打开，方便后期灯具检修。

三　LED 在博物馆内的应用趋势

LED 作为新型节能光源，先后在建筑室外照明、商业空间、办公空间、酒店空间都得到了广泛全面的应用，在博物馆、美术馆也逐渐开始应用，由于专业馆内藏品及艺术品对灯光效果及技术方面都要求很高，LED 也在逐渐提高技术参数，已能达到博物馆照明专业要求，主要体现在以下诸多方面。

LED 显色性已接近卤素光源：Ra>95。

LED 红色饱和度 R9 已接近卤素光源：R9 为 93～97。

LED 色容差 MacAdam 可控制 2 阶范围内；光色可做得非常纯正。

LED 光源不会对展品产生紫外及红外辐射；节省购买红外、紫外滤镜的费用。

LED 灯具可通过不同光学透镜或反射器更换满足不同展品的光束角要求，更加便捷地实现临展区不同展品对光束角不同的更换调试；避免重复购买灯体。

LED 轨道灯控制也分为手动旋钮调光及自动控制系统调光，手动调光范围可做到 1%～100%，调光范围更大，调光更加细腻。

LED 在未来的使用趋势毋庸置疑，但众所周知的只有一条节能，在专业照明领域没有统一的应用及检验标准，作为使用方则对 LED 的检验更加模糊，他们希望有一套更加完整的标准来衡量，避免各种不达标的产品对后期使用产生影响，尤其是对博物馆美术馆专业照明领域的影响。

图24　特制柜

1. 照度：2000　lx
2. 照度：635　lx
3. 照度：255　lx

图25　特制柜照度及亮度测试点分布

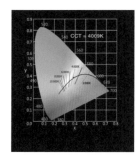

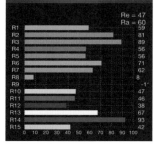

图26　特制柜相关色温CCT　　图27　特制柜显色指数R1～R15

重庆市三峡博物馆调研报告

报告提交人：上海莹辉照明科技有限公司
调研对象：重庆市三峡博物馆
调研时间：2015 年 12 月 25 日
调研人员：姜宏达、王燕平
调研设备：宏诚科技照度仪 HT-855、照明护照 ALP-01、博世激光测距仪 DLE 40

一 概况

1. 博物馆建筑概况

重庆市三峡博物馆位于重庆人民大礼堂中轴线上，主体工程总用地面积 2.9316 万平方米，主体结构长 157.3 米，宽 98.09 米，地面以上总建筑高度 25.2 米，共 5 层，博物馆占地面积 3 万平方米，建筑面积 4.25 万平方米，展厅面积 23225 平方米，为一类高层建筑，其中地下 1 层为文物库房、车库、设备用房，地上 4 层为展厅、报告厅、管理辅助用房。四个基本陈列展厅、十个专题陈列展厅、四个临时展厅。

2. 照明概况

主要的照明是在 2005 年开馆时设计和实施的，展厅照明分为开放日照明和工作照明，工作照明主要是节能灯，主要目的是日常维护工作以及展品更换时做基本照明，在公众开放日是打开的。展示部分主要的光源是陶瓷金卤灯、节能灯管、LED 灯和少量的卤素灯，2013 年对两个展厅的照明做了改造，改造后的照明主要是 LED 灯具，改造的展馆是三、四楼南展馆二（临馆）和书画展厅，这两个展厅也是我们这一次调研的重点。这个光环境舒适度很好，眩光控制很好，光色一致性较好，色彩饱和度较高。LED 灯具部分主要是国内品牌。

二 具体调研数据剖析

1. 四楼南展馆（临展厅）（刺绣展）照明情况概述及分析

A. 灯具以及光源使用情况：空间展品灯具主要是导轨射灯，光源为 LED，功率 10 ~ 12W，色温 3000 ~ 3500 K；展柜照明主要是嵌入式 LED 射灯，色温 4120 K；开放日基础照明：有。

B. 照明环境情况：有做基础照明，展示物做重点照明，地面照度 2 ~ 8 lx，展品照度 40 ~ 153 lx。展品重点突出。

C. 前言板以及壁挂展板：以下是抽取的前言板以及壁挂展板的照片和数据。

展厅导轨灯具安装位置示意图，见图 1。

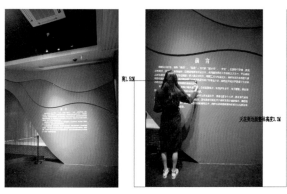

图1 前言展板

前言板照度值：150.3 lx。使用灯具 LED12 W。

壁挂（红地乐舞人物绣片）测试取点以及测试数据见图 2a。（导轨灯，光源：LED 10 W）

壁板照度值：75 lx。使用灯具 LED10 W。可以看出：Ra84，R9 为 14，色容差为 6。（图 2b）

三面壁柜（刺绣）立面测试取点以及测试数据（内嵌小射灯，光源 LED 灯）。（图 3a）

图2a 刺绣展

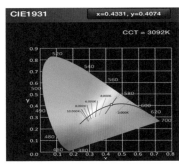

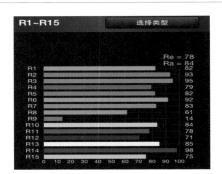

图2b　刺绣展测试数据

图3a　刺绣展

展品表面照度：138 lx。使用灯具功率：不详（小功率 3 ～ 5 W），灯具为柜体厂家直接供应。以下是灯具详细参数：（图 3b）

CCT:41201——照度 138 lx

Ra:852——照度 40.6 lx

Re:803——照度 147 lx

R9:334——照度 153.3 lx

展馆二照明综述：展馆二全部应用 LED 照明，从测试情况看，展柜内均采用 4000 K 左右色温，展柜外均采用 3000 K 左右色温。Ra 保持在 84 以上，R9 保持在 14 ～ 33，光环境非常适光，从灯具使用上看，应当是 LED 灯具在三峡博物馆内一次成功的应用。但是和卤素灯相比，显色性上还是有差距，但 LED 的光色已经非常接近卤素灯的效果，单纯从观赏性考虑，是没有明显差距的。

2. 书画展厅照明情况概述及分析

A. 灯具以及光源使用情况：壁柜照明主要是 LED 线条灯，通过"发光顶棚"的照明方式，功率 15 W，色温 2700 ～ 3000 K；有红外人体感应开关；开放日基础照明：有。

B. 照明环境情况：开放日有做基础照明，展示物做重点照明，地面照度 7 ～ 15lx，展品照度 51 ～ 150lx。展品重点突出。舒适度适中。

C. 壁柜以及立柜照明：以下是抽取壁挂展板的照片和数据。（图 4a、4b、4c）

壁柜立面书画照明取点以及测试数据（硬条灯，光源：LED）

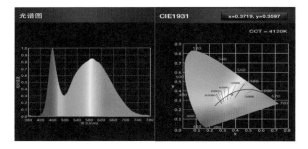

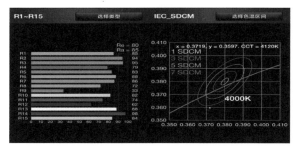

图3b　刺绣展测试数据

图4a　书画展厅测试

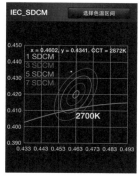
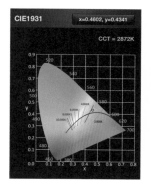
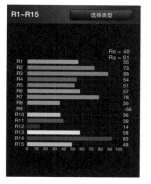
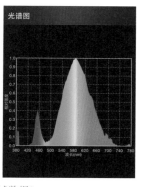

图4b　测试数据1　　　　　　　　　　　　　　　　图4c　测试数据2

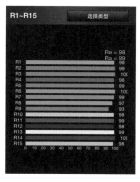
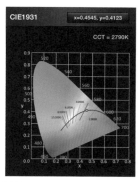
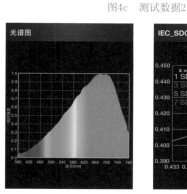
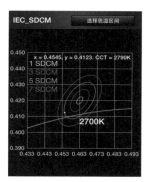

图5b　测试数据1　　　　　　　　　　　　　　　　图5c　测试数据2

书画展厅照明综述：书画展厅中，壁柜照明、壁挂展品照明主要使用 LED 硬灯条，从测试情况看，光色一致性可以接受，色温保持在 2800 ～ 3000 K 左右，Ra：60 属于偏低，R9 值为 56，大部分照度保持在50 ～ 150 lx。无明显不适光，立柜照明采用发光顶棚照明手法，出光均匀，这个展馆全部采用了 LED 光源，但从 LED 灯具看，此展厅中 LED 灯具中使用的 LED 光源是比较早的光源，技术指标没有完全达到博物馆照明的要求，显色性和 R9 等关键指标按照现在技术，提升的空间很大。

3. 城市之路展

此厅用 300 W 左右的传统卤素灯，前言板照度408 lx。（图 5a、5b、5c）。

以上数据可以看出卤素灯单看光色品质，均是非常高的，由于此展馆主要介绍城市发展历程，对展示内容保护度要求不高，因此唯独节能较差。

展示墙照度 LED 轨道灯 12 W，有加挡光板在灯具上面，防眩控制非常好。（图 6a、6b）

图6a　展示墙测试

图5a　前言板测试

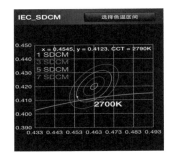
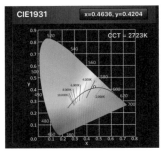
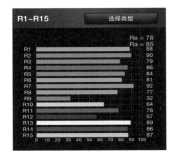

图6b　测试数据组

4. 大厅照明情况概述以及分析

大厅照明主要采用自然光，自然光主要从大厅的顶部，向西的主入口的自然光作为补充，其他三个面没有自然光补充。大厅周边的廊采用自然光和人工灯光相结合的方式，自然光来自大厅，灯具采用筒灯，光源为插拔管节能灯。

大厅自然光测试数据采集点见图 7 以及采集数据，照度：142.8 lx。

图7　大厅测试

大厅周边廊的测试数据采集点见图 8 以及数据，照度：142.8 lx。

图8　大厅周边廊测试

大厅周边廊的测试数据采集点以及数据：

1—照度69.3 lx
2—照度60 lx
3—照度65 lx
4—照度63 lx
5—照度70 lx
6—照度80 lx

图9a　走廊

大厅照明综述：大厅照明主要采用自然光，主要是从顶部采集自然光，光线采集充分，基本不用人工光做补充。大厅四周的廊，采用嵌入式节能筒灯补光，照度在 63 ~ 80 lx，均匀度很好，照度的差异主要还是采集自然光的多少。

5. 展示区域走廊照明情况概述以及分析

展示区域走廊主要是以人工照明为主，灯具采用节能筒灯为主，截光角比较大，眩光控制很好。

走廊数据测试点以及测试数据如下：

照度 1：19.3 lx，照度 2：18.6 lx，照度 3：185.3 lx，照度 4：17 lx。

三 调研综述

（1）从照明手法上看，三峡博物馆将 LED 灯具用于博物馆照明，敢于先试先行，但是馆方所有灯具均外包给机电公司，没有专业的灯光设计师统一规划把关，因此采购 LED 灯具品质差异较大。但是博物馆灯具选择色温和照度科学合适、灯具布局合理，照明舒适度高。

（2）LED 光源、卤素灯、节能灯的比较。

在这一次调研中，60% 灯具采用 LED，35% 灯具采用节能灯，5% 灯具采用卤素灯具，所以同时测得了三种光源的数据，做以下比较。

图9b 走廊

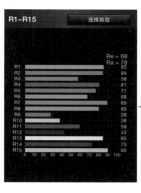
节能灯

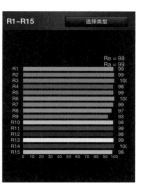
卤素灯

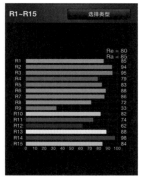
LED灯具

图10 LED光源、卤素灯、节能灯比较

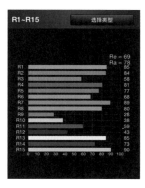
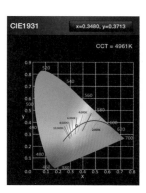

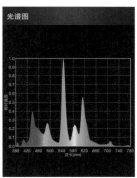
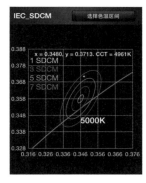

图9b 测试数据组

走廊的照明综述：走廊采用人工为主，地面照度 17 ~ 19.3 lx，照度比较均匀，照度合适，从走廊进入展厅或者从展厅走出到走廊没有因为巨大的照度差异引起不适。（图 9a、9b）

A. 显色性能比较，从图 10 关于显色性的比较看，显色性 Ra 基本全部符合博物馆照明基本要求，部分 LED 灯具未达到，但是从 R1 ~ R15 看，节能性能和卤素灯和 LED 灯具相差比较大，特别是 R9，节能灯的只有 28，二卤素灯为 93，LED 灯具有 33，部分 LED 灯具为负值，所以在鲜艳颜色还原度以及色饱和度上，节能灯是较差的；卤素灯的显色性能接近日光，显色性能最佳；LED 灯具的显色性能比卤素灯略差，但是基本接近卤素灯，在显色性能上具备替代卤素灯的特性。

B. 灯具尺寸比较，节能灯具尺寸一般比较大，隐蔽性能不好。LED 和卤素灯因为均需要电器安装位置，所以灯具尺寸相近，但是对于小距离投射，LED 灯具可以做得更小。

C. 紫外红外方面比较，节能灯产生紫外的概率很大；卤素灯红外比较严重，一般均要求增加红外滤色片，产生热量角度，在书画、丝织品照射中要严格控制热量，特别是展柜中；LED 红外和紫外部分相对比较弱，安全系数大。

D. 从节能比较，LED 节能性能最好，其次是节能灯，卤素灯最不节能。

E. 单纯从 LED 照明看，近两年 LED 照明性能提升较快，基本达到博物馆照明的要求，但是由于早期 LED 发展的不成熟，导致大家对 LED 使用有所顾虑。图 11 是近期 LED 光源和早期 LED 光源在显色性能上的比较。

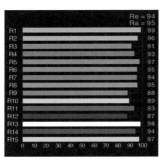 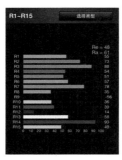

最近两年的LED　　　　　早期LED

图11　LED光源显色性能比较

图12　调研人员与馆方合影

总结：三峡博物馆 LED 照明应用，特别是展馆二的 LED 应用是非常成功的，明显在灯具选择与照明手法运用方式上是博物馆 LED 照明应用的一个成功案例。但是每个馆在灯具的选择上都有差距，部分馆的灯光指标达不到博物馆对灯具的要求。

四　馆方对 LED 照明方面困惑

缺乏专业的灯光设计。

感谢三峡博物馆公众、教育部、陈列部的大力协助。

苏州博物馆调研报告

报告提交人：照弈恒照明设计（北京）有限公司、LEDING 浙江莱鼎光电科技有限公司、江苏创一佳照明股份有限公司
调研对象：苏州博物馆
调研时间：2015 年 11 月 25 日
调研人员：施恒照、陈明红、姚丽
调研设备：Uprtek-mk350s 彩色照度仪、美能达 LS-110 亮度计

一 博物馆整体情况概述

1. 建筑概况

苏州博物馆新馆是一座集现代化馆舍建筑、古建筑与创新山水园林三位一体的综合性地方历史艺术博物馆。新馆于 2006 年 10 月建成，建筑面积 1.9 万平方米，苏州博物馆新馆采用地下一层、地面一层为主，主体建筑檐口高度控制在 6 米之内；中央大厅和西部展厅安排了局部二层，高度 16 米。包括陈列区、文物库房和公共大厅。

苏州博物馆展陈类别多元化，历史类展品有瓷器、中国书画、雕塑、丝绸制品等；艺术类展品包括陶器、纸制品、麻制品等；科学类展品包括油画、综合材料艺术品等；综合类展品包括木制品、粉彩、毛制品等。

2. 展厅概述

苏州博物馆陈列类型完整，展厅数量 21 个，包括基本陈列厅、常设展厅、临时展厅、对外交流展厅、古代绘画展厅等。苏州博物馆突破了传统博物馆、美术馆的展陈机制，逐渐形成了具有自己独有的"中而新，苏而新"特色的博物馆。具体体现在以下几点：

①展陈空间有别于传统类型的博物馆大开间展览形式，由多间小型展览空间（30 平方米至 200 平方米不等），组合串联而成的，形成了独特的展陈形式。

②前厅部分结合建筑结构的回廊作为连接室内外的过渡空间。

③展厅空间的建筑形态更加多元化，不仅有平顶，还有中式建筑中的坡屋顶。

④照明方式除了人工照明外，同时受自然光一定程度的影响，形成有趣的光环境变化。

3. 光环境设计概况

苏州博物馆是建筑大师贝聿铭先生的封山之作，"让光线来做设计"是贝氏的名言，在他的作品中，我们能够体会到光线的重要意义。而在苏州博物馆，贝老先生再一次让光影成了空间的主角。

苏州博物馆的光环境以自然光和人工光照明结合来实现，其中大厅、回廊以及走廊主要以自然光为主，辅以部分人工光。苏州博物馆光环境在 2009 年经过改造，光环境改造前灯具产品以卤素灯、荧光灯等传统光源为主，改造后，部分光源改为 LED 光源灯具。其中，LED 光源约占总数的 50%，LED 光源的使用比重也在逐步增加。

按照灯具类型，展厅部分主要运用了轨道灯、筒灯、荧光灯管、支架灯；公共区域部分主要运用了壁灯和吊灯。

按照光源类型，分为卤素光源、荧光灯、LED 光源，其中 LED 光源为改造后新增光源。

按照照射方式，灯具可分为线性灯、射灯和洗墙灯。

光环境布局为基础性照明、环境光照明以及重点光照明。

图1 大厅光环境

二 实测数据解析

1. 展厅实测数据概述

此次调研主要针对 2 个厅进行实测，分别为瓷器厅和现代艺术厅。其中，瓷器厅大部分灯具由传统光源灯具改造为 LED 光源灯具。数据主要通过测量展厅的地面、立面；壁龛、展台的平面、立面得出，主要参数有亮度、照度、色温以及显色指数，其中颜色感知主要通过颜色质量标准 CGS 和色域面积指数 GAI 这两项数据相结合来进行分析。

户外光环境数据：照度为 16600 lx，色温为 5500 K；

图2　回廊光环境　　　　图3　走道光环境

室内回廊光环境数据：照度为 300 lx，色温为 5400 K（测量时间为 14：00）。

2. 瓷器厅实测数据解析

瓷器厅通过回廊与室外联结，入口处有自然光引入，展厅中心天棚有自然光引入，坡屋顶两侧有单点轨道射灯定向照射四面柜内的展品，营造重点光环境；龛柜内由格栅支架灯或荧光灯管营造壁龛内环境面光，由迷你射灯营造重点光照明。

（1）序言部分

使用灯具：可调角度明装射灯。

灯具布置：坡屋顶，离地最低点 3.3 米，离地最高点 5.9 米，灯具安装高度 4.2 米，距墙 1.55 米；上方单灯照射。

测试结果：序言主体照度 28.2 ～ 38 lx，亮度 8 ～ 10.4 cd/m²，照度均匀度 0.83，亮度均匀度 0.84。

光源参数测试结果：色温 3800 K，显色指数为 87。

（2）壁龛部分（外有玻璃）

使用灯具：格栅灯盘、迷你射灯、荧光灯管。

灯具布置：被测距离 1.5 米，安装在柜顶。

图4　瓷器厅序言部分光环境

测试结果：展柜内亮度 10 ～ 36 cd/m²，亮度指数为均匀度 0.4。

光源参数测试结果：色温 2700 K，显色 75，其中 R9 为 11。

颜色感知：龛柜的色域面积指数 GAI 为 64.4，颜色质量标准 CGS 为 83.6。

（3）四面柜部分（有自然光）

使用灯具：可调角度明装射灯。

灯具布置：坡屋顶，离地最低点 3.3 米，离地最高

图5　瓷器厅四面柜光环境

图6　瓷器厅壁翁光环境

点 5.9 米，灯具安装高度 4.2 米，距墙 1.55 米；上方单灯照射。

测试结果：四面柜玻璃顶面亮度 18 ～ 54 cd/m²，亮度均匀度 0.58。

3. 现代艺术厅实测数据解析

现代艺术厅有一面展示区域靠窗，自然光照射入室内，突显出柔和的室内环境光，轨道射灯照向墙面艺术品画，突显艺术品的重要性；其余两面均由轨道射灯营造重点光环境。

（1）序言部分

使用灯具：轨道射灯。

灯具布置：坡屋顶，离地最低点 3.4 米，离地最高点 5.7 米，灯具安装高度 4.2 米，距墙 1.55 米；上方单灯照射。

测试结果：序言主体中心亮度 15.9 cd/m²，中心照度 64 lx。

光源参数测试结果：Ra99，色温未测（有自然光影响）。

（2）艺术品展台部分

使用灯具：轨道射灯。

灯具布置：坡屋顶，离地最低点 3.4 米，离地最高点 5.7 米，灯具安装高度 5.0 米，上方照射。展台长 22.7 米，高 13.0 米。

测试结果：水平面照度 178 ~ 343 lx，照度均匀度 0.77；正面垂直面照度 50 ~ 106 lx，照度均匀度 0.7；背面垂直照度 49 ~ 57 lx，照度均匀度 0.9。

光源参数测试结果：Ra99。

（3）墙面艺术品挂画部分

使用灯具：轨道射灯。

灯具布置：坡屋顶，离地最低点 3.3 米，离地最高点 5.9 米，灯具安装高度 4.0 米，距墙 1.55 米；上方照射。

测试结果：亮度 18.8 ~ 32.5 cd/m²，亮度均匀度 0.68，照度 52 ~ 114 lx，照度均匀度 0.8。

光源参数测试结果：色温 2800 K，Ra99。

颜色感知：色域面积指数 GAI 为 50.7，颜色质量标准 CGS 为 97。

图7　现代艺术厅序言部分光环境

图8　现代艺术品厅展台部分光环境

图9　现代艺术厅挂画部分光环境

三　主观性评论

1. 调研综述

从照明手法上看，苏州博物馆新馆的灯光在改造后用 LED 光源灯具替换传统光源已经是一种趋势，并且作为全国重点文物保护单位，馆方有专门的紫外线联动设备严格把控光的紫外和红外指标。苏州博物馆在灯具的选用上基本遵循了安全性、灵活性、经济性、舒适性的原则。

2. 传统光源与 LED 光源的比较

从实测数据上比较，R9 值：荧光灯管 <LED 光源 <卤素灯。

从安全性上进行比较，传统卤素灯热量较高，LED

光源，相较之下热量较小；紫外线的情况，节能灯产生紫外的概率很大；红外线的情况，卤素光源产生红外线比较多；LED 红外线和紫外线部分相对来讲要少很多，安全系数大。

从灵活性上进行比较，LED 光源可以制作成任意尺寸，节能灯具尺寸已标准化，某些特定空间无法隐蔽。

从经济性上进行比较，LED 可持续性最优，其次是节能灯，卤素灯次之。

从视觉舒适性角度比较，LED 光源虽然改变了使用方式，在视觉舒适性上还不能完全代替传统卤素光源相等，但是随着 LED 的发展，相信 LED 完全取代传统卤素光源是指日可待的。

图10　调研团队（中间为施恒照先生）

西安碑林博物馆调研报告

报告提交人：深圳点亮生活照明有限公司
调研对象：西安碑林博物馆
调研时间：2016 年 4 月 13 日
调研人员：尹飞雄、杨天彪
调研设备：远方光电 SPIC-200 测试仪、台湾泰仕数字照度仪 – TES1332A、迈测激光测距仪 –S2

一　概述

1. 博物馆建筑概况

西安碑林博物馆是陕西最早创建的博物馆，它以收藏、陈列和研究历代碑刻、墓志及石刻为主，成为在中国独树一帜的艺术博物馆。现有馆藏文物 11000 余件，其中国宝级文物 134 件，一级文物 535 件。著名的"昭陵六骏"就有四骏藏于该馆。基本陈列由西安碑林第一至第七展室、石刻艺术馆和石刻艺术室三部分组成。加上另外三个临时展厅，陈列面积达到 4900 平方米。

石刻艺术馆以"长安佛韵"为展陈主题，共展出约 150 件关中地区北魏至宋代的石刻造像，代表了史上长安佛教艺术的最高水平。陈列分为造像碑区、小型单体造像区和大型单体造像区三个单元，全方位阐释了长安模式下佛教造像的典型样式和艺术风格。2011 年，石刻艺术馆"长安佛韵"展荣获全国博物馆十大陈列展览精品，石刻艺术馆荣获"中国建筑工程鲁班奖"。(图 1)

图1　石刻艺术馆

2. 照明概况

西安碑林共七个展室，主要陈列着不同年代的石刻文物，展室的采光多采用普通照明和自然光相结合的方式，绝大部分使用荧光节能灯，能够满足基础照明。目前只有石刻艺术馆和石刻艺术室经过专业的照明设计，并配备了专业的照明设备。其中石刻艺术馆是本次调研的重点。

石刻艺术馆在 2008 年开始设计建造，由于建设设计时间较早，目前整馆使用传统的金卤灯为主，同时也小部分使用 LED 灯具来替换金卤灯。展厅照明主要为展示照明和展柜照明两部分，展示照明 85% 的部分使用金卤灯，还有 10% 左右的荧光灯，5% 左右的 LED 灯具。同时展柜照明部分也基本全部采用金卤灯和荧光灯，未发现使用 LED 的情况。石刻艺术馆整体光环境非常不错，除了眩光控制有些瑕疵外，光色一致性、整体照明的均匀度都非常高。由于整体环境较好，从大厅进入展厅或者从展厅走出到大厅，没有因巨大的照度差异而引起不适，不需要较长的时间进行调整和适应，给观赏者带来赏心悦目的观赏体验。

二　具体调研数据剖析

1. 石刻艺术馆展厅照明情况概述以及分析

(1) 灯具以及光源使用情况：展厅展示部分灯具主要是导轨射灯，老款的飞利浦金卤灯，少部分的 ERCO 品牌金卤灯。老款的金卤灯功率为 30 ~ 50 W，同时也使用部分荧光洗墙灯。展柜照明也使用导轨灯，主要为金卤灯光源。整体使用光源类型比较统一，不存在光色不一致的情况，石刻艺术馆整体照明处于老光源使用阶段。

(2) 环境照明情况：展厅内没有做基础照明，环境照明都由展示照明和展柜照明部分反射而来，展厅地面照度 10 ~ 50 lx，能满足基本的观赏使用。

(3) 展品重点照明情况：展柜内文物的照度 200 ~ 300 lx，文物展示重点突出，文物的曝光也得到了有效控制，起到了很好的保护。但是主要展品（石碑佛像）大部分照度在 100 ~ 200 lx 之间，存在展品重点照明部分照度稍偏低的情况，这和光源的老化有关。

(4) 灯具控制情况：展厅灯具采用分回路单独控制方式，灯具不支持单灯调光，同时整个照明也没有系统控制。

（5）存在的照明问题：由于博物馆建馆时间较早，参观人流较大，展厅的灯具使用时间较长，大部分传统光源已经老化，馆方对已经老化的灯具更换新的灯具，同时也使用同型号传统光源，这就造成了新老灯具的寿命和光通量不一致，同一场景存在使用同款灯具而照度不一致的情况，但这种情况客观上也是难以避免的。

（6）照明情况的整体评价及建议：石刻艺术馆的照明情况比较良好，除了灯具老化不可避免的客观因素外，整体照明在均匀度、光色一致性、显色指数、眩光控制等方面都处理得非常好，属于传统光源使用的经典案例。同时馆方也表示在未来改造展厅时会使用 LED 光源，LED 光源使用寿命长，管理维护上要比传统光源简单方便，期待馆方未来也能在使用 LED 光源陈列照明时，照明效果更上一层楼。

三　石刻艺术展厅各个不同照明部分实地调研数据分析

1. 展厅前言板

抽取的展厅前言板的取点和分析数据，见图 2 ～ 4。

前言展板照明采用荧光洗墙灯直接照明的方式进行照明，经测试分析，平均照度 69 lx，照度稍偏低，这和灯具的老化有关。均匀度达到 0.81，均匀度非常高，整体观赏舒适性非常高。色温 2800 ～ 2900 K，色温一致性较好。前言板部分的显色指数情况较好，可达 80.1，这和使用传统的荧光灯有关，但也能满足参观和阅读需求。

2. 连续展板

抽取连续展板测试取点以及测试数据，见图 5 ～ 7。

连续展板照明采用导轨金卤灯直接照明的方式，经测试分析，平均照度 87 lx，均匀度 0.77，整体照度处于较低水平，原因是使用的金卤灯已经老化，但是均匀大

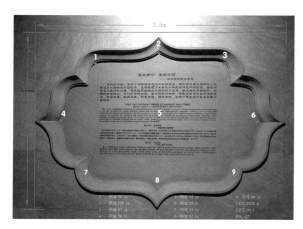

图2　前言展板

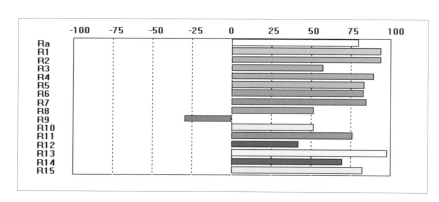

图3　前言展板显色指数

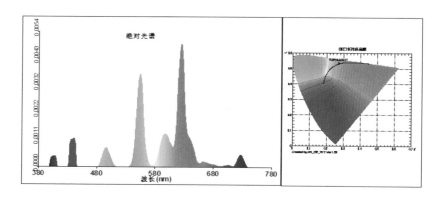

图4　前言展板光谱图

于 0.7，处于比较高的水平，对于观赏的舒适性与展现的真实性不言而喻。色温在 2600 ～ 2750 K，色温一致性比较好，没有出现色飘的现象，同时显色指数接近完美，处于 99.1 的水平，虽然照度偏低，但是整体画面的真实性还是非常好。

3. 展柜部分

展柜为博物馆必不可少的部分，因此选取了独立柜

和展厅内三面柜（长柜）作为测试对象。

独立柜的测试取点和测试分析数据，见图 8。

经测量分析，四面柜主要使用外置金卤导轨灯直接照射的方式进行照明。经测试计算四面柜的垂直面平均照度分别是照度 191 lx，均匀度 0.54，照度处于较为合理水平。取测试点 1、3、5 平均照度 241 lx，取测试点 2、4、6 平均照度 142 lx。两边取点测试照度相差较大，

图5　连续展板

图8　四面柜

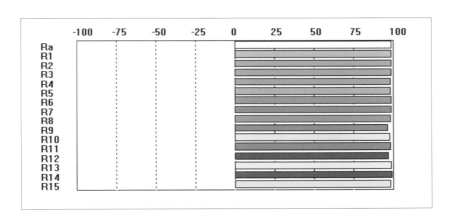

图6　连续展板显色指数

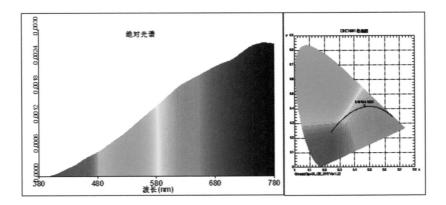

图7　连续展板光谱

原因是虽然两边使用同款的导轨金卤灯，但是由于两款导轨金卤灯的新旧程度不一样，光通量输出不一样，导致了同款灯而照度不一样的情况发生，这也是跟传统金卤灯的寿命短有关，造成了馆方在维护管理上难度较高。但是显色指数较好，达到96.7，色温一致性也较高，均在2800～2900 K之间。

此外，我们还选取了三面柜作为展柜取点测试。以下是抽取三面柜的照片和数据，见图9～11。

三面柜内使用嵌入式金卤灯再加漫反射进行斜打的方式进行照明，在三面柜外垂直面测得数据平均照度49 lx，均匀度0.87，均匀度处于非常高的水平，色温在2600～2700 K，色温一致性也较好。柜外照度是由柜内直接投射照明反射而来，从柜外测算数据看，柜内反射

柜外的照度水平比较合理，这也同样意味着柜内的照度也处于合理水平，减少文物的曝光度，更好地保护文物。显色指数处于较高的水平，处于98.4的水平。

4. 展厅内重点照明部分

石刻艺术馆的重点展示物为佛像和石碑，因此重点照明部分选取了汉白玉佛像和石碑作为重点照明对象进行测试和统计。

重点照明汉白玉佛像部分的测试和统计分析数据，见图12～14。

汉白玉佛像采用导轨灯直接照明的方式，经测量，平均照度为62 lx，均匀度高达0.91，照度处于较低的水平，但是均匀度非常高。虽然照度远低于重点照明的要

图9 三面板

图12 汉白玉佛像

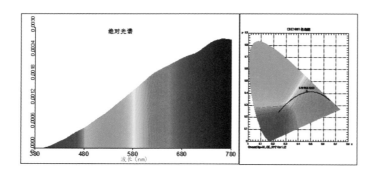

图10 三面柜光谱

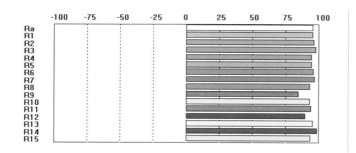

图11 三面柜显色指数

求，只有62 lx，但是在汉白玉晶莹剔透的材质反射下，显得光彩夺目，栩栩如生，再加上非常高的照明均匀度，营造出舒适饱满的观赏环境。同时汉白玉佛像重点照明部分采用LED产品，这也是石刻艺术馆为数不多的LED产品。经测试显色指数在79.6的水平，处于中偏低的水平，经馆方确认，该LED产品为前几年替换金卤灯的时候采用，时间比较长久，因此显色指数较低，是当时LED技术水平所限。

此外，重点照明我们还选取了石碑

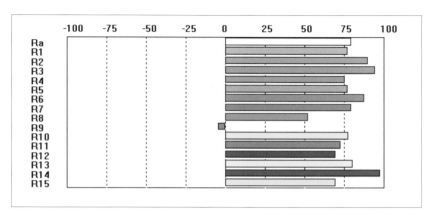

图13　汉白玉佛像显色指数

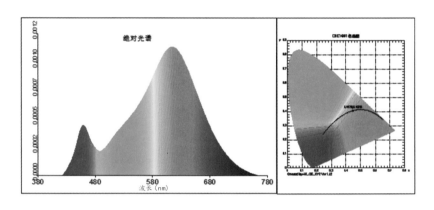

图14　汉白玉佛像光谱

图15　石碑

作为重点测试，以下为石碑部分的测试和统计分析数据，见图15～17。

经现场测试和观察，石碑正背面使用三个导轨金卤灯直接投射的方式，正面使用两个导轨灯，背面使用一个导轨灯。背面的导轨灯在兼顾石碑的投射外，还在背墙上打出了半洗墙的照明效果，这就使得观赏起来背面不至于出现阴影。同时石碑正面的照度较高，有层次地向背面递减，使石碑的立体层次感。经测试正面石碑的平均照度116 lx，均匀度0.65，同样存在照度偏低的情况。侧面石碑平均照度86 lx，均匀度0.7，显色指数达

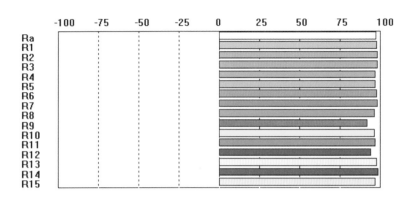

图16　石碑显色指数

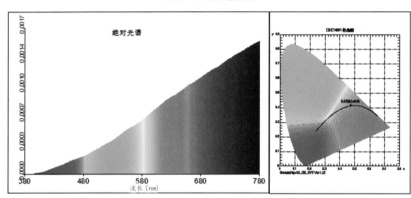

图17　石碑光谱

98.1。无论在正面或者侧面均匀度都比较高，同时不同垂直面的照度的不同，使得石碑立体感更强。

5. 展厅内照明部分

展厅内没有布置基础照明灯具，都是由展示重点照明，展柜照明部分的光反射来满足基础照明。以下选取了石碑重点展厅和展柜照明部分取点来测试展厅内的照明情况。

石碑重点展厅的取点和测试数据分析，见图 18 ～ 20。

经测试，石碑重点展厅地面平均照度 25.8 lx，均

图18　重点展厅地面

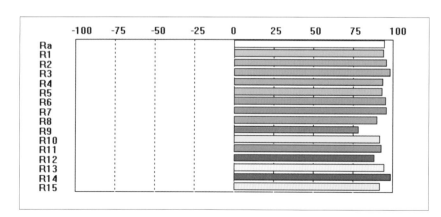

图19　重点展厅地面显色指数

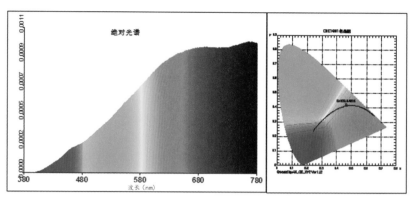

图20 重点展厅地面光谱

匀度 0.5。照度处于较低水平，但是都能满足基础照明和观赏者活动的照明需求。均匀度不高，是因为石碑重点展厅两旁布灯的数量不同造成的。同时都是使用金卤灯，显色指数也处于较高水平，达到 95.7，同时色温也是在 2700 K 范围。

同时，我们也选取了展柜部分反射区域作为测试展厅照明的另外取点测试，以下为测试取点和测试数据分析，见图 21 ~ 23。

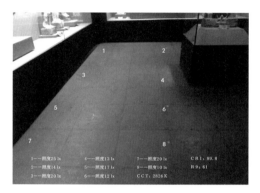

图21 展板反射区域

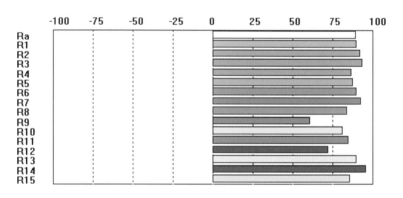

图22 展板反射区域显色指数

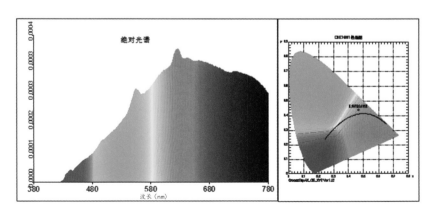

图23 展板反射区域光谱

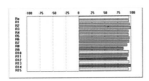 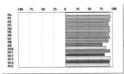

传统金卤光源CRI:97.7　　　　　LED光源CRI:94

图24　传统光源　　　　　图25　LED光源

经统计分析，展柜部分反射区域地面平均照度16.3 lx，均匀度 0.61，均匀度和照度都处于较低水平，但是也基本能满足基础照明的要求。同时显色指数也能达到 89.8，处于合理水平。

四　调研综述

1. 概述

西安碑林博物馆是国内的重点博物馆，馆藏文物具有巨大的历史研究价值，同时西安碑林博物馆获得过博物馆陈列精品奖。从西安碑林博物馆的照明上看，馆方绝大部分使用传统的光源，极少使用 LED 光源。碑林博物馆属于国内使用金卤灯传统光源打造的极少数的博物馆照明经典案例。从调研数据看，碑林博物馆展厅的重点文物展柜内灯光部分比较合理，对文物的保护非常好，同时照度也达到了照明规范的水平。但是由于灯具老化的缘故，大部分展示区域的照度低于博物馆照明规范的要求水平，这也是传统光源所遇到的客观必然问题。

2.LED 光源使用的优势

在这一次调研中，有极少部分灯具采用 LED，绝大部分使用传统光源。经调研得知，馆方明确表示目前使用的传统光源由于寿命短，维护难度和更换频率高，还存在不同寿命和光衰水平的传统光源在一起混搭使用的情况，使得原来合理的照明环境很难维持，会出现使用同款而寿命不同灯具在同一场景使用，而照度均匀度水平参差不齐的情况，这也就可能违背了当初博物馆照明设计的美好初衷。

虽然从调研的照明数据看，未能更好地揭示 LED 在历史博物馆应用的巨大优势。但是 LED 灯具的性能比较好，色温的一致性好和光衰也较低，使用寿命存在很大的优势。在节能方面，也比传统光源有着巨大的优势，在使用维护上也较为便利和简单。同时 LED 的长寿命，低光衰，对长时间维持整个博物馆的照度和均匀度非常有利，能给观赏者营造良好的照明环境。

LED 目前在博物馆上使用，存在一定争议的是 LED 的显色性不够，卤素灯的显色性更高，还原性更高。从碑林博物馆使用的极少数 LED 灯具测试数据，确实存在显色性不高的情况，但这也是前几年 LED 技术水平所限的客观原因导致的。近两年 LED 在照明性能方面提升较快，在显色性方面基本达到博物馆照明的要求，LED 灯具的显色性能比金卤灯略差，但是基本接近金卤灯，在显色性能上具备替代金卤灯的特性。

除此之外，LED 的控光相对比传统光源要灵活，使得精准配光、减少光污染等成为可能，这也是传统灯具所不具有的。最后，卤素灯红外比较严重，一般均要求增加红外滤色片，对照度的牺牲较大。而 LED 紫外线和红外线较低，LED 在二次配光可有效去除各种有害的紫外线和红外线，还可以保持较高的照度要求，这也是传统卤素灯无法比拟的地方。

总结：西安碑林博物馆在传统光源使用上取得了非常好的效果，虽然目前未能大量使用 LED 照明灯具，相信有着使用传统光源的成功经验，在未来使用 LED 在展陈方面的改造同样也会取得非常好的效果。期待碑林博物馆未来打造出一个 LED 照明在博物馆应用的经典案例。

感谢调研单位：西安碑林博物馆

特别感谢大唐西市博物馆副馆长王彬，西安碑林博物馆张蒙芝主任、宋老师的大力支持！

上海震旦博物馆调研报告

报告提交人：上海莹辉照明科技有限公司
调研对象：上海震旦博物馆
调研时间：2016 年 1 月 12 日
调研人员：姜宏达、董焱、张一佳、杨超、侯海豹
调研设备：远方光谱彩色照度仪 SPIC-200、森威激光测距仪 SW-M60

一　建筑概况

八卦中震卦代表东方，旦是太阳升出地平线的会意字。震旦本意是"东方之光"，象征着光明与希望。古代印度称中国为震旦，Aurora 为古罗马的黎明女神。震旦博物馆位于上海浦东新区外滩震旦国际大楼内，2013 年 10 月 20 日正式开馆。建筑设计由国际著名设计大师安藤忠雄担纲，可以说该建筑本身就是浦江东岸的艺术作品。博物馆总建筑面积为 6316 平方米，最大公共空间面积为 1000 平方米，建筑层数地上 6 层，共有 5 个展厅，基本陈列厅位于 2～6 层，另有 1 个 54 平方米的艺文厅。该馆是一个集典藏、研究、展览、营运、传扬为一体的文化服务场所。展品以古代陶俑、历代玉器、青花瓷器、佛教造像为主。

图1　震旦博物馆建筑外观

表 1　各楼层功能与简介

楼层	功能与简介
一层	包含博物馆商店、咖啡厅 A Café 1、视听室等多个功能区块。
二层	博物馆第一个展厅，展出汉唐时期的古代陶俑，展览主题涉及生活的诸多方面。同时建筑大师安藤忠雄先生特别设计的植物生态墙，将自然景观引入到展厅之内，呈现出历史、文化、自然之间的沟通与对话。

三层	
	玉器展厅，系统地呈现历代玉器从新时期时代到清代的发展及变迁脉络，另有古器物学研究展览区，介绍玉料、工法、造型及纹饰等特征，以增进观众对玉器的认识，另有专题展区，展出汉代金缕玉衣，采用独特的陈列方式，诠释汉代先民的生死观及神仙思想。
四层	
	青花瓷展厅分为精品区、专题展区及古器物学研究展览区。精品区按照时序展示元明清三代的青花瓷；展区集中介绍销往海外的贸易瓷器，以瓷器为媒介探索中西经济文化的交流与碰撞；古器物学研究展览区集中分析了钴料种类与青花呈色、绘画技法与纹饰特征、成型方法与装烧痕迹等，极具教育意义。
五层	
	古器物学研究中心是馆内学术研究之基地。内设图书室、研究室、参考品库房及古器物学特展室。一方面为学者专家及文博从业人员提供图书阅览的服务，另一方面以特展的形式呈现本馆的学术研究成果，深化参观者对古器物的认识与了解。
六层	
	佛教造像展厅按照题材布展，陈列展示佛祖、菩萨、罗汉、弟子、造像碑等精品；同时介绍佛教东传、佛像中土化及雕刻技法、材质辨识、出土特征等专题单元；参观者能够在体会中国佛教雕塑之美的同时，了解佛教知识同艺术创作间的关联。

1. 展陈设备形式

震旦博物馆的展陈设备主要有以下几种形式，见图 2a、2b。

展台　　　　　　　　　　　　　　　　　　　　　　　　展台

图2a　展陈设备

瓷柜

斜面柜

瓷柜

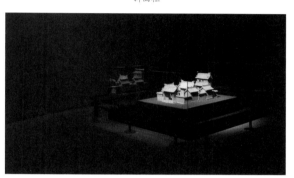

特制柜

中心立柜

特制柜

图2b　展陈设备

2. 照明总概述

从馆方提供的照明问询表和沟通得知，震旦博物馆照明设计顾问是来自香港的"ISOMETRIX Lighting Design"。重点区域照明设备采用了德国进口的欧科（ERCO）品牌，并以多种定制作为辅助照明（主要为台湾和韩国品牌），照明投入成本 800 万～ 1000 万，从成本投入中也可发现，馆方对于照明是非常重视的。馆内照明控制系统采用了美国立维腾（LEVITON）品牌，分区域分时段控制，以达到不同场景下的照明效果要求。

二　照明测量数据

1. 二层古代陶俑馆

①前厅（序厅）区域照明分析

测试区域：古代陶俑馆前厅，照明方式：下照可调角射灯。（图 3）

光源类型：卤素灯，灯具配件：蜂窝式的防眩光格栅。

色温：3309 K，显色指数：Ra91.7，地面平均照度：64.3 lx。

本前厅同样也是博物馆的入口，借助着大厅的自然光，整个前厅照度合适。

测试区域：古代陶俑馆，重点照明方式：吸盘式ERCO 射灯。（图 4）

光源类型：卤素灯，灯具配件：十字防眩光格栅。

色温：2812 K，显色指数：Ra99.4，藏品表面照度：1059.28 lx。

②展示区照明分析

测试区域：古代陶俑馆瓷柜区域，照明方式：定制

图3　二层古代陶俑馆入口

图5a　陶俑馆龛框

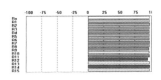

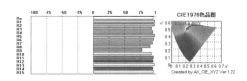

测量参数

光照度 E：1059.28 lx	Duv：−0.00014
辐射照度Ee：6.67815	红色比：25.8 %
CIE x：0.4507	绿色比：71.2 %
CIE y：0.4080	蓝色比：3.0 %
CIE u'：0.2578	S/P：1.38
CIE v'：0.5250	E(fc)：98.446
相关色温：2812 K	SDCM：4.0（2700K/EL
峰值波长：780.0 nm	白光分级：OUT
半波宽：193.9 nm	显色指数Ra：99.4
主波长：583.7 nm	显色指数Ri
色纯度：57.7 %	

图4　古代陶俑馆测试组

测量参数

光照度 E：8.94016 l	Duv：−0.00511
辐射照度Ee：0.0390	红色比：19.5 %
CIE x：0.3660	绿色比：75.6 %
CIE y：0.3569	蓝色比：5.0 %
CIE u'：0.2235	S/P：1.91
CIE v'：0.4903	E(fc)：0.831
相关色温：4285 K	SDCM：8.8（F4000）
峰值波长：597.0 nm	白光分级：OUT
半波宽：202.9 nm	显色指数Ra：96.3
主波长：582.1 nm	
色纯度：16.9 %	

图5b　陶俑馆龛柜测试组

其余龛柜区域内的藏品体积较小，采用的也均是定制款可调角光纤灯具，角度选用上合适，表现效果佳，藏品神韵感突出。（图6）

测试区域：特制柜，照明方式：ERCO轨道射灯。（图7）

光源类型：QR111卤素灯，灯具配件：十字防眩光格栅。

色温：2416K，显色指数：Ra97.3，照度：27.73 lx。

公共区域照明分析：陶俑展厅地面无特定照明，故照度非常低，实测 0.75 lx，走道靠着间接照明的反射光，实测照度 2 lx。（图8）

款可调角和下照式光纤。（图 5a、5b）

光源类型：金卤灯（OSRAM 定制），灯具配件：光学透镜。

色温：4285 K，显色指数：Ra96.3，照度：8.94 lx（隔着玻璃外测试）。

陶器属于对光不敏感展品，表面照度标准应 ≤ 150lx，故藏品照度达标。

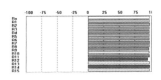

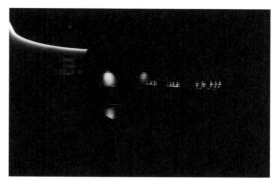

图6　其他陶俑馆龛柜测试组

图8　展厅空间测试组

2. 三层历代玉器馆

①前言板照明分析

测试区域：前言板照明方式：ERCO方形可调角射灯。
（图9）

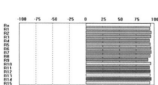

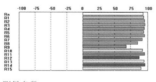

测量参数

光照度 E：27.73236 lx　　Duv：—0.00200
辐射照度Ee：0.21404　　红色比：29.9 %
CIE x：0.4808　　　　　绿色比：67.7 %
CIE y：0.4083　　　　　蓝色比：2.4 %
CIE u'：0.2772　　　　　S/P：1.21
CIE v'：0.5296　　　　　E(fc)：2.577
相关色温：2416 K　　　　SDCM：15.0 (F2700(Nc
峰值波长：779.0 nm　　　白光分级：OUT
半波宽：155.9 nm　　　　显色指数Ra：97.3
主波长：586.5 nm
色纯度：66.9 %

测量参数

光照度 E：49.3886 lx　　Duv：—0.00001
辐射照度Ee：0.18522　　红色比：24.9 %
CIE x：0.4400　　　　　绿色比：72.3 %
CIE y：0.4051　　　　　蓝色比：2.8 %
CIE u'：0.2521　　　　　S/P：1.42
CIE v'：0.5222　　　　　E(fc)：4.590
相关色温：2958 K　　　　SDCM：1.1 (F3000
峰值波长：626.0 nm　　　白光分级：OUT
半波宽：173.8 nm　　　　显色指数Ra：95.6
主波长：583.0 nm
色纯度：53.7 %

图7　特制柜测试组

图9　前言展板测试组

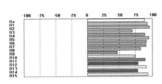

测量参数

光照度 E: 11.4411 lx	Duv: −0.00447
辐射照度 Ee: 0.04429	红色比: 26.0 %
CIE x: 0.3977	绿色比: 70.0 %
CIE y: 0.3769	蓝色比: 4.0 %
CIE u': 0.2364	S/P: 1.60
CIE v': 0.5042	E(fc): 1.063
相关色温: 3559 K	SDCM: 6.7 (F3500)
峰值波长: 613.0 nm	白光分级: OUT
半波宽: 14.0 nm	显色指数 Ra: 90.0
主波长: 582.9 nm	
色纯度: 32.5 %	

图10 四面柜测试组

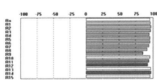

测量参数

光照度 E: 38.8381 lx	Duv: −0.00327
辐射照度 Ee: 0.21042	红色比: 25.7 %
CIE x: 0.4425	绿色比: 71.2 %
CIE y: 0.3976	蓝色比: 3.2 %
CIE u': 0.2570	S/P: 1.41
CIE v': 0.5197	E(fc): 3.609
相关色温: 2855 K	SDCM: 4.0 (F3000)
峰值波长: 654.0 nm	白光分级: OUT
半波宽: 249.9 nm	显色指数 Ra: 97.2
主波长: 584.7 nm	
色纯度: 52.2 %	

图11 定制柜测试组

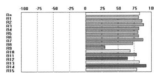

测量参数

光照度 E: 14.5177 lx	Duv: −0.00013
辐射照度 Ee: 0.05447	红色比: 18.5 %
CIE x: 0.3827	绿色比: 78.0 %
CIE y: 0.3779	蓝色比: 3.5 %
CIE u': 0.2262	S/P: 1.65
CIE v': 0.5024	E(fc): 1.349
相关色温: 3947 K	SDCM: 2.6 (F4000)
峰值波长: 597.0 nm	白光分级: OUT
半波宽: 173.3 nm	显色指数 Ra: 84.2
主波长: 579.3 nm	
色纯度: 28.3 %	

图12 公共空间过廊测试组

光源类型：LED，灯具配件：无。

色温：2958K，显色指数：Ra95.6，照度：49.38 lx。

②展示区照明分析

光源类型：金卤灯，灯具配件：光学透镜。

色温：3559 K，显色指数：Ra90，照度：11.44 lx（隔着玻璃测试）。（图10）

预估藏品表面照度120 lx。因为玉器属于对光不敏感展品，表面照度标准应≤ 150 lx，故藏品照度达标。

测试区域：定制柜，照明方式：可调角射灯。（图11）

光源类型：MR16卤素灯，灯具配件：蜂窝防眩光罩

色温：2855 K，显色指数：Ra97.2，照度：38.83 lx。

③公共走道区域照明分析

测试区域：高空间走道，照明方式：漫反射灯条。（图12）

光源类型：LED，灯具配件：无。

色温：3947K，显色指数：Ra84.2，照度：14.51 lx

现场能够看到光源光衰非常严重，部分灯具色温不正，整个空间感体现较弱。

3. 四层青花瓷器馆

①展示区域照明分析

测试区域：龛柜，照明方式：ERCO射灯。（图13）

光源类型：LED，灯具配件：蜂窝防眩光罩

色温：3600 K，显色指数：Ra86，照度：45 lx（隔着玻璃测试）。

预测藏品照度150 lx，瓷器类藏品，对光不敏感，所以实测照度也控制在了 ≤ 150 lx 以内，达到照度标准。

测试区域：四面柜，照明方式：可调角射灯。（图14）

光源类型：卤素灯，灯具配件：无。

色温：4195 K，显色指数：Ra96.3，照度：55.93 lx（隔着玻璃测试）。

藏品底部采用了发光体的照明表现手法，但造成藏品上下部光照略不匀称现象，对观赏者略有影响。现场得知此区域部分灯具光衰严重或损坏，所以馆方购买了两款LED灯杯产品做现场点亮测试，光效测试报告如图15。

从参数对比可以看到，两款产品均不是展陈类特定灯具，应该就是较普通的LED灯杯产品，R9值非常低，因为针对博物馆的特殊性，对于显色性要求颇高，所以

图13　青花瓷瓷柜展区

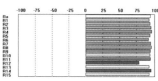

测量参数

光照度 E: 55.9368 lx　　　　Duv：−0.00729
辐射照度Ee: 0.23077　　　　红色比: 20.9 %
CIE x: 0.3681　　　　　　　绿色比: 74.1 %
CIE y: 0.3540　　　　　　　蓝色比: 5.0 %
CIE u': 0.2262　　　　　　　S/P: 1.94
CIE v': 0.4893　　　　　　　E(fc): 5.199
相关色温: 4195 K　　　　　　SDCM: 10.0 (F4000)
峰值波长: 455.0 nm　　　　　白光分级: OUT
半波宽: 36.6 nm　　　　　　显色指数Ra: 96.3
主波长: 584.6 nm
色纯度: 16.7 %

图14　青花瓷四面柜测试组

建议馆方可以尝试着替换尺寸合适的整灯产品。

公共走道区域照明分析如下。

测试区域：走道，照明方式：可调角射灯。（图16）

光源类型：卤素灯，灯具配件：无。

色温：4125 K，显色指数：Ra96，照度：7.1 lx。

此区域运用了调光模式，目测灯具亮度10%。

4. 六层佛教造像馆

①展示区域照明分析（图17）

测试区域：展台，照明方式：ERCO轨道射灯。

光源类型：卤素灯，灯具配件：十字防眩光格栅。

色温：2785 K，显色指数：Ra99，照度：1433.44 lx

②公共区域照明分析（图18）

测试区域：走道，照明方式：下照射灯。

光源类型：卤素灯，灯具配件：无。

色温：3659 K，显色指数：Ra96.5，照度：8.7 lx

三　博物馆照明现状总结

博物馆外立面照明也是非常有特色的，该创意也是安藤忠雄先生的设计灵感，此设计被命名为"蓝色珠宝盒"，在夜幕下，借助独特的灯光表现，从浦西外滩沿岸遥望陆家嘴建筑群，一眼就可识别出带有"魔幻之气"的本建筑。（图19）

由一楼大厅，通过楼梯到达二楼展馆，因为大厅采用大面积玻璃结构，白天大厅和楼梯走道采光非常充足，明亮度舒适。（图20a、20b）

通过我们实际的照明数据测试和记录，对馆内照明设备有了进一步的了解。2013年10月正式开馆，灯具设备使用至今已有2年4个月。（图21）

陈列空间：柜内照明设备选用定制款可调角的光纤（金卤灯）、LED，柜外的照明设备选用卤素灯、LED。

公共空间：灯具选用卤素灯、LED、荧光灯（间接、漫反射）。

大部分照明设备均选用了防眩光配件，防眩效果佳。

因为聘请了专业的照明顾问，所以博物馆整体照明设备运用手法多样、合理，舒适度适中，氛围感强，当然这与安藤忠雄先生完美的建筑设计也是息息相关的。

本馆后续照明改善建议如下。

（1）统一色温倍感舒适

震旦博物馆采用重点照明的方式，暖白色温，吸引视线凸显展品。同时，又使用灯槽的中性色温作为环境照明，对客流起到一定的引导作用，可将灯具色温统一，这样整体照明更易营造出良好的氛围，给参观者一个较为舒适安静的空间。

（2）调整展陈灯光照射方式营造浓郁艺术氛围

①平展区域：深藏式轨道灯

轨道灯可根据展品位置和调节灯具投射角度，较为灵活。深藏光源，十字防眩有效降低了眩光对游客参馆的影响。

品牌一

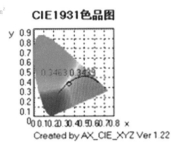

测量参数
光照度 E: 15283.5 lx
辐射照度Ee: 49.7356 W/m²
CIE x: 0.3463
CIE y: 0.3439
CIE u': 0.2153
CIE v': 0.4810
相关色温: 4925 K
峰值波长: 450.0 nm
半波宽: 27.3 nm
主波长: 580.6 nm
色纯度: 7.1 %
Duv: −0.00445
红色比: 15.8 %
绿色比: 79.8 %
蓝色比: 4.4 %
S/P: 1.88
E(fc): 1420.402
SDCM: 7.4 (F5000)
白光分级: OUT
显色指数Ra: 80.8

品牌二

测量参数
光照度 E: 7463.96 lx
辐射照度Ee: 23.7281 W/m²
CIE x: 0.3535
CIE y: 0.3639
CIE u': 0.2123
CIE v': 0.4918
相关色温: 4745 K
峰值波长: 458.0 nm
半波宽: 35.4 nm
主波长: 573.0 nm
色纯度: 15.3 %
Duv: 0.00284
红色比: 15.7 %
绿色比: 79.5 %
蓝色比: 4.8 %
S/P: 1.89
E(fc): 693.677
SDCM: 4.3 (F5000)
白光分级: C78.377_5000K
显色指数Ra: 80.4

图15　LED测试比对结果

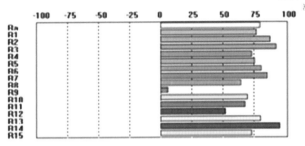

图16　展厅过廊

②柜区域：嵌入式灯结合光纤灯

重点照明结合普通照明的方式，提升立体感，让展品显得栩栩如生。同时柜内照明的方式避免了外部照射投射玻璃带来的反射光。

③立柜区域：嵌入式灯

立柜照明在防眩光处理上还是很不错的，尤其是在这样高的玻璃立柱上，展品底部使用灯膜漫反射的发光方式，上方用多盏射灯接近垂直角度的投射，为游客展现出一个多方位完美的展品。

馆内的照明由卤素灯和金卤光纤灯组成，卤素灯在显色性方面有着先天的优势，但因其是热辐射光源，固自身发出的热量和红外线、紫外线会对展品产生一定的破坏性，其光源寿命短也会增加馆方的维护成本。

轨道灯由于其安装位置受轨道影响，灯具投射角度单一，所以在部分区域（如6F）展品有曝光的情况，不能很好地塑造展品的纹理特性。

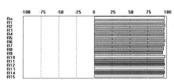

测量参数

光照度 E: 1433.44 lx　　　　Duv: 0.00037
辐射照度Ee: 9.23636　　　　红色比: 26.2 %
CIE x: 0.4537　　　　　　　绿色比: 70.7 %
CIE y: 0.4101　　　　　　　蓝色比: 3.0 %
CIE u': 0.2587　　　　　　　S/P: 1.38
CIE v': 0.5262　　　　　　　E(fc): 133.219
相关色温: 2785 K　　　　　　SDCM: 2.9 (F2700)
峰值波长: 779.0 nm　　　　　白光分级: OUT
半波宽: 188.7 nm　　　　　　显色指数Ra: 99.0
主波长: 583.7 nm
色纯度: 59.3 %

图17　佛像展台测试组

（3）用好调光系统

合理利用好调光系统，不仅可以营造舒适的人文及艺术环境，同时又能加强藏品的艺术鉴赏性，还能使照度不受 LED 光衰的影响，大大延长了 LED 的使用周期。

不同性质材料的物品对光的敏感程度不同，应根据展品不同的敏感度选择光源和照度。对光损伤不敏感的展品照度可较高；对光敏感的展品照度就要受到限制，不超过 150 lx；而对光特别敏感的展品，应保持低照度照明，可在 50 lx 以下。

（4）馆方困惑

运营成本：馆内灯具维护费用均由馆方自己承担，

图20b　博物馆建筑区域

图18　展厅公共区域

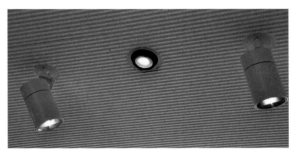

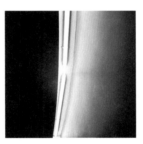 

图21　博物馆现有光源

因本馆为私人性质经营，故支出维护成本高。

低碳环保：馆方接受认可 LED 产品，但对于特殊要求下，LED 存在长距离且照度不足的缺点，对于后期低碳环保的发展方向，馆方愿意尝试使用 LED 产品更换现有传统产品。

照明建议提升：馆内部分区域光源已存在光衰，并不能达到设计标准要求的，希望有待新技术和新产品的推出，能够提升现照明效果。

图19　博物馆外观建筑

图20a　博物馆一层大厅

今日美术馆调研报告

报告提交人：iGuzzini 照明中国
调研对象：今日美术馆
调研时间：2015 年 10 月 21 日
调研人员：宣琦、张桂荣、黄田雨、王磊、侯霄宇
调研设备：亮度计（konica minolta LS-110）、照度计（CEM　DT-1308）、照明护照（ALP-01）、测距仪（HCJYET　HT-310U）

一　概述

1. 美术馆简介

今日美术馆是以收藏、研究、展示中国当代艺术作品为重点的民营非企业公益性质的美术馆，一直致力于积极参与并推动中国当代艺术的前进和发展，总共设有1、2、3 号三个展馆。位于北京市朝阳区 CBD 中心百子湾路苹果社区，占地 1400 平方米，室内总展示面积 2500平方米。

2. 展厅简介

今日美术馆基本以临展为主，多为艺术个展、群展及一些重要性的学术展览，并同期会举行各种艺术交流会，每个展馆约每两个月换一次展。

3. 布展灯光调试

每次换展时灯光需进行的相应调试，大多数艺术家本人会在现场对每个艺术品的灯光输出、灯光角度的不同进行详细调节，馆方配合现场调试。

4. 灯具整体情况

灯具于 2008 年完成安装，1 号馆与 2 号馆采用ERCO 轨道射灯配卤素光源对展品实施照明，3 号馆采用iGuzzini 轨道射灯配卤素光源。2014 年部分展区配置了ERCO（LED）轨道射灯，与卤素灯在同一展馆内进行照明对比。馆内展区只有作业照明，无环境照明。

图1　1号馆临展厅

二　现场调研数据分析

现场我们对 1、2、3 号馆都做了实际的调研，其中 1号馆正在展出陈承卫先生个人展览——"另一个我"，艺术作品多为布面油画，中西元素融合具象演绎了传神人物形象及内心的变化，灯具基本采用了窄光束，根据画面需要把中心人物重点突出。（图1）

1. 卤素类灯具照明调研结果

A．布面油画"致敬伦勃朗"

使用灯具：ERCO75WQR111 卤素轨道射灯（窄光）；配件：IR/UV 滤片，内防眩光罩。

灯具布置：灯具安装高度 2.8 米，距墙 1.8 米；正前方单灯照射。

灯具旋钮调光输出：50% 左右。

控制系统：全部手动调光，没有配置自动调光控制系统。

画面装裱：表面玻璃装裱，画框为木质深棕色漆，墙面为暗红色喷亚光漆；画面装裱玻璃后反射率：在测试玻璃同一点测试白纸亮度，根据公式（ρ 玻璃=L玻璃/L 白纸 × ρ 白纸），计算反射率：0.4（其中白纸的反射比取 0.6）。

1.照度：561 lx　　亮度：70 cd/m²
2.照度：207 lx　　亮度：0.6 cd/m²
3.照度：207 lx　　亮度：0.29 cd/m²
4.照度：83 lx　　亮度：0.84 cd/m²
5.照度：30 lx　　亮度：0.19 cd/m²
6.照度：44 lx　　亮度：0.29 cd/m²
7.照度：19 lx　　亮度：0.34 cd/m²
8.照度：19.5 lx　　亮度：1.48 cd/m²
9.照度：22 lx　　亮度：1.09 cd/m²
10.照度：12 lx　　亮度：1 cd/m²
11.照度：12 lx　　亮度：0.93 cd/m²
12.照度：13 lx　　亮度：3.67 cd/m²
13.照度：4.7 lx　　亮度：0.23 cd/m²
14.照度：5.5 lx　　亮度：0.29 cd/m²
15.照度：3.8 lx　　亮度：0.22 cd/m²

测试结果：画面尺寸为长 0.7 米× 高 1 米，画幅较

图2　油画照度及亮度测试

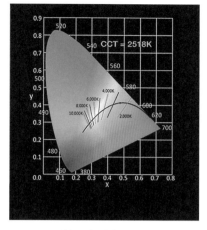

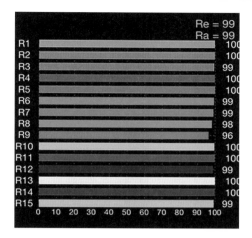

图3　相关色温CCT　　　　　　　　　　　　　图4　显色指数R1～R15

小，画面体现人物半身像，艺术家更注重体现人物表情及心理活动，所以灯光着重强调人物脸部，脸部照度达到500 lx以上，整幅画中照度200～500 lx，画框照度20～80 lx，画框外20毫米范围内照度10～20 lx；点照度值请参考图2，亮度值为玻璃表面亮度。

　　光源参数测试结果：75W QR111卤素光源，色温2518 K，Ra:99，R9:96。（图3、4）

　　B. 纸本设色"你幸福吗"

　　使用灯具：iGuzzini100 W QT12卤素轨道射灯（宽光＋窄光）；配件：IR/UV滤片。

　　灯具布置：灯具安装高度2.7米，距墙1米。

　　灯具旋钮调光输出：30%～50%。

　　控制系统：全部手动调光，没有配置自动调光控制系统。

　　画面装裱：纸板装裱，无玻璃。

　　画面材质：铜版纸。

　　测试结果：画面尺寸为长5米×宽2米，画幅较大，选用的是宽光的反射器，根据要表现的人物调节灯具位置，整幅画配置了5套灯具，着重体现人物脸部，画面重点区照度150 lx左右，较暗区照度50 lx左右，画框外地面照度50～95 lx；点照度值亮度值请参考图5数据。

　　光源参数测试结果：100W QT12卤素光源色温2751K，Ra:99，R9:95。（图6、7）

　　2.LED类灯具照明调研结果

　　A. 布面油画"颜如渥丹"（图8）

　　使用灯具：ERCO4W LED轨道射灯（窄光6度透镜）；配件：无。

　　灯具布置：灯具安装高度2.8米，距墙1.2米。

　　灯具旋钮调光输出：30%左右。

　　控制系统：全部手动调光，没有配置自动调光控制系统。

　　画面装裱：表面玻璃装裱，画框为木质深棕色漆，墙面为暗红色喷亚光漆。

　　画面装裱玻璃后反射率：在测试玻璃同一点测试白纸亮度，根据公式（ρ玻璃=L玻璃/L白纸×ρ白纸），计算得反射率：0.4（其中白纸的反射比取0.6）。

1.照度: 152 lx　　亮度: 25.41 cd/m²
2.照度: 120 lx　　亮度: 2.32 cd/m²
3.照度: 56 lx　　亮度: 1.76 cd/m²
4.照度: 119 lx　　亮度: 22.59 cd/m²
5.照度: 129 lx　　亮度: 25.43 cd/m²
6.照度: 70 lx　　亮度: 15.01 cd/m²
7.照度: 152 lx　　亮度: 15.79 cd/m²
8.照度: 157 lx　　亮度: 16 cd/m²
9.照度: 80 lx　　亮度: 10.01 cd/m²
10.照度: 120 lx　　亮度: 25.89 cd/m²
11.照度: 127 lx　　亮度: 31.4 cd/m²
12.照度: 90 lx　　亮度: 9.28 cd/m²
13.照度: 109 lx　　亮度: 23.27 cd/m²
14.照度: 99 lx　　亮度: 12.87 cd/m²
15.照度: 57 lx　　亮度: 7.4 cd/m²
16.照度: 59 lx　　亮度: 4.49 cd/m²
17.照度: 90 lx　　亮度: 7.56 cd/m²
18.照度: 94 lx　　亮度: 7.44 cd/m²

图5　纸板画"你幸福吗"照度及亮度测试点分布图及测试结果

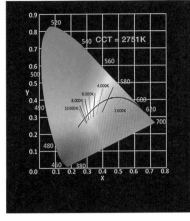

图6　相关色温CCT

图7　显色指数R1～R15

测试结果：画面尺寸为长 0.6 米 × 高 0.8 米，画幅较小，画面体现人物胸像，艺术家更注重体现人物表情及心理活动，所以灯光着重强调人物脸部，脸部照度达到 400 lx 左右，整面画中心照度 200 ～ 400 lx，画框照度 30 ～ 110 lx，画框外 20 毫米范围内照度 5 ～ 10 lx；控光做得很好，点照度值、亮度值请参考图 9 数据。

光源参数测试结果：4W LED 光源，色温 2827 K，Ra：90，R9：53；MacAdam<5。（图 10 ～ 12）

B. 铜雕像 "曾经的长发少年"（图 13）

使用灯具：ERCO4W LED 轨道射灯（窄光 6°透镜）；配件：光学配件。

灯具布置：灯具安装高度 2.8 米，距墙 0.89 米；雕像偏左侧前方布置一套灯提供光照。

灯具旋钮调光输出：30% ～ 50%。

控制系统：全部手动调光，没有配置自动调光控制系统。

铜雕塑反射率：—

测试结果：画面尺寸为长 0.6 米 × 高 0.6 米，人物头部上方偏雕塑左侧一套灯具提供照明，脸部额头最高

照度达到 560 lx 左右，脸部下颚照度为 50 lx，胸部照度最高为 20 lx 左右；雕塑左侧面照度为 20 ～ 45 lx，右侧面照度为 30 ～ 80 lx，肩膀照度为 12 lx，整体明暗对比鲜明，主次关系达到艺术家要求的理想效果，控光效果非常好。亮度值请参考图 14 数据。

光源参数测试结果：8W LED 光源，色温 2887K，Ra：90，R9：53；MacAdam<5。（图 15 ～ 17）

馆方反馈：LED 照明灯具与卤素灯具在光学、效果上区别不是太大，唯一不同的一点是卤素灯的光色更暖、更柔和、更适合于画面的体现。

3.LED 灯具与卤素灯具同一画面照明结果测试

馆方为了对比 LED 灯具与卤素灯具的区别，将卤素灯与 LED 同时运用在同一幅画上进行对比测试，照明效果详见图 18。

如图 19 所示，中间布置了一盏卤素 QR111 灯具，两侧分别布置了同一款 LED 灯具，现场很难辨认出有不同之处，仔细观察不难发现光色有细微的区别，卤素的效果偏暖，LED 效果偏白，通过现场测试，LED 的 R9 值为 55，卤素的 R9 值为 96，卤素的红色光饱和度较高。

1.照度：237 lx　亮度：42.55 cd/m²
2.照度：407 lx　亮度：40.66 cd/m²
3.照度：292 lx　亮度：12.69 cd/m²
4.照度：36 lx　亮度：0.68 cd/m²
5.照度：63 lx　亮度：2.60 cd/m²
6.照度：96 lx　亮度：1.96 cd/m²
7.照度：113 lx　亮度：0.56 cd/m²
8.照度：3 lx　亮度：0.23 cd/m²
9.照度：5 lx　亮度：0.38 cd/m²
10.照度：3.6 lx　亮度：0.31 cd/m²
11.照度：11 lx　亮度：0.91 cd/m²

图8　油画 "颜如渥丹"　　　　图9　油画照度及亮度测试点分布图及测试结果

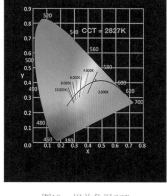

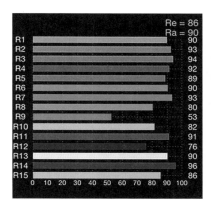

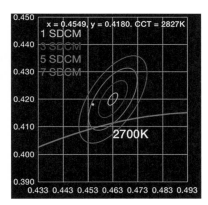

图10 相关色温CCT　　　　　　图11 显色指数R1～R15　　　　　　图12 麦克亚当椭圆色品图

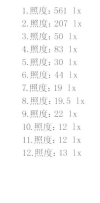

1.照度：561 lx　　亮度：70 cd/m²
2.照度：207 lx　　亮度：0.6 cd/m²
3.照度：50 lx　　亮度：0.29 cd/m²
4.照度：83 lx　　亮度：0.84 cd/m²
5.照度：30 lx　　亮度：0.19 cd/m²
6.照度：44 lx　　亮度：0.29 cd/m²
7.照度：19 lx　　亮度：0.34 cd/m²
8.照度：19.5 lx　　亮度：1.48 cd/m²
9.照度：22 lx　　亮度：1.09 cd/m²
10.照度：12 lx　　亮度：1 cd/m²
11.照度：12 lx　　亮度：0.93 cd/m²
12.照度：13 lx　　亮度：3.67 cd/m²

图13 铜雕像"曾经的长发少年"　　　图14 铜雕像照度及亮度测
　　　　　　　　　　　　　　　　试点分布图和测试结果

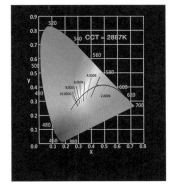

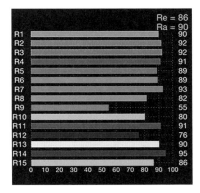

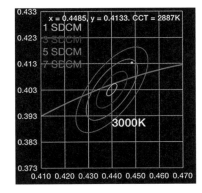

图15 相关色温CCT　　　　　　图16 显色指数R1～R15　　　　　　图17 麦克亚当椭圆色品图

随着LED类产品的不断更新发展，针对博物馆类灯具的各项指标都在不断地提高，如下数据是iGuzzini灯具最新测的数据：灯具显色 Ra>95，R9 = 93，MacAdam<2，达到博物馆对显色、R9饱和度及色容差的要求，还原艺术品最真实的艺术色彩及质感。（图20～24）

馆方日常对灯具的维护包括更换光源及灯具配件两方面。

光源维护：原有卤素灯光源的更换频率较高，光源寿命太短，灯具长期调光降低功率输出，对光源的寿命也有影响，直接导致光源更换的成本增加。

灯具配件维护：目前最主要的配件主要是红外滤片、紫外滤片及内防眩光罩，每次更换光源时都要拆装配件，实际应用中由于工人的操作不当经常导致配件的遗失，馆方在补充配件时发现很多都已停产，有很多由于内眩

图18　LED与卤素灯照明对比　　　　　图19　灯具安装位置图

光罩的遗失导致卤素灯的副光斑得不到很好的控制，会直接影响观展效果。

三　LED在博物馆内的应用趋势

LED作为新型节能光源，先后在建筑室外照明、商业空间、办公空间、酒店空间都得到了广泛全面的应用，在博物馆、美术馆内也逐渐开始应用，由于专业馆内藏品及艺术品的灯光效果及技术方面都要求很高，LED也在逐渐地提高了技术参数，已逐渐能达到博物馆照明专业要求，主要体现在以下诸多方面。

LED显色性已接近卤素光源：Ra>95；

LED红色饱和度R9已接近卤素光源，R9：93～97；

LED色容差MacAdam可控制2阶范围内，光色可做得非常纯正。

LED光源不会对展品产生紫外及红外辐射，节省购买红外、紫外滤镜的费用。

LED灯具可通过不同光学透镜或反射器更换满足不同展品的光束角要求，更加便捷地实现临展区不同展品对光束角不同的更换调试；避免重复购买灯体。

LED轨道灯控制也分为手动旋钮调光及自动控制系统调光，手动调光范围可做到1%～100%，调光范围更大，调光更加细腻。

LED在未来的使用趋势毋庸置疑，但众所周知的优势只有节能一条，在专业照明领域没有统一的应用及检验标准，使用方则对LED的检验更加模糊，他们希望有一套更加完整的标准来衡量，避免各种不达标的产品对后期使用产生影响，尤其是对博物馆、美术馆专业照明领域的影响。

图20　灯具样式一　　　　　图21　灯具样式二

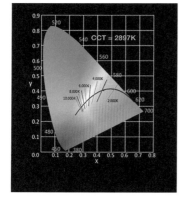
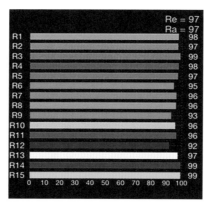
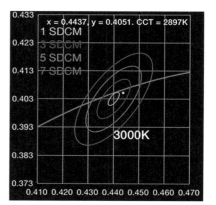

图22　相关色温CCT　　　　　图23　显色指数R1～R15　　　　　图24　麦克亚椭圆色品图

六朝博物馆调研报告

报告提交人：牟宏毅、浙江莱鼎光电
调研对象：六朝博物馆
调研时间：2015 年 12 月 11 日
调研人员：牟宏毅、陈明红、霍雅婷、陈舒
调研设备：杭州远方 Z—10 智能照度仪

六朝博物馆在建设之初照明已大量应用 LED 产品。在同期国内博物馆 LED 照明应用方面已走在行业前列。同时经过此次调研与勘察发现，现有的照明投射及应用存在可调整空间，并且新的 LED 博物馆产品可以为六朝博物馆提供新的照明应用方式。

一　博物馆概述

1. 六朝博物馆概述

六朝博物馆（The Oriental Metropolitan Museum/The 3rd-6th Century）系原六朝建康城遗址的一部分，位于南京市玄武区汉府街，东箭道以东，长江路以北，与江苏省美术馆南北呼应。六朝博物馆建设工程总投资 2.5 亿元，建筑面积为 2.3 万多平方米，地下三层，地上六层，最高处为 24 米。其中，地下建筑面积为 1.1 万多平方米，地上建筑面积为 1.2 万平方米。六朝博物馆由世界著名建筑大师贝聿铭之子贝建中先生领衔的贝氏资深设计团队担纲设计，体系化地将贝氏建筑模数、贝式建筑几何、贝氏建筑光影运用于此。

2. 元朝文物展品

南京六朝博物馆于 2014 年 8 月 11 日正式向公众开放，馆内展出距今近千年的六朝时期瓷器和陶俑等珍贵文物，其中，镇馆之宝"釉下彩羽人纹盘口壶"和"青瓷莲花尊"也首次撩开神秘的面纱。整个展览围绕六朝都城的面貌、历史文化的成就为主线，总共展出文物约 1200 件，其中大部分来自于南京市博物馆的考古出土文物。

3. 展厅分布

-1F "六朝帝都"：以六朝建康城城墙遗址为核心展项，从六朝都城建设、居民物质生活、精神生活三个方面反映南京作为六朝帝都的昔日辉煌。

1F "回望六朝"：采用"简史"辅加"文化"阐释的结构。综述六朝历史，并加以生活、思想及对外交往等方面的六朝文化渲染。

2F "六朝风采"：以独特的审美视角，从色彩（青瓷）、造型（雕塑俑）、线条（墓志书法、砖刻壁画）的美学来诠释六朝艺术。

3F "六朝人杰"：从政治家、思想家、艺术家、文学家、科学家等类别，表现六朝精英人物。

二　照明概况

六朝博物馆以典型的贝氏风格，将建筑光明与照明完美结合，自然采光与人工照明应用科学、恰当。调研发现，自然采光为一层、二层的公共空间提供了卓越的光环境效果。巧妙的贝氏建筑与科技语言将自然光通过一层阳光大厅的透光地砖引入到地下一层，使得地下博物馆展陈空间有效地获得了接触自然光的机会。一层、二层、三层的展陈区域为基本封闭的人工照明环境，LED 照明产品的应用在此空间发挥了主要作用，所以对 LED 在博物馆的应用现状研究主要放在人工照明区域。

三　调研范围

此次调研重点集中在六朝博物馆的核心主展区二层的"六朝风采"。

1. 画廊区域

（1）综述

位于二层展厅南侧的长条形区域，东侧共用阳光大厅自然采光，西侧为画廊展墙。此区域灯具采用 LED 筒灯安装于吊顶内部，层高 3.8 米。

（2）画廊南侧区域实际测试

有自然光从画廊东侧引入，其中靠近自然光最东侧测试到的照度是 700 lx。整个地面照度见图 1。色温：2951 K，CRI:85.3，CQS:84.2，GAI:55.2，R1 ～ R15：84\92\97\82\83\89\85\67\28\82\80\74\85\99\79。其中 R9 值为 28。

（3）画廊西侧展墙区域选取墙面展示画测试

测试点选取的是在画面上采用 9 点平均选取法进行测试。光色的参数参考图 2 数据。

（4）画廊区域测试结论

测试区域照度充足、均匀度优良、可以满足交通照明要求。整体光环境效果舒适度高。

（5）画廊区域优化建议

东侧一排照明灯具可在白天自然光照明充足时，选择性关闭。

西侧一排照明灯具由于在设计之初没有赋予展陈照明功能，对墙面展陈不能提供足够的照度。建议更换可调换投射方向的灯具，或配置偏配光的特型灯具。

87\70\85\93\81\93\95\91\93。其中 R9 值为 70。

前厅在顶部 4 个角落暗藏安装小射灯照射地面，地面照度测试内容见图 4。

（3）六朝风采展厅门厅区域实际测试数据

门厅平面布置图展板：整个布置图尺寸为 2.4 米 ×1.1 米。灯光置于顶部安装导轨射灯，测试数据记录，色温：3046，CRI：94.1，CQS：92.2，GAI：59.3，R1 ～ R15：95\94\92\94\94\92\95\91\79\86\95\81\95\95\93。其中 R9 值为 79。

图1　入口处地面光环境

图3　六朝风采字样测试现场光环境

图2　通道展示画立面光环境

图4　前厅区域地面光环境

2. 六朝风采展厅前厅区域

（1）综述

入口 LOGO 六朝风采字样安装高度 3.5 米，采用轨道射灯作为该字样的重点照明。字样选取了 2.4 米的朝字、1.9 米的风字、1.2 米的采字 3 个高度位置进行测试照度，照度数值见图 3。

（2）六朝风采展厅前厅区域实际测试数据

光色的参数记录内容，色温：2946K，CRI：92.8，CQS：90.8，GAI：56.9，R1 ～ R15：93\94\93\92\92\94\

（4）六朝风采展厅前厅区域测试结论

测试区域照度充足、均匀度较好，可以满足视觉辨识要求。整体光环境效果重点突出。

（5）六朝风采展厅前厅区域优化建议

入口处斗拱有重点照明，视觉形象突出，但是阴影较重，可以调整投射角度，来优化效果。

LOGO 字和地面光环境效果优良，无需整改。

3. 序厅区域

（1）综述：序厅为六朝风采平面布局图、前言简介部分平面展陈区域。主要为墙面展板形式。

（2）序厅区域实际测试数据

整个平面图的照度测试数据，具体见图5。

（3）序厅区域实际测试数据

序言测试数据：需要采用喷绘写真方式置于墙面上。光色测试数据为，色温：3036K，CRI:93.6，CQS:91.7，GAI:59.1，R1～R15:94\94\92\94\93\92\95\90\75\86\94\81\94\95\92。其中R9值为75。此处按照行人的参观路线设置了左侧序言说明，正面做了具体描述的表达方式。因此在照明照度表现手法上也通过展示面的照度对比来引导行人参观。

序言描述里面主要对青瓷做了详细的介绍。序厅区域，行人参观左侧，地面照度数据见图6。序言描述，最大照度1400 lx与左侧形成照度差对比，既能突出重点的展示该内容，又能够很好地引导行人参观，见图7。

（4）序厅区域测试结论

测试区域照度充足、均匀度一般、可以满足文字辨识要求。整体光环境效果舒适度较高。

（5）序厅区域优化建议

墙面展板照明效果色彩还原度高。建议投射灯具采用宽配光的形式，视觉整体性效果会更好。

4. 竹影展厅区域

（1）综述：竹影展区为六朝风采展区实物展陈第一

图5　序厅区域展板立面光环境

图6　序厅区域主题展板立面光环境和地面光环境

图7　序厅区域引言展板立面光环境

段落，采用独立展柜情景照明的方式。行人参观通道没有直接的功能照明，该照度是通过对行走路线景观展示的同时，利用投光灯投光在竹子上产生剪影的效果，从而借用了表达景观的光来控制眩光，营造舒适度。

（2）竹影展厅区域实际测试数据

青瓷厅展示采用了4面柜陈列方式进行展示。测试点的4面柜的布灯方式柜内小射灯和高空顶部轨道灯直射结合方式陈列。具体数据见图8。

测试记录，色温：3183 K，CRI:81.5，CQS:80.3，GAI:58.4，R1～R15:80\90\96\76\78\85\83\61\11\75\71\64\82\98\74。其中R9值为11。

（3）竹影展厅区域测试结论

测试区域照度充足、均匀度优良、可以满足行走及观展照明要求。整体光环境效果舒适度高。

（4）竹影展厅区域优化建议

独立展柜中有向上投射的灯具，光效没有太大功用，建议关闭。

图8　行人通道照明数据，独立展柜照明数据

5. 瓷器展厅区域

（1）综述：青瓷独立展柜采用柜内射灯照明满足照明需求，通过对行人参观的路线照度控制，即使柜内照度小，但是柜内照度值大于行人路线的照度值，所以行人还是一样看得很清晰。具体见图9。

（2）瓷器展厅区域四面柜光环境见图10。

（3）瓷器展厅区域测试结论

测试区域照度充足、色彩还原度高、展品器形立体效果明显，可以满足观展照明要求。观展交通流线自然舒展，整体光环境效果舒适度很高。

（4）瓷器展厅区域优化建议

个别龛柜背板有多余照明投光，建议关闭。

6. 雕塑展厅区域

（1）综述：根据"兰亭雅集"的意境，特别设计了一处曲水流觞的小品，大型石雕则安放在此区域。

图9　竹影展厅三面柜光环境

图10　四面柜立面光环境

（2）雕塑展厅区域实际测试数据

石雕辟邪：辟邪尺寸2.4米×1.6米。照明采用置于顶部安装高度3.3米的导轨灯共计7盏直射于辟邪身上，部分余光散射于地面供行人参观功能照明。最大照度2840 lx。测试数据，色温：2984 K，CRI:93.6，CQS:91.8，GAI:57.2，R1～R15:94\95\93\94\93\93\95\89\73\87\94\80\94\95\92。其中R9值为73。具体见图12。

（3）雕塑展厅区域测试结论

测试区域照度充足，均匀度优良，可以满足观展照明需求。整体光环境效果舒适度高。

（4）雕塑展厅区域优化建议

整体照明氛围优秀，石辟邪照度稍显过亮，可适当更换几盏低功率导轨射灯，以增加展品可视细节。

图11　龛柜光环境

图12　雕塑光环境

7. 书法艺术展厅区域

（1）综述：书法展区主要展示了六朝墓志、刻石等书法展品和电子媒体展示。

（2）书法艺术展厅区域实际测试光环境，见图13、14。

（3）书法艺术展厅区域测试结论

此区域展示照明效果照度适度、均匀度优良，可以满足观展照明需求。整体光环境效果舒适度很高。

（4）书法艺术展厅区域优化建议

整体光环境优秀，无需改进。

图13　书法展区立面光环境

图16　青瓷釉下彩羽人纹盘口壶光环境

图14　刻石展区光环境

图17　镇馆之宝展厅光环境

（2）镇馆之宝展厅实际测试数据光环境，见图16、17。

（3）镇馆之宝展厅测试结论

此区域展示照明效果照度充足、均匀度优良、重点突出，可以满足观展照明需求。整体光环境效果舒适度很高。

（4）镇馆之宝展厅优化建议

整体光环境优秀，无需改进。

四　主观评价

六朝博物馆LED照明应用开启LED照明应用是博物馆展陈的先河，并且在室内博物馆展陈方面LED的应用是非常成功的，成为博物馆LED照明应用的一个成功案例。随着LED产品应用、智能控制的更新完善，六朝博物馆可以有新的LED应用照明方式补充，为历史文物价值、建筑艺术都出类拔萃的六朝博物馆展陈照明提供更加完美的照明方案。

图15　电子媒体展示光环境

8. 镇馆之宝展厅　（青瓷釉下彩羽人纹盘口壶）

（1）综述

青瓷釉下彩盘口壶是中国发现的最早的釉下彩瓷器，改写了中国瓷器史。成为六朝博物馆镇馆之宝，此区域展示照明效果因而成为重中之重。

关山月美术馆调研报告

报告提交人：徐华、香港银河照明国际有限公司
调研对象：关山月美术馆
调研时间：2016 年 1 月 29 日
调研人员：徐华、胡波、蒙超、李晓敏、许艳钗
调研设备：照度计 T-10A（美能达）、亮度计 CS200 彩色（美能达）、照明护照 ALP-01、
　　　　　测距仪 SW-100（深达威）、分光测试仪 X-rite 爱色丽 分光广度仪

一　概况

1. 美术馆建筑概况

关山月美术馆是以关山月先生名字命名的国家级美术馆。1995 年 1 月奠基，1997 年 6 月 25 日正式落成开馆。该馆占地 8000 平方米，建筑面积 15000 平方米，8 个室内标准展厅，一个中央圆形大厅和一个户外雕塑广场。

2. 照明概况

关山月美术馆主要的照明是在 1997 年开馆时设计和实施的，2009 经过局部技术改造，将原有大面积金卤灯改装成为卤素灯以适应美术馆照明基本需求，现展馆照明主要是采用卤素灯，大厅和走廊主要采用金卤灯和节能灯。本次主要对中央圆形大厅和关山月美术展厅做重点调研，同时调研了入门大厅和走廊灯工区照明。中央圆形展厅的卤素灯光源是欧司朗的，灯具是普通射灯，没有进行二次控光。二楼的关山月作品正厅，灯具主要是 ERCO 的导轨射灯，灯具有二次控光，光源也是卤素灯。

二　具体调研数据剖析

1. 中央圆形展厅照明情况概述以及分析

本展厅中展示照明为卤素灯，光源是欧司朗的 Par30 射灯，功率为 75 W，光源色温 2700 K。

本展厅只有展示照明，没有基础照明，基础照明主要是展示照明的漫反射光。

本展厅没有展柜，没有做调研。

A. 中央展厅基础照明。本报告图中长、宽、高距离单位：毫米。

B. 楣板照明：楣板采用卤素灯，功率 75 W，Ra：99，色温：2600 K 左右。（图 3）

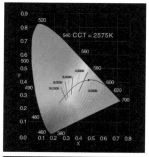

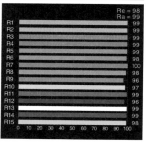

图2　楣板照明照度分析

图1　中央圆形大厅基础照明

1——照度：160　lx
2——照度：230　lx
3——照度：500　lx
4——照度：290　lx
5——照度：227　lx

卤素灯
CCT：2575K
Ra：99
Re：98
R9：96

图3　楣板照明

图4　巨幅展品照明

图5　小型展品照明对比1

图6　小型展品照明对比2

C. 巨幅展品照明情况图4。

D. 小型展品展示情况图5、6。

中央大厅照明小结：展厅使用卤素灯，显色性Ra可以到99，R9可以达到95以上，色彩饱和度很高，一致性很好。但是从调研报告的数据看，展品照度均匀性还是有一定的提升空间，均匀性不好的主要原因在于所有灯具只有一个角度（30度），而且没有任何的二次控光的透镜，只有对称配光，这也导致展品上光斑比较大，而且灯具没有防眩处理，眩光值比较高。环境照度在50 lx左右，有一些展品照度不足100 lx，照度对比不是最佳值。

2. 关山月作品展厅照明情况概述以及分析

展厅主要展示照明是导轨射灯，光源为卤素灯，功率35～50 W，灯具品牌为德国ERCO，由于本展厅主要展出作品为关山月真迹，所以所有展品均放置在壁柜和立柜里。中间立柜照明主要是节能灯管。

楣板照明：灯具为导轨射灯，光源为卤素灯。

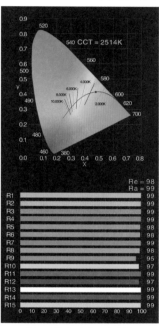

图7　展品照明照度分析

图8　展品照明

展品照明见图7、8。

本展厅照明设计、灯具选择、布灯手法合理合规，整体照明效果很好。展品照度适中，和环境对比合适，视觉感受良好。但是鉴于装灯位置等限制，均匀度还有提升空间。在主要参观视角，玻璃反光问题比较突出。

3. 公共区域照明情况概述以及分析

A. 进门大厅

进门大厅比较小，自然光主要采用入口以及入口两边的玻璃采光，正常情况照度是可以的，但是阴天和傍晚需要人工光做补充。人工光主要是射灯，光源为陶瓷金卤灯。图9、图10为自然光和人工光的照度对比。

图9 进门大厅自然光照明

图10 进门大厅加金卤灯照明

B. 走廊照明情况

走廊主要是节能筒灯，安装位置和照度请见图11。均匀度很好，但是和周边环境相比，照度略低，指示性不强。

图11 走廊照明

三 调研综述

关山月美术馆开馆时间为1997年，2009年经过局部技术改造，将原有大面积金卤灯改装成为卤素灯以适应美术馆照明基本需求，此照明方案一直延续至今。展厅照明主要是卤素灯为主。从照明效果上看，整体照明效果是可以的，按照2009年的照明技术，美术馆照明无论从设计还是灯具选择上，都非常合规合理，视觉效果好。时隔近十年后，现在的照明技术和以前相比，有了突飞猛进的发展，展馆内的部分区域的照明效果已经达不到展馆的要求，馆方也有重新设计照明的意愿，希望本次调研能够提供技术和数据的支持。

（1）博物馆中主要应用的光源对比研究

①调研单位涉及的光源主要有以下几种，见图12。

图12 光源类型

②从上述看，光源类型主要有卤素灯、节能灯和LED光源，就三种光源的主要特性做一个比较。

就表1可见：LED综合性能较高，已经达到展陈照明的要求。

（2）LED的迭代速度是非常高的，就目前而言，有一些参数，比如显色性能上还是不如卤素灯，但是其他方面比卤素灯更加有优势，从目前的LED发展速度看，显色性能也在快速的提高，从下一组数据（图13）的对比，能够充分说明这个问题。

图14是这一次调研中，对两个不同时期购买LED灯具的实测，从测量看，时隔一年，显色性Ra从84上升到95，R9从10上升到88，已经发生了巨大的变化。

四 调研单位照明的困惑

被调研单位由于照明器具的局限性、经费的局限性、人员架构局限性等原因，照明还是有一些可以提升的空间。

（1）灯具调光困难（图14～17）

调光困难导致视觉亮度明显不一致的问题。

调光困难导致照度超标，对文物造成破坏。

LED调光比传统有更多选择，比如：DALI总线调光、DMX调光、单灯旋钮调光、0～10调光、可控硅调

表 1　光源综合性能对比

	卤素光源	节能灯	LED 灯
节能	耗能大	比较节能	最节能
红外	最高	最高	最低
紫外	低	高	最低
显色性	最高	低	高
R9 特性	大于 95	−20	大于 50
迭代频率	停止更新	停止更新	6 ~ 12 月更新一次

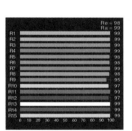

卤素光源

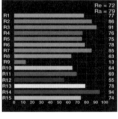

节能灯

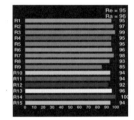

LED灯

图13　光源显色性对比

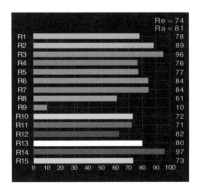

2014年LED

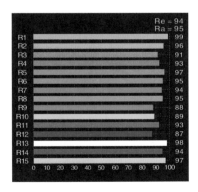

2015年LED

图14　LED的迭代对比

光、无线调光等等，但是对博物馆而言，DALI 调光和无线调光应当是最为合适的。目前很多的采用单灯调光的，都出现调光难度大（特别是展柜）、调光观察角度和距离有局限等问题，也导致了以上照明问题的存在。

（2）照度不均匀（图18、图19）

同样一个被照物，由一只投光灯照射，照度从

9.1～187 lx，均匀度很差。

当有多只灯投射大面积的展陈物品时，光斑非常明显，照度从 2.1 lx 到 11.26 lx，视觉效果有很大的提高空间。

由于展陈物品频繁更换（特别是临展和展品交换展示越来越多），对灯具的要求越来越高，对配光要求具有

图15　灯具调光困难

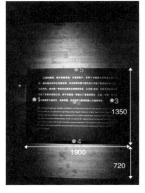

1——照度：18 lx　亮度0.41 cd/m²
2——照度：140 lx　亮度1.9 cd/m²
3——照度：9.1 lx　亮度0.24 cd/m²
4——照度：80 lx　亮度0.77 cd/m²中心下
5——照度：187 lx　亮度2.07 cd/m²中心上

图18　照度不均匀

图16　视觉亮度不一致

图19　灯具之间产生暗区

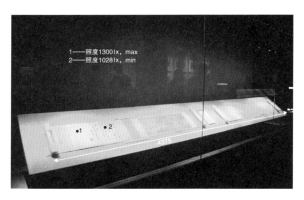

图17　调光困难容易对文物造成破坏

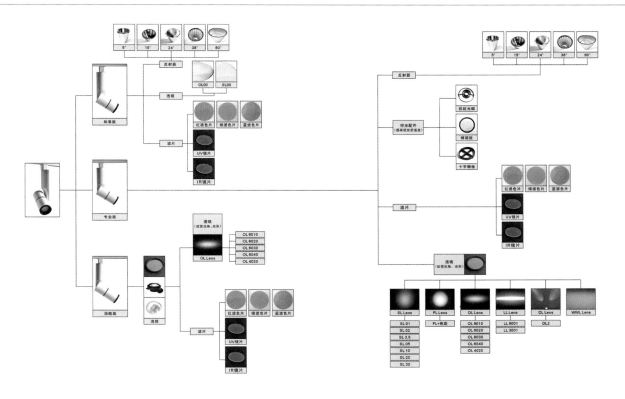

图20 产品光学拓扑图

更高的灵活性，比如，上面产品的配光组合（图20），非常适合用来做展陈照明的需求。

感谢本次调研的指导老师：徐华老师；
感谢深圳关山月美术馆程平老师的大力支持！

西汉南越王博物馆调研报告

报告提交人：iGuzzini 照明中国
调研对象：西汉南越王博物馆
调研时间：2015 年 12 月 29 日
调研人员：宣琦、张桂荣、李焕杰、罗明强
调研设备：亮度计（konica minolta LS-110）、照度计（CEM DT-1308）、照明护照（ALP-01）
　　　　　测距仪（HCJYET HT-310U）

一　概述

1. 西汉南越王博物馆简介

西汉南越王博物馆，1988 年正式对外开放，建筑面积 17400 多平方米，博物馆以古墓为中心，依山而建，将综合陈列大楼、古墓保护区、主体陈列大楼几个不同序列的空间有机地联系在一起，博物馆还设有杨永德伉俪捐赠的陶瓷枕专题陈列和不定期的临时展览。2010 年博物馆对基本陈列进行全面改造，从文物保护、文物内蕴的揭示和观众服务等角度综合考量，立足于让广大的游客更深入了解南越文明的独特魅力。（图 1、2）

2. 展品简介

西汉南越王博物馆主要展示南越王墓原址及其出土文物。博物馆现藏陶瓷枕达 400 余件，制作年代由唐至民国，以宋、金为主，数量之多、品质之精、窑口之广在国内同类收藏品中均属罕见。墓内随葬品丰富，品类繁多，出土金银器、铜器、铁器、陶器、玉器、琉璃器、漆木器、竹器等遗物 1000 余件。

3. 灯具整体情况

早期展陈照明使用荧光灯、卤素光纤为主，展板使用卤素导轨射灯。固定展（南越王墓出土文物陈列）以 LED 导轨射灯，独立展柜以 LED 定制仿光纤灯为主。后期临展展陈采用 LED 筒灯，公共区域、过道添加 LED 灯具。独立展柜增加 LED 小灯头补充照度。

二　现场调研数据分析

现场我们主要对固展陶瓷枕展厅、临展馆（湖北九连墩青铜器、漆器展）、临展馆（楚风漆韵）、固定展（南越王墓出土文物陈列）做了实际的调研数据采集。

1. 固展陶瓷枕展厅

（1）序言（图 3 ~ 7）

使用灯具：卤素导轨射灯；

灯具布置：层高 2.6 米，灯具安装高度：2.3 米，距墙 1.1 米；正前方双灯照射；

控制系统：全部手动调光，没有配置自动调光控制系统；

测试结果：序言主体照度 64 ~ 407 lx，亮度 10 ~ 72 cd/m²，均匀度 0.37；序言周围照

图3　序言　　　　　　　图4　入口地面

   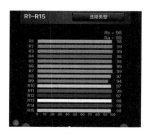

图1　博物馆外景　　　图2　导览图　　　图5　序言灯具光色参数　　　图6　序言灯具R1~R15

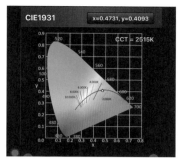

图7 序言灯具CIE色度图

度 48 ～ 311 lx，亮度 11 ～ 78 cd/m²；地面照度 42 ～ 78 lx；入口环境照度 39.1 lx。

光源参数测试结果：色温 2515 K，Ra99。

（2）独立展柜（外有玻璃）（图8 ～ 13）

使用灯具：T8 荧光灯；

灯具布置：灯具安装高度 1 米，安装在柜顶，带有格栅，数量：2；

控制系统：无调光；

测试结果：柜高 1.2 米。展柜照度 90 ～ 143 lx，亮度 1 ～ 29 cd/m²；台面亮度 5.35 ～ 5.89 cd/m²；地面照度 14 ～ 23 lx，亮度 1.2 ～ 9.27 cd/m²；名牌亮度 35.35 cd/m²；简介亮度 37.39 cd/m²；环境地面照度 16.8 lx。

光源参数测试结果：色温 2700 K，显色 51。

（3）三面柜（有自然光）（图14 ～ 18）

使用灯具：T8 荧光灯；

灯具布置：空间层高 2.9 米，灯具安装高度：0.9 米，数量：3；

控制系统：无；

测试结果：展品照度 195 ～ 228 lx，亮度 46 ～ 67 cd/m²；柜外台子照度 62 ～ 74 lx，亮度 62 ～ 84 cd/m²；地面照度 23.1 ～ 34 lx，亮度 2.7 ～ 9.1 cd/m²；展品台子亮度 4.4 ～ 5.5 cd/m²，背景亮度 2.4 ～ 2.87 cd/m²；简介亮度 2.4 ～ 2.87 cd/m2；名牌 22.87 cd/m²；地面环境照度 75.4 lx，亮度 4.55 cd/m²。

图14 三面柜　　　　　图15 三面柜附近地面

图8 独立展柜　　　图9 独立展柜附近地面　　　图10 独立展柜顶部照明情况

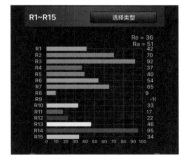

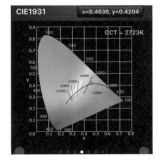

图11 灯具R1～R15　　　图12 灯具光色参数　　　图13 展柜灯具CIE色度图

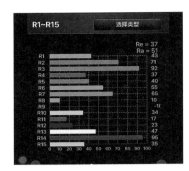
图16 灯具R1～R15

图17 灯具光色参数

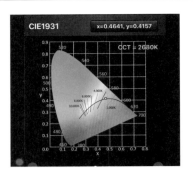
图18 灯具CIE色度图

光源参数测试结果：2600 K，Ra51。

（4）固展陶瓷枕展厅综述

展品为陶瓷枕，年代由唐迄元，以宋金时期为多，釉色五彩纷呈，造型多式多样，属于对光不敏感物品。展柜照明方式为三面柜及独立柜。北面整面玻璃窗引入自然光，让参观者在参观过程中感到更加舒适、自然，且不会对展品产生太大的影响。该厅作为固展，展出时间较早。展柜照明灯具采用荧光灯加格栅。展品照度符合要求，但展品大多带有色彩，采用 T8 荧光灯进行匀光照射，柜内展品无法得到重点刻画，更无法体现陶瓷展品的表面纹理与无与伦比的釉色。（图 19 ～ 22）

图23 序言展板

图24 序言展板

图19 展厅入口

图20 展厅内部

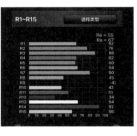
图25 序言灯具R1～R5

图26 序言灯具光色参数

图21 展厅内部

图22 展厅内部（自然光引入）

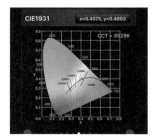
图27 序言灯具CIE色度图

2. 临展馆（湖北九连墩青铜器漆器展）

（1）序言（图 23 ～ 27）

使用灯具：LED 导轨射灯；

灯具布置：层高 2.6 米，灯具安装高度 2.4 米，距墙 1.4 米，正上方单灯照射；

控制系统：全部手动调光，没有配置自动调光控制系统。

测试结果：序言主体照度 8 ～ 380 lx，亮度 1.1 ～ 79 cd/m²，照度均匀度 0.12；序言周围照度 69 ～ 242 lx；地面照度 9.2 ～ 15.7 lx，地面亮度 0.39 ～ 0.84 cd/m²；入口环境照度 14.5 lx，亮度 0.59 cd/m²。

光源参数测试结果：色温 3500 K，Ra67。

（2）龛柜（有玻璃）（图28 ～ 32）

使用灯具：T8 荧光灯（2 个）、LED 5 颗粒筒灯（6 个）；

灯具布置：柜长 2.9 米，被测距离 1.5 米，安装在柜顶；

控制系统：全部手动调光，没有配置自动调光控制系统；

测试结果：龛柜照度 111 ～ 142 lx，亮度 20 ～ 36 cd/m²；台面亮度 17 ～ 24 cd/m²；地面照度 104 ～ 120 lx，亮度 3.77 ～ 4.85 cd/m²；名牌亮度 39 ～ 52 cd/m²；背景亮度 9 ～ 52 cd/m²。

光源参数测试结果：色温 3400 K，显色 65。

（3）图片（KT 板）（图33 ～ 37）

使用灯具：LED 导轨射灯（7 颗粒）；

灯具布置：层高 3.1 米，灯具安装高度：2.9 米，距墙：1.5 米；正上方单灯照射。

控制系统：全部手动调光，没有配置自动调光控制系统；

测试结果：图片主体照度 29 ～ 260 lx，亮度 3 ～ 20 cd/m²，照度均匀度 0.34；图片周围照度 22 ～ 195 lx，亮度 1.2 ～ 6.9 cd/m²；地面照度 15.3 ～ 23.1 lx，地面亮度 4.8 cd/m²。

光源参数测试结果：3198 K，Ra67。

（4）二楼走廊（15:00 自然光）（图38 ～ 40）

测试结果：地面照度 687 ～ 967 lx。

该临展馆展品为青铜器、漆器。展品照度较高。该馆大部分灯具光源为 LED，灯具类型分为 LED 导轨射灯，LED 筒灯。色温在 3200 ～ 3500 K，显色 65 左右，光品质不是很高。LED 射灯有明显副光斑，照度均匀度不高。照射角度不够精准。无环境照明，通过龛柜外露灯光及

图28　龛柜

图29　龛柜照明情况

图33　展板照明情况

图34　展板

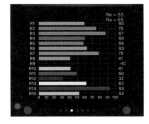
图30　龛柜灯具R1～R15

图31　龛柜灯具光色参数

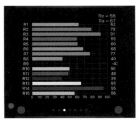
图35　展板灯具R1～R15

图36　展板灯具光色参数

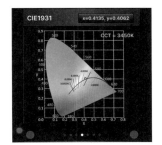
图32　龛柜灯具CIE色度图

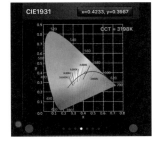
图37　展板灯具CIR色度图

墙上的反射光照明，参观时地面游客影子较多。（图41、42）

展示柜内 LED 与 T8 荧光支架混合使用，荧光灯辐射太强不利于对展品保护，本馆内均统一使用同一角度射灯，未根据展品尺寸及要求变更其射灯的配光角度。

灯具使用时间、厂家、批次各不相同。光色参数较不统一。地面采用瓷砖，表面光滑，反射率较高。本次选取了早期的 LED 光纤射灯，光色系数较为满意，展品照度保持在 100 ～ 300 lx 之间。

图38　二楼走廊

图39　二楼走廊

图40　二楼透光顶棚

（如入口立体展示可使用小角度射灯勾画钟鼎表面细部特征。大版面以洗墙方式表现立体，中小版面用拉伸透镜精确表达。）

图41　序言照明情况　　　图42　展板照明情况

图43　独立展柜器物　　图44　独立展柜器物柜开柜测量

3. 临展馆（楚风漆韵）

（1）独立展柜（图43 ～ 47）

使用灯具：LED 射灯

灯具布置：被照距离 1 米，安装在柜顶。

控制系统：全部手动调光，没有配置自动调光控制系统。

测试结果：展品照度 104 ～ 283 lx，亮度 1.65 ～ 8.06 cd/m²；台面照度 105 lx，亮度 1.71 cd/m²；地面照度 1.77 ～ 10.38 lx，亮度 0.08 ～ 0.57 cd/m²；名牌照度 34.2 ～ 60 lx，亮度 5.27 cd/m²。

光源参数测试结果：色温 2483 K，显色 80。

（2）临展馆（楚风漆韵）综述（图48 ～ 50）

作为展馆灯光改造的一小块实验区。进入展馆前，有一小段走廊，采用间接照明，照度较高。以龛柜和独立展柜为主，采用 LED 导轨射灯，LED 筒灯，LED 光纤。

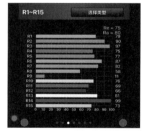

图45　独立展柜灯具R1～R15　　图46　独立展柜灯具光色参数

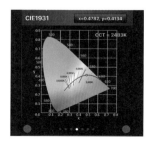

图47　独立展柜灯具CIE色度图

图48 走廊　　图49 临展馆内部　　图50 试验区

图52 固展背景

4. 固定展（南越王墓出土文物陈列）

(1) 序言（图51）

使用灯具：50W 卤素导轨射灯（3 个）；

灯具布置：层高 3.6 米，灯具安装高度：3 米，距墙：1.2 米；正上方灯照射；

控制系统：全部手动调光，没有配置自动调光控制系统；

测试结果：序言主体照度 38 ～ 112 lx，亮度 1.64 ～ 18.11 cd/m²，照度均匀度 0.54；地面照度 10 ～ 43 lx。

光源参数测试结果：色温 2700 K，Ra94。

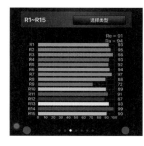 

图53 固展背景灯具R1～R15　　图54 固展背景灯具光色参数

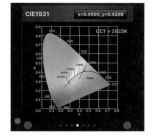

图55 固展背景灯具CIE色度图

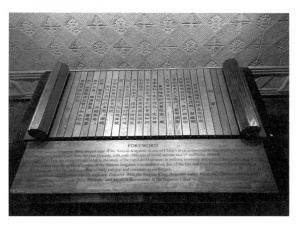

图51 固展序言

(2) 陈列名称（大背景）（图52 ～ 55）

使用灯具：50 W 卤素导轨射灯（7 个）；

灯具布置：层高 3.6 米，灯具安装高度 3 米，距墙 1.1 米；正上方照射；

控制系统：全部手动调光，没有配置自动调光控制系统；

测试结果：墙面主体照度 19 ～ 404 lx，亮度 0.9 ～ 14 cd/m²，照度均匀度 0.18；地面照度 16 ～ 66 lx，地面亮度 0.36 ～ 1.97 cd/m²。

光源参数测试结果：色温 2900 K，Ra94。

(3) 介绍牌（图56 ～ 59）

使用灯具：50 W 卤素导轨射灯（1 个）、短灯带（2 条）；

灯具布置：层高 3.6 米，灯具安装高度 3 米，距墙：1 米；正上方照射；

控制系统：全部手动调光，没有配置自动调光控制系统；

测试结果：主体照度 44.5 ～ 48.6 lx，亮度 1.42 ～ 10 cd/m²，照度均匀度 0.94；地面照度 14.3 lx，地面亮度 0.32 cd/m²。

图56　国展介绍牌

图57　国展介绍牌灯具使用情况

使用灯具：T8 荧光灯（2个）、LED 射灯（4个）；

灯具布置：柜高 1.5 米。正上方照射；

控制系统：荧光灯无调光，LED 射灯手动调光，没有配置自动调光控制系统；

测试结果：展品照度 20.1 ～ 77.8 lx，亮度 0.66 ～ 1.97 cd/m²；地面照度 13.48 ～ 19.78 lx，地面亮度 0.12 ～ 0.18 cd/m²。介绍照度 71.1 ～ 73.2 lx，亮度 4.58 ～ 6.27 cd/m²；台子照度 51.7 ～ 60.9 lx，亮度 1.53 ～ 2.49 cd/m²。

光源参数测试结果：荧光灯 2806 K，Ra52；LED 射灯 3000 K，Ra90。

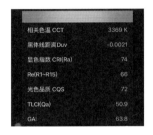

图58　国展介绍牌灯具光色
　　　参数

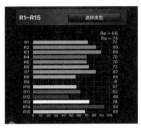

图59　国展介绍牌灯具R1～R15

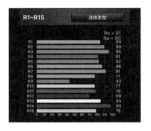

图61　独立展柜1灯具R1～R15

图62　独立展柜1灯具光色参数

光源参数测试结果：卤素灯色温 2400 K，Ra99。灯带 3300 K，Ra74。

（4）独立展柜 1（图 60 ～ 63）

使用灯具：LED 射灯；

灯具布置：正上方照射；

控制系统：全部手动调光，没有配置自动调光控制系统；

测试结果：主体照度 21.5 ～ 22.8 lx，亮度 0.65 ～ 0.71 cd/m²；地面照度 1.92 ～ 10.81 lx，地面亮度 0.05 ～ 0.17 cd/m²；环境照度 36.68 lx，亮度 0.5 cd/m²；展品（关闭环境照明）照度 20.03 ～ 20.55 lx。

光源参数测试结果：3000 K，Ra86。

（5）独立展柜 2（图 64 ～ 70）

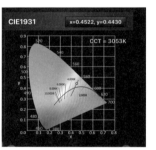

图63　独立展柜1灯具CIE色度图

图64　独立展柜2开柜测量

图60　独立展柜1地面亮度测量

图65　独立展柜2LED射灯
　　　R1～R15

图66　独立展柜2LED射灯光
　　　色参数

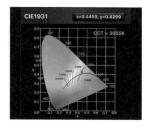

图67 独立展柜2
LED射灯CIE色度图

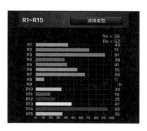

图68 独立展柜2荧光灯R1～R15

图71 展品更换照明未进行
调整

图72 灯具长时间使用色温
变化厉害

图69 独立展柜2荧光灯光
色参数

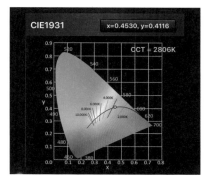

图70 独立展柜2荧光灯CIE色
度图

图73 灯具长时间使用色温
变化厉害

（6）固定展（南越王墓出土文物陈列）综述

该馆作为综合展厅，品类繁多，展出文物有金银器、铜器、铁器、陶器、玉器、琉璃器、漆木器、竹器等。光源种类也较多，有卤素导轨射灯、荧光灯、LED 光纤射灯、LED 灯带等。独立展柜由于使用早期 LED 光纤射灯时间较长，光源照度下降，色温变化厉害，后期补充 LED 光纤射灯提高照度，但与原有射灯色温不一致。三面柜采用荧光灯加 LED 光纤射灯，相互补充照度。本馆较为突出的问题是光源色温明显不同。建筑上天窗有引进自然光，但夏天中午阳光过强，因此还加了遮挡罩。（图 71 ～ 76）

三 广州西汉南越王博物馆综述

该博物馆总体分为综合陈列楼和南越王墓出土文物陈列楼，综合陈列楼顶棚全玻璃，将自然光引入室内，在正常天气情况下，开放期间基本不用打开环境照明，节约电力。调研当天阴天，下午 3 点 2 楼大厅地面照度约 800 lx，足以保证正常照明。在文物保护方面，做得较好，安装温度湿度控制系统。早期独立以及墙柜使用 T8 节能灯不利于对展示品的保护，但后期改造良好，前期灯光改造较早，更换批次较多，前期和后期更换灯具后色温不统一，公共区照明灯具防眩度以及光源质量有待整体规划提高，临展馆都采用 LED 灯具，灯具光色参数不高，缺少展示照明设计，整体空间环境缺乏层次关系，展品表现缺少一定的艺术感。（图 77 ～ 79）

图74　灯具长时间使用色温变化厉害

图76　副光斑严重、无展品未调整照明

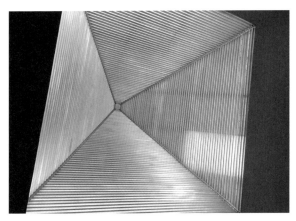

图75　防止阳光过强加遮挡罩

图77　顶部引入自然光的公共区域

图78　室外部分

图79　立体浮雕

四川博物院调研报告

报告提交人：上海莹辉照明科技有限公司
调研对象：四川博物院
调研时间：2015 年 12 月 25 日
调研人员：姜宏达、王燕平
调研设备：宏诚科技照度仪 HT-855、照明护照 ALP-01、博世激光测距仪 DLE 40

一 建筑概况与灯具整体情况

四川博物院新馆于 2009 年落成。新馆占地约 58667 平方米，位于成都市浣花溪历史文化风景区，这是西南地区最大的综合性博物馆，在全国公共博物馆中占有重要地位。

四川博物院目前拥有 14 个展厅，总面积 12000 平方米，包含书画、陶瓷、青铜器、民族文物、工艺美术、藏传佛教、万佛寺石刻、张大千书画、汉代陶石艺术等 10 个常设展览，还有 4 个临时展厅，用于举办各类临时展览。新馆还建有可容纳 200 余人的学术报告厅，用于各种大型会议和学术讲座。

四川博物院主要的照明是在 2009 年开馆时设计和实施的，展示部分主要的光源是陶瓷金卤灯、节能灯管、LED 灯和卤素灯，从 2013 年到 2014 年逐步对一些展厅

图1 门厅

（青铜器、书画厅、万佛寺）的照明做了局部改造，改造后的照明主要是 LED 灯具。整个展馆照度不足，由于大部分灯具使用年限超过五年，光衰比较严重。照明未经专业灯光设计，照明效果不是特别好，眩光控制一般，光色一致性较好，色彩饱和度各馆不一致。如民族文物馆内，特别是壁柜内展品，照度严重不足，完全体现不出民族工艺的精美。LED 灯具部分主要是国内品牌。

二 具体调研数据剖析

1. 展馆（陶瓷展馆）照明情况概述以及分析（图1）

地面照度：3 ~ 10 lx；形象墙照度：15 lx。

A. 灯具以及光源使用情况：空间展品灯具主要是导轨射灯，光源为金卤灯，功率：50 W，角度：50 度，色温 2700 ~ 2800 K。

展柜内为 LED 的 T5 支架灯，功率 18 W，色温 2800 ~ 3000 K；开放日基础照明：无。

B. 照明环境情况：没有做基础照明，展示物做重点照明，地面照度 5 ~ 13 lx，展品照度 12 ~ 130 lx。展品重点突出情况不一致。

C. 展柜照明（灯具在展柜外 -50 W 金卤轨道灯）照片和数据。（见图2）

灯具在展柜内测试数据，见图3、4。（T5 支架灯 18 W，光源：LED）

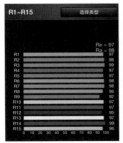
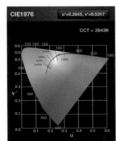
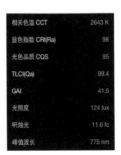

图2 展柜外测试点及数据

图3　顶部发光板光源损坏

图4　发光不均匀,展品顶部照度不足

柜内全用上下 T5 灯管暗藏,亚克力透光板内透光照明方式,光线发散,无重点照明,加之透光板使用年限较久,已变陈旧,透光效果不好,照度不足(15 ~ 30 lx),完全不能体现被展示物品质感、工艺及色彩、纹理。

2. 青铜器展厅照明情况概述以及分析

图5　门厅地面及形象墙

门厅地面:3 ~ 10 lx,形象墙:15 lx。

A. 灯具以及光源使用情况:空间展厅灯具主要是导轨射灯,光源主要是 LED,色温 3000 K;壁柜照明主要是 LED T5 灯管上下面板透光,功率 18 W,色温 2700 ~ 3000 K;立柜主要是柜外导轨射灯 3000 K;开放日基础照明:无。

B. 照明环境情况:开发日没有做基础照明,展示物做重点照明,地面照度 2 ~ 15 lx,展品照度 51 ~ 130 lx。展品重点突出。舒适度适中。

C. 壁柜以及立柜照明,图6、7是抽取壁挂展板的照片和数据(导轨射灯,光源:LED)。

图6　展板测试区

传统 50 W 金卤旧灯——表面照度 11.3 ~ 15.3 lx,照度严重不达标。灯具发光角度未选择好,无穿透力(图 6)。

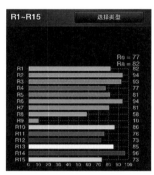

图7　展板测试数据

LED 轨道灯——表面照度最大玻璃外测 72 lx 因不能开柜测试,估计柜内展品表面达到 150 lx 左右。

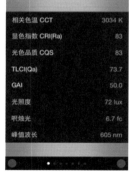

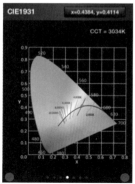
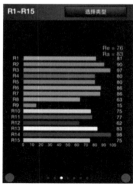

图8　展柜外测试区及数据

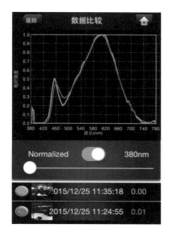

图9　陶瓷馆柜内灯与柜外轨道射灯对比数据

3. 张大千书画馆展厅照明情况概述以及分析（传统光源 T5 灯管）

三面柜（图10）左边：柜外测 17 lx，估计柜内 30 lx 左右；右边墙面：41 lx。（图11）

书画展厅照明综述：

此馆内展品大部分采用大通柜展呈方式，上下面发光照明方式。

书画展厅中，立柜照明，壁柜照明主要使用 T5 传统灯管，从测试情况看，光色一致性可以接受，色温保持在 2400 ~ 2600 K，Ra44 上，R9 呈负数，大部分照度在

50 lx 以下，但是有部分照度达到 50 lx。不完全符合博物馆照明标准。无明显不适光，玻璃有轻微反光。

从灯具使用上看：壁挂使用传统轨道灯，色温一致性好，显指达到 95，被照物表面照度 41 lx，未达标。

4. 四川民族文物馆

所有照度测试直接测试被照物表面，通柜无法开柜，隔着玻璃测试的照度，有一定偏差。数据均为测试完毕保存数字后再拍的固定照度值。图 14 为数据比较。

此展馆色差超过正负 300 K，显指部分在 Ra80 以上，大部分在 Ra55 左右，照度几乎普遍偏低，所使用灯具光衰已非常严重，达淘汰级别。参观者无法清晰辨识被展物品的精美工艺跟丰富色彩。（图12、13）

5. 临展二厅

"玲珑神致　冰玉匠心——明清德化瓷器精品展"该展厅是馆内灯光最好的一个展厅

明代德化瓷器胎体洁白细腻，厚薄因器而异，釉色以乳白为大宗，还有纯白、白釉泛青或闪灰等。产品形制丰富多彩，除各种造型生动的人物造像外，还有用于

图10　三面柜测试区

图11　三面柜测试数据

陈设的瓶、炉、尊、垒、觚、水盂、花盆等；用于文房的洗、盒、砚滴、水注、灯盏、烛台、印玺、箫笛、案屏、笔筒等；饮食器皿杯、盏、执壶、碗、盘、碟、羹匙等。到了清代，青花瓷代替白瓷，成为德化窑生产的主流，至清晚期，白瓷逐渐衰落。玉洁冰清的胎釉质感与独具匠心的造型艺术而享盛名，被冠以"中国白"之称。

柜外序言部分及壁画采用 2800 K 轨道灯具，照度 61 lx 左右。（图 15）

柜内展品所选择的色温非常正确，采用 4000 K 嵌入式窄角可调角射灯。照度 150～200 lx。显指 85。光环境非常舒适，无眩光。公区照度 5～10 lx，与展品形成强烈对比。展品非常突出。（图 16、17）

6. 公共区域走廊照明情况概述以及分析

大厅照明综述：大厅照明主要采用自然光，主要是从顶部和西面采集自然光，光线采集充分，基本不用人工光做补充。大厅四周的廊，采用嵌入式节能筒灯补光，照度在 63～91 lx，均匀度很好，照度的差异主要还是采集自然光的多少，如距离入口和大厅近的，照度明显较高。

三　调研综述

四川博物院是处于西南片区最大的博物馆，从照明手法上看，将 LED 灯具用于博物馆照明，敢于先试先行，

最大照度13.3 lx

图12　照度偏低

最大照度15 lx，最小照度0.3 lx

图13　照度偏低

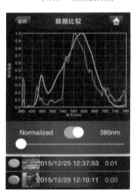

图14　各项数据对比图

图15　瓷器精品展

图16　瓷器精品展区测试

 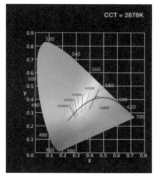 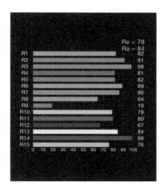

图17 瓷品展测试数据

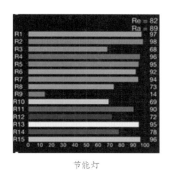 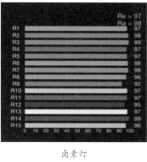 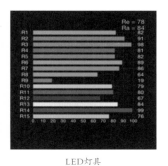

节能灯　　　　　　　　　卤素灯　　　　　　　　　LED灯具

图18 三种光源显色指数各项数值比较

但是馆方因为没有专业的灯光顾问做指导，因此照明效果不是很理想。但是出于对文物的保护角度出发，对灯具的紫外线和红外线有严格要求，馆方已陆续着手更换传统光源，并对新进的灯具显指、紫外线、红外线都有要求，不合格绝对不用，以保证文物的安全。博物馆灯具选择角度偏大，全部采用射灯50度发光角及发光120度左右的面发光板，大通柜的照明手法比较理想，但是对于色温和灯具布局不是很合理，由于灯具使用年限超限引起照度不太科学、照度偏低、照明舒适度不太理想等问题。

LED光源、卤素灯、节能灯的比较中可发现：在这一次调研中，20%灯具采用LED，15%灯具采用节能灯具，65%灯具采用卤素灯具，所以同时测得了三种光源的数据，比较结果如下。

A.显色性能比较，从上面关于显色性的比较看，显色性Ra全部符合博物馆照明基本要求，但是从R1～R15看，三种灯具相差比较大，特别是R9，节能灯的只有14，卤素灯为92，LED灯具有24，所以在鲜艳颜色还原度以及色饱和度上，节能灯是最差的；卤素灯的显色性能接近日光，显色性能最佳；LED灯具的显色性能比卤素灯略差，但是基本接近卤素灯，在显色性能上具备替代卤素灯的特性。(图18)

B.灯具尺寸比较，节能灯具尺寸一般比较大，隐蔽性能不好；LED和卤素灯因为均需要电器安装位置，所

以灯具尺寸相近；但是对于小距离投射，LED灯具可以做得更小。

C.紫外线、红外线方面比较，节能灯产生紫外线的概率很大；卤素灯红外线比较严重，一般均要求增加红外线、紫外线滤色片。产生热量角度，在书画、丝织品照射中要严格控制热量，特别是展柜中；LED红外线和紫外线部分相对比较弱，安全系数大。

D.从节能比较，LED节能性能最好，其次是节能灯，卤素灯最不节能。

E.单纯从LED照明看，近两年LED照明性能提升较快，基本达到博物馆照明的要求，但是由于早期LED发展的不成熟，也导致大家对LED使用有所顾虑。

四　调研单位照明的困惑

四川博物院LED照明应用，特别是临展馆二厅的LED应用是非常成功的，但是其余展馆应用从灯具选择到照明手法都需提升。

馆方也有意解决灯光方面的问题，但由于缺乏专业的照明设计公司做照明规划设计，包括对灯具选型的把关。对LED照明方面的困惑：①灯具调光不方便，调试比较困难；②售后服务跟不上，没有专业的灯光顾问统一做规划；③价格较贵。

拓展研究

港澳台及国外应用LED优秀案例分析

台湾台中亚洲大学现代美术馆

报告提交人：TONS 汤石照明
调研对象：亚洲大学现代美术馆
调研时间：2016 年 04 月 25 日
调研人员：詹益祯、郑文斌、杨景皓
设计单位及人员：偶得设计陈怡彰
调研设备：照度计、色温计、光谱仪 MK-350D、测距仪 BOSCHDLE40

一　概述

1. 亚洲大学现代美术馆简介

亚洲大学现代美术馆（简称 Asia Modern）是一座位于台湾中部的台中市的现代主义美术馆。于 2013 年 10 月 24 日开幕。该美术馆为普立兹奖得主安藤忠雄在台湾和全世界校园中的第一座建筑作品，是一栋由三个正三角形组成的建筑物，室内面积约 4112 平方米，户外场域约 19834 平方米。（图 1）

图1　亚洲大学现代美术馆外观

2. 展品简介（2016.2 ～ 2016.7）

（1）常设展——安藤忠雄建筑展

亚洲大学现代美术馆由于是全世界第一个安藤忠雄设计的校园美术馆，因此特别规划建筑师安藤忠雄的常设展，常设展由三个主题构成。（图 2）

第一部分展出亚洲大学现代美术馆的设计过程，内容包括工程照片与模型，以及安藤亲自绘制的手稿。从一栋建筑的发想到造竣，呈现每个阶段所需的长期研究以及众人的热情投注。

第二部分介绍安藤忠雄在世界各地所设计的美术馆。从这些案例中，可以看到安藤以独一无二的建筑艺术方式，塑造每一座美术馆的专属样貌。

第三部分展出安藤忠雄于 1988 年针对日本中之岛提出的计划——城市之卵。虽然这个

图2　安藤忠雄建筑展

计划并没有实现，但建筑师持续挑战自我、绝不放弃的勇气与热忱，仍足以启发年轻的建筑师后进。

（2）特展——大破大立（2016.02.06 ～ 2016.07.31）

艺术带给观者的不仅是视觉的飨宴，也是富足心灵的能量。艺术家透过不同的媒材和表现手法，反映个人对社会的反思或对传统的响应，提供观者多元的观看视野。"大破大立"想要突破的不只是如何看待艺术，也是打破根深蒂固的成见；在破坏后重新秩序和建设，超越并颠覆。本展邀集四位立足欧美、台湾地区的杰出艺术家：国际级抽象派艺术家江贤二、录像艺术大师维奥拉（Bill Viola）、新写实主义集积大师阿曼（Armand Fernandez）以及代表台湾六七年级生的新锐跨域艺术创作者阿信。四位艺术家所使用的创作媒材各异，也各自代表不同世代、不同地域的突破者，然而不变的是他们敢于翻转寻常，坚持心中对于创作应有、该有且不应是的信念；同样经过临摹、沉潜、转身、突破、绽放的过程。我们透过作品理解艺术家创作的原点，以一种不断超越自我的勇气和发人深省的撼动，体会在那无可穷尽的浩瀚中艺术最诱人之处。（图 3）

图3　大破大立特展

表1　亚洲大学现代美术馆实际数据

2016 年 1 月

空间	自然光	LED 洗墙灯	LED 投射灯	卤素 投射灯
大厅	✓	✓	✓	
第一展览室	✓	✓	✓	
第二展览室	✓	✓		
第三展览室		✓		
第四展览室	✓		✓	✓
第五展览室		✓	✓	
第六、七展览室	✓			✓

3.灯具整体情况

亚洲大学现代美术馆，展品分为平面展品与立体展品两大类，陈列方式为开放空间陈列，并无展柜形式展示，早期展陈照明使用 3000 K 四线三回路卤素轨道射灯为主，角度分别为 10 度与 36 度，另外有部分 6000 K LED 投射灯具。2016 年底前预计全数改为 3000 K LED 射灯；2016 年 1 月则部分改为 3000 K LED 轨道射灯（Spotlight）与洗墙灯（Washer）。（表1）

二　现场调研数据分析

现场我们主要针对一楼的安藤忠雄建筑固定展览，二楼（1、2、3 展厅）江贤二——寂境与幻影，三楼（4、5 展厅）五月天阿信——发声与发生及 Ball&Box 装置艺术，三楼（6、7 展厅）阿曼——解构与再生等展览进行了实际的数据调研。

1. 一楼

（1）入门大厅（图4、5）

图4　大厅入口

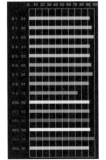
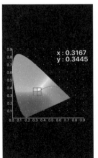
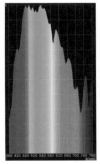

相對色溫	6207 K
演色性	95.1
照度	1125.5
λp	478 nm
fc	104.6
FLICKER	0.00 %

图5　大厅入口实际数据

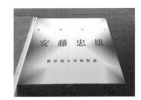

图6 安藤忠雄建筑展厅

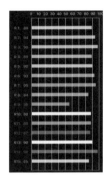 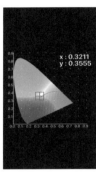 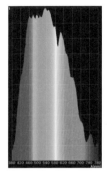

相對色溫	5973 K
演色性	92.0
照度	591.6
λp	535 nm
fc	55.0
FLICKER	0.06 %

图7 安藤忠雄建筑展厅实际测量数据

现代美术馆入门大厅如整体建筑一样，是一个三角形构成的空间，四周都是玻璃门窗。

由于现场是自然采光，因此照明环境会随天候与时间不同而变化。测量当日下午约 2:00，阴天，现场量测色温 6207 K 与照度 1125 lx，显色性 95。

（2）一楼安藤忠雄常设展（图6、7）

亚洲大学现代美术馆一楼大厅常设展——安藤忠雄建筑特展主要的照明来自于自然光。因自然光的变化，整体环境的光色与照度则随时间季节不同而变化。现场

测量展品色温 5973 K 与照度 591 lx，显色性 92。墙面色温为 5621 K，照度为 196 lx，一楼走道地面色温为 5832 K，照度 176.1 lx。

2. 二楼（展厅 1～3）

（1）展厅 1（江贤二——寂境与幻影）油画（图 8、9）

使用灯具：LED 轨道射灯 10 度、20 度、30 度与 LED 轨道洗墙灯；

展品尺寸：250 厘米 ×200 厘米；

灯具布置：层高 4 米，灯具安装高度：4 米，距墙：1.6 米；

控制系统：电力载波调光控制系统（PLC）；

测试结果：主体照度 121～218 lx，地面照度 55～125 lx；

光源参数测试结果：色温 3153 K，Ra 92.9；R9=61，峰值波长 618 纳米。

（2）展厅 2（江贤二——寂境与幻影）立体创作（图 10、11）

使用灯具：LED 投射灯 10 度；

图8 江贤二——寂境与幻影展厅1

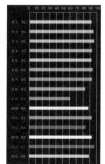 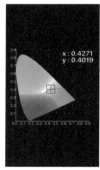 

相對色溫	3153 K
演色性	92.9
照度	435.5
λp	618 nm
fc	40.5
FLICKER	1.27 %

图9 江贤二——寂境与幻影展厅1实际测量数据

图10　江贤二——寂静与幻影展厅2

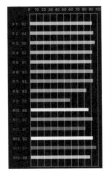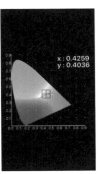

相对色温	3190 K
演色性	92.3
照度	561.9
λp	619 nm
fc	52.2
FLICKER	0.93 %

图11　江贤二——寂境与幻影展厅2实际测量数据

展品尺寸：40厘米×40厘米×60厘米；

灯具布置：层高4米；灯具安装高度4米；投射角度30度；

控制系统：电力载波调光控制系统（PLC）；

测试结果：主体照度562 lx，地面照度22 lx；

光源参数测试结果：色温3190 K，Ra 92.3；R9=59，峰值波长619纳米。

（3）展厅3（江贤二——寂境与幻影）大型油画（图12、13）

使用灯具：LED洗墙灯；

展品尺寸：200厘米×340厘米；

灯具布置：层高4.3米，灯具安装高度4.3米，离墙1.6米非对称光型；

控制系统：电力载波调光控制系统（PLC）；

测试结果：主体照度85～107 lx，地面照度23 lx；

光源参数测试结果：色温2900 K，Ra 90.5，R9=53，峰值波长614纳米。

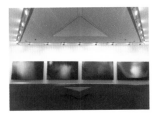

图12　江贤二——寂境与幻影展厅3

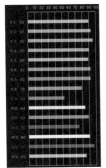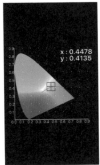

相对色温	2900 K
演色性	90.5
照度	107.5
λp	614 nm
fc	10.0
FLICKER	0.65 %

图13　江贤二——寂境与幻影展厅3实际测量数据

（4）展厅 3 外（《13.5 坪》常设展）（图 14、15）

使用灯具：节能灯；

展品尺寸：综合分布；

灯具布置：层高 2 米，灯具安装高度 2 米，灯垂直下照；

控制系统：无；

测试结果：主体照度 148 lx，地面照度 21 lx；

光源参数测试结果：色温 2910 K，Ra80，R9=0，峰值波长 612 纳米。

现佳，但展厅 1 与展厅 2 易受自然光影响照度与环境色温，对于画作的表现与维护形成极大的挑战，馆方虽于四周玻璃均配置有遮光帘，但现场工作人员对于不同时间的遮光并无积极的调整，因此不同时间进入参观，均有不同的观感；展厅 3 则为一个独立的三角形展厅，三面墙的尾端相接处，灯具的配置位置也搭配的相当良好，让墙面的均匀性大大提高，也让整体观赏性增加。

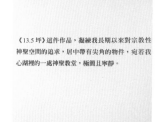

《13.5 坪》這件作品，凝練我長期以來對宗教性神聖空間的追求，居中帶有尖角的物件，宛若我心湖裡的一處神聖教堂，極簡且寧靜。

图14　13.5坪展厅

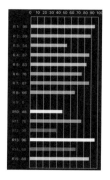
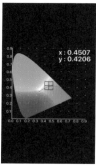
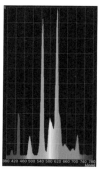

相對色溫	2910 K
演色性	80.0
照度	148.8
λp	612 nm
fc	13.8
FLICKER	3.59 %

图15　13.5坪展厅实际测量数据

（5）江贤二——寂境与幻影展览综述

展品为现代创作，展厅 1 与展厅 2 由于展览空间融合自然光与人工光源，因此画作部分容易受自然光影响，加上开放空间与清水墙设计，增加背景之冷峻感，为让展品可以凸显，照明设计师采用低色温的光源进行投射，部分油画作品因为尺度较大，因此采用洗墙灯均光投射的方式进行；展厅 2 立体展品由于作品尺度较小，容易聚焦，因此采用 3000 K 10 度 LED 轨道灯进行投射，让作品在自然光的环境中凸显。

展厅 3 则为全室内之独立展间，因此无自然光影响展览环境，由于作品尺度较大，全区采用 3000 K LED 洗墙灯均匀配光，并将所有光分布于墙面，让视觉容易停留于墙面上。

整体而言，2 楼的 LED 光源的显色性与配光分布表

3．三楼（五月天阿信 ——发声与发生；阿曼——解构与再生）

（1）展厅 4（五月天阿信——发声与发生）立体创作（图 16、17）

使用灯具：T5 灯管基础照明；卤素灯与 LED 6000 K 轨道灯；

展品尺寸：45 厘米 ×68 厘米 ×80 厘米；

灯具布置：层高 3.7 米，灯具安装高度 3.7 米，投射角度约 30 度；

控制系统：无；

测试结果：主体照度 562 ～ 956 lx，地面照度 230 ～ 385 lx，墙面照度 495 lx；

光源参数测试结果：色温 4455 K，Ra 78.3，R9=1，

图16 五月天阿信——发声与发生立体创作展厅

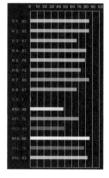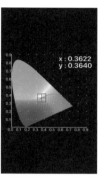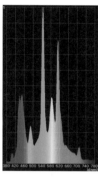

相對色溫	4455 K
演色性	78.3
照度	2509.9
λp	544 nm
fc	233.3
FLICKER	0.34 %

图17 五月天阿信——发声与发生立体创作展厅实际测量数据

峰值波长 544 纳米。

（2）展厅 5（五月天阿信——发声与发生）装置艺术（图 18、19）

使用灯具：LED 投射灯与洗墙灯；

展品尺寸：300 厘米 ×500 厘米；

灯具布置：层高 3.7 米，灯具安装高度 3.7 米，离墙 1.6 米；

控制系统：电力载波调光控制系统（PLC）；

测试结果：主体墙面照度 87 ~ 571 lx，地面照度 18.2 ~ 19.3 lx；

光源参数测试结果：色温 2985 K，Ra91.1，R9=55，峰值波长 618 纳米。

（3）五月天阿信——发声与发生展览综述

展厅 4 展品为玻璃纤维现代创作，由于展览空间有大面积落地窗，且地面为刷亮光漆之木质地板，因此自然光充足，展厅开放期间环境光色温经常在 5000 ~ 6000 K，为了让展品突出，如同其他开放展厅的设计，此厅也采用低色温光源对展品进行投射，以突出展品层次感，但是自然光进入展厅空间的能量经常过大，造成照度与亮度均过高，重点不易突出，环境曝光过度，现场自然光的管理成为展陈设计的一大挑战。

展厅 5 相似于展厅 3 的全室内空间，三角形的室内空间，仍旧考验着策展人对于展品展陈方式与灯具配置的能力，但由于并无自然光的影响加上暗色系的墙面与地面，因此当装置艺术置于墙面时，策展透过 3000 K LED 洗墙灯均匀的配光，让大面积且无规律的装置艺术可清楚地被看见，再搭配 3000 K LED 投射灯进行重点投射，拉高重点展区的照度，进行视觉引导，让观众在众多的展品中可以快速的聚焦。

图18 五月天阿信——发声与发生装置艺术展厅

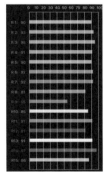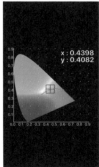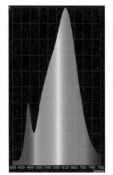

相對色溫	2985 K
演色性	91.1
照度	571.0
λp	618 nm
fc	53.1
FLICKER	1.47 %

图19 五月天阿信——发声与发生装置艺术展厅实际测量数据

图20　阿曼——解构与重生展厅6

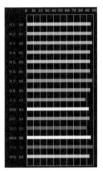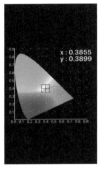

相對色溫	3961 K
演色性	96.5
照度	787.0
λp	639 nm
fc	73.1
FLICKER	0.60 %

图21　阿曼——解构与重生展厅6实际测量数据

（4）展厅6（阿曼——解构与再生）（图20、21）

使用灯具：卤素轨道投射灯；

展品尺寸：300 厘米 ×500 厘米；

灯具布置：层高 3.7 米，灯具安装高度：3.7 米，离墙 1.6 米；

控制系统：无。

测试结果：主体照度 502 ~ 787 lx，地面照度 720 ~ 1504 lx；

光源参数测试结果：色温 3961 K，Ra 96.5，R9=88，峰值波长 639 纳米。

（5）展厅7（阿曼——解构与再生）（图22、23）

使用灯具：卤素轨道投射灯；

展品尺寸：36 厘米 ×43 厘米 ×70 厘米；

灯具布置：层高 3.7 米，灯具安装高度 3.7 米，投射角度 10 度；

控制系统：电力载波调光控制系统（PLC）；

测试结果：主体照度 4565 lx，地面照度 1471 lx；

光源参数测试结果：色温 3961 K，Ra 96.5，R9=88，峰值波长 639 纳米。

（6）阿曼——解构与重生展览综述

展厅6与展厅7为相连的两个展厅，均位于亚洲大学现代美术馆最上层的三楼西边，因此西晒的情况最严重，且无遮光帘，环境光的照度较其他展厅更高，目前美术馆方已经另外设计新的遮光帘，既能同时兼顾自然光的管理，又能保持空间的开放性与视觉的通透性。

此厅灯光配置如同其他开放展厅，也采用低色温光源进行展品投射，以突出展品之层次感，但是自然光进入展厅空间的能量经常过大，造成照度与亮度均过高，重点不易突出，环境曝光过度，因此现场自然光的管理成为展陈设计最严峻的挑战。

图22　阿曼——解构与重生展厅7

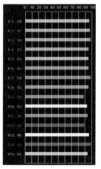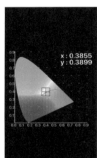

相對色溫	3961 K
演色性	96.5
照度	787.0
λp	639 nm
fc	73.1
FLICKER	0.60 %

图23　阿曼——解构与重生展厅7实际测量数据

日本博物馆、美术馆照明现状的研究

杜彬彬

随着人们生活水平的不断提高，对精神层面的追求也越来越多，因此，各种类型的博物馆、美术馆在各地相继兴建，与此同时，馆内环境的专业度要求也与日俱增。照明环境作为重要的组成部分，渐渐成为业主及设计师关注的一个话题。

对于博物馆和美术馆而言，在设计过程中需要充分考虑观众的心理变化，观众往往是经历了观看欣赏—思考品味—探究等过程。为了创造一个符合使用目的的照明环境，设计者需要对照度、视野内的亮度分布、不悦眩光、反射眩光、阴影以及造型、光源的光色与显色性等进行深入研究探讨。另外，还有一个重要指标是要保护展示物、防止展示物受到损伤，辐射、光、温度、空气

污染等因素都会成为损伤展示物的原因。尤其是为了防止贵重的展示物受到损伤，需要在充分考虑热量、放射因素影响的基础上决定照度。

基于上述要求，过去的博物馆、美术馆通常采用显色性比较高的陶瓷金卤灯、卤素灯、荧光灯等产品，如图1所示。此类产品在满足光环境要求的前提下，存在着耗能大，热量高等缺点。

LED作为新一代照明产品，在其上市初期，显色性低、均一性差、中心光强小等弊端一直困扰着博物馆、美术馆的照明设计师，但是随着LED芯片技术水平的不断提高，这些已经不再是问题，且很多传统光源不具备的优势也显现出来，目前日本已经有越来越多的博物馆、美术馆开始采用LED照明灯具作为主照明灯具。

针对LED灯具用于博物馆、美术馆的优势在日本有如下研究。

1. 节能性

作为LED产品，其节能性优势是有目共睹的，与传

改造前效果

改造后效果

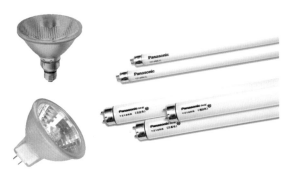

图1　传统博物馆照明灯具

图2　改造前后效果对比

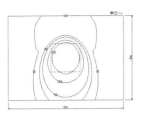
白炽灯（80W）

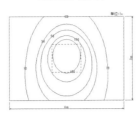
LED灯具（12W）

图3 照度对比

统白炽灯类产品相比，在满足相同照明效果的前提下，节能80%以上，如图2、图3所示。

2. 紫外线、红外线部分光谱含量少或没有，对展品损坏小

照明灯具长时间照射展品的不良影响一般有两种：①展品变色或褪色，②展品温度升高而干裂，如图4所示。

展品变色

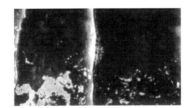
展品干燥开裂

图4 灯具对展品的影响

对于变色或褪色的影响，美国N.B.S做过相应的实验和总结，数据显示：波长越短的光谱对展品的损伤越大，对于照明灯具而言，紫外线部分是主要损伤原因，如图5所示。

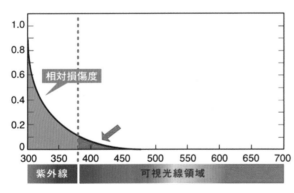
图5 光谱对展品的损伤关系

对于干裂的影响，主要是由光谱中的红外线部分造成的，经过长时间照射，使得展品温升过高，水分流失，以至于展品干裂。

而对于LED产品而言，紫外线及红外线部分几乎为零，如图6所示，因此，长期照射展品也不会产生不良影响。

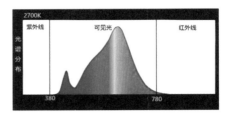
图6 LED光谱分布图

3. 可调光、调色

严格意义上讲，对于同一展品，采用不同色温的照明灯具进行照射，其展示效果是不一样的，如图7所示。对于一般的博物馆、美术馆空间而言，照明灯具都是固定设备，但是展品会定期更新，展馆不会随着展品颜色、材质的变更来重新购置更换灯具。另外，对于传统灯具

图7 不同色温的照明灯具展示效果

来说，实现亮度的变换，即调光相对容易，但传统光源的色温往往都是固定的，无法随意调节。

对于LED产品而言，调光调色的技术相对容易很多，在现今日本，越来越多的展馆开始采用具有调光调色功能的LED灯具来替换传统光源灯具。这一举动，使得展示空间变得更加专业化。配合展品的特点改变灯具的色温及亮度，实现一灯多用的效果，既节省了另购灯具的开销，同时又可以展现出展品的最佳状态。

4. 照明控制灵活

进入LED时代后，照明控制变得更加简便和直接，在日本，LED照明灯具与平板电脑、手机相互关联，通过直观的模式菜单随时随地对照明环境进行调整。而且控制范围已经不局限在对亮度、色温等光学参数的控制，

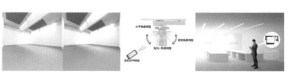
图8 灵活的照明灯具控制

甚至对灯具的照射角度也可以调节，如图 8 所示。

5. 长寿命性

LED 灯具产品的寿命一般都在 30000 小时以上，是传统灯具的 3 倍以上，因此从业主的角度来说，可以大大降低运营维护成本。

以上所介绍的主要是 LED 区别于传统灯具产品的优势特点，但是，对于博物馆、美术馆这类特殊场所而言，并不是所有的 LED 产品均可以使用的，考虑到其光环境的专业性要求，需要采用色彩还原性较高的产品（即 Ra 较高的产品）。对于一些专业度非常高的场所，还会应用超高显色性 LED 灯具，此类灯具 Ra ≥ 95，且 R1 ~ R15 均在 90 以上。

对于 LED 产品的选择是日本博物馆、美术馆照明的第一步。为了吸引观众、加强互动性，在日本很多展馆里采用了一种特殊的灯具——"投影灯"作为重点渲染灯具。可实现如下功能：

（1）该产品兼顾照明灯具和投影仪的双重特点，借助 Wifi（PC、平板、智能手机）、SD 卡等存储媒介，将光斑效果或图像、动画效果展示在被照区域内，如图 9 所示。

借助SD卡等媒介设备存储图像动画信息

图9　投影灯

（2）在投射照明光斑的同时，可标记展品说明文字，减少了每次更替产品时更换实物说明牌的工作量，如下图 10 所示。

图10　投影灯标记展品说明文字

（3）在大型展示物的重点部位上做重点标记或者文字标记，如图 11 所示。

图11　投影灯的重点标设效果

（4）通过投影效果，增加展品趣味性，如图 12 所示。

图12　投影灯塑造的趣味雕塑

最后，举一个 LED 应用于美术馆照明的例子。

"兰岛阁美术馆"，位于县史迹御番所遗址附近，环境优美，苍松环绕（图 13）。美术馆主要以收集乡土因缘的作家及代表日本的美术作家的作品为主，且作为周边地区的信息发送基地，被大家所喜爱。

图13　外观效果

该美术馆以前采用传统陶瓷金卤灯具，效果如图14所示，考虑到对展品的损害及节能性要求，2014年进行LED照明改造。

图14　改造前效果

主照明采用41W LED美光色轨道照明灯具产品，该灯具特点如下。

（1）高显色性：Ra95

美光色产品具有超高色彩还原能力，且有别于传统LED光源，松下专业照明研发团队对其进行了特殊的光谱控制处理，有效调整570～580纳米的光谱分布，使被照对象颜色更加鲜艳美丽，如图15所示。

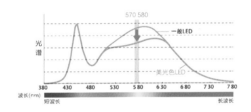

图15　美光色产品光谱示意图
（以上图片由松下公司提供）

（2）3500 K色温产品

与改造前相比，不仅可以体现展品本身色彩，同时建筑墙面感觉更加干净整洁，舒适度更高，且3500 K色温产品为日本商业照明设计师最青睐的色温。如图16所示。

图16　改造前后效果对比

（3）完美光斑效果。

专业透镜设计，实现展品完美的光斑效果。如图17所示。

图17　LED光照效果

（4）展品不良损害小

在满足同一照度的前提下，成功实现温升削减90%、变色褪色损伤系数削减20%的效果。

LED作为新一代照明产品，其特点越来越多地被业主及设计师所发现，并已经大量被应用于博物馆、美术馆照明。经过长时间的检验，高品质LED产品可以完美替换传统灯具，作为博物馆、美术馆的第二代照明产品。

LED照明重塑大师名作

——全新的照明系统下达·芬奇名作《最后的晚餐》

宣琦

众所周知，《最后的晚餐》是由艺术巨匠达·芬奇于几个世纪前所创作的旷世杰作。它位于意大利米兰市多米尼克修道院和圣玛利亚感恩教堂的餐厅之内，并于1980年入选联合国教科文组织世界遗产。教堂的餐厅是一个长方形的大厅，北墙上面就是达·芬奇的这幅名作；南墙上面则是Donato Montorfano所创作的《基督受难》，是修道院餐厅画的传统题材。《最后的晚餐》是达·芬奇受米兰公爵卢多维科·斯福尔扎所托，绘于1494～1497年，而《基督受难》则绘于1495年。

从技术的角度来看，《最后的晚餐》是一场不可思议的实验。达·芬奇试图在壁画创作中表现出当时开始引入意大利的"佛兰芒"艺术风格的光线效果，并且利用透视法原理，让观赏者感觉画中场景似乎就是餐厅空间的延伸。因此，他需要创造出一个特殊的表面，能够让通常用于帆布绘画的颜料附着在上面，而且在表面完全干燥之后仍然可以在不同时间段内继续创作，让整幅作品显得特别立体化。这一技法与《基督受难》所采用的当时主流的蛋彩画技法截然相反。为了实现这一目标，他在墙上的石膏灰泥上用了某种底漆涂料进行预处理，还使用了一种成分不详的黏合剂。这恰恰是日后导致画作频频受损的罪魁祸首，而且早在16世纪初期就已初露端倪。当时的游客们马上就指出，这幅作品的受损相当严重——而这都是拜达·芬奇所使用的这种技法所赐。

很不幸的是，米兰市当地的潮湿气候以及壁画所处的特殊位置（一侧是食堂，一侧是厨房，两侧的温度和湿度差异明显）进一步加剧了这种技法所造成的损失。出于对完全失去这幅杰作的恐惧，Ambrosiana学院的创始人Federico Borromeo派人临摹了一幅巨大的仿作，以永久保留记忆。几个世纪以来，为了保住教堂内的大师杰作，人们对它进行了多次修复，特别是在战争年代食堂遭遇了毁灭性轰炸之后。最近的一次大型修复工作始于20世纪70年代中期，并于1999年完成。在此次修复中，所有之前不合适或有问题的修复都得以移除，特别是在颜色上也专门用相对较浅的颜色进行修复，让游客们既能观察到整体效果，又能轻易区分出原作部分和修复部分。

在这一年，人们开始考虑在该空间内针对艺术作品安装照明与空调设备，并一直延续至今。在那时，原有的照明系统由伽利略·费拉里斯电气协会光度学实验室根据项目的规格设计。灯具根据光分布需求进行定位，平行隐藏在栏杆后方。灯具配有特制的T5荧光灯光源，使用双重反射光学系统。由于照明设备的高度关系，其位置非常靠近被照面，所以需要显著的非对称配光以确保光能覆盖垂直表面。因此，整体的照明效果更加强调的是整幅画面的均匀性。照明系统安装了两排大约为4400 K偏冷白光的灯具和一排3400 K暖白光的灯具。得到的总体色温大约为4050 K。

2014年，米兰建筑和景观遗产办公室开始考虑为《最后的晚餐》配备新照明设备的必要性。经过多方考察和选择，他们最终与iGuzzini达成协议，采取"认领"形式，由iGuzzini赞助新的照明方案所必需的各种研究和实验，并以此为基础提供新一代的照明设备系统。

这次灯光改造的目标如下。

首先，要让这幅大师杰作的面貌在新型照明系统的表现下焕然一新，观众们可以更加清楚地欣赏到作品中之前未能尽情展现的丰富色彩与细节。

图1 《最后的晚餐》

图2 《最后的晚餐》修复总监 Giuseppe Napoleone
在圣玛利亚感恩教堂内介绍作品

其次，根据专家的要求，新的照明系统也要尽量体现出原作中对于室内光环境的构思，特别是明亮度的对比关系。

最后，还需要考虑对作品本身的保护和展览的可持续性。

具体技术要求如下：将灯光尽可能聚焦于画作表面，避免波及画作旁边及上方的墙壁；呈现出作品最好的色彩表现；加强画作表面不同位置的明暗对比；减少照明设备释放的热量；减少总体能源消耗。

新型照明系统的设计可明确地分为两个阶段：实验室中的灯具实验和现场解决方案的确定。第一阶段在 ISCR（文物保护与修复高等研究所）的照明实验室进行，目标是评估最佳的光谱及配光选择。新型照明系统最终选定了搭载 COB 型 LED 光源的 Palco 射灯，安装于 DALI 轨道上，结合 iGuzzini 提供的 DALI 控制系统，可以分别调节每盏射灯的发光强度。这样既可以尽量保证画作表面局部位置的照度的均匀度以及明暗对比，又能同时符合由 ISCR 制定的保护要求中所限定的照明标准——最大照度不超过 50 lx。

LED 光谱品质的选择是通过一系列壁画表面视觉评估的测试来确定的，其中使用了 4 盏持续点亮但包含了一系列光谱组成各不相同的 COB 型 LED 光源的 Palco 射灯。所有 LED 光源都是最新一代的 COB 型，都提前于 ISCR 实验室进行了相关测试，最终结果证明最佳的色彩平衡表现是一款色温为 3384 K 的型号。光谱分布研究也包括了记录新旧照明系统照明下壁画特定色彩区域的反射率，在文艺复兴时期使用的颜料上还进行了快速 LED 光照老化实验测试。在壁画的 5 个重要区域也进行了光谱分析研究，以此来建立最小数量的光谱色度计测量点。在将来，这个对比和评估的测试用于辨别壁画表面的动态变化时是必要的。

具体安装实施时，照明系统由三组灯具组成，每组都瞄准壁画表面的特定区域。导轨最左侧的两盏灯具为

一组，照亮壁画的右侧区域，而导轨最右侧的两盏灯具为一组，照亮壁画的左侧区域。每组灯具包括一盏射灯（配有 28 度中宽光反射器和宽角度椭圆拉伸透镜）创造一般照明的效果，另一盏射灯（配有 10 度窄光反射器和宽角度椭圆拉伸透镜）对准壁画上的人像和桌子。这完美地突出了壁画所采用的透视法的效果。每盏射灯的光通量都经过调节，在符合规定的照度限制内创造最佳的整体视觉效果。特别值得一提的是，由于壁画左边的墙壁上存在着几扇窗户，原画中在对应的右侧位置的整体亮度就比左侧相对更高一些，这种效果也在新的照明系统的处理下得以强化表现——这和旧照明系统所营造的均匀照明效果截然不同。

每一个单独的决定，从调整灯光瞄准方向到确定色温，都是由米兰景观建筑遗产办公室负责人、《最后的晚餐》项目负责人、修复项目负责人及伦巴第大区博物馆总处长等人所组成的专家组共同做出的。在确定了色彩平衡方面的选择之后，人们进行了保护相关的评估。所有的测量数据都显示由 Tecnosaier（Lucioe Fabio Pironi）安装的新照明设备在散热方面得到了根本改善。新照明设备在室内散热的持续降低，为展览环境带来良好的稳定性。然而，延长对公众开放时间的可能性并不仅仅取决于作品在灯光下的

图3 游客们在改造后的《最后的晚餐》画前欣赏

图4 游客们在改造后的《最后的晚餐》画前的反应

图5 新照明系统所选择的Palco射灯

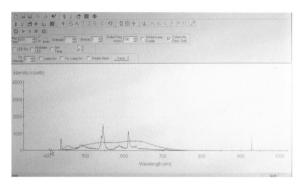

图6 现场实测的原有荧光灯和改造后所使用LED的光谱

年曝光总量，这可以由作品表面的照度水平来进行计算；而且还取决于其他相关室内参数（灰尘与污染）。因此，在决定增加任何数量的访客之前，需要对室内微环境进行一定周期的持续监控。这些在灯光和室内环境上的改善并不单单只是体现在达·芬奇的《最后的晚餐》上，也包括 Montorfano 的《基督受难》。为了照亮这幅画作，两套带有 3 个灯头的 Cestello 灯具被安装在了邻近画作的侧墙上，采取了合理的交叉投射方式，营造出光线均匀分布于画面的理想效果。此外，光照数量与精确投射方向的调节都用来掩饰墙壁的裂纹与凹凸不平。所有的灯光设备都通过一套 DALI 控制系统进行管理。一旦调整好灯光的瞄准方向，就会进行机械锁定，以免在清洁灯具过程中引起瞄准方向的变动。新的照明系统同样安装于餐厅的公共区域以及游客导流通道。在大厅内，原先已经安装了 Cestello 灯具，使用卤素灯 QR111，每个光源功率约为 38 W。改造后，卤素灯被 20 W 的多芯片 LED 光源所替换。而在庭院内的游客导流通道内，则保留了原来的设计方案，只是把所用的 Cestello 灯具内的 30 个 50 W 卤素灯替换成 11 W 的 LED 光源，这样就降低了不低于 78% 的能耗。

新型 LED 解决方案通过降低由"Typical relative damage potential"（CIE 157 TS 16163 D1 表）所规定的光对艺术品的潜在损害的衡量指标——损害因子 Df，以及在热负载上的降低，使得每天参观《最后的晚餐》的游客批次增加了 5 次，全年累计可增加 45000 人次，最

图7 灯光改造前（对比图上、图左）与改造后（对比图下、图右）《最后的晚餐》的整体和局部照明效果

表　照明系统改造前后的功率对比

地点	旧系统功率（W）	新系统功率（W）	能源节约功率（W）	节能比例
《最后的晚餐》	345	47	298	86%
《基督受难》	120	16	104	87%
《最后的晚餐》公共区域	1370	120	1250	87%
参观进入通道	1500	310	1290	81%
总计	3335	493	2842	85%

大限度满足了因为 2015 年米兰世博会的影响而带来的游客参观需求的增加，也极大延长了作品的后续保存时间。当然，这也为运营管理方带来了更多的门票受益。

项目信息
业主：米兰、贝尔格蒙、科莫、洛迪、蒙扎、帕维亚、松得里奥和瓦雷泽的建筑景观遗产办公室
照明解决方案团队：iGuzzini 研究和发展中心，文物保护与修复高等研究所（ISCR），米兰、贝尔格蒙、科莫、洛迪、蒙扎、帕维亚、松得里奥和瓦雷泽的建筑景观遗产办公室
电气安装与施工：Tecnosaier srl（Lucio 和 Fabio Pironi）

原文刊登于《照明设计》杂志（中文版）2015 年总第 72 期第 112 ～ 114 页，略有修改。

从陈列到呈现

——博物馆照明的设计趋势与技术发展

沈迎九

国际博物馆的格局千差万别，涵盖了各式各样的主题，从考古学到当代艺术，从文学到现代科技，包罗万象。某些博物馆仅占地几百平方米，而其他博物馆则可能占满整个城区。即便如此，这些博物馆都具有一个共同主旨，那就是它们都把尽可能的收藏、研究和展示视作自己的使命。在这些博物馆中，不管是以拥有悠久传统而自豪的巴黎卢浮宫，还是像毕尔巴鄂古根海姆博物馆这样年轻的博物馆，建筑师、照明和展览设计师以及策展人现在都会采用严格的照明质量标准。因此，"博物馆级质量"的光已经成为基准，甚至也适用于其他类型的建筑。良好的博物馆照明要满足参观者、策展人和运营方对视觉舒适度、对展品的最佳感知、建筑清晰和安全的定位以及优质体验的需求，同时还要保护好展品，并确保经济效率和可持续性。满足这些标准的照明有利于为子孙后代保存人类的文化遗产。

一 用光来导览整个博物馆

毫无疑问，为艺术作品提供专业照明是博物馆照明的主要挑战之一。但是，展厅的灯光只是博物馆照明功能的一个方面。照明从建筑外部开始，在夜晚为城市空间创造了显著的标志，在室外区域突出展品并利用有吸引力的户外照明来引导参观者。在建筑内部，书店和咖啡厅是博物馆的重要组成部分。在人流密集的区域（例如门厅、大厅或通道外面），通过利用亮度和窄光束来指出重要的信息，在指引方向方面发挥着极为高效的作用。在展厅中，重点照明用于营造视觉层次感，它使重要展品成为空间环境中的重点，并强调其特殊重要性。

（1）为城市空间创造亮点，用灯光来设计欢迎立面。一份完整的照明概念也要考虑运用外部的光效将博物馆建筑转变成它们所处的位置的夜间亮点。镶有玻璃的建筑可通过内透的效果，吸引人们对建筑内部及其周边环境的注意；点缀着灯光的立面传达了博物馆敞开大门欢迎参观者的姿态。结合照明标志，导出一条长长的路径，创造了一个邀请的姿态，同时激发了参观者的兴趣。

（2）巧妙地引导通向博物馆之路，利用门厅来指引参观者通往展厅，清晰的通道照明可以指引客流并方便导向。门厅可帮助参观者从明亮的室外过渡到亮度较低的展厅。在门厅内提供均匀的照明，可以营造出空间感并有助于识别其各种功能。

（3）在展厅中，光不仅令艺术可见，还使其放出光芒。例如，采用窄光束照明能吸引参观者对绘画作品的注意。对比强烈的光影变化强调了雕塑的外形，突出了精细的纹理。在通向展览的道路上使用重点照明可创造有效的兴趣点。

（4）对户外区域雕塑的重点照明，借助强大的照明技术和坚固耐用的产品设计，可有效地展示户外雕塑。这使博物馆能在夜间将其展示延伸到周边区域。

（5）附属设施以确保观众在舒适的光线下享用美食、购买艺术品，可口的食物，刺激食欲的氛围及宜人的环境是一家餐厅受欢迎的重要因素。但要实现这些因素，就必须确保食品挑选区拥有良好的光线，用餐的食客能够看清桌上的食物，同时还要确保整个餐厅的照明效果舒适温馨。而参观结束时，大多参观者都会自发地走进

图1 完整的博物馆照明从建筑外部开始，为城市空间创造了显著的标志，利用有吸引力的户外照明来引导参观者，而在建筑内部，如门厅、大厅等在指引方向方面发挥着极为高效的作用

博物馆的商店，挑选几样展览纪念品带回家。差别化的商业照明方式突出书籍、小物件和纪念品，来增加吸引力，从而刺激购买欲。

二 二维展品的照明

利用重点照明来营造出对比强烈的氛围，使用窄光束对博物馆内的画作进行重点照明会营造出一种具有戏剧舞台效果的氛围。明暗区域间的强烈反差将这些展品打造成展览布景的主角，令参观者的目光聚焦在艺术品上，内部装饰和建筑退居次位。部分展览通过呈现强烈的明暗场景对比来突显画作的内容。在这些情况下，重点照明仿佛为场景施了神奇的魔法，这些画作所表达的情绪与展览的氛围相得益彰。对光束进行精确的调节可以界定展品和艺术品的版式规格，同时为其增添特殊的魅力，让它们看起来熠熠生辉。利用不同亮度及重点照

图2 利用重点照明来营造出对比强烈的氛围，明暗区域间的强烈反差将这些展品打造成展览布景的主角，令参观者的目光聚焦在艺术品上，内部装饰和建筑退居次位。利用不同亮度及重点照明形成视觉层次感，从而赋予展厅结构感

明形成视觉层次感，从而赋予展厅结构感。具体可以采用如下方法：

（1）对绘画和雕塑作品进行照明时，正确定位灯具，入射光的最佳角度是30度，灯具距离展品较远会导致一个问题，即参观者站在展品前面时会在展品上投下影子。另一方面，陡峭的入射光角度会导致过度的平掠光，在展品上形成长长的影子。

（2）利用光束对室内的画作进行重点照明。对展品进行窄光束重点照明可令博物馆参观者的注意力集中在艺术品上。使用可互换式透镜形成不同的光束直径，可以根据画作的自身尺寸来调整照明方式。

（3）通过视觉舒适度来完善艺术享受。照明设计是提高展览体验质量的一方面，另一方面则是照明的视觉舒适度。正确的灯具布置确保了艺术品获得均匀的照明，同时参观者站在画作前面时不会在展品上投下影子。窄光束的光和带遮光罩的透镜最大程度地减少了展览通道

上的直射眩光。适当地布置灯具还会避免出现扰人的反射眩光。

（4）尽量减少参观者投下的影子。将两盏聚光灯摆放在侧面来对画作进行照明，可以避免展品上产生反射眩光，而且还可以防止参观者在画作上投下影子。还要避免反射眩光，当参观者站在被用玻璃保护的绘画作品前面的时候，安装在天花板上的灯具会在玻璃上产生眩光，通过正确的布置灯具，结合采用窄光束的灯具和遮光罩，可轻松地避免反射眩光。

（5）根据绘画作品的尺寸限制光束，如果精确限制光束来对展品进行照明，那么绘画作品本身看起来就会熠熠生辉。营造出的集中且神秘的氛围与黑暗的环境形成了强烈对比。使用投射聚光灯上的边框附加件，便可以将光束调整到精确的尺寸。

当然，除了可以利用重点照明产生戏剧化效果以外，

图3 使用墙面布光来营造明亮宽敞的空间感，均匀的墙面布光为展览提供了中性的背景，而且以客观的方式展示了墙上的艺术品

我们也可以使用墙面布光来营造明亮宽敞的空间感，均匀的墙面布光为展览提供了中性的背景，而且以客观的方式展示了墙上的艺术品。这特别适用于旨在引导参观者沉思而非产生强烈情绪的展览。垂直表面的均匀照明营造了明亮宽敞的空间感，而均匀的亮度则令画作与墙面形成和谐统一的整体。

（1）利用彩色墙面营造和谐对比，均匀的墙面布光突出了格调平静的展览理念。我们还可将画作看作墙面的一部分，展厅垂直面的均匀照明赋予艺术作品一个等同于展厅的突显地位，并创造出一个和谐的墙面。我们也可使用墙面布光为大型画作提供照明，均匀照明尤其能突显大型艺术品。墙面布光可营造出均匀的空间感。

（2）合理布置灯具，打造均匀的墙面布光。墙面与墙面布光灯的间距应为展厅高度的三分之一，这样可以实现墙面上的均匀布光。灯具间隔与离墙距离一致。

（3）将墙面布光与重点照明相结合。对于有些展览，仅使用强烈的重点照明或均匀墙面布光是极为合适的展

图4　将墙面布光与重点照明相结合，墙面布光可以设定房间内的基本亮度，重点照明利用高亮度的直接光强调雕塑的塑形效果

示方案。但是，将两种方法结合起来会创造出更多选择。一方面，墙面布光可以设定房间内的基本亮度并令参观者对墙上的展品产生良好的感官印象；另一方面，重点照明利用高亮度的直接光线来对艺术作品分类照明，或者强调雕塑的塑形效果。

三　三维展品

通过光影效果突显雕塑美感、定义雕塑形状。

（1）聚光灯产生的直接光照会形成有棱角的光影，从而突显三维展品的独特立体感。光源的位置对于光影成像来说至关重要。短距离内的陡峭入射光角度会形成又长又大的影子。通常，30度的入射光已被证明是突显雕塑立体感的最佳角度。仅具有直接光线的展览照明会进一步加强明暗的强烈对比。重点照明的局部光束可营造梦幻般的氛围，其中单个的展品在黑暗环境下会显得格外醒目。

（2）针对展出多件展品的大面积区域，最好是利用一组可以将展品作为整体展示的墙面布光灯进行照明，均匀布光。

大型展品需要多盏灯具，每盏灯具都要具有窄光束，以避免对参观者产生眩光。

（3）璀璨可将参观者的注意力吸引至展览的特定区域，因为随着参观者位置的变动，高光的位置也会发生改变。这些高亮的布置还能勾勒出展品的轮廓边缘和形状。利用璀璨效果，可通过突出形状和纹理来突显展品。这样的璀璨效果取决于对光源的压缩度，因为光的强度是次要的。因此，点光源（例如，LED聚光灯）是璀璨重点照明的理想工具，可以形成对比强烈的光影效果和重点照明。璀璨的闪光点，如今也能够通过LED来实现，能赋予金属或玻璃表面璀璨夺目的感觉。

（4）有时，我们能够利用间接射入日光的天窗或发光天花板为室内提供漫射光，让柔和光影营造出安静祥和的感觉，与对比强烈的重点照明相比，它们更客观地呈现展品。这种漫射光来自于诸如发光天花板的平面光源。这就好比阴天，光线均匀地从各个方向发射出来，几乎不产生阴影并且形成了雕塑的平面感官。而直射光（例如自然光线或重点聚光灯）会形成可以产生视觉冲击力甚至于精细轮廓且对比强烈的光影。

四　照明技术

LED技术的发展，可保证博物馆专业照明工具的最佳使用，使用高效的球粒（Spherolit）技术，根据不同尺寸的展品，距离展品位置各异的灯具及特定的照明方案需要多种光束特性。极窄的布光适用于小型艺术品或距离较远的展品，形成强烈的对比和良好的视觉舒适度。另一方面，利用椭圆形光束通过单个灯具对展品进行集中照明可为长方形雕塑创造最佳的照明效果。球粒透镜是各种展览的理想之选，因为它可以轻松替换，能够快速简单地提供不同的布光。

图5　光影效果突显雕塑美感、定义雕塑形状。聚光灯产生的直接光形成有棱角的光影，从而突显三维展品的独特立体感

图6　无论是户内还是户外高亮度、高对比的直射光将参观者的注意力吸引至展览的特定区域，并随着参观者位置的变动，高光的位置也会发生改变，这些高亮的布置还能勾勒出展品的轮廓边缘和形状

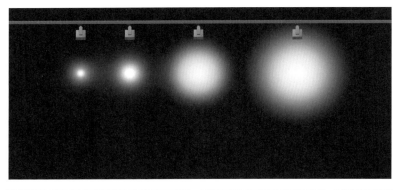

图7 使用高效的球粒（Spherolit）技术，根据不同尺寸的展品，距离展品位置各异，不同照明方案需要的多种光束特性和配光曲线图

（1）不同的配光包括窄聚光和墙面布光。

窄聚光：通常用于通过高强度光线重点照亮小型物体，或者用于照亮距离较远的展品。光束角 <10 度。聚光：这是为所有物体提供重点照明的灯具的标准配光，尤其适合表现物体的三维形状。光束角 10 度～ 20 度。泛光：用于大型物体的高效重点照明，或是为了均匀展现整个空旷区域。光束角 25 度～ 35 度。宽泛光：用于物体表面和空旷区域灵活的泛光照明，尤其适合用于展示商品。光束角 >45 度。椭圆形泛光：椭圆形泛光球粒透镜能产生宽光束并且实现轴对称的配光效果，其光束角约在 20 度～ 60 度。

墙面布光：墙面布光透镜旨在营造非常均匀的配光效果。

当然，还有产生投射效果的投射聚光灯。它的最佳成像系统会启用有棱角的光束或精确的投射模式。在对比强烈的差异环境下，调整透镜会改变光束边缘的清晰度。附加配件可以利用精确的光束照亮图像，同时使艺术品从内而外投射出光辉。遮光片或结构镜头为透光设计添加了图形模式。框架：框架附件能产生棱角分明的光束。遮光片投射：遮光片或结构镜头用于投射模式和图像。

（2）历史建筑中的安装位置。正确布置灯具对历史性建筑而言是一大挑战。出于审美和保护的原因，安装灯具可能会受到限制。因为古老的拱形天花板或天花板

图8 文化景观已成为博物馆展示一个新的议题。遗址类博物馆的照明要兼顾文物保护、户外景观、展品呈现、观众舒适等各方面要求。罗马帝国广场的开发利用提供了一个很好的案例

装饰可能很容易因照明设施而受到损坏。墙面、天花板或立柱上的凸出部分有助于将灯具安装在隐藏位置，让参观者将注意力集中在艺术品上。

（3）利用 LED 减少相关损伤因素。相关的损伤因素用于评估合适的光源，从而确保符合博物馆的保护要求。这确定了破坏性辐射强度和照度。与带或不带紫外线过滤功能的低压卤素灯相比，暖白色 LED 灯光更适合对光敏感的展品。以下是不同光源的损害系数 f（mW/lm）：

光源	相关的损害系数
LED 暖白光，Ra90	0.149
带紫外线过滤功能的 QT12-RE	0.159
QT12-RE	0.169
HIT930	0.182

（4）在博物馆照明中，避免眩光是一项主要任务。精确的光学系统是避免溢出光的关键。其他配件可用于优化高要求视觉任务的视觉舒适度。例如，聚光灯或墙面布光灯的黑色防眩光环限制了灯具的照射范围，从而最大程度减少了直接眩光并将焦点集中在艺术品上。

（5）在多种实际原因下，博物馆的灯具还应能够调光。最基本的是为了最大程度地保护艺术品；同时，使用亮度的明显差异来营造有效的照明场景，还可以节约能源。根据参观者流量调整照明，运动传感器可提供额外的节能和保护选择。低压卤素灯会随调光的变化而产生色温变化，但 LED 的色温不会因调光而改变，这也是 LED 照明技术的一大进步。我们可以通过多种方法对聚光灯进行调光以确保高效舒适的视觉感受。一体化电位计有助于单独调整灯具的光通量。而通过回路或 DALI 系统调光能高效节能。

五　博物馆照明的考虑要点

随着技术的发展和的跨界思维，博物馆展陈的设计已从简单的陈列向开放、互动的全方设计变化，如法国卢浮宫朗斯分馆的成功建成和运新，为我们提供了很好的参考价值。完全开放的空间、从建筑整体、公共空间、展厅及附属设施等整体设计，再加上自然光和人工照明完美的结合，使参观博物馆成为一个愉悦的旅程。因此，作为博物馆一个非常重要的组成部分，我们在考虑照明时，至少要确保：

（1）在展览中营造照明效果。展陈方案是展览照明方案的总指导。选择的范围包括均匀照明、强烈对比、重点照明和演绎照明。使用照明来传达展览的主题！

（2）使用垂直照明。博物馆内的墙面是重要的展示面。因此，在设计中需要特别关注。使用墙面布光灯的均匀照明可增强艺术感，还能营造明亮和谐的空间感。

（3）确保灵活性。要确保快速响应不断变化的艺术和展示形式，选择带轨道的可调节设施是明智之举。可换式透镜可以实现各种光束角度、灯光调节选择及灵活的照明控制，确保博物馆以后也会具有最佳的照明条件。

（4）整合保护方面的功能。保护绘画作品的要求往往与参观者所需的适当亮度相互冲突。为了保护展品，使它们免受人造光或日光损坏，可调光的暖白色 LED 照明被认为是对敏感型展品的最佳选择。

（5）从高效照明和舒适视觉感受中获益。经济高效的照明技术可减少运营成本，提供多余的资金，用于投入收藏和展示。良好的光效、较高的光输出率及超长寿命可以有效减少运营成本。欧科的现代 LED 技术可以实现这一目标甚至达到更高标准。保护完好的灯具和完善的灯具布置可确保展览中的照明质量卓越，且具备舒适的视觉感受。

随着科技的发展，展示设计的新手段不断涌现。而照明作为展览空间的第四维，起到提神和突显展品精神的作用，同时展览也从陈列上升到了呈现。如何使文物艺术作品成为一个展览舞台中的核心，确保观众围绕它、关注它、研究它并产生相关的灵感和延伸，这也是新一代博物馆照明的设计趋势与技术发展方向。

网络数据调研分析报告

LED在博物馆、美术馆的应用现状与前景研究

撰写人：姚丽、郑波、赵洪涛
支持单位：江苏创一佳照明股份有限公司
项目指导：艾晶
支持单位：中国文物报、照明人、云之光、北京照明展

一　调研工作概述

1. 调研主要背景

20世纪末，我国经济的高速增长推动了能源需求的激增，环境和资源的承载压力不断增大，国家正式提出要转变经济增长方式，实现经济、环境和社会的可持续发展，清洁能源的使用开始进入人们的视野。在公共机构和商业建筑里，传统光源逐步改为高能效低耗能的节能设备，为照明行业的健康发展打开了"窗口"。博物馆、美术馆作为具有公共性质且广泛使用照明设备的机构，绿色照明设备应用也在逐年发生变化。LED作为新型的光源与灯具，其节能环保的物理性，灵活便捷的使用性，应用领域的广泛性，使其在文化馆舍方面的应用逐渐受到关注。

从国外实践看，虽然人们对LED产品还有应用顾虑，在初期的白光LED时代，不少人认为LED的蓝光能量峰值和强大的点光源可能会损坏油画等艺术作品。随着科技的进步和人们认知的变化，近年来很多博物馆对此问题的看法也正发生着改变。2011年，美国芝加哥菲尔德博物馆就积极采用了LED照明。事实证明，在实际测试中，在同一色温（CCT）内，LED与传统光源所含的蓝光是等的，而LED释放的能耗少于在450纳米上下的传统光源，所以，LED对人类健康造成的危害性比其他光源要小。

从国内发展看，我国的LED产业整体发展也非常强劲，LED的出口创汇约占整个出口额的22.5%，可谓发展势头已势不可挡。而承载文物工作的博物馆与美术馆，能否可以放心大胆地运用它，能否用它就代表了我们博物馆、美术馆的照明质量和水平的先进性，它对文物展品有无损伤问题，以及博物馆人能否将LED光源全面替代传统博物馆卤素光源，这些问题不断涌现，已成为近年来业内大家普遍关心的话题。

2. 主要调研对象

根据课题组最终备案确认的数据结果，分别针对全国各大博物馆与美术馆馆方、照明设计师、室内设计师、建造师、灯具生产厂家这三个类别进行调查。实地访谈了博物馆42个，美术馆16个，共58家被纳入调研范围。另外还有41位设计师，以及18家灯具生产厂商参与了大数据问卷的调查。

从地域分布上看，参加调查的博物馆和美术馆分布呈不均衡状况：参加问卷调查的博物馆、美术馆主要分布在东部地区的2个省份（直辖市），数量达12家，占参与调研博物馆总数的20.69%。北部地区的4个省份（直辖市），数量达25家，占参与调研博物馆总数的43.10%。南部地区的1个省份，数量达6家，占参与调研博物馆总数的10.34%。东南地区的1个省份，数量达3家，占参与调研博物馆总数的5.17%。西南地区的2个省份（直辖市），数量达4家，参与调研博物馆总数的6.90%。中部地区的2个省份，数量4家，占参与调研博物馆总数的6.90%。西北部地区的1个省份，数量达3家，占参与调研博物馆总数的5.17%。港澳台地区1家，占参与调研物馆总数的1.73%。

其中，东部、北部地区分布较多，中部地区、西南部地区相对较少，而东南部地区分布最少。通过对各省数据的比较可以发现，关注灯具产品应用的博物馆数量与当地经济文化发展水平、遗产资源富集程度密切相关。参与调研博物馆最多的是北京市，共19家，约占全国的32.76%。浙江、江苏、上海、广东等经济发展水平较高的省份和四川、陕西等传统文物大省，这6个省（区）的参评博物馆达27家，占全国的46.55%。

参加调查的设计师分布在全国（包括台湾），其中北京12位，上海10位，江苏7位，深圳9位，还有3位台湾设计师。

根据调查数据显示，灯具生产厂家主要集中在广东，占参与调查厂家的66.67%，其他省份占比16.67%，剩余的为国外厂商。

二 调研综述与分析

LED 在博物馆、美术馆中的使用已经成为一种趋势。通过这次综合调研，我们认为目前 LED 在博物馆、美术馆的应用方面有三个主要特点。

1. 照明在博物馆、美术馆展陈中的重要性不断突显

在对"照明在博物馆、美术馆整体设计中的重要性情况"进行调研时，受访者的认识总体比较统一，58 人中有 51 人认为照明系统在博物馆、美术馆的整体设计中非常重要，占总人数的 88%，6 人认为照明系统在博物馆、美术馆的整体设计中是重要的，占总人数的 10%，1 人认为照明系统的地位在博物馆、美术馆的整体设计中是一般的，占总人数的 2%，没有人觉得照明系统在博物馆、美术馆的整体设计中是不重要的。

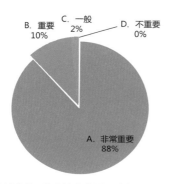

图1　照明在博物馆、美术馆整体设计中的重要性情况占比

受访者还认为，照明设计在博物馆、美术馆的设计中越来越重要，需要请专家和厂家一起进行研讨设计。接受关于照明设计方式的 80 名受访者中，倾向于聘请专业设计顾问指导设计和请厂家配合设计这两种方式的均有 30 人，各占调查人数的 37.5%；倾向于独立设计的有 20 人，占调查人数的 25%。

在是否用 LED 作博物馆或美术馆照明的调查中，60 人选择部分考虑使用，占受访人数 80 人的 75%，而选择全面考虑使用的受访人有 20 人，占受访总人数的 25%。

2. 照明系统的应用细节愈发受到关注

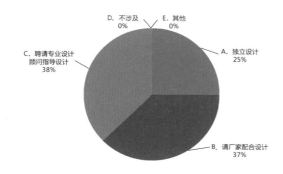

图2　照明设计方式倾向性占比

灯具与光源类型划分更为专业。据本次问卷调查，共 58 人受访，其中展陈区域灯具类型如下：轨道灯、筒灯、射灯、投光灯、荧光灯管、线型灯、支架灯、面板灯、光纤灯，其中陈列柜与立体展品展陈区域主要用轨道射灯，使用率为 55.56%，嵌入式筒灯使用率 22.22%，格栅灯和暗藏灯带使用率均为 11.11%；平面展板展示主要用轨道射灯和嵌入式筒灯，使用率分别为 88.89% 和 11.11%；藏品库房运用灯具为：轨道射灯、嵌入式筒灯、光纤灯、格栅灯和其他类型灯具，其中，其他灯具使用率最多，为 44.44%，轨道射灯其次，使用率为 22.22%，光纤灯与格栅灯使用率均为 11.11%。其他区域灯具运用范围广泛，涉及各种灯具。其中，轨道射灯与嵌入式筒灯使用率最多，为 29.17%，光纤灯其次，为 16.6%，格栅灯与暗藏灯带使用率分别为 4.17% 和 8.33%，其他灯具使用率 12.5%。运用光源类型有：卤素灯、节能灯、金卤灯、LED 等光源。其中在陈列空间，LED 光源使用率最高，为 55.56%，卤素灯使用率次之，为 33.33%，节能灯使用率为 11.11%；库房中主要运用节能灯，使用率为 50%，卤素灯和 LED 均为 12.5%，其他光源使用率为 25%。其他区域光源 LED 使用率 42.86%，卤素灯使用率 28.57%，节能灯使用率为 21.43%，其他光源使用率为 7.14%。

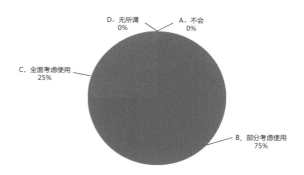

图3　LED在博物馆、美术馆中的应用考虑比例

光源显色性范围与色温认识逐步统一。在 80 位受访人中，认为在展陈空间中，显色性数值应在 90 以上的人数最多，有 40 人，占受访人数的 50%；认为显色性范围在 70 到 80 之间的人数次之，有 30 人，占受访人数的 37.5%；而认为显色性在 80 到 90 之间的受访人数最少，只有 10 人，占受访人数的 12.5%。认为灯具色温的范围应在 3300～4300 K 的人数最多，有 40 人，占受访人数的 50%；认为色温范围应小于 3300 K 或者不限定的受访人数各有 20 人，分别占受访人数的 25%。另外，受访的 80 人中，有 40 人认为在藏品库房照明设计中，显色性范围应在 80 到 90 之间，占受访人数的 50%；20 人认为显色性应在 70 到 80 之间，占受访人数的 25%；20 人认为显色性应小于 70，同样占受访人数的 25%。认为

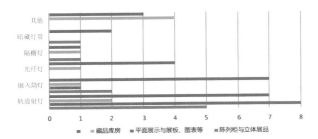

图4 博物馆、美术馆各功能区域灯具类型分布

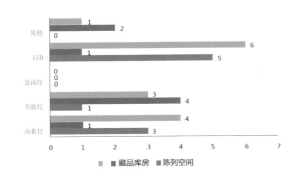

图5 博物馆、美术馆各功能区域光源类型分布

灯具色温范围应小于 3300 K 的有 40 人，人数最多，占受访总人数的 50%；而认为色温应在 3300 ～ 4300 K 的次之，有 30 人，占受访人数的 37.5%；而认为色温应在 4300 ～ 5300 K 的只有 10 人，占受访人数的 12.5%。

产品研发重点与实际应用需求日趋匹配。受访的 10 个厂家中，着重开发显色性在 93 的占比最高，占 38%；97 的次之，占比 28.57%；显色性指数在 85 和 80 的分别占比 23.81% 和 9.52%。

在灯具配件方面，考虑情况也有侧重。在防眩光和红外线控制方面都有考虑，调查数据显示，防眩筒的开发最受重视，占比 37.5%；红外滤光片、遮光扇叶以及蜂网片占比相同，均为 20.83%。

光束角重点开发 8 度角、12 度角、24 度角以及 36 度角。其中，12 度角占比 31.03%，24 度角 27.59%，8 度角和 36 度角占比均为 20.69%。

3. LED 在博物馆、美术馆展陈照明中的应用率不断提升

受访者普遍认为，LED 与传统产品相比较，具有节能、易于控制、免维护以及光色变化灵活的优势。235 份样本中，70 份样本认为 LED 比传统产品更加经济节能，超低能耗工作，在相同照明效果下，比传统常规照明产品节能 80% 以上；65 份样本认为 LED 产品更加灵活可调、智能控制，并且指出其体积小、重量轻、厚度薄，外形优势明显，灵活性好；智能有效控制光源以及

有效控制展品年曝光量，从而达到节能和节省手动控制的人力支出；45 份样本中提到免维护，指出 LED 产品相较于传统产品，维护更换便捷方便，寿命长达 60000 ～ 100000 小时；55 份样本中指出 LED 产品的光色变化更加灵活。

对于 LED 产品未来在博物馆、美术馆中占比问

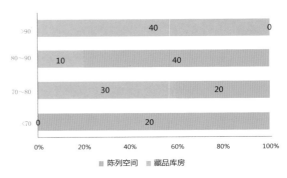

图6 博物馆、美术馆显色性范围

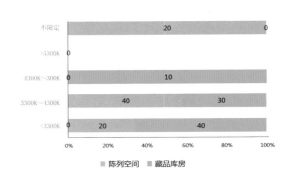

图7 博物馆、美术馆色温范围

答题人数10

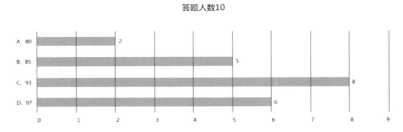

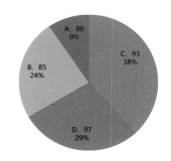

图8 厂家对于光源显色性参数侧重

题，有 33 人认为将大幅上升，占受访总数的 62.26%；认为将上升的有 23 人，占受访人数的 39.66%；2 人认为这个比重将有所下降，仅占受访人数的 3.45%。

而对博物馆、美术馆节能改造问题上，有 60 人认为有必要，这在 80 位总受访人数中占 75%，20 人认为可进行改造，占总受访人数的 25%，没有人认为不需要改造。

三　LED应用面临的主要问题

虽然目前馆方、设计师、厂家在 LED 的使用推广上取得了普遍共识，但 LED 照明产品本身和具体应用环节上仍然存在一些问题，具体来说主要有以下几个方面。

1. LED 的应用还面临技术和认知障碍

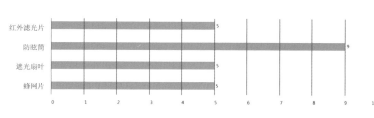

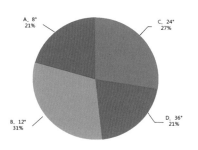

图9　厂家对于灯具产品配件开发侧重

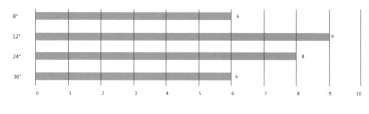

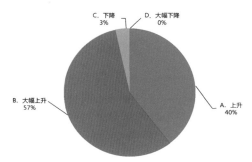

图10　厂家对于灯具光束角产品配件开发侧重

一方面，LED 作为照明设备本身还有局限。目前 LED 光源在应用过程中存在着一些问题，分别是初始费用高、后期服务无保障、色彩还原性差、对展品保护不佳、选择范围小以及技术不成熟等问题。其中，认为初始费用高的选项最多，有 31 条，占结果样本的 32.98%，高昂的前期成本仍然是 LED 在博物馆、美术馆中广泛采用的障碍；认为后期服务无保障的有 21 条，占 22.34%；认为技术不成熟、选择范围小、色彩还原差、对展品保护不佳、安装使用不灵活的分别有 11、10、9、7、5 条，分别占获取样本的 11.7%、10.64%、9.57%、7.45% 和 5.32%。

另一方面，人们对 LED 产品的了解还不够深入。在应用过程中，会混淆不同类型的 LED 照明产品如何根据特征相匹配，博物馆的工作人员也都在努力跟上 LED 的变化步伐，另外，调光性能差和不一致仍然是一个问题。虽然 LED 的显色性问题在发展初期确实不太理想，成为 LED 进入博物馆、美术馆系统的最大阻碍。随着近几年，LED 产品的快速发展，LED 显色性问题已

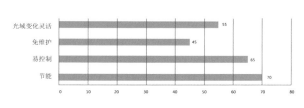

图11　LED的产品相较于传统产品的优势

经不再局限，高显色性的 LED 产品能达到显色性 90 以上，完全可以取代传统照明产品用于博物馆文物展示照明。

图12　LED产品未来在博物馆、美术馆中应用占比

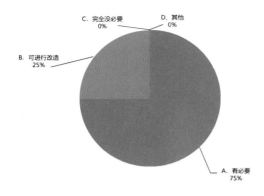

图13　博物馆、美术馆照明节能改造态度比例

2. 国内 LED 灯具品牌竞争力优势不强

在调查中发现，国外的灯具品牌更受追捧。国外品牌往往拥有强劲的创新能力和高质量的产品生产和研发能力；国内缺乏超强品牌、产品质量良莠不齐，中国照明行业长期处于极度分散的状态，大型照明企业存在缺位。

首先，国际品牌处于市场垄断地位。针对博物馆、美术馆以及设计师进行调查，在陈列空间照明灯具品牌的选择上，选择如 ERCO、WAC、iGuzzini、佳博、奥德堡等进口品牌的有 63 人，在 84 人的总受访人数中占 75%，其中，选择 ERCO 品牌的有 27 人，占比最大，占总人数的 32.14%。选择国产品牌如晶谷、银河、汤石等的有 21 人，占受访人数的 25%。

在公共空间照明灯具品牌的选择上，选择如美国

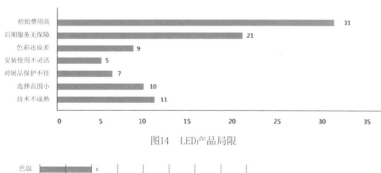

图14　LED产品局限

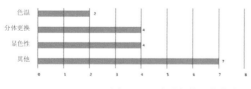

图15　LED产品相较于传统产品劣势

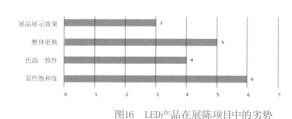

图16　LED产品在展陈项目中的劣势

GE、索恩、飞利浦、欧司朗等进口品牌的有 44 人，在 62 位受访人数中占 70.97%，其中，选择飞利浦品牌的占比最大，有 19 人，占总受访人数的 30.65%。选择如佳博、晶谷、汤石等国产品牌的有 18 人，占受访人数的 29.03%。

在文物库房照明灯具品牌的选择上，选择如欧科、美国 GE、索恩、飞利浦、华格等进口品牌的有 40 人，在 55 位受访人数中占 72.73%，其中，选择 ERCO 品牌的占比最大，有 16 人，占总受访人数的 29.09%。选择奥德堡或其他品牌的有 15 人，占受访人数的 27.27%。

其次，国内 LED 缺乏核心技术和领军品牌。从调研报告中，目前全球 LED 高端产品市场和核心专利技术基本被国际几大巨头垄断，飞利浦、科锐、欧司朗、日亚化学、丰田合成五大公司；国内品牌基本上没有使用。技术上，芯片的核心专利被飞利浦、欧司朗、科锐以及日韩厂商牢牢掌控，中国自主研发品牌在问卷中没有出现。目前国内大多数企业已经掌握了小功率 LED 芯片技术，但是在大功率、特殊应用芯片等高端领域缺乏竞争力。

3. 各方对照明系统的设计、运作和维护认识不一

在照明项目实施工作模式的调查中，受访的馆方 85 人中，有 35 人倾向于照明归项目总承包负责，人数最多，占受访人数的 41.18%；25 人倾向于照明产品与设计都应单独招标，占受访人数的 29.41%；认为产品要招标，但照明设计自己负责的受访人有 20 人，占总人数的 23.53%；5 人倾向于采用其他方式，占受访人数的 5.88%。

馆方与设计师在展陈照明项目中对于灯具选型参数的侧重比。对于博物馆、美术馆，总受访人 85 人，关注产品效果的受访者有 25 人，占总人数的 29.41%；关注成功案例和技术实力的均为 15 人，占受访人数的 17.65%；5 人关注品牌知名度，占受访人数的 5.88%。

对于设计师，注重效果的有 71 人，占样本的 28.29%；选择专业性的有 61 人，占 24.3%；选择可靠性的有 60 人，占 23.9%；选择知名品牌的有 33 人，占 13.15%；选择性价比的最少，只有 26 人，占 10.36%。

在照明灯具维护方式的问卷中，馆方 70 人选择单个更换，占受访人数的 87.5%，10 人选择整批更换，占比 12.5%。

在照明维护原因的调查中，因为损坏而进行维护的人数最多，占受访人数的 54.55%，而因为展品变动及其他原因进行维护的各有 20 人，分别占

受访人数的 18.18%；只有 10 人因为光衰进行照明维护，只占受访人数的 9.09%。

在关于影响照明维护的因素调查中，认为用于照明的整体经费不足是主要原因的最多，有 40 人，占 40%；认为设计师没有预留维修经费、缺少责任的维护意识以及灯具损坏不多更换浪费的各有 10 人，分别占受访人数的 10%，余下的 30 人认为影响照明维护的因素不在选项之中，占受访人数的 30%。

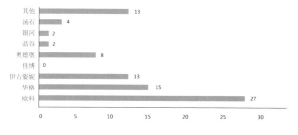

图17　陈列空间灯具品牌选择情况

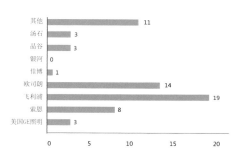

图18　公共空间灯具品牌选择情况

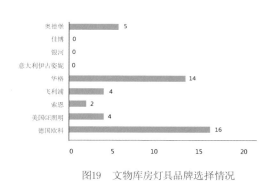

图19　文物库房灯具品牌选择情况

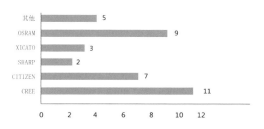

图20　国内LED产品生产厂家对于光源品牌选择情况

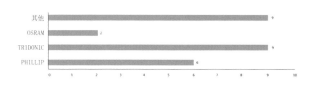

图21　国内LED产品生产厂家对于驱动器品牌选择情况

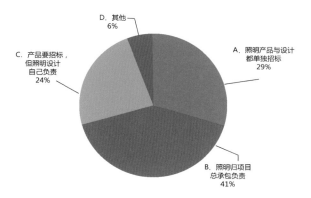

图22　馆方对于照明项目实施模式倾向情况

四　对策与建议

1. 优化和健全促进行业发展的政策法规

正如报告前部指出的，目前博物馆照明设计的规范文件主要有两部，分别是 1999 年颁布的《博物馆建筑设计规范》（JGJ66—91）和 2009 年颁布的《博物馆照明设计规范》（GB/T23863—2009）。《博物馆建筑设计规范》4.4.2 条指出，藏品库房室内和对展品特别敏感的展区应使用白炽灯，并有遮光装置。陈列室内的一般照明宜用紫外线少的照明。4.4.3 条指出，陈列室内一般照度应根据展品类别确定。并附上了推荐值参照表。《博物馆照明设计规范》施行时，由于当时国内博物馆基础条件有限，加上照明类产品的发展局限，在制定照明标准时，参数范围相对较大，导致在设计建设以及文物保护的实际操作中，效果不是很好。通过本报告的数据采集和分析，希望相关部门能够根据技术发展和应用实际，就公共建筑，特别是文化馆舍的照明制定出台相关标准和规范，促进行业发展。

2. 加大博物馆、美术馆的改造和维护投入

目前，国内博物馆普遍存在总体投入不足、历史欠账较多、博物馆安全防范和消防设施建设仍然整体落后、达标率不高以及设备老化等问题。博物馆基础设施配备特别是灯具维护跟不上，这给展厅文物的安全带来了压力。对于博物馆、美术馆的改造问题，调研报告中受访者也一致认为，应该提倡节能改造项目。报告中，关于灯具维护的数据显示，灯具损坏是更换的最主要原因，在超出维护期还继续使用的灯具产品虽然能够正常点亮，但是对于光效、光衰、亮度、色温等灯具参数已经不达标。现代博物馆建筑的安全设备设施设计、施工固然是重要环节，然而在工程交付后的使用中，维修保养将成

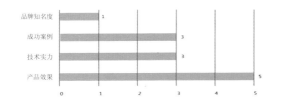

图23 馆方对灯具选型各项参数侧重

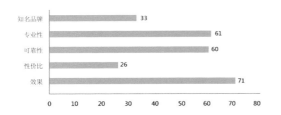

图24 设计师对灯具选型各项参数侧重

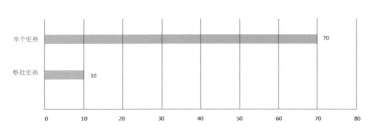

图25 灯具更换方式情况比例

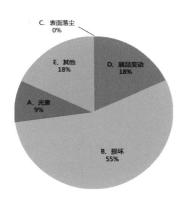

图26 灯具维护方式情况侧重比

为保障系统正常运行不可缺少的重要工作，是发挥系统功能的不可忽视的经常性任务，是提高投资效益、加强长效管理的有效措施。

3. 提升国内 LED 产业链核心竞争力

当前 LED 的技术发展势不可挡，很多已有的博物馆、美术馆传统光源开始面临停产与转型，在选用灯具和光源时，不管是馆方还是设计师，更加倾向于选用国外品牌。从长远看，这不利于国内产业的发展。为此，我们一方面要加强产业链良性互动，推动自主核心技术创新。通过引导上下游企业联合攻关，实现产品协同配套。通过多种渠道，加强引导和集中支持产业链上下游骨干企业开展战略协作，并进行联合攻关，实现关键共性技术的集中突破以及产品的协同发展。注重推进关键技术创新，如具有自主知识产权的硅基 LED 技术、同质外延技术、图形化衬底技术、MOCVD 设备等，提升产业链核心竞争力。另一方面，要推动制定行业标准和完善检测体系，提高专利意识。完善 LED 综合标准化技术体系。优先安排产业发展急需的、条件成熟的标准制定，分阶段、有重点地开展 LED 系统基础标准、组件标准和系统评价标准的修制定工作，并保障标准的推广实施。依托国家和地方质量监督检验中心，加强市场规范与监督。同时依托行业主管部门和协会联盟等机构，建设 LED 知识产权公共服务平台，探索建立知识产权预警机制和专利共享机制，建立完善专利池。

4. 形成推动博物馆、美术馆照明专业化发展合力的着力点

一是提高设计的专业化水平。在 197 条答案样本中，认为最需要加强智能控制的样本有 37 条，占 18.78%；而价格便宜的则在答案样本中占比最少，仅有 12 条，占样本总数的 6.09%；而专业配光、后期服务、审美效果、绿色节能、方便灵活性分别有 36 条、33 条、31 条、26 条、22 条，分别占样本的 18.27%、16.75%、15.74%、13.2% 及 11.17%。

二是馆方在项目实施中要更加注重主动作为。从调研情况看，在照明项目实施中馆方更倾向于把照明设计或产品采购纳入在总承包中，虽然这样便于管理和问责，但对于博物馆、美术馆的照明效果相对来说会更倾向于经验主义，而不够专业。

三是要把光对展品的安全性放在突出位置。从调研分析看，虽然馆方和设计师对于光对展品的安全性因素有考虑，但是并没有作为最重要的考虑因素。在光源选择因素侧重比的调查报告中。更多地考虑到了灯具外形、智能化、节能性、安装维护和更换便利问题，而对展品安全性的考量的仅占 6.63%。建议优化照明安全性的问

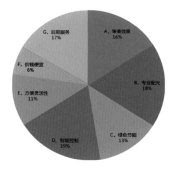

图27 照明设计因素占比

题。对于文物的安全性灯光范围需要有一定的标准，不允许有任何损伤和次生伤害。

除此之外，还要在博物馆、美术馆中建立一个完善的光环境评估体系，只有这样才能更长效合理地保护展品，用常态化的管理机制来改进博物馆、美术馆照明工作，使其朝着规范化与合理化方向发展。

实验室测试报告（博物馆、美术馆）

课题研究在实验室方面，首先锁定测试目标，确定好实验内容，在此基础上进行归纳总结制定好要采集的数据具体信息。二是进行预案设计，即考虑采用什么形式进行测试。三是检测中的比对实操。我们将实验测试分成博物馆方向展柜照明测试和美术馆方向柜外照明测试两个环节。同时比对传统光源与LED最新技术之间的数据实验室差异。四是进行实验数据的最后整理，对采集数据进行必要的学科分析。实验室工作是我们课题研究不可缺少的重要内容，因为前期我们很多调研工作，都不同程度地受各种采集数据条件的限制，不可能任意地采集我们想要研究的必要内容信息，譬如，热温升问题和耗能功率数据、色彩偏差等信息采集在实地各博物馆、美术馆现场调研很难实现，因此我们实验室的补充工作尤为必要。也可以从召集参与实验厂家的配合力度侧面反映一些现状问题，即专业生产配合博物馆展柜照明的国内企业较少，水平呈现状况也高低不齐，而配合美术馆方向的柜外照明生产企业反而数量较多，在我们美术馆柜外测试实验中，还发现各个厂家的导轨在通用性和兼容性方面不能互通，导致部分测试光源无法进行正常测试。

实验部分内容，我们意在突破与创新。首先表现在思路方面的创新，要对现有规范有所突破。目前博物馆现有规范文本最主要的是GB/T23863—2009《博物馆照明设计规范》和JGJ66—91《博物馆建筑设计规范》，显然这两个规定文本设计离LED当前应用与发展有一定的现实差距，当时LED在国内还没有大规模发展，尤其在博物馆与美术馆运用领域更是稀缺，但目前情况大不一样了，目前已经落后于当今时代发展。我们本次调研的结果可以反馈出，至少有30％的博物馆、美术馆已经在应用LED产品了，有的新建博物馆、美术馆甚至全部采用了新型LED产品，因此在实验室测试时，我们目标集中锁定在LED最新应用技术与传统光源的比对进行数据采集。对现有规范性文本的约定内容，我们也做必要数据采集，在此基础上，我们发展应用了国际上关于LED测试的最新规定，进行了优化数据的采集工作。1. 色彩显色性的综合评价：除了传统的Ra（显色指数）指标，我们还引入了Ri（R1～R15）15种颜色的显色指数测试，以及最新北美照明学会（IES）在2015年5月18日制定的双指标饱和度（Rf）和保真度（Rg）的综合评价规定。2. 热温升测试。3. 节能测试。4. 视觉感受评价等多项创新内容。二是我们实验室还进行了模拟实验的创新：方法也是一个从无到有的全新体验。在博物馆柜内测试方面，我们则选择了博物馆中常规使用的几种展柜类型进行模拟测试，采用5种类型模拟，实际在实验室操作中运用了8个展柜。我们还限定了测试色标，一切内容都是围绕方便操作的目的，既节约成本又能实现现场模拟。在美术馆柜外模拟测试方面，我们还集中做了洗墙照明和重点照明两类测试工作，这两类情形在现实美术馆中也最为普遍存在。在光源测试方面，我们还统一规定了色温与照射方式的限定，以及照射距离、取样方式限定。三是实验室测试文本的创新规范：目的是便于操作与统一采样。我们对展柜测试设备与测试要求都进行了细致规定，也是方便参与测试的厂家能够在短期内，提供给我们合适地光源进行实验，实验室人员如何采集必要信息都做了一一细致化的解读。尤其在美术馆方面，我们还增加了对展示空间高度灯具选择的限定要求。但当时由于参与测试的厂家测试产品类型提供的不足，我们只能满足最大的需要，最后采用了4米高、5米宽的展墙，色温也统一规定3000 K的LED射灯形式进行了美术馆现场的模拟。

注：JGJ-2015《博物馆建筑设计规范》2016年2月1日实施，新增了对不同文物展品的色温规定和对不同区域照明眩光的限定值。对LED光源没有特别规定。

博物馆展柜实验分析报告

撰写人：高帅
测试单位：北京清城品盛照明研究院有限公司
参与测试单位：北京清控人居光电研究院有限公司
项目指导：荣浩磊
项目负责：马晔
支持单位：晶谷、WAC 华格、汤石、iGuzzini
合作支持单位：文博时空、深圳天行骏新材料有限公司、天禹神鸣

一　测试背景与目标

本次试验测试为"LED 在博物馆、美术馆的应用现状与前景研究课题"的一部分，主要针对博物馆、美术馆的展柜照明做测试与研究，以了解目前国内展柜常用的 LED 灯具产品的技术发展状况。

本次试验按博物馆常用展柜形式分为四面柜、三面柜、平柜和坡柜四组，四面柜、三面柜、坡柜以传统光源为比照对象，征集国内常用四个 LED 品牌提供不同的照明解决方案，测试相应指标，进行比对分析；平柜则对不同 LED 产品的数据进行了测试对比。

此次实验仅针对样品测试，测试条件描述如表 1 所示。

二　测试数据类型

目前测试数据包含了灯具功率、垂直面亮度分布及均匀度、水平亮度分布及均匀度、显色指数、色彩保真度、色彩饱和度、色温、紫外线含量等几个与光色及光的质量有关的数据。

（1）能耗：本次测试使用的 LED 灯具产品均可调光，单灯功率上限均小于 5W。同一展柜、相同水平面照度下，柜内总输出功率比较，LED 灯具较卤素灯具减少 60% 以上。

（2）亮度分布：垂直面亮度分布方面，对于三面柜的背板表面，LED 灯具组合的解决方案优于荧光灯 + 光纤（卤素光源）洗墙的照明方式。LED 解决方案中，垂

表1　测试条件统计

展柜类型	展柜图片	展柜规格			测试条件				
		高 × 长 × 宽	玻璃透射比	展品反射比	原解决方案	解决方案 1	解决方案 2	解决方案 3	解决方案 4
1 四面柜		2100cm×800cm ×800cm	0.8	0.8	灯具布置				
					135W，光纤（卤素光源）	4×3.4W，LED 射灯，可调光 24°	8×2.5W，LED 射灯，可调光，6°	5×3W，LED 射灯，可调光，9°～60° 可调	30W，光纤（LED 光源），可调光
2 三面柜		2500cm×3000cm ×800cm	0.8	0.8	灯具规格	4×3.4W，LED 射灯，可调光，24°、8°	4×2.5W，LED 可调光，6° +10W，LED 嵌入式洗墙灯	6×9W，LED 射灯，可调光，9°～60° 可调	—
					4×30W，荧光灯 +50W，光纤（卤素光源）				
3 平柜		1100cm×1200cm ×600cm	0.8	/	灯具规格	24W，LED 线条灯			
4 坡柜		1100(800)cm ×1500cm×600cm	0.8	/	灯具规格	35W 荧光灯	20W，LED 线条灯，可调光		

直面亮度分布曲线平滑，均匀度可以到 0.8 以上。且由于 LED 灯具的可调整性，能够将光最大化利用于展品照明，对于平面展品的表现，水平横、纵向亮度、均匀度也可以到达较高的水平。

（3）色彩表现：光源色温实测值基本上与标称值接近；显色指数方面，LED 灯具显色指数均在 95 以上，卤素灯显色指数 92；颜色保真度因子（Rf）方面，LED 灯具的 Rf 均在 92 以上，最高达 95.1，较卤素灯 Rf（93）略有提升；相对饱和度因子（Rg）方面，LED 灯具的 Rg 均在 98 以上，部分大于 100，卤素灯 Rg（95.3），色容差方面，LED 与卤素灯差异不大，但均大于 5 个 SDCM。

（4）紫外线辐射：LED 的紫外辐射含量均在 0.5μW/lm～1.5μW/lm，卤素光源的紫外含量在 12μW/lm～18μW/lm，少数超过了国家标准 20μW/lm 以下的要求，参与测试产品较好地控制了紫外辐射含量，在展品有害辐射保护方面，LED 具有较大优势。

三 四面柜测试

（1）能耗比对：卤素光源灯具全功率输出，水平照度 360 lx。LED 的四种解决方案，以达到相同水平面照度为目标，进行调光，均未全功率输出，柜内总输出功率平均 12 W 左右，灯具总功率降低近 80%。

（2）垂直面照度：在相同的水平照度条件下，四种 LED 解决方案中，LED 方案 3 的垂直面照度较高，能够

较清晰表现展品垂直面，LED 方案 2 垂直面出现明显的暗斑，视觉效果差。从灯具方面来看，LED 方案 2 采用的是固定 6 度角的灯具，LED 方案 3 采用 9 度～60 度的可调出光角的灯具。

（3）色彩表现：显色指数方面，四种 LED 灯具基本接近于卤素灯；色彩保真度表方面，LED 与卤素灯差异不大，少数灯具的色彩保真度数值低于卤素灯；色彩饱和度表现方面，LED 优于卤素灯，但对色彩饱和度的评价应根据展陈需求的艺术表现效果而定。

（4）紫外辐射：目前展柜内灯具的紫外辐射含量均在国标要求的 20μW/lm 范围之内。但卤素灯紫外线含量较 LED 高 15 倍以上，LED 在展品保护方面有较大优势。

四 三面柜测试

（1）垂直背板亮度分布曲线：三面柜要求整体照明解决方案，既保证展品重点照明，又要求背板具有较好的均匀度。通过灯具角度调整和调光，使得展品表面达到相同水平照度，对比背板的亮度分布曲线，可直观观察背板的均匀度。右下图看出，LED 解决方案整体均优于传统的荧光灯＋光纤（卤素光源）的解决方案，且 LED 方案 2，背板的均匀度最优，具有良好的视觉舒适度。

（2）紫外辐射：目前展柜内灯具的紫外辐射含量均在国标要求的 20μW/lm 范围之内。但 LED 光源的产品紫外含量远低于荧光灯＋光纤（卤素光源）的传统照明方式，LED 在展品保护方面有较大优势。

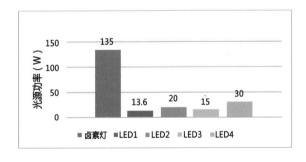

图1 灯具功率上限值对比图

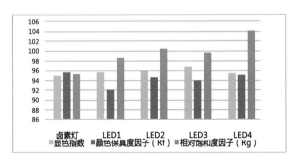

图3 灯具色彩参数对比图

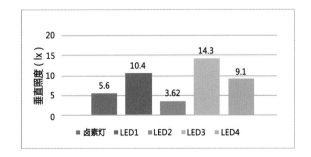

图2 不同光源下垂直照度对比图

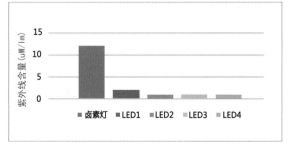

图4 不同光源下柜内紫外辐射含量对比图

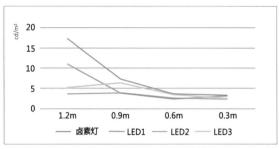

图5 不同光源下三面柜背板亮度分布曲线对比图

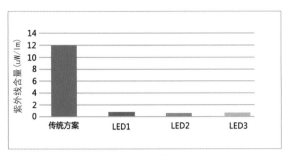

图6 不同光源下三面柜内紫外线含量对比图

（3）色彩表现：显色指数方面，四种 LED 灯具全部优于荧光灯＋光纤（卤素光源）的传统照明。

五 平柜测试

平柜采用 24W，LED 线条灯，亮度可调，支架高度可调，灯具投射角度可调。能够根据布展需求，进行调整，保证水平面均匀度。

本测试平柜 LED 灯具解决方案与原 LED 灯具解决方案亮度分布对比如表 2。

由图可以看出，原解决方案的 LED 灯具横向水平亮度波动较大，影响视觉辨识度。纵向水平亮度衰减严重，会导致展品表面亮度对比增大，影响展品内容的辨识。而测试采用的解决方案，横向、纵向水平亮度分布曲线变化平稳，曲率小，说明均匀度较高，具有较高的视觉舒适度。

灯具色温与标称值基本一致。显色性标称值 Ra80，实测 Ra84，在色彩表现方面，还有待提高。

紫外线含量 1μW/lm，紫外辐射含量控制较好。

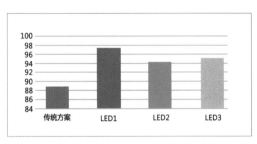

图7 不同光源显色指数对比图

表2 本测试平柜 LED 灯具解决方案与原 LED 灯具解决方案亮度分布对比

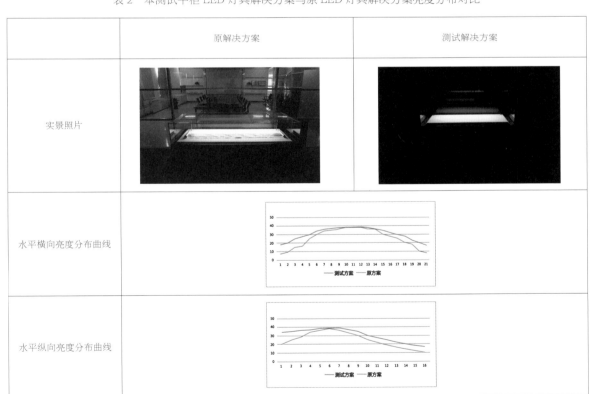

	原解决方案	测试解决方案
实景照片		
水平横向亮度分布曲线		
水平纵向亮度分布曲线		

六　坡柜测试

（1）光分布：从伪色图上可以看出，由于荧光灯不可调投射角度，垂直面与水平面亮度比为 1:1.2，曝光部分基本位于出光口，达到水平展品表面的光较少；而 LED 灯具通过出光角度的选择，及投射角度的调整，将光最大化投射到水平面，垂直面与水平面亮度比为 1:3，

光的利用率高，达到相同水平照度时，荧光灯功率是 LED 灯具的 10 倍。

（2）紫外辐射：目前展柜内灯具的紫外辐射含量均在国标要求的 $20\mu W/lm$ 范围之内。但 LED 光源的产品紫外含量远低于荧光灯的传统照明方式，LED 在展品保护方面有较大优势。

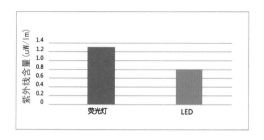

图9　不同光源下坡柜内紫外含量对比图

荧光灯照射效果

LED线条灯照射效果

图8　两种光源下坡柜内亮度测量伪色图

美术馆实验分析报告

撰写人：施恒照
测试单位：中央美术馆学院灯光研究室
参与测试单位：北京清控人居光电研究有限公司
项目指导：常志刚
项目负责：牟弘毅
支持单位：晶谷、WAC 华格、TARGETTI、三可变焦
合作支持单位：天禹神鸣

本次测试活动为"LED 在博物馆、美术馆的应用现状与前景研究课题"的一部分，主要针对在博物馆、美术馆等展览空间除了展柜以外的 LED 展陈照明方式做测试与研究，以了解目前国内展陈空间常用的 LED 灯具品牌产品的技术发展现状。

在博物馆、美术馆等展览空间，除展柜陈列方式外，常见的展陈方式以墙面吊挂（例如：油画、摄影、国画、书法等）、整体内容墙面（例如：浮雕墙、整版地图等）和空间 3D 立体呈现（例如：雕塑、场景、大型器物等）为主。而涉及的照明方式则可以简单划分为以重点照明（Accent Lighting）、环境照明（Ambient Lighting）和洗墙照明（Wall Wash Lighting）等方式。此次的测试则以重点照明和洗墙照明为主。

此次测试空间为中央美术学院建筑学院灯光测试实验室。（图 1）

洗墙照明：洗墙灯具投射面为宽 5 米、高 3 米的白色墙面在 1 米底台上放置，灯具距离被照面 1.5 米，灯具与灯具左右间距为 1 米（灯具距墙与灯具和灯间距比为 1:1.5 的关系），灯具安装高度为 4 米，与被照面同高。（图 2a）

重点照明：灯具安装距离被照物（石膏人像）约 2 米，安装高度为 4 米，照射角度约为 45 度。（图 2b）

图1　中央美术学院建筑学院灯光测试实验室

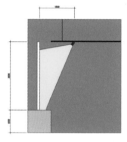

图2a　洗墙照明　　　　图2b　重点照明

洗墙照明（Wall Wash Lighting），所谓的洗墙照明主要是将整体墙面大面积的由上而下的打光，尽量做到均匀洗亮的效果。而针对不同的展陈效果需要不同则对于洗墙灯照射的效果也会有不同的评判。我们将从视觉与测试数据来做分析。

（1）安装方式与外形

此次测试的灯具从造型上可分为长方形轨道安装灯具和圆形轨道安装灯具及嵌入式灯具安装三大类（表 1）。从安装方式来讲，嵌入式的灯具最为简洁干净；而轨道安装方式则使用最为便捷。从外形来看，还是以嵌入式灯具最为简洁，轨道式安装灯具长方形灯具尺寸较大，适合较高空间使用，若空间高度相对较低，则此类灯具则显得较为笨重。圆筒状轨道灯在尺寸上相对较合适。

（2）出光效果

嵌入式洗墙灯与长方形轨道洗墙灯能"洗到"的高度最高，照射的最高点接近天花与墙面的转折处，且连续光斑接近一直线，适合做大面积图案整体打亮效果或作为墙面背景灯光。圆筒状轨道洗墙灯洗墙高度相对较低，会形成一定的抛物线光斑交叠；另外，一部分灯具光斑中间会形成微弱的视觉暗区，此部分需要进一步调整改善。

相较于传统光源（卤素光源），LED 洗墙灯对光斑大小及边缘自然退晕的效果，掌控的比较精准。另外，由于 LED 光源（COB LED）尺寸的小型化，洗墙的高度则控制的比传统光源优秀且自然。

表1　安装方式与外形

晶谷	轨道灯 LED 25 W /2 度 /3000 K/ 加装布纹玻璃	
WAC 华格	轨道灯 LED 25 W /2 度 /3000 K/ 加装布纹玻璃	
汤石	轨道洗墙灯 LED 40 W /3000 K/	
TARGETTI	嵌入式洗墙灯 LED 25 W/ /3000 K	
	轨道灯 LED 25 W /1 度 /4000 K/ 加装洗墙配件	

表2　出光效果

	照片效果	1 平均照度 (lx)	2 平均照度 (lx)
晶谷		178.9	116.1
WAC 华格		237.9	136
汤石		454.6	187
TARGETTI		162.1	64.3
		127.4	66.4

（3）测试数据

目前测试数据包含了相关色温（CCT）、显色指数（Ra）、光色品质（CQS）、全色域指数（GAI）等几个与光色及光的质量有关的数据。（图 3、表 3）

a. 相关色温（CCT）

此部分暖色光源实测值基本上都接近于各自宣传的色温，且各家的差距也都不大（宣传资料为 3000 K，实测都在 2900 ～ 3000 K）。

b. 显色指数（Ra）

此部分基本 Ra>80，而大部分 Ra>90。R9 则基本为正值未出现负值情况，但各家差距较大。

c. 光色品质（CQS）

此部分基本数值都能超过 80，而大部分则可大于 90。

d. 全色域指数（GAI）

此次测试数据在 GAI 部分 3000 K 色温测试数据皆在 50 ～ 60，而 4000 K 的 GAI 数值则高于 70。鉴于

GAI 原始计算依据的色温为偏冷色温，因此，色温越低，则 GAI 数值则越低，可能会出现显色性较好同时视觉感官上也较好的光源 GAI 数值确实很差的现象。本次测试灯具 LED 光源则以暖光为主，是否存在测试数据的不适用性还有待商榷。

重点照明（Accent Lighting）

（1）安装方式与外形

此次测试的灯具以圆形筒状轨道安装灯具为主（图 5）。轨道式安装灯具在展陈空间的使用上也是较便于使用与操作的产品。在外形上大部分与使用传统光源的灯具除了尺寸外，其余差距并不大。（表 4）

（2）出光效果

相较于传统光源（卤素光源），LED 射灯对于光斑大小和均匀度，掌控得还是比较精准。（表 5）

（3）测试数据

目前测试数据基本上有相关色温（CCT）、显色指数（Ra）、色容差等几个数据。（表 6）

表3　测试数据

	相关色温 (CCT)	显色指数 (Ra)	光色品质 (CQS)	全色域指数 (GAI)
晶谷	2991 K	93	92	57.6
WAC 华格	2955 K	94	93	54.6
汤石	2959 K	91	91	53.6
TARGETTI	2919 K	83	84	49
TARGETTI	3765 K	97	95	73.8

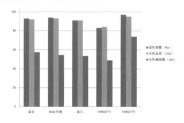

图3　测试数据比较

表4 安装方式与外形

品牌 A	轨道灯 LED 24 W/4度/ 3000 K		
品牌 B	轨道灯 LED 8 W/14度/ 3000 K		
品牌 C	轨道灯 LED 20 W/10度/ 3000 K/ 加装光学优化器		
品牌 D	轨道灯 LED 25 W/15度/ 4000 K/ 加装zoom配件		

表5 出光效果

	效果照片	平均亮度 （cd/m²）	最大亮度 （cd/m²）	最小亮度 （cd/m²）
品牌 A		133.5	623.8	1.2
品牌 B		145.1	707.2	1.9
品牌 C		88.9	365.4	0.9
品牌 D		90.2	299.9	1.3

表6 测试数据

	显色指数（Ra）	色容差
品牌 A	90	
品牌 B	93	
品牌 C	91	
品牌 D	97	

（4）显色指数（Ra）

此部分全部 Ra>90。R9 则基本为正值未出现负值情况，但各家数值还是有一定差距。

（5）色容差

大部分的数值都在 5 个 SDCM 以内，视觉感官基本上不容易察觉偏色的情况。

本次洗墙灯测试研究主要为 LED 光源灯具，并无传统光源的洗墙灯作为对照组，因此，仅就实际测试数据作客观的分析。另外，由于测试条件因素，在洗墙灯测试部分，各厂家无法提供足够的灯具来测试完整的墙面洗墙效果，仅能就单个灯具效果作数据上的分析工作，基本上能从数据得到所需的效果判断，但对于视觉感官的判断上是会存在一定的影响。

重点照明部分，实际视觉感官部分差距不大；而在光色的具体测试数据里也可了解到此部分 LED 光源与传统光源的差异性不是特别大。

项目进程中其他研究内容节选

"LED在博物馆、美术馆的应用现状与前景研究"中期调研综述

艾晶　李晨

　　2016 年 1 月 16 日，在南京博物院召开了 2015 ~ 2016 年度文化部科技创新项目"LED 在博物馆、美术馆的应用现状与前景研究"课题中期成果汇报研讨会。本次会议主要是对课题前期调研成果的总结性汇报，与跨年后下阶段工作的协调会议。

　　项目负责人中国国家博物馆副研究员艾晶对课题的进展进行了介绍。2015 年 7 月 13 日该课题在中国国家博物馆启动以来，开展了 5 个多月的调研工作，一是通过问卷、微信平台和网络等形式进行的大数据采集工作。二是对全国抽样选择部分博物馆、美术馆实地测绘与工作人员访谈的调研，这两类调研形式皆是课题组研究的基础工作，对后续实验室与研发工作起有力的支撑作用，因此我们也投入了大量精力与艰辛。目前已收到网络问卷 60 多份，实地调研博物馆和美术馆 52 家，已初步取得了部分阶段性研究成果，现将其整理后与大家汇报和分享。

　　首先是课题的目标缘起：博物馆照明设计不是一般意义上的照亮问题，它还是艺术层面的设计问题，它对博物馆、美术馆往往起着装饰和营造氛围的作用。另外，博物馆、美术馆照明还有技术层面的保护问题，尤其对那些娇贵的书画藏品、丝织品等，用光不当很容易会对它们造成不可弥补的损失，因此博物馆、美术馆照明不是一般意义上的照明，更多还是控制光对文物的危害技术问题。此外，博物馆、美术馆照明还涉及运营管理方面，根据我们前阶段课题调研的反馈信息，可以得知很多博物馆、美术馆的传统专业光源已经停产或减产。还有很多博物馆、美术馆考虑到目前 LED 光源推广中具有节约能源的作用，开始大量用它来替换传统光源。那么 LED 光源是否能节能，到底有无紫外和红外线辐射的影响伤及文物，或其他危害尚不清楚，还有博物馆、美术馆的照明招投标方式与后期维护问题，都会涉及博物馆、美术馆长期运营管理的需要，所以我们认为它还是一个运营问题。这些皆值得我们深入探讨与研究，这也是我们课题研究的缘起。

　　当前我国博物馆、美术馆 LED 应用现状：目前我国

LED 技术发展迅速，原来 LED 产品普遍存在技术发展不成熟、显色不高和性能稳定性较差等缺陷，但最近两年，我们可喜地发现已经有很多生产厂家出品的 LED 新产品赶上或接近了传统的博物馆、美术馆专业光源。调研中我们也能从很多新建和改扩建的一些国内博物馆和美术馆实测数据中发现变化，包括我们课题组上午参观的南京博物院，也已基本采用了高品质的 LED 新型光源将传统的卤素灯光源替换掉了，至此我国博物馆、美术馆照明发展已开始走向一个从被动到刚需再到主动推新求变的新开局了，这个发展变化，也是值得我们课题组去关注和思考的问题。另外，我国博物馆、美术馆发展迅速，单从数字上就可以反映，截至 2014 年底，我国博物馆已有 4510 多家，比 2013 年新增加 345 家，几乎以每天都有一个新博物馆建成的速度在发展，这就会有一个选择的问题，新建博物馆、美术馆是选用传统光源还是选用新型 LED 产品？目前调研中过早使用了 LED 的博物馆和美术馆，他们普遍发现了很多 LED 产品的缺陷问题，有的问题还很严重，因此他们还会建议甚至反对推广使用 LED 光源替换传统光源。他们认为使用 LED 产品，既没有节约用电也没有省钱，更没有感觉它比传统光源有什么优越性，我所在的中国国家博物馆也存在类似的使用问题，由于我们新馆是在 2011 年对外开放，当时社会上的 LED 产品普遍存在技术不成熟，虽然我们勇于尝试新技术，但技术问题也会随着时间的推移暴露出来，LED 光源一致性较差，还有的偏色，因此我们也将部分展厅的 LED 光源重新调换了一遍。这也是我前期调研中发现的问题，因此我本人带着这个疑惑，申请了 2015 年度文化部科技创新的立项工作。

　　调研策划工作：我们的课题研究在国内博物馆、美术馆领域属首例，以前没有类似的研究，所以开展工作没有可参照性，我们在做前期调研工作时，就是纯粹在全新探索。最早我们课题研究的思路，就是采取最传统的纸质问卷调研，通过各种形式的学术会议散发问卷，回收率虽高但浪费很多精力和体力，后来我们改用二维

码的网络形式，在手机上和微信朋友圈中问卷调研，方法简便多了，可是回收率低，到目前我们用了近5个月的时间才收集了60份问卷。通过我们的调研，我们发现很多博物馆与美术馆，在对光的设计方面还很欠缺，展厅中不是地面就是其他展示材料反光和镜面反射问题突出，还有光的阴影明显混乱，以及眩光问题、照度超标问题等一系列用光不科学现象还十分严重，当然关乎我们课题的LED用光方面，馆方普遍缺乏足够的认识，没有标准可以参考，导致很多博物馆不慎选择了低劣产品，使陈列展品色彩失去真实感，尤其是对红色展品的色彩还原问题最为突出。因此我们认为就目前对国内博物馆、美术馆中的调研情况，用光的设计与用光的科学方面现状不容乐观。此外，我们调查还发现很多国家大馆展陈照明方面还是舍得大投入的，很多还用了进口产品，但很多中小型博物馆或美术馆在照明方面投入资金还是很紧张，不舍得投入、用不上专业的照明产品自然博物馆陈列用光水平就很差，这也很难改变，也与很多博物馆领导不重视照明问题有很大关联。当前我们博物馆、美术馆确实需要推动行业内对博物馆、美术馆照明设计的重视才行。会上，参与调研的三个主要调研组，也分别就他们前期调研工作进行案例分享与解读——伍必胜先生首先代表他们调研组介绍对几个华北地区有代表性的博物馆、美术馆调研的具体详情，接着是银河照明的总经理胡波先生介绍他们调研组所承担的两个博物馆与两家美术馆的调研情况。还有华格照明的苑永春女士也对他们调研组所承担的故宫博物院、国家博物馆等多家博物馆与美术馆进行了案例详情分享。还有欧科的沈迎九先生将他近20年从事博物馆照明的经验进行交流，还结合他从事的外企经常能到国外大的博物馆工作与学习的机会，以及他对博物馆的用光认识与经验介绍给大家。

他认为光对博物馆陈列主题起营造的作用，是重要的艺术表现形式，可以用它来传达陈列展览的主题思想，这才是博物馆、美术馆理应用光来设计的思想。最后浙江大学的翟其彦博士也就"博物馆、美术馆照明的质量"展开论述，谈及关于国际照明委员会（CIE）和北美照明学会（IES）显色指数的国际标准问题，他认为现行LED照明的显色性评价（CIE-Ra，R1～R15）还是有一定缺陷的，我们原来使用的Ra评价体系目前短时期应该不会被淘汰。因为对光源的显色性要求，是一个在变化的标准。因此我们就需要研究博物馆LED照明应用中需要一个怎样的色温，怎样的照度，怎样的显色指数，才是对观众可靠的与舒适的。这也是CIE现在正在推的一些照明标准的实验数据必要来源。

会上我们还交流了一些关于课题研究中遇到的难点问题，以及当前博物馆、美术馆能否替换成LED照明产品的真正缘由与照明发展方向等问题。自此课题组2015年的实地调研工作已告结束，后续整理工作和调研确认工作还将持续到2016年的3月中旬，下阶段的研究重心将转向实验室进行模拟数据采集与比对实验，并结合前期调研中，对博物馆、美术馆普遍存在的照明问题与应用现象，课题组专家与合作企业将一起共同研发新产品等内容。

至此，这场"'光'顾南博"的学术活动圆满结束。课题组在得到中国博物馆协会陈列艺术委员会以及诸多领域的专家们与合作企业的跨界支持下，也将在2015年调研工作结束后，迎来2016年的扬帆启航，我们也衷心祝愿该课题组接下来的研究工作一切顺利，并取得令人满意的研究成果。

此文刊发于《中国文物报》2016年2月2日报道，略作修改。

对于博物馆高品质照明的认识与理解

艾晶

随着我国博物馆免费开放力度的不断加大，党和国家领导人高度重视博物馆发展，将文物工作提到了"培养社会主义核心价值观、实现中华民族伟大复兴、彰显大国形象"阵地与窗口的高度，密集出台的一系列政策，以及财政支持力度的加大，也使我国博物馆数量不断增加，整体呈现一个前所未有的发展态势。举办一个既能满足观众的舒适度要求又能获取必要知识，同时兼顾对观众的情感体验的展览，已成为当前博物馆陈列新的发展导向。如何应对这种新趋势，提升整个博物馆陈列的艺术审美与服务水平，是当前博物馆界需要面对的一个重要课题。光作为人类视觉传达的重要手段，如何用它在博物馆实现高品质照明满足观众需求，将是博物馆展陈艺术不可或缺的研究领域。

如何利用最先进的照明产品，实现博物馆的高品质照明，高效、节能、环保的绿色照明理念是当前发展方向，如何在博物馆、美术馆内运用新型 LED 光源和现代化的智能化控制也已呈新态势。但在博物馆、美术馆中做照明设计，还要兼顾对文物保护的要求，对光强、色温、显色性方面都有严格的规范要求，照明不再只是艺术的表现形式，更多是体现在技术上的达标，因此探讨新型光源 LED 在博物馆、美术馆的运用问题在目前显得尤为重要。

一 博物馆高品质照明的整体认识

何为博物馆高品质照明？我们必须要有一个清晰的认识，那就是博物馆、美术馆照明工作的方向是什么。本人认为：其一要选择合适的照明设备，让其尽可能地保护展品，以避除光污染和其他损害。其二博物馆、美术馆要拥有良好的照明设计，能有效地增强陈列美感与艺术氛围，才能够充分发挥光所独有的艺术魅力。再次是博物馆、美术馆的照明设备，在使用与维护方面要尽可能的科学先进，能够提供给博物馆、美术馆长期有效的运营管理与实践可行的模式。这三者密不可分，在博物馆、美术馆照明工作中发挥着巨大潜能，将影响着博物馆、美术馆长久事业的发展问题。

另外，博物馆高品质照明首先要将文物的保护放到首位，需要严格按照标准进行设计。我国现行国家标准《博物馆照明设计规范》GB/T23863-2009 是目前博物馆做照明设计最基本的参考依据。它根据展品不同类别来制定照明标准值，从对光特别敏感、对光敏感、对光不敏感三种类型来划分展品，设计需要参照标准来执行。但随着科技的进步，尤其是新型 LED 光源运用的普及，制定新标准和完善现有标准也会逐步推进。

其次，博物馆高品质照明还是一个综合的考量因素，以往我们更多关注对文物的保护与物的表达；如今随着我国博物馆免费开发和对观众的日益重视，在博物馆照明设计方面，已经转向对观众视觉舒适度引导与陈列氛围营造上发展。设计师需要根据不同展品的材质类型和对陈列整体的特色认识，科学地选光与用光，合理地搭配光色，才能实现高品质的博物馆照明。同时，还要实现安全可靠、经济适用、技术先进、节约能源、维护方便等要求。

二 博物馆高品质照明的细节分析

首先，博物馆、美术馆照明是一个艺术层面的设计问题，它会对博物馆、美术馆起装饰与营造氛围的作用。另外，博物馆、美术馆照明还有技术层面的科学保护的作用，尤其对那些娇贵的书画藏品、丝织品等，如果用光不善，会很容易对它造成无法弥补的人为损坏，因此对博物馆与美术馆进行照明设计不是一般意义上的照亮问题，更多是一种用光的技术控制问题，防止它对文物的损伤。

1. 书画类展品照明

博物馆中的书画类展品属于对光特别敏感的展品，按照明规范的要求照度值是 ≤ 50 lx，年曝光量 50000 lx·h/a，就是正常 8 小时工作日，一年 125 天的展出时间。这就要求对书画类展品的照明要严格控光，才能够很好地保护展品。

另外，书画类展品多为纸质品，如果展品时代久远，展品在色泽上会发生蜕色或发黄现象，这就要求对它照明除严格降低照度值以外，还需要尽可能地还原其色彩的真实性，对灯具的显色指数要求较高，不能低于（Ra）90，对色彩的饱和度也有较高的要求。传统卤素光源在此方面有优势，但需要防止它的红外线和紫外线辐射。另外，新型光源 LED 产品在色彩还原性方面略微弱势，但随着技术的进步它会逐步替代我们的传统光源。

2. 青铜制品的照明

青铜器展品属于对光不敏感的展品，按照明规范的要求照度值是 ≤ 300 lx，年曝光量不限，但此类展品材质厚重色泽昏暗，如果展品品相不好，表面还会很粗糙很容易吸收光线，在照明设计上除增强光亮感以外，还需要表现其材质的厚重的体量感，同时还要表现其展品的细节纹饰等局部效果，使其达到观赏上的艺术美感。

另外，青铜器很多表面都会残留粉状锈，色彩发青绿色，照明设计时，对其色彩真实还原表现要尽可能真实，4000 K 色温的冷色光源对其材质有较好的表现效果。

3. 丝织品的照明

博物馆中的丝织品类展品属于对光特别敏感的展品，按照明规范的要求照度值是 ≤ 50 lx，年曝光量50000 lx·h/a，就是正常 8 小时工作日，一年 125 天的展出时间。这就要求对该展品的照明要严格控光，才能更好地保护展品。

另外，丝织品一般色彩丰富，对灯具的显色指数要求较高，Ra 不能低于 90，对色彩的饱和度同样也要求更高。此外，如果此类展品表面有光泽，在用光设计方面还要表现其材质的质感。

4. 瓷器类器物的照明

瓷器展品属于对光不敏感的展品，按照明规范的要求照度值是 ≤ 300 lx，年曝光量不限，但此类展品表面多有光泽，如果照明方面采取用多光点的光纤或 LED 进行照明，很容易在其器物上形成很多光斑，严重影响其观赏效果。因此对此类展品在灯具的选择和控光方面要有合理的设计。

另外，瓷器展品一般都有丰富的装饰图案，选择光源同样要对其显色性方面指标有较高的要求，不能低于（Ra）90，对色彩的饱和度也要求较高。同时，在灯具的选择和配光方面，还需要突出其材质的光泽度和色彩的艳丽特点。

5. 工艺品类的照明

工艺类展品大多属于对光不敏感的展品，按博物馆照明规范的要求照度值是 ≤ 300 lx，年曝光量不限，但对于皮革、银制品、牙骨角器、象牙制品、宝石石器、竹制品和漆器等展品则属于对光敏感类展品，按博物馆照明规范的要求，其照度值要控制在 150 lx 以内，年曝光量控制在 360000 lx·h/a，另外，此类展品多用材比较丰富，造型也多精巧与繁杂，因此对其进行照明设计时，一定要注重表现其材质的特色，同时，还要体现出展品细节与纹饰的美感，使其达到观赏上的最佳效果。

三 当前博物馆照明运用发展趋势

当前 LED 作为照明领域的最新技术，正处于迅猛发展的阶段，照明品质与色彩还原质量也在不断提升，很多传统的博物馆卤素光源正面临着逐步被淘汰的局面，2016 年 3 月 13 日在德国举办的法兰克福国际照明展上，这种趋势的变化极为明显，LED 的发展势头可谓势不可挡。因此，国内很多博物馆陈列照明在设备的选用上，已经在悄然地发生着变化。但是，作为承载文物工作的博物馆，是否就可以放心大胆地使用 LED，利用它是否就代表我们的展陈工作拥有了先进性，还有，LED 的最新技术对文物展品是否真的毫无损伤，以及博物馆能否将传统的博物馆卤素光源替换成 LED 光源，这些问题在不断地涌现，已成为近些年来业内普遍让大家关心的话题。尤其是前些年因为 LED 技术性能不稳定，质量良莠不齐，已造成很多博物馆使用方存在抵触的情绪，甚至有人还呼吁在博物馆里不要再继续使用 LED 产品了，类似的问题在国际上很多国家的博物馆中也普遍存在。因此，我们当前承担的 2015 年文化部科技创新项目"LED 在博物馆、美术馆的应用现状与前景研究"，也是顺应时局，就上述问题进行了相关研究，目前工作已取得一定进展，后续还会做相应研究。

总之，博物馆照明既是一门艺术也是一门技术，还关乎着博物馆、美术馆的整体运营，尤其对博物馆、美术馆的陈列展示效果发挥着至关重要的作用。要实现在博物馆、美术馆内高品质的照明，一方面除了要重视展品保护，还要能营造一种更高层次的艺术审美体验，用科学而严谨的照明设计去创造舒适而优雅的参观环境，让观众在愉悦与轻松的状态下，去接受历史与文化的熏陶，同时还能进一步提高他们的艺术修养。

此文刊发于《中国文物报》2016 年 4 月 26 日报道，略作修改。

"LED在博物馆、美术馆的应用研发"工作会谈综述

艾晶

2016年5月31日在中国国家博物馆召开了2015～2016年文化部科技创新资助项目"LED在博物馆、美术馆的应用现状与前景研究"研发工作会议。会议邀请了课题组专家、特约专家、合作企业代表，以及北京地区部分博物馆、美术馆代表参加会议，与会人员40余位。项目负责人艾晶首先汇报了课题前期工作与研发工作部署，其他课题组成员也就实验室比对、新产品研发一一汇报，代表们认真聆听，并对课题所取得的成果给予充分肯定，就研发工作也各自发表了看法。

1. 前期研究成果综述

艾晶首先介绍了课题的主要工作：一是大数据调研采集工作，分别从博物馆、美术馆展陈照明、设计师和照明企业三个方面采集大数据。二是对全国范围的博物馆、美术馆抽样测试与访谈结合的实地调研。三是在实验室模拟博物馆与美术馆照明环境的比对测试，上述工作基本结束，正在整理后续出版工作。当前启动的"照明与展柜结合的一体化创新设计"研发工作，也是课题下一工作重心。

前期调研成果：课题组已经调研了全国58家单位，其中博物馆43家，美术馆15家，覆盖全国14个省市和地区。调研问题主要表现为：领导层普遍对LED缺乏认识，不知道它是什么，更谈不上合理利用的问题。有人认为"先进的就代表科学"，目前LED是最先进的照明产品，它就是最好的，但实际调研很多博物馆人反对使用它。另外，在LED的应用现状调研中，博物馆方对照明设备的日常维护与运营方面缺少资金维护与轻视现象突出，对光危害、光污染、眩光等用光科学，普遍存在意识薄弱问题，这些不良因素都制约着整个行业对用光科学的认识。二是社会上严重缺少专业领域的照明设计师，而现有展陈设计师又对LED光源不够了解，依然存在着习惯与应用LED新光源顾虑的问题。三是厂家方面，由于国内缺乏LED核心技术与领视品牌，让国际品牌占据了优势。但我国政府又大力提倡绿色照明，并发布了白炽灯淘汰计划，直接导致企业生产的方向改变。调研中我们已经发现，很多馆方买不到可替换的传统光源，而

LED与传统光源又存在差异，市场上LED产品良莠不齐使大家无从选择，替代品与传统光源不一致现象突出，另外，当前博物馆照明规范滞后于时代的发展，国内又缺少对此类问题的研究，因此本课题的研究也备受社会各界关注。

2. 认可宏观研究方向

专家们认为，LED作为最先进光源，对博物馆照明虽未必是革命性，但积极推动作用明显，尤其在实际应用中，对今后博物馆、美术馆展陈工作与布展都会产生重大影响。程旭（首都博物馆副研究员）和索经令（首都博物馆展览部副主任）认为：课题对全国博物馆、美术馆全覆盖式的调研，当中还穿插了一个博物馆高峰照明论坛，还有对传统光源与LED光源进行的比对实验，对今后我国博物馆、美术馆将起引领的作用，对未来行业发展也将产生深远的影响。他们还认为，课题在研究方式与方法上较全面，不论从人员构成上的由科研院所、企业技术人员、和博物馆人共同参与的跨界研究团队组合模式，还是从LED的应用实际出发，将研究又回归到应用中去研发"照明与展柜一体化设计"的思路，都可谓是一次创新之举。展柜的研发工作，如何实现它的多样化设计实用需求，将会对行业有积极的促进作用。

3. 技术是手段，服务目标是方向

牟宏毅（中央美术学院建筑学院建筑光环境研究所执行所长）认为：课题需要关注一些人文精神，这样才能够完善课题研究的整体性，要多关注人对艺术层面的需求。李跃进（中国人民军事博物馆设计处处长）表示课题前期工作调研严谨，是按博物馆不同分类、陈列分类、展品分类、展柜分类进行的详尽的数据采集工作，可谓成果显著，但在研究方向上要更明确，虽然课题是以LED技术而出现，但研究目标是它与物、与人的结合。在科学用光方面，还要考虑陈列空间的艺术氛围，要拓展研究到技术之外艺术的层面，要体现为人的服务、为人的关怀精神层面，最后落脚到为人的服务的方向上。在运营方面，除了要正确地引导大家认识LED光源，还

要对博物馆、美术馆的运营提供有价值的建议，像灯具的控制，如何发挥其更好的人性化管理，应当纳入研发计划，这些都对今后的行业发展有价值。崔学谙（北京博物馆学会秘书长）认为：博物馆有很多美的东西，都与光有关，尤其那些文史类、历史类、艺术类的展览，在用光上要能体现出诗意才有味道，我们很多唐诗都与光有关，意境也是通过光来体现。技术毕竟是一种手段，是为目的服务，目的是让我们的陈列展览更有看头，更有感染力，只有这样我们使观众才能感受到美的形式。宋向光（北京大学赛克勒考古与艺术博物馆副馆长）也强调课题研究不仅要关注技术，也要关注艺术的东西，要能体现展品的表情，才能更具吸引力，要为展览的效果与目的服务，才是用光设计的正确研究思路。

4. 安全设计是前提

崔学谙认为：博物馆、美术馆第一位的事是要保护展品，LED 光源的先进性，首先也要强调它的安全。新东西好不好，是利是弊，虽然需要很长的时间验证，但在文物保护上，用光要关注它的红外线与紫外线含量，还有 LED 可见光是否对文物有影响，比较各种光源损害时长等问题都要进行研究。另外，磁性材料是否安全、磁场问题、化学反应问题都要验证。这样的研究成果，才会对我国博物馆、美术馆行业有积极应用的推广价值。

5. 研发工作建议

专家们一致认为：课题"照明与展柜结合的一体化设计"研发工作，需要注意与不同类型展品的适用要求。在博物馆实际应用上研发，不光要方便与简洁，还要能适应不同类型的展品需要，这样的思路创新才有价值。另外，在设计中要结合不同类型展品配置光源，可以研发一款特制柜，比如玻璃能发光，能否控制它的色温与照度，能否进行区域操作，这些在研发上都大有可为。另外，还要注意灯具的安装问题、密闭问题，以及与展柜微环境的控制问题。此外，还是强调文物的安全，像安灯方式的外漏设计，除了要加强人员的素质教育以外，替换光源时还会发生损坏问题，在研发中提前考量，只有这样才能满足将来的实用需求。

6. 关注基层应用

亢宁（中国抗日战争纪念馆展陈部副主任）认为：光对博物馆非常重要，还要考虑一些基层博物馆的应用需求问题，在文物的保护方面，研究要能具体到用什么光源才行，目前行业内在规范上比较模糊，课题组的研究图书在内文撰写方面，一定要注意通俗易懂，要能让大多数领导能懂，这样才能让他们做好决策权。研究成果还要对不同类型、不同题材的博物馆要进行梳理，让不同人群都能适用。宋向光也表示：课题研究不仅要关注高端的领域应用，还要考虑它对基层博物馆如何普及LED 光源的问题，如何发挥便捷与通用的优势，才能让LED 在神州大地上真正发挥作用。窦丽敏（北京汽车博物馆馆长助理）和郭豹（北京市正阳门管理处主任）认为：课题组选他们馆做调研很必要，他们属于基层博物馆，在照明用光方面也很复杂，他们会积极配合研究工作，让研究扎根于基层，最后回归到实际应用当中发挥好作用。

7. 寄望拓展现行博物馆规范上的研究

王超（《中国文物报》新媒体部副主任）建议：在标准规范上，最新版博物馆建筑规范已经出台，照明要求比老版详尽很多，但依然跟不上发展的节拍，当然建筑规范是比较高层的规范，我们的研究成果能否对其有弥补作用，希望课题贡献力量。李跃进也希望研究最好能根据不同文物，制定出一个标准供大家参考，像引入一些当前国内与国际上最新的规范，尤其对书画类展品的照度要求、显色性要求能给出一个合理化地建议，让设计人员和领导层能够决策有依据。会上荣浩磊（清控人居光电研究院院长）表示：课题的研究由于受时间限制，目前还只能做到基础工作，很多研究内容也还刚刚开始，今后还有很长的路要走，作为课题组成员他表示会一如既往地继续支持工作。会上专家们也希望课题能继续发挥对博物馆、美术馆照明应用领域的研究，以助推我国博物馆、美术馆在科学用光的长足发展。

合作单位汤石、iGuzzini、天行骏磁性材料、金大陆、天禹文化等公司代表也纷纷表示，将积极配合课题组研发工作，希望能取得令社会各方都满意地研发成果。

此文刊发于《中国文物报》2016 年 7 月 5 日报道，略作修改。

课题组专家对课题拓展研究节选

关于博物馆照明设计的几点刍议

李跃进

博物馆照明，始终是博物馆学术研究的主要话题之一，是博物馆陈列工作的重要环节，是评价陈列艺术品质优劣与气质特色的重要指标。随着博物馆对陈列照明重要性认识的提高和陈列艺术设计观念提升与照明技术先进手段的进一步结合，博物馆建筑、陈列照明必将向更加满足功能需求，更加安全环保，更加富有特色，更加周全服务的方向发展。

图2　中国人民革命军事博物馆展览大楼迎宾大厅简洁的迎宾大厅，采用辉煌而明亮的照明，使领袖形象高大鲜明，亲和伟岸

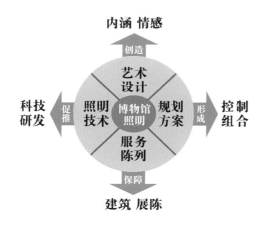

图1　照明工作四个层面

一　博物馆照明应是一个整体的概念

博物馆照明是什么？好的博物馆照明是什么？它不仅仅是照明的艺术设计，不只是照明技术的研发，更在于照明系统的统一规划和保障服务等重要环节。完整的照明工作应是一个系统性工作。主要由四个层面构成：艺术设计、规划方案、照明技术和陈列服务。（图1）

其一，艺术设计要注意情感和内涵。围绕博物馆主题和陈列艺术风格定位，把握建筑的固态照明、陈列展览的动态照明、等量的人工照明和变量的自然采光，形成从陈列的主体照明到配套辅助照明的统一整体的博物馆照明。（图2）

图3　抗美援朝战争陈列《最可爱的人》主题艺术陈列适度的色温控制，增加了整体的暖意，使志愿军英雄形象更具热血与激情

荣获第九届全国博物馆十大陈列展览精品评选最佳形式设计奖的《抗美援朝战争陈列》，表现志愿军精神主题采取的是"最可爱的人"英雄群雕和志愿军参战部队序列的组合陈列，整体为暖色调，3000 K 色温照明与背景红墙和古铜色雕塑产生略偏红色的暖意，增强了对志愿军英勇无畏、血卧沙场的崇敬之情。（图3）

其二，规划方案必须形成组合并可控。采取合理恰当的照明技术组合，发挥照明技术规划整合后的技效优势或特点，最大限度地提升其性价比，达到较为理想的照明效果。

2015 年，为纪念抗日战争胜利暨世界反法西斯胜利 70 周年，军事博物馆举办了《中流砥柱——中国共产党及其领导的人民军队抗日战争主题展》。该展的陈列照明采取了专业设计、量身打造的做法，对陈列区划照明、重点展项照明、形式亮点照明等进行了针对性的分析与定位。譬如，对展览的整体照明的亮度划分与色温调节进行统一控制，并依据展览主题和艺术效果要求做明暗和冷暖的适当调整。重点展区以射灯为主，常规版面为洗墙灯加射灯重点投射，胜利主题光效趋暖，沉痛情绪光效偏冷，形成有内涵、有情感的照明效果。（图4、5）

其三，照明技术兼顾研发与升级。重视照明技术研发，是提升博物馆照明品质的重要基础，它为实现不同类型陈列照明提供了创意空间和"光造型"的专业手段，也使个性化陈列照明设计更广泛，应用更有层次，表现更细腻，特色更鲜明。其成果量的拓展与质的提升，是手段发挥与效果实现的关键。只有符合博物馆照明需求的专业研发和成熟的技术保障，才能拓展照明设计与陈列应用的广度与深度。（图6、7）

图4　对《中流砥柱》展览整体照明的照度关系进行分析，完成规划设计照明的具体方案

图7　运用照明研发成果，提升和拓展博物馆照明的时代要求

图5　对《中流砥柱》展览整体照明的色温关系进行分析，完成规划设计照明的具体方案

图8　整体把握主题浮雕及环境空间照明的照度均匀

图6　用不同照度与冷暖的照明，使陈列环境和建筑空间和谐相融

图9　陈列版面文物展品及特殊陈列不同照明的统一控制与谐调处理

其四，陈列服务应与建筑和展陈一体。加强博物馆照明维护，保障照明良好运行，是保持博物馆建筑环境、展陈空间、文物展品完整有序、始终如一的光环境的重要环节。(图8、9)

所以，理解博物馆照明必须要以建筑与陈列，主题与内涵，艺术与技术，动态与静态，服务与关怀等整体概念上去认识、去规划、去组织。

二　博物馆照明存在的主要问题

不同性质的博物馆陈列照明都有其各自不同的要求与特点，就博物馆从建筑照明到陈列照明易产生的矛盾与问题都具有一定的普遍性。

图10所示6个问题，既是单一方面的问题，又会产生几个问题相互影响的矛盾。由于目前博物馆建筑、展陈、经费等问题均是在各自不同的工作层面和各专业系统相对的独立运行，较多地产生诸如建筑照明与陈列

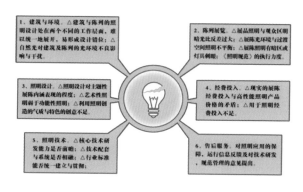

图10　博物馆照明存在的主要问题

照明统一规划与谐调设计、照明经费投入对照明硬件提升与艺术效果的影响，照明设计理念的把握与专业能力的优劣等问题，它们往往既具有独立性，又呈现问题相互交叉的状态。如何在现实条件面前，尽可能地解决好它？只能在做好照明艺术设计、规划方案、服务陈列、照明技术这几个层面尽可能地做好协调统一、组合运筹，减少自身问题及彼此环节之间矛盾的产生。

三　博物馆照明三个方面相互间的关系

以观众需求为目的，以文物保护为第一要求，采取有特色的照明艺术设计，运用高效能的专业照明技术手段对博物馆公共环境和陈列展览，进行有内涵的光环境艺术性塑造。

技术效能要做到规划合理，运用最优化的照明手段，实现光艺术的创意，给观众创造舒适和谐的照明；艺术设计通过最好的照明方式，把握技术效能组合发挥，实现有内涵的照明设计；观众需求是光环境的和谐舒适度与艺术性的内涵感受度。观众需求、艺术设计、技术效能三个关系是完整一体，相互作用，彼此相关，循环互

图11　博物馆照明三个方面间关系

动的，并最终归结到它们三个关系的核心：最高的感受状态。我们希望观众得到这样一个最高境界：它不仅应该是生理上的舒适感，而应该走向文化品质上的精神与崇高。(图11)

运用"可持续"的博物馆照明理念。"可持续"是世界经济领域的概念，它强调社会的发展必须是不同经济结构、不同文化背景的国家普遍认同或取得共识、可以共同实现的发展方向。这种共识的发展目标必须是有其科学的目标、可控的规划、和谐的实施及合理的发展共享与责任承担，在确保实现发展目标的同时，避免利益责任的不平衡衍生其他的不良关系或危害，影响经济、产业发展效益的合理优化及发展的持续性与持久力。不同政治形态、经济结构及社会需求的国家利益与发展的关系必须是和谐的、状态是平衡的。

那么，什么是博物馆照明的"可持续"性呢？简而言之就是围绕如何创造照明给予观众的最好感受这一目标，最大可能地处理好不同观众需求、系统照明设计和相关技术效能三个方面关系，重点协调好艺术设计与技术效能二者之间的组合运筹，使它们之间的最好效能得以恰当组合、扬长避短，突出博物馆建筑、环境、陈列、文物的关系重点，强化博物馆气质风格和艺术特色、把握照明技术手段的综合运用，增大投资与效能的效益比。

四　博物馆照明由初级到高级的路径

博物馆照明的目的从最初的照亮展品到对建筑、环境、展陈的艺术性处理，再到"光的文化"意义上的追求，直至走向"光所创造的精神"圣地。博物馆的照明是为人而服务的，是以人"精神的崇高"为终极目的的，是一个很难走到的高地。观众一般都可以感受到照明带给他对建筑、展陈、空间环境的美和舒适，但少有能够把它们联系在一起去感悟对光的追求。照明的设计者也不是救世主，会受到各种因素制约，难以塑造出心中"光的交响"。但我们心中要建立一个理想的高地、专业的追求与美好的畅想（图12）。

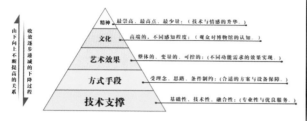

图12　博物馆照明目的层级

　　5 个层级是照明从基础硬件技术、到照明设计艺术、再到精神感受的渐进示意。每个下层级是上层级的基础与条件，而每个上层级都是逐步提高的要求与标准，会越来越困难，越来越不易得到，其理想的方位会越来越小，可感受的围度会越来越小，理解的强度也会越来越弱。

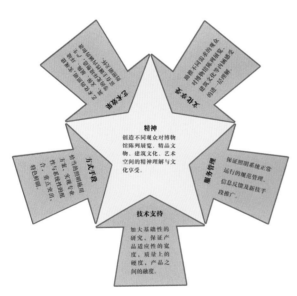

图13　博物馆照明的基础点示意图

图14　建筑形态贴切的背景照明，与中心重要文物"点"的强化照明，构成了建筑特色与陈列特点的结合较强的背景照明，突出文物远观的剪影效果，近看文物的照度依然正常

图15　较强的背景照明，突出文物远观的剪影效果，近看文物的照度如常

图16　采用低照度暖光，点缀照射志愿军打坑道使用的钢钎，感受那段艰苦战斗的岁月

　　图 13 从照明的基础起点，到获得文化感知与精神崇高的终极，必须处理好每个工作层面的具体内容及其每一个阶段、步骤都要有明确清晰的目标、统一的规划与策略的实施，这样才不会走偏，才能有正确的工作策略，才能更接近理想的终点。

　　（1）文化享受：助推不同需求的观众对博物馆陈列

图17　浮雕墙的弧形灯带与主题雕塑柱的点光源结合运用，形成主辅、刚柔的效果

图18　冷暖光效的运用，既延长了景观的透视空间，又使民居院墙定位于陈列展区的壁饰式陈列展墙

图19　利用聚光照明投射展品产生的投影，形成虚实交错，动态变化的合成效果

图20　展标的戏剧化照明、柔和的柜内照明、背景空间泛光照明相结合

图21　整体的暖色调，发光的主要标题和"v"字线性背光处理，强调了展区的重要主题

图22　简洁的过度空间环境，戏剧性照明方式，突出了展品的表现。近冷远暖的色彩对比，效果鲜明

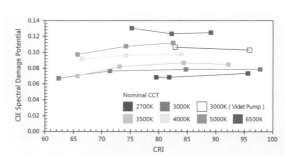

图23　光源色温显指与光损害关系图

图24　熟悉掌握先进照明技术与实际应用，创造博物馆陈列展览的艺术照明

图25　展厅光环境

图26　好的光环境是给予观众富有特色的艺术关怀，是博物馆以人为本的技术指标与文化尊重

展览、建筑文化等内涵感受的进一层理解。（图 14 ~ 16）

（2）艺术效果：艺术化的照明，实现建筑、文保、展陈、环境等的光环境塑造，产生富有主题性内涵的和谐的照明。（图 17 ~ 19）

（3）方式手段：恰当的照明施用方案，实现专业性与系统性的组合，重点突出，特色鲜明。（图 20 ~ 22）

（4）技术支持：加大基础性的研究，保证产品适应性的宽度，质量上的硬度，产品之间的融度。（图 23、24）

（5）服务管理：保证照明系统正常运行的规范管理、信息反馈及新技术手段推广。（图 25、26）

五　树立观众是照明设计与服务关怀主体的意识

力争做到照明设计的服务主体与鲜明艺术特点的统一。

照明为谁服务？在当下博物馆建设快速发展和博物馆文化越来越受社会关注与喜爱的背景下，观众文化差异与参观需求、不同年代年龄与知识构成等的研究是照明设计首先要关心、了解与考量的。就博物馆而言，博物馆建筑及陈列是客体，观众是博物馆的主体。所以，围绕主体的不同需求，满足他们的不同文化体验是照明设计的主要思考点与落脚点，只有思考点与落脚点一致了，才能满足博物馆的主体需要。照明设计是靠技术与艺术共同作用于展品和空间环境，但更重要的是，它最根本是对人的服务，对博物馆主体的一种服务关怀，只有不断提高服务关怀的意识，做好有针对性的照明设计，才能更好地、更充分地体现博物馆的公众价值。

在国家规定的博物馆照明文物保护标准的前提下，照明设计师亦有自己照明设计的艺术标准，但任何一个艺术标准都无法满足所有观众的不同需求或替代自己对照明感受的理解。虽然每个博物馆的照明设计很难让每一位观众都理解照明设计者的良苦用心，但只要观众能够感受到博物馆照明艺术的一种美，一种舒适，或一种情绪的有益变化，那这个照明设计就是成功的。

我们要不断增强照明设计，这是对观众的一种服务与关怀，是艺术与技术的一种人文情感的表达，是对观众的文化塑造和情感与精神的催生。注重和加强研究观众群的不同与变化，特别是主流观众的需求变化对照明设计带来的思考和设计理念的应对，这利于我们了解掌握博物馆及陈列照明设计究竟给他们带来什么样的理解与感知、需求与期望，有利于我们通过照明艺术的创造，使他们感受到更好更多的文化关怀与眷顾。

"光"说不练
——寻找博物馆中的"光与影"

陈同乐

人们每天都与光相伴相随，而博物馆的空间和文物也与光息息相关。博物馆陈列艺术设计中，光是一种必不可少的设计元素。

一 光是什么？

世界著名设计师安藤忠雄曾经这样解释："光是万物之源。光照到物体表面，勾勒出它们的轮廓；在物体背后聚集阴影，给予他们深度。沿着光明与黑暗的界限，物体被清晰地表现出来，获得自身的形式，显现相互之间的关系，处于无限的联系之中。我们甚至可以说，光在万物的联系之中表现了独特的个体。作为构成世界的各种联系的创造者，作为万物之源，光绝对是一种无可置疑的源泉。"

博物馆中的光是什么？

点亮空间、照明文物，在博物馆中光是神圣的也是最容易被人们忽视的。首先，可以说没有光就没有空间，当一个物体被照亮后，必然产生各种光影结构，而它们之间也一定带有某种逻辑关系，这种逻辑关系可能是心理上的，也可能是物理上的。其次，文物的意义也需要光的动情倾诉，文物的呈现除了普通物理意义上的三个维度以外还存在一个"时间"的第四维，因而通过灯光的变换，从心理逻辑出发我们可将某种时空色彩重组。灯光结合其外在动势感使文物本体的内在寓意扩大、延伸，进而感染观众。

文物是抽象的又是具象的，灯光就是要抓住这一点，利用"弦外之音"的手段外化文物的内在抽象的情感，只有重视光、认识光、研究光，才有可能理解光、设计光，运用好光。

二 光的意识

唤醒决策层，领导者的意识决定着灯光效果的好与坏。灯光已经成为现代博物馆陈列艺术设计过程中极为重要的因素。一个成功的陈列展览，要求灯光设计能够紧紧跟上现代博物馆陈列艺术发展趋势的变革节奏，因此决策层、领导层对灯光的重视与否，直接影响到博物馆陈列布展最终效果的好与坏。

而现今，国内众多博物馆上层决策者对光的作用缺乏足够的重视，大多数领导者对光的意识仍然停留在"点亮和照明"这一单一的功能上，致使许多展馆的灯光经费被侵蚀和压缩，布展前期没有科学的灯光设计，在布展时由于缺少专业化的灯"光"设备和现有的灯光设备达不到专业化的技术、艺术标准。使得整个展览没有效果，不出彩，平铺直叙中达不到展览最初所制定的目标。

叫醒执行者，也就是具体布展人员的灯光意识欠缺，拿不出好的灯光作品，使得展览减色不少。

由于上层决策者的不重视，使得许多布展实施者从思想上忽视灯光的作用，他们中一部分人对展陈灯光不思考、不研究、不学习，循规蹈矩满足于旧有的模式。为此，不仅要叫醒这些执行者，对他们进行必要的灯光专业知识培训，还要适当补充灯光方面的专业人才促进团队互补和形成内部竞争。

提醒设计师，也就是展陈设计师必须把空间设计、文物布展设计与灯光设计贯通融合，才能拿出满足观众需要的精彩作品。

当今的博物馆陈列艺术现状是许多展陈设计师只懂得空间设计和图、文、物摆放，他们不具备光学、电学等相关灯光基本技术理论，缺少一定的灯光实战技术经验，使得展览的效果生硬刻板，再有艺术造诣的设计师也很难做出精品。

于此同时，具有丰富灯光基础理论和实践经验的专业灯光设计师，由于不具备艺术美学和博物馆相关的文化修养，使得他们很难与展陈设计师进行有效的沟通合作，充其量只能称得上是一个高级灯光操作工而已。由此而衍生出的问题是灯光与展陈内容没有默契可言，从而使得展览苍白无力，毫无生机。

警醒设计公司，展陈公司不能因为馆方领导层的不重视而忽略灯光设计的重要性，这样就会丢失竞争力，即使做出了展馆也会因为缺少内涵亮点而失去口碑。

现今有许多展陈公司，对灯光设计的意识不够，许多公司没有专业的灯光设计师，设计投标和设计深化时缺少专业性、针对性强的灯光设计方案，致使其投标方案缺少竞争力，布展的展馆缺少好口碑。长此以往，必然被竞争激烈的市场所淘汰。

除了展陈公司，灯光生产厂家也会出现同样的问题，许多灯光生产厂家由于缺少文化艺术修养，缺乏博物馆及文物的相关知识，使得灯光设备不能满足陈列布展的各项指标，因而陈列效果无法保证，文物安全无法保证，其最后的结局也是会被更加专业的公司所取代。

觉醒行业规范，只有规范行业标准，才能促进陈列布展灯光意识和技术的可持续良性发展。

从上到下，从决策者到实施的各专业人士，方方面面必须给予灯光足够的认识和重视，整个行业需要设定完善的政策、规范、流程、标准、文件、条例，并对其进行有效的执行和监督。只有这样灯光的意识才会提高，灯光的技术和艺术才会有发展，我国的陈列布展才会精品辈出。

三 光的效果

1. 忽略艺术光

灯光照明方式、灯光照度、灯光色等灯光环境要素及其组合的艺术性，是陈列布展灯光设计的一个重要目的；灯光设备及其安装的艺术性是陈列布展设计中不可忽略的因素；灯光的艺术性可以为整个空间和文物陈列增添具有深意的内涵，其美学观赏价值与实用价值紧密结合，是展览能否具有灵魂的关键所在。

而现在许多展览布展设计时，只考虑到硬件技术，如强调照度多少、色温多少、多少瓦、光源是多少，角度是多少等，这些生硬的技术参数是没有办法将空间效果和文物内涵外化的艺术效果揭示给观众的，没有光的艺术，片面追求技术的展示是形势过于单一没有情感的。

所以设计师不应该只注重技术参数，而应根据空间和文物本身的属性定位，结合自身的创意综合考虑决定。用光时不仅需要提前设计和构思，进行照明计算，来预测照明效果，更要把空间和文物照得富有艺术性和感染力。

2. 忽视自然光

近年来新建的博物馆展厅多为封闭式，客观因素决定了只能使用人工照明。众多博物馆只有大厅和衔接的通道使用自然光，其他区域全部是人工采光照明。这就使得展厅光效极为单一，失去了自然的神奇魅力。

自然光是创造气氛的大师，让自然光线设计空间，通过光与影的物理关系达到光与物的完美结合，实现展览的内在抽象的感情。自然光的表达虽然不像人工光那样可控，但它的光域范围、强弱、色彩变化，又能随时间进行不同方式的变化，使得空间和文物与不同的光形

成组合，产生众多有趣的艺术效果。因此，结合色彩心理学与人体工程学，自然光的本色，更能体现出展览中光与物、人与自然的和谐关系。

3. 创新中变革

光学和照明科技发展影响博物馆展示要求和标准的制定，随着时代的变迁灯光的类型、标准、光感、效果都在相应的变化，科技的发展人们对光的研究不断的深入，过去对光的看法和现在是不一样的，比如过去认为纸本文物是 50～80 lx，现在发现可能不对，以前创造了节能的感应光，现在发现对文物有损坏，以前定的标准和指数现在发现都有变化，过去是荧光灯、卤素灯、现在是节能灯、LED 灯、光纤灯，发展下去还会有什么灯出现，不管是技术和艺术层面博物馆人都要用发展的眼光看灯光，感觉灯光的变化。

目前的人造光源主要是蜡烛、电灯等。电灯又包括白炽灯、卤钨灯、气体放电灯、荧光灯（俗称日光灯）、高强度气体放电灯（荧光高压汞灯、高压钠灯和金属卤化物灯）、高频无极灯、卤素灯泡、LED 灯等。每一种灯都有其特点和用途，不同的空间和文物，要选择合适的灯光。LED 灯是固体光源，也称半导体光源，它不但寿命长，而且环保、节能，是近几年来在照明业发展最快的光源，是最有发展潜力的光源之一。LED 发光二极管有着柔和的光色，在空间和文物照明上有较强的艺术效果，它不仅为人提供舒适的视觉条件，更能通过各类光色的协调，体现照明风格，增加艺术美感，达到灯设意图所刻意创造的空间效果，满足观众的视觉需求、审美需求、心理需求。

四 光的感觉

1. 视觉

光是一种感觉系统，感觉是什么，它是给人一种视觉，包括色彩、照度、形象都有不同的感官视觉体验。不同材质的文物有相应的采光照度。如陶器、青铜器、玉器、金银器，体积重量参差不齐，纹饰铭文比比皆是，造型工艺细腻繁缛。在保证文物安全的前提下，因地制宜地布置投光方式和调整光的照度非常必要，尤其是光源的色温（光源本身对人眼所引起的光色感觉）。对于陶器来说，更适合色温较低的暖色光。纹彩陶盆、彩陶罐等这些展品，需要光源柔和适度、照度层次有序。这样才能使观众清晰地欣赏到丰富的纹饰和质地的表面色差，还可以减少紫外线对陶器表面彩绘的侵害。

2. 设计的感觉

对设计者而言，光的感觉就是光的技术和艺术完美结合。文物的摆放尤其是重点文物相对独立的布置，与之相配合的是特殊展柜、台座以及营造的特定环境区域的综合设计，使主体文物更为突出，达到独特的陈列效果。在不影响文物安全的前提下，尽可能提高其照度，让观众在此留下难忘的记忆。另外，若遇到展示空间狭

窄的区域，在设计上注意文物的主次布置，尽量以少有变化且不易察觉的光源和照度加以区别，观众不仅能够看清展品也从微妙的变化中感受到主次之分。

3. 观众的感觉

照度、色彩的恰到好处，准确传达文物的内涵信息。展示时需要更多地站在观众的角度考虑问题，注意灯具安装的位置和投光角度。要把观众的注意力集中在展示的文物和有关内容上，不能受到任何外界的影响，这是形式设计中的永恒主题。照明设计也包括在内，灯具安装要尽可能隐蔽。观众参观展览，最忌讳的是来自迎面刺眼的光照以及眼花缭乱的眩光，出现这种现象不仅在视觉上会不适应，而且参观者的心理也会受到一定影响。

有的博物馆力求在一些重点文物上做出更多的努力，但是由于对照明专业不了解，忽略了独立展柜之间光源的交叉影响，在现场出现了严重的光照交错现象。眼花缭乱的照明不仅影响观众参观的效果，还会出现一种参观疲劳的并发症。有的博物馆在投光方式上运用了底光照明，本意是使参观者看清文物的细部。由于没有专业设计只是加大了底部反射的照度，却未能把握好主光源与辅助光源间的关系以及光度的强弱比例，结果过强的底光照明有悖于人们习惯上的视觉接受能力，甚至让人对其有所抵触。

五　光的安全

任何时候文物的安全都是第一位的，国内至今还有许多博物馆由于经费和意识的缺失，在使用灯具和采光照明时没有考虑紫外线对文物的损害及防火、防爆、防触电和散热通风对文物的影响。由于对光的不重视，就没有对光做很好的设计，没有一套好的评估体系，没有

好的决策，致使对文物的保护不够。全国博物馆界做了这么多展览，是否有调查过因为光的原因对文物的损害情况。

安全与环保原则是现代博物馆灯光设计的首要原则。安全原则包括灯光系统自身的安全性与灯光对文物的保护作用；充分利用高科技，开发新的高效、节能、安全的照明手段；综合考虑各种环境因素，选择经济、实用、节能的光源；合理选择灯具安装位置，使照明灯光发挥最大的照明效率；控制眩光，防止光污染。

六　光的差异

国内：灯光技术发展迅速，但由于缺少行业标准，产品过于粗糙，在展馆的布展上则存在着较严重的赶工期和随意性。

国外：注重于单个作品的细致程度、整体效果的控制，精益求精。

灯光设计能够给观众带来优越的观展感受。通过运用不同光效，可以营造更加符合主题的展示氛围。陈列艺术灯光设计的表现形式是多种多样的，在很多情况下，它是灯、光、形、影、空间、文物的完美融合。可以说，没有光就没有色，没有光就没有形，没有光就没有质的揭示。因而灯光应该从单纯的照明配角升华为光环境艺术主角。

在陈列艺术设计中应充分了解光对于展示主题的各种作用，将光纳入设计思考，可以使我们努力去发掘文物内在抽象的情感和外部某些装饰性主题的内涵，从而避免陷入程式化和表面化，在寻求新的展示空间组织方式进程中，用光的艺术赋予文物应有的灵魂，并为陈列设计开辟一条自由的创新之路。

城市轮廓线
——工业遗址博物馆与景观照明环境

程旭

工业遗址改造成博物馆的使用空间，重点应该在照明表现上，它涉及三个工作界面：一是原工业景观区的照明规划控制，指城市空间与工业环境背景照明氛围；二是工业建筑主体的照明塑造，指标志建筑外部空间的专项设计和主题刻画；三是室内展览空间和重点场景照明设计指标。本文研究基于通过重温历史，梳理国内外已有的工业遗产再利用的设计实践观点，并对工业博物馆改造照明的设计思路展开讨论，不妥之处请指正。

一 工业展览照明的历史回顾

工业类博物馆的光照展示可追溯到首届伦敦世博会场馆，主题设定为"万国工业产品大博览会"，英国皇家花园园丁帕克斯顿，以花房构成技术原理提出了博览会建筑的设计方案。他将建造温室所学到的技术运用于博览会建筑大空间设计方面，规模尺度为"非固定"型，可随展出产品数量与体积需要调整空间形态，世界第一座水晶宫展览馆绝妙设计构思竟然出自一位园丁之手，这也归功于女王的丈夫阿尔伯特的慧眼和胆识。图纸上呈现的"万国博览会"建筑形象乃前所未见，而且施工装配技术简单，所用材料也极其简单，即玻璃、铁件和木材。不拘一格、意在求新。1851 年伦敦世博会的水晶宫充分利用自然光来表现世博会丰富的物产，其中各国的工业制造产品占据重要的展示空间。

巴黎直到 1937 年，共举办 7 次世博会，6 次涉及工业主题，开辟了各国工业专题展厅异彩纷呈，每届推新。事实上，1887 年为纪念法国大革命 100 周年而建的城市纪念标志埃菲尔铁塔；1990 年为第五届世博会修建的巴黎火车站，后也改为奥赛博物馆，巨大透光顶棚的圆形机械馆受到了市民的好评，到了夜间会场内使用了大量的电灯照明展品成为热销佳话；而地标性建筑大小皇宫群，采用大跨度的钢结构和玻璃穹顶，标示出巴黎新工艺美术工业时代的到来。博览会结束后，它们和埃菲尔铁塔一起都被保存下来，成为现代法国和巴黎辉煌的象征。直到今天大皇宫还在延续着巴黎顶级品牌展会，而毗邻的小皇宫曾在很长时间内被法国工业设计博物馆借用，而这些无不与工业文明的城市发展紧密关联。

世博会照明与爱迪生电灯发明也是个有趣的话题，1878 年巴黎第三届世博会，31 岁的托马斯·阿尔瓦·爱迪生带着自己刚刚发明的新式白炽灯泡参展。虽然这个电灯并无实用价值，但确意义非凡。1879 年 10 月 21 日，一个玻璃专家按照爱迪生的工艺设想烧制，把灯泡里的空气抽到仅剩下一个大气压的百万分之一即封口，此刻爱迪生接通电流，他们日夜盼望的情景终于出现了：灯泡发出了金色的亮光！这一天，后来就被定为电灯发明日。从第一个电灯到今天 LED 博物馆新型光源，世界又探索了约 130 年。

1879 年 11 月 1 日，爱迪生申请了对碳丝灯的专利。在德克萨斯州爱迪生博物馆的陈列这样描述到：该年最后一个晚上，他在门罗公园开始用这种神奇的光源来照亮，这是一次颇具戏剧性的照明展览。有 3000 多位参观者坐火车从四面八方赶来一睹迎来新年的最新发明，爱迪生叫工作人员从实验室到车站一路上都装上电灯，等第一班火车进站后立刻亮灯。当火车抵达时，他开动机器，40 个白炽灯泡全部点亮。人们一个个看得目瞪口呆，实验室院内发光的数百盏电灯使他们为之目眩、心潮激荡。

这就是人类照明设计与工业景观环境塑造的第一次照明展示。

1879 年 12 月 31 日元旦晚会的这些电灯，使用寿命可达 170 个小时。1880 年，在试验了 1600 种耐热材料、6000 种植物纤维后，爱迪生发现竹炭纤维发出的光最为明亮稳定，竹炭纤维一直使用到 1906 年换成钨丝为止——这就是我们今天使用的灯泡。

在 1881 年巴黎电力博览会上，爱迪生的电灯和发电站、输电网等配套工程大放异彩。1889 年，同样在巴黎世博会上，白炽灯点缀了埃菲尔铁塔。随后电灯点亮了世界的每一个角落。毋庸置疑，爱迪生的发明于世博会展示也很有启发。

1876 年世博会城市：费城；作品：电报机。

1878 年世博会城市：巴黎；作品：话筒和留声机。

1878 年世博会城市：巴黎；作品：钨丝制作的白炽电灯。

1881 年世博会城市：巴黎；作品：一台重 27 吨、可供 1200 只电灯照明的发电设备。

1888 年世博会城市：墨尔本；作品：留声机。

1889 年世博会城市：巴黎；作品：电影机。

1893 年世博会城市：芝加哥哥伦比亚；作品：真空电灯和其他 105 伏的氮气电灯。

1915 年，巴拿马太平洋世博会设置了"爱迪生日"。

1979 年，美国举行长达一年的活动，来纪念他发明电灯一百周年。这个被《纽约时报》称颂为"普降光明的人"，将人类从黑夜沉沉中解放出来。

回眸中国早期工业先驱者，20 世纪 50 年代毛主席曾说："在中国讲重工业，不能忘了张之洞"，这主要指张之洞创办了汉阳铁厂。官方资料显示，1865 年创办的江南制造总局是近代中国具有先进技术设备的"制器之器"的工厂。1889 年创办的大生纱厂是近代中国"设厂自救"浪潮中出现的代表性棉纺织业企业，它们都无疑推动了近代化进程。

此阶段在中国近代工业发展史上都视为工业革命的起点，1878 年 7 月 24 日开平矿务局在直隶唐山开平镇成立，具有特殊意义。1906 年随着唐山、西林两矿发电厂建成投入，才把蒸汽动力改为电力，伴随照明，生产能力大大提高。历经沧桑，近代工业生产使用照明还有不少先行者，张之洞创办了汉阳铁厂、张謇兴办的纺织纱厂、詹天佑主持的京张铁路老前门车站、周学熙兴办的北京自来水厂等，值得庆幸的是这些都作为工业遗址改建成工业博物馆。

一份来自大阪历史博物馆文献，这样详尽描述了邻国日本的早期照明设计："明治三十六年（1903年），第五次国内博览会在大阪举行。这届博览会长达一百五十三天，聚集了四百三十五万人，是明治期间最大的国家盛事。除去物品展，另有巨型冰箱展、日本第一艘滑水船展、奇异馆里美国舞者展等聚集了超级人气的加演节目。格外受瞩目的是首次登陆日本的电灯。各国展馆都采用了电灯镶嵌展馆轮廓，日落后，所有的电灯一齐点亮，绝美的夜景出现在了众人的眼前。"

在中日两国涉及工业展览业有正式照明的记载当属 1929 年杭州西湖博览会和 1931 年大阪天守阁万国博览会上，大量的电灯照明把工业产品照得通亮。不仅展示了洗衣机、电唱机、电风扇、电冰箱、汽车等工业消费品，还有发电机和手工业制品和机械化生产的纺织品和化工用品。同时，用照明打扮城市轮廓线也是博览会热议话题。

随着世博会的足迹，可以清晰地发现世界名城的工业建筑需求很大，由知名企业建造的各类工业建筑已经

融入城市风景，挥之不去。1937 年巴黎世博会上的前苏联馆，1953 年布鲁塞尔世博会的分子球馆，1964 年蒙特利尔世博会的富勒设计美国球形馆，1970 年大阪世博会由丹下健三主持的日本主场以城市广场规划出"未来综合体"，这些都体现工业制造业的探索和发展。值得一提的是今天这些建筑都被全部或局部保留下来，作为城市记忆的博物馆而被永久展示。因此说研究工业博物馆照明，必然涉及工业遗址建筑，这是绕不开的情节。

从工业考古的立场来看，1955 年伯明翰大学提出工业考古学的概念，对英国铁桥谷工业遗址进行了系统研究。直到 1986 年世界第一例以工业遗产为主题的世界文化遗产申报成功。整整 20 年，大铁桥打造成了工业遗产的诞生地。

紧接着，近代工业最引人注目的堪称大规模鲁尔工业区改造、伦敦市中心旧发电厂改造成的泰特艺术中心，

图1　1851年英国女王参观伦敦世博会展厅的石版画

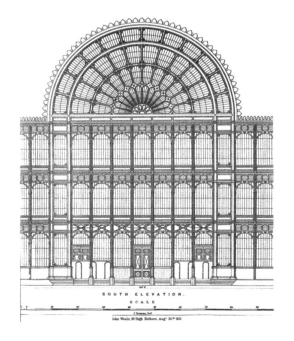

图2　1851年水晶宫大门的工程图纸

巴黎原宰牲场用地改造成拉·维莱特科学城。这些城市工业景观都在20世纪80年代中改造完成，将工业遗产改造成博物馆已成为最普遍和最有效的方法。

值得一提的是，德国埃森的关税同盟煤矿，因丧失竞争优势而关闭，1989年由州政府的资产收购机构和埃森市政府共同组建的管理公司规划，保留了20座有较高价值的建筑物，发展工业旅游。整个项目建成后，每年有组织的旅游者10万人光顾这里，而自发来这里的游客更多达50万人。

国际工业遗产保护联合会于2003年国际工业遗产保护协会通过了《下塔吉尔宪章》，为世界各国、各地区保护工业遗产提供了操作指南。截至2005年底，共有22个国家的34处工业遗产作为文化遗产列入《世界遗产名录》。

通过盘点世界对工业遗产的保护和再利用，我们不难发现这样的规律：工业博物馆与工业文化景观是一种文化推进器，工业文明的进步是一种城市消费的发动机，人们也将在城市发展和创新的探索中不断前行。或许是巧合，人类的照明技术发展史，总和世博会密切相关。1889年法国巴黎世博会上，爱迪生的白炽灯装点了埃菲尔铁塔；1939年美国世博会，展示了第一个实用荧光灯；2010年的上海世博会，从开幕式上近9000平方米的江边显示屏，到每个晚上灯火璀璨的园区夜景，大放异彩的LED照明将开启照明时代新纪元。LED带来的博物馆全新照明时代，不止体现于锦上添花的霓虹灯，业内人士综合评价认为：半导体照明的前程远大，低碳节能的"智能照明"一定会走进寻常百姓家，并有责任担负起"城市生活更美好"的重任。

图3　1900年巴黎火车站改建奥赛博物馆内照明

图4　1903年日本第五回国内博览会电灯照明石版画

二　照明体现工业考古的文脉特征

工业博物馆照明到底怎么发展？又该怎样表现？
工业遗址的特征和文脉怎么强化？
工业展览和陈列的基本设计思想应该如何控制？
借鉴国外工业遗址改扩建的理念，以此缩小差距，十分必要。

英国铁桥谷是世界上第一个列入世界遗产的工业遗产地，被认为是世界工业遗产保护的典范。就其博物馆景观旅游的意义而言，中央民族大学的潘守永教授认为有四点可以借鉴：①总体规划，即把遗产保护、居民生活和旅游发展结合起来；②多元化博物馆的发展思路，即走博物馆群的路子；③关注游客体验和便捷的服务设施；④多渠道的资金筹措方案。

毋庸讳言，早期开发工业遗产夜间照明表现的"观赏性"虽有存疑，但并未不影响铁桥谷，它也的确做出一个非常成功的案例。换言之，没有工业化制造的这座大铁桥，当然就不可能有铁桥谷的存在。仅仅围绕铁桥做文章，也不可能有铁桥谷今天的盛况和声誉。观众的吸引力来自哪里？既有第一座铁桥的魅力，工业革命发祥地的荣光，也有工业遗产学术圣地的声誉，更有维多利亚小镇的宁静与安详、周围乡村的休闲。

铁桥谷的案例，促使人们思考遗产的价值以及如何再利用，促进了工业遗产国际准则《下塔吉尔宪章》的出台。该宪章在充分肯定工业遗产具有社会、技术及美学三个价值的前提下，提出两种可选的保护建议：①保存与展示，即对工业遗址进行原址原状保护及博物馆陈列展示；②改造与再利用，即改造工业遗址使其发挥新的功用，成为维持工业遗存、复兴工业文化的方式。

中国老工业遗产"重生"过程中，照明已成为工业博物馆的一大难题，已显现出国内的老工业遗产保护开发的瓶颈，利用城市工业遗产资源激发城市活力的创新模式，正在引发照明业内人士和开发商深刻思考。

作为旧工业建筑而被改造的基本底线至少满足下面三项内容：首先是陈旧或者过时的工业建筑，已经不再满足新生产工艺的功能要求；其二是在原址进行生产，而今已停止生产活动的工业建筑；其三是建造时间久或者具有特殊价值和意义的工业建筑。中国在20世纪50～60年代开始大量建造各种类型的工业建筑。而工业博物馆是指失去了原使用功能的旧工业建筑，建筑经改造作为工业遗址博物馆。

中国工业遗址改造成城市博物馆更要求具备文化产品和创意传播功能，作为城市遗产记忆而被法律保护，并将继续发挥遗址活化和棕地再生的作用。城市近代旧工业建筑既具有建筑主体结构坚固、空间高大灵活、建筑体量大、拆除或新建对环境影响大等特点，遗存又具有实用的设计理念和工业美学价值特点，工业城市因它的转变和重生将对传承文明有重要影响。

新中国成立后，东北三省一线城市所建设的第一批基础工业设施，被称为"共和国的长子"，在沈阳铁西区建立了第一个中国工业博物馆；而中国沿海东部地区全面展开旧工业区的重生计划，通过几十年的实践和探索，一批工业类专题博物馆已经开放，初见成效。紧随其后的二线和三线城市，特别是近十年对工业遗址加大了立法保护力度，并兴起了工遗改造运动，一批有丰富经验的工业博物馆建筑大师和境外著名设计团队的积极介入，大量的优秀作品不断推出，也为中小城市的文化创意和生活作出了贡献。

但我们也发现工业博物馆在改造和开放后使用的同时，出现了工业景观功能化配备不到位等诸多问题。首先作为城市文化创意产业基地从事文化艺术生产，工业博物馆的照明设计与传统的历史和美术馆之间存在很大差距，最突出的问题是厂区夜景照明不足，策展项目和设计语境单一，工业遗址表现力差，照明项目资金短缺，专业人员与技术支持在博物馆运营中是块短板，而作为展览照明设计的相关专业培训很少涉及，从城市立场出发，在对工业遗产建筑表现力上整体照明设计还待提高。

1993年颁布的《工业企业照明设计标准》，明显针对工业空间内的生产制造而制定，而作为近现代工业以休闲娱乐和城市博物馆功能的开放核心区，照明课题范围更突出地考虑延伸到娱乐和休闲的亲民氛围，工业博物馆的照明设计细分如下：公共开放区参观路线和展览空间内的文物照明、临时展厅和配备展演空间的多功能照明、涉及餐饮和学术报告、大厅集会等特别是大堂序厅空间用于节日庆典活动的主题照明等等。

而这部分暴露的照明矛盾比较突出，不少案例为了突出展品物象，多以现代娱乐"卡拉OK"戏说，过分渲染，过度娱乐使工业遗产失去了特有的严肃性。博物馆展厅也并非将工业空间作为体验和营造，更多地是临时改为商展他用，如车展、服装展和演出聚会。这样在规划上对工业博物馆空间营造会因氛围不统一而失掉整体，直观地表现出片段式娱乐、主体分离、碎片化的景象，照明氛围则大大弱化了工业遗产环境的城市形象。

图6　开滦博物馆采煤地下展览复原

图7　北京铁路博物馆毛泽东号机车标志

图5　开滦博物馆胡弗办公室场景照明

8	9
	10
11	12

图8　北京铁路博物馆陈列的北京站大钟照明，图为馆长与作者合影
图9　北京煤气厂改造的朝阳区规划馆序厅
图10　台湾华山工业遗址改造艺术空间照明
图11　上海1933展厅空间照明
图12　上海1933公共空间照明

在工业遗址博物馆的照明实践中，由著名设计师和设计团队提出和设计的案例不胜枚举，这无疑对工业遗产的设计规划、艺术表现和形象以及改造后所创造的价值，都远远大于遗产重生的利用。特别是政府部门、相关企业和个人对工业博物馆的投入，都充分考虑到了发挥城市新名片的再生作用，力求打造文化地标，以全新的光环境向共和国工业文明辉煌的过去敬礼，在博物馆里收集整理和展示的产业工人集体记忆，并纳入城市工业档案，这样看，专业的工业照明设计和应用无处不在。

三　工业博物馆照明设计与实践

博物馆照明设计规范中，并无《工业博物馆照明规范》，这也给创作者增加了多种实践可能。如崔恺院士的西安大华纱厂规划改造和兰州天水工业遗址改造、都市实践团队利用日据旧仓库改造的唐山规划馆、王永刚先生的北京751工业区改造已经成为可识别城市景观，给我们印象最深刻的是工业博物馆与文化景观的精彩表现，其夜景照明过目不忘。

事实上，我国大部分工业博物馆照明与规划最初普遍现状是在低价灯具上展开实践的，其原因有三：①保留车间照明的原有灯具；②反映生产机械空间的原主题塑造，突出保护原状陈列；③工业遗址区的专业景观的

	14
13	15
	16

图13　西安1935大化沙厂博物馆照明
图14　上海玻璃博物馆序厅照明
图15　传媒博物馆陈列
图16　上海玻璃博物馆中央展示照明

主题提示。三块界面还有自然光的混合照明，形成工业语境不明确，主题表现碎片化，缺乏完整性，造成工业景观照明设计印象和感染力不足。

通过几十年的探索，中国工业博物馆规划与开发利用，在照明设计上有了一定积累。在工业主体基调把握上，工业博物馆照明规划应该把握几个关键层：①保持原工业遗址主体建筑精神的塑造，强化城市轮廓线；②注重展览主题空间的塑造，遗址内空间改为博物馆陈列后，还应该设置珍贵文物展示与保护的专项照明；③由于超大空间，重要场景的区域再提升和泛光空间塑造。规划出三个层次的递进重构，互相印证。针对以工业建筑地标作为城市景观再现，在西方实践中多由建筑师形成统一概念，科学合理配置，并非无数个案堆积，并不再以变化多端的细节或个体为评判标准。其核心优势在于强调国家工业主题塑造，完整的工业传承体系和考古遗址个性，重塑国家工业文明历尽沧桑，讴歌过去曾经作为国家建设的支柱经济的辉煌。

"让文物说话，让文物活起来"，最值得称道的是，融参观、教学、实践、体验为一体的日本产业技术纪念馆，在厂区和遗址空间规划成一个整体，强化日本民族工业的"锻造"精神，技术教学强化了"正在使用的"历史工业机械与展览内容融化于每个单元的空间中，形成工业文物的活遗产。

北京798尤伦斯艺术中心力邀法国卢浮宫改造设计师让·米歇尔·维尔莫特主持设计，工业空间内不仅表达出模数化装配技术，还体现出追忆早期工业文明与遗址空间重生的优雅和高贵。

"这是我们与建筑师配合完成的成功照明案例"，LED课题组采访该照明项目负责人吕有说，"这座占地8000平方米的20世纪50年代的车间，其工业风格和结构被完好保存下来。而在建筑改造方案中，最聪明的地方就是对空间的利用——无论是白天还是晚上，空间始终感觉一致，这是因为在中间的天窗上安装了可以控制日光的百叶系统。而这套系统正是在我们与建筑师沟通与配合下共同实现的。当时，建筑师对尤伦斯UCCA的照明提出了两点：①要引用自然光，同时能够通过照明控制系统，表现出晴天、阴天、多云、晚上等不同的场景；②照明必须与建筑结构相吻合。在经过与建筑师团队的反复沟通后，我们为尤伦斯UCCA选配了一套能与百叶系统相结合的照明控制系统。此外，为了达到建筑要求的不同日光效果的场景，我们为尤伦斯UCCA量身定制了一套带有不同色温的间接照明设备，而设备的安装方案也是为顶部弧梁结构个性化定制的。"

在开发理念上，德国鲁尔工业区的夜间开发活化中显得比较成熟，利用过去的工业遗迹对话今天的现代文明，比如旧发电厂的水池改成水下发光的游泳池，最大的开发大空间作为夜场集会活动展演舞台中心，以调动情感的舞台照明打动市民，更为专业的LED博物馆照明把原车间空间都作为展厅搞主题展览，丰富、灵活多变

的特展，工业旅游，工业踏勘，工业培训和开辟各种学生与家长假期参观，吃工业套餐，坐旅游专线都在这里一站式完成。这里常常看到以一个家庭或亲子团为单元的参观群体，也有同年龄段或某特殊行业机构的临时组团群体，还有专开辟附近工业社区居住，接待访客。

清华大学建筑学院的张昕博士是首钢灯光节总体指挥，他在接受采访时说：如果说建筑师对于博物馆的照明设计的认知有哪些误区的话，建筑师是一个项目的总指挥，必须对每个环节进行思考，也要求对包括照明设计在内的所有专业有所了解。但一般情况下，建筑师所考虑的是照明与建筑形态、空间结构的统一、和谐。而照明设计师考虑得更周全，除了技术层面，例如"保护展品"、"眩光控制"外，还会考虑例如是否可以用灯光帮助组织参观动线、灯光表现并提升艺术品的价值、灯光感染观众的情绪等更多因素。

工业之都蒙特雷是墨西哥第二大城市，著名的蒙特雷钢铁厂始建 1986 年，这里还是墨西哥蒙特雷市前钢铁

厂的 1.5 公顷扩建之地，11 年后，钢铁厂退役变身为钢铁博物馆，并成为当地的文化焦点，每年接待超过 200 万的游客。其规划理念文脉传播而保留的工业遗产，就是让该城下一代及年轻游客记住这座工业城市的历史。

工业景观由总规划师菲尔·奥尔德里奇先生接手项目，期望在用地上表达出遗址"场所精神"，用照明创造博物馆景观价值，体现出前工业的辉煌，营造戏剧性的工业景观。核心区设计出用智能照明演绎炼钢工艺，保留 70 米的高炉结构并被强调，在周边补充系列新的现代景观。改造后的棕地地面光带提示出"关于钢的历史"

图17 天水工业博物馆夜景照明
图18 北京798尤伦斯艺术中心展厅照明
图19 日据粮仓改建的唐山城市规划馆
图20 张之洞博物馆环境设计
图21 大运河仓库改建的中国刀剪伞扇博物馆
图22 启新水泥厂改造夜景照明规划模型
图23 德国鲁尔工业博物馆展厅照明
图24 日本产业技术纪念馆展厅引入自然光照明

17	18
	19
20	21
22	23	24

表达出一项重要的叙事元素。用到的钢材也是就地回收利用，广泛用于公共空间的定义，划分喷泉及台阶。土方工程产生的基石等材料也以绿色生态的方式进行了再利用。整合现场雨水径流，将雨水导入地下蓄水池，在旱季可为水生植物和湿地植物提供灌溉。两个水景照明属于主要景观，并定义为讲述城市故事的公共空间。主路旁利用了以前的钢板做成200米长的水道，并与以前的运输轨道进行视觉化联系。尽头的一侧设置了大块岩石和喷雾喷泉，这在炎炎夏日夜晚，LED智能景观照明的亮化工程，旋即成为城市的聚会和消费热点，也给游客带来了惊喜。

2014年，菲尔·奥尔德里奇来华讲学，LED照明课题组也进行了采访，他强调：博物馆照明不可能脱离建筑、空间、展示品而独立存在。在蒙特雷钢铁厂改造博物馆照明项目中，更多的效果都是后期在现场通过无数次地与建筑师、结构工程师、室内设计师、展陈设计师和业主的沟通交流、现场实验和调试后实现出来的。所以照明设计师能更早介入到建筑设计中，与建筑师、室内设计师和展陈设计师开展紧密合作，从日光利用和人工光环境塑造上协助设计出更合理、有效的建筑和室内空间概念。而在概念、深化和施工图过程中加强对话和沟通，特别是后期必须在现场解决问题。

综上，工业博物馆照明主要反应遗产特质，塑造工业精神，为城市景观提升价值观。中国工业遗址改扩建和工业博物馆照明实践相对西方而言是新生的博物馆课题。处于LED新型光源的市场推动下，博物馆应用LED照明和景观环境营造理念进入新时代，我们与西方正处于同一个起跑线上。LED新型采光正是当下提升中国博物馆展览照明品质，建构新型照明系统，如何与西方缩小差距，打造中国陈列光照体系的关键，也是我们为之奋斗的课题。

四　结语

昔日城市废旧的工业遗址地，如今已蜕变成城市一道靓丽的轮廓线和风景线，经过灾难重重的唐山人都爱提及自己的城市是凤凰涅槃，其实工业遗址的重生同样是工业文明的凤凰涅槃。城市工业遗址博物馆的表现力是不可复制的一种城市力量，从城市维度探讨工业遗址的照明语言和表现方法，重塑工业城市公众内心的英雄丰碑，正是当下我国工业博物馆抢救保护和活化共和国工业遗产资源的基本路径，也是向共和国曾经的工业辉煌历史敬礼。

图25　墨西哥蒙特雷钢铁博物馆景观照明
图26　日本产业技术纪念馆照明设计
图27　日本产业技术纪念馆遗址陈列
图28　墨西哥蒙特雷钢铁博物馆高炉景观照明
图29　墨西哥蒙特雷钢铁博物馆建筑照明

25	26
27 28	29

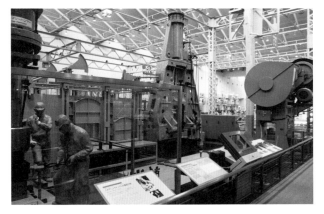

博物馆相关规范、标准

徐华

在进行博物馆照明设计时，要熟悉国内外有关博物馆设计的相关标准规范的要求，尤其在照明设计方面，博物馆相关规范、标准综合介绍如下。

一 《博物馆建筑设计规范》JGJ66-2015

博物馆建筑设计规范共分 10 章，主要技术内容是：(1) 总则；(2) 术语；(3) 选址与总平面；(4) 建筑设计通用规定；(5) 建筑设计分类规定；(6) 藏品保存环境；(7) 防火；(8) 采光与照明；(9) 声学，(10) 结构与设备。规范对博物馆进行了分类，是进行博物馆设计的基础。

1. 博物馆分类

(1) 按藏品和基本陈列内容划分，博物馆可分为历史类博物馆、艺术类博物馆、科学与技术类博物馆、综合类博物馆等四类。

(2) 按建筑规模分为五类，建筑规模分类见表 1。

表 1　建筑规模分类表

建筑规模类别	建筑总面积（m²）
特大型馆	＞ 50000
大型馆	20001 ~ 50000
大中型馆	10001 ~ 20000
中型馆	5001 ~ 10000
小型馆	≤ 5000

2. 博物馆建筑的采光系数标准

该规范第 8 章采光与照明对博物馆展厅、展品提出了的采光与照明的基本要求。

采光在建筑方案设计阶段就需要考虑，是建筑师要遵循的，对采光系数和采光的规定如下。

(1) 博物馆建筑的采光系数标准值应符合表 2 的规定。

(2) 展厅应根据展品特征和展陈设计要求，优先采用天然光，采光设计应符合下列规定：

①天然光产生的照度应符合各类展品照度要求值的规定；

②展厅内不应有直射阳光。采光口应有减少紫外辐射、调节和限制天然光照度值和减少曝光时间的构造措施；

③应有防止产生直接眩光、反射眩光、映象和光幕反射等光学缺陷的措施；

④需要补充人工照明时，人工照明光源宜选用接近天然光色温的光源，但应避免光源的热辐射损害展品；

⑤顶层展厅宜采用顶部采光。顶部采光时采光均匀度不宜小于 0.7；

⑥需要识别颜色的展厅，宜采用不改变天然光光色的采光材料；

⑦光的方向性应根据展陈设计要求确定；

⑧采光窗应满足保温、防风、防水、防结露和清洁、

表 2　博物馆建筑的采光系数标准值

采光等级	房间名称	侧面采光		顶部采光	
		采光系数最低值 Cmin（%）	室内天然光临界照度（lx）	采光系数平均值 Cav（%）	室内天然光临界照度（lx）
Ⅲ	文物修复、复制、门厅、工作室、技术工作室	2	100	3	150
Ⅳ	展厅	1	50	1.5	75
Ⅴ	库房走道、楼梯间、卫生间	0.5	25	0.7	35

注：表中的展厅是指对光特别敏感的展品展厅，侧面采光时其照度不应高于 50 lx；顶部采光时其照度不应高于 75 lx；对光敏感或不敏感的展品展厅采光等级宜提高一级或二级。

表 3　展厅展品照度标准值

展品类型	参考平面及其高度	照度标准值（lx）	年曝光量（lx·h/a）
对光特别敏感的展品，如织绣品、国画、水彩画、纸质展品、彩绘陶（石）器、染色皮革、动植物标本等	展品面	≤ 50（色温≤2900 K）	50000
对光敏感的展品，如油画、不染色皮革、银制品、牙骨角器、象牙制品、宝玉石器、竹木制品和漆器等	展品面	≤ 150（色温≤3300 K）	360000
对光不敏感的展品，如铜铁等金属制品、石质器物、陶瓷器、岩矿标本、玻璃制品、搪瓷制品、珐琅等	展品面	≤ 300（色温≤4000 K）	不限制

维修、安全、管理的要求；

⑨照度低的展厅出入口应有视觉适应过渡区域；

⑩展厅室内天棚、地面、墙面应选择无反光的饰面材料。

表 4　博物馆相关场所照度标准值

房间或场所	参考平面	照度标准值（lx）	UGR	Ra
展区门厅	地面	200	22	80
寄物处	地面	150	22	80
接待室	0.75 m 水平面	300	22	80
编目室	工作面	300	19	90
美工室	0.75 m 水平面	300	19	90
熏蒸室	实际工作面	150	19	80
修复室	实际工作面	750	19	90
标本制作室	实际工作面	750	19	90
一般实验室	实际工作面	300	19	80
书画装裱室	实际工作面	300	19	90
周转库房	地面	50	22	80
藏品库房	地面	75	22	80
一般库房	地面	100	22	80
鉴赏室	0.75 m 水平面	150	19	90
阅览室	0.75 m 水平面	300	22	80
报告厅、教室	0.75 m 水平面	300	22	80
科技馆展厅	地面	200	22	80

注：1.表中照度标准值为参考平面上的维持平均照度值。
　　2.修复室、标本制作室的照度标准值是混合照明的照度标准值。其一般照明的照度值按混合照明照度的20%～30%选取。如对象是对光敏感或特别敏感的材料，应减少局部照明的时间，并应有防紫外线的措施。
　　3.书画装裱室工作时一般采用自然光。

3. 博物馆照明标准

对于博物馆人工照明，详细规定了照明值的要求，展厅内展品的照明应根据展品的类别确定，其照度标准值不应大于表3的规定。

博物馆相关场所的照度标准值应符合表4的规定。

4. 博物馆的照明质量

对于博物馆的照明质量，除科技馆、技术博物馆外的展厅照明质量应符合下列规定。

（1）一般照明应按展品照度值的20%～30%选取；

（2）当展厅内只有一般照明时，地面最低照度与平均照度之比不应小于0.7；

（3）平面展品的最低照度与平均照度之比不应小于0.8，高度大于1.4米的平面展品，其最低照度与平均照度之比不应小于0.4；

表 5　美术馆建筑照明标准值

房间或场所	参考平面及其高度	照度标准值（lx）	UGR	U_n	R_a
会议报告厅	0.75 m 水平面	300	22	0.60	80
休息厅	0.75 m 水平面	150	22	0.40	80
美术品售卖	0.75 m 水平面	300	19	0.60	80
公共大厅	地面	200	22	0.40	80
绘画展厅	地面	100	19	0.60	80
雕塑展厅	地面	150	19	0.60	80
藏画库	地面	150	22	0.60	80
藏画修理	0.75 m 水平面	500	19	0.70	90

注：1.绘画、雕塑展厅的照明标准值中不含展品陈列照明；
　　2.当展览对光敏感要求的展品时应满足表7的要求。

表 6　科技馆建筑照明标准值

房间或场所	参考平面及其高度	照度标准值（lx）	UGR	U_n	R_a
科普教室、实验区	0.75 m 水平面	300	19	0.60	80
会议报告厅	0.75 m 水平面	300	22	0.60	80
纪念品售卖区	0.75 m 水平面	300	22	0.60	80
儿童乐园	地面	300	22	0.60	80
公共大厅	地面	200	22	0.40	80
球幕、巨幕、3D、4D 影院	地面	100	19	0.40	80
常设展厅	地面	200	22	0.60	80
临时展厅	地面	200	22	0.60	90

注：常设展厅和临时展厅的照明标准值中不含展品陈列照明。

表7　博物馆建筑陈列室展品照度标准值及年曝光量限值

类　别	参考平面及其高度	照度标准值（lx）	年曝光量（lx·h/a）
对光特别敏感的展品：纺织品、织绣品、绘画、纸质物品、彩绘、陶（石）器、染色皮革、动物标本等	展品面	≤ 50	≤ 50000
对光敏感的展品：油画、蛋清画、不染色皮革、角制品、象牙制品、竹木制品和漆器等	展品面	≤ 150	≤ 360000
对光不敏感的展品：金属制品、石器制品、陶瓷器、宝玉石器、岩矿标本、玻璃制品、搪瓷制品、珐琅器等	展品面	≤ 300	不限制

注：1.陈列室一般照明应按照展品照度值的20%～30%选取；
　　2.陈列室一般照明UGR不宜大于19；
　　3.一般场所Ra不应低于80，辨色要求高的场所，Ra不应低于90。

表8　博物馆建筑其他场所照明标准值

房间或场所	参考平面及其高度	照度标准值（lx）	UGR	Un	Ra
门　厅	地　面	200	22	0.40	80
序　厅	地　面	100	22	0.40	80
会议报告厅	0.75 m水平面	300	22	0.60	80
美术制作室	0.75 m水平面	500	22	0.60	90
编目室	0.75 m水平面	300	22	0.60	80
摄影室	0.75 m水平面	100	22	0.60	80
熏蒸室	实际工作面	150	22	0.60	80
实验室	实际工作面	300	22	0.60	80
保护修复室	实际工作面	750	19	0.70	90
文物复制室	实际工作面	750 *	19	0.70	90
标本复制室	实际工作面	750 *	19	0.70	90
周转库房	地　面	50	22	0.40	80
藏品库房	地　面	75	22	0.40	90
藏品提看室	0.75 m水平面	150	22	0.60	90

注：* 指混合照明的照度标准值，其一般照明的照度值应按混合照明的20%～30%选取。

（4）展厅内一般照明的统一眩光值（UGR）不宜超过19；

（5）展品与其背景的亮度比不宜大于3∶1。

（6）一般展品展厅直接照明光源的色温应小于5300 K；对光线敏感展品展厅直接照明光源的色温应小于3300 K。

（7）在陈列绘画、彩色织物以及其他多色展品等对辨色要求高的场所，光源一般显色指数（Ra）不应低于90；对辨色要求不高的场所，光源一般显色指数（Ra）不应低于80。

（8）藏品库房室内和对光特别敏感展品的照明应选用无紫外线的光源，并应有遮光装置。展厅内的一般照明应用紫外线少的光源。对于对光敏感及特别敏感的展品或藏品，使用光源的紫外线相对含量应小于20 μW/lm，其年曝光量不应大于表3的规定。

展厅照明光源宜采用细管径直管型荧光灯、紧凑型荧光灯、卤素灯或其他新型光源。有条件的场所宜采用光纤、导光管、LED等照明。立体造型的展品应通过定向照明和漫射照明相结合的方式表现其立体感，必要时应通过实验方式确定。

二　《建筑照明设计标准》GB50034—2013

该标准对居住、民用公共建筑及工业建筑的照明均提出了照明设计标准值，是照明设计标准的母规范，其中第5.3.8条，规定了美术馆、科技馆、博物馆及博物馆建筑其他场所单位照明标准值。见表5、6、7、8。

三　《博物馆照明设计规范》GB/T23863—2009

适用于新建、改建、扩建或利用古建筑及旧建筑的博物馆照明设计。该规范针对博物馆照明设计，从照明方式、光源和灯具选择、照明数量、照明质量、配电和控制等方面提出了要求。主要技术指标见表9博物馆相关场所照度标准值和表10陈列室展品年曝光量限值中。

四　部分国际组织和国家推荐的质量标准和照度标准

部分国际组织和国家推荐的质量标准和照度标准见表11、12。

博物馆照明技术发展很快，照明设计规范、标准也在不断变化，在进行照明设计时，应及时跟进新规范、新标准的变化，只有遵循设计规范，才能做出好的设计。

表9　博物馆相关场所照度标准值

场　所	参考平面	参考平面	照度标准值（lx）
陈列区	门　厅	地　面	200
	序　厅	地　面	100
	美术制作室	0.75 m 水平面	300
	报告厅	0.75 m 水平面	300
	接待室	0.75 m 水平面	300
	警卫值班室	0.75 m 水平面	150
技术用房	编目室	0.75 m 水平面	300
	摄影室	0.75 m 水平面	100
	熏蒸室	实际工作面	150
	实验室	实际工作面	300
	保护修复室	实际工作面	750
	文物复制室	实际工作面	750
	标本制作室	实际工作面	750
	阅览室	0.75 m 水平面	300
	书画装裱室	实际工作面	300
藏品库区	周转库房	地　面	50
	藏品库房	地　面	75
	藏品提看室	0.75 m 水平面	150
观众服务设施	售票处	台　面	300
	存物处	地　面	150
	纪念品出售处	0.75 m 水平面	300
	食品小卖部	0.75 m 水平面	150
公用房	办公室	0.75 m 水平面	300
	休息处	地　面	100
	装具贮藏室	地　面	75
	行政库房	地　面	100
	厕所、盥洗室、浴室	地　面	100

注：1.保护修复室、文物复制室、标本制作室的照度标准值是混合照明的照度标准值，其一般照明的照度值按混合照明照度的
　　　20%～30%选取，如果对象是对光敏感的材料，则减少局部的照明，并有防紫外线的措施；
　　2.书画装裱室设置在建筑北侧，工作时一般仅用自然光照明；
　　3.表中照度值为参考平面上的维持平均照度值。

表10　陈列室展品年曝光量限制值

类　别	参考平面及其高度	年曝光量（lx·h/a）
对光特别敏感的展品：纺织品、织绣品、绘画、纸质物品、彩绘、陶（石）器、染色皮革、动物标本等	展品面	50000
对光敏感的展品：油画，蛋清画、不染色皮革、角制品、象牙制品、竹木制品和漆器等	展品面	360000
对光不敏感的展品：金属制品、石器制品、陶瓷器、宝玉石器、岩矿标本、玻璃制品、搪瓷制品、珐琅器等	展品面	不限制

表 11 部分国际组织和国家推荐的质量标准

组织	CIE	ICOM	英国	美国	日本	澳大利亚	荷兰
均匀度	均匀	≥ 0.8	≥ 0.8	≥ 0.8	均匀	≈ 0.8	均匀
眩光限制等级	I 级	I 级	GI 为 17 ~ 18.5	I 级	I 级	—	I 级
光线的照射角（°）	—	60	60	60	55	60	60
亮度比	3 : 12	3 : 1	3 : 1	3 : 1	4 : 1	3 : 1	3 : 1
立体感	—	—	矢／标量比 1:2 ~ 1:3	—	照度比 1/3 ~ 1/5	—	—
色温（K）	3300 ~ 5000	4000 ~ 6500	3300 ~ 5300	3300 ~ 5000	3300 ~ 5000	3300 ~ 5000	3300 ~ 5000
显色性	Ra ≥ 85	Ra ≥ 90	Ra ≥ 90	Ra ≥ 85	Ra ≥ 92	Ra ≥ 90	Ra ≥ 85

CIE：国际照明委员会（Commission Internationale de L'eclairage的缩写）
ICOM：国际博物馆协会（International Councilof Museum的缩写）

表 12 部分国家和国际组织推荐的照度标准

展品类型	CIE	ICOM	英国 IES	美国 IES	日本 JIS
不敏感	没有限制，实践中是根据展览要求和辐射热的大小确定	不限制，但一般不超过 300 lx	不限制，但实际上要考虑陈列要求与辐射热大小	200 ~ 6000 lx，具体照度值视材料和颜色而定	300 ~ 1500 lx（石和金属雕刻、造型与模型为 750 ~ 1500 lx）
较敏感	150 lx	150 ~ 180 lx	150 lx	200 lx（临时展出可用 600）	150 ~ 300 lx
特别敏感	50 lx	50 lx（如有可能不要降低）	50 lx	50 lx	75 ~ 150 lx
一般照明	20 ~ 50 lx	漫射，中等照度	—	20 ~ 50 lx	为 75 ~ 150 lx 的 1/3 ~ 1/5

对博物馆、美术馆照明应用通过实验进行检测评估的研究

荣浩磊

随着我国大力发展文化事业，我国博物馆和美术馆数量不断增加，其功能定义和价值内涵也在不断发展变化。照明对于博物馆实现价值目标的重要意义，已在业内形成共识。

为提高博物馆照明水平，针对应用需求，明确照明的价值导向，提出指标体系和评估标准是关键，已有多位专家在此领域展开研究。而这些研究无论是实施落地（目标设定和实施保障），还是收集反馈，总结规律（形成规范），都需要实验检测评估的辅助支撑。

一 研究范围、目标

本次研究是文化部课题"LED 在博物馆、美术馆的应用现状与前景研究"的一部分，背景是 LED 技术的迅猛发展，使国内博物馆、美术馆照明的应用层面发生变革，而且随着传统光源逐步退出生产，这种变革正在使 LED 变成刚需，从前期调研访谈情况来看，至少 30% 的博物馆、美术馆已应用 LED 产品，有的新建馆甚至全部采用了 LED 产品。但尚有相当数量的运营管理者，对 LED 光源的应用持观望态度。可见，每一项新技术在应用推广的过程中，都需要面对各方面的质疑，不断优化提升和验证，才能最终确定标准，被广泛接受。

因此，本次研究范围集中在通过实验测试，比对使用者和管理者关心的典型应用需求中，LED 最新应用技术与传统光源在关键性指标方面的差异，以辅助判断 LED 在博物馆、美术馆照明应用的优劣势，需要改进的方向和发展前景。

二 实验场景与指标要求

课题组进行了较多现场调研工作，但受各种条件的限制，不可能任意地采集关键指标数据，如热温升问题和耗能功率数据、不受环境光影响的柜内亮度、照度、色彩表现能力等信息，因此实验室对典型场景的补充测试工作尤为必要。

本次研究的实验场景均针对博物馆、美术馆的典型应用，如博物馆，选取 5 个类型（四面柜、三面柜、龛柜、平柜、坡柜）具有代表性尺寸的展柜 8 个；美术馆选取壁挂展品的泛光洗墙和雕塑展品的重点照明两类。

提出典型应用场景后，第二步是提出针对应用需求的测试指标与理想目标。通过对博物馆、美术馆的现状测量调研，以及对参观者和馆方的访谈调研，博物馆、美术馆照明的需求，可归纳为视觉感知和管理维护两大方面。当下，展陈空间照明趋于"物"的表现与"人"的感知的平衡，甚至某些情况下，人的体验感知才是中心，相应指标体系应涉及主观评价（氛围、情境、艺术性、文化认同等）与客观物理量，限于时间等条件，本次实验的测试分析指标主要集中于客观物理量。

视觉感知方面，涉及美观舒适（灯具安装是否隐蔽精致，眩光是否得到有效控制）、亮度分布合理（对比度是否恰当、均匀度是否达标）、色彩表达（还原性和艺术表现能力）等等；管理维护方面，涉及成本控制（一次性建设投入和电费维修费用）、易于运维（安装调试和安全保护）。

本次测试相关指标包括灯具尺寸、眩光值、亮度对比度、均匀度、显色指数（Ra）、色彩保真度因子（Rf）、色彩饱和度因子（Rg）、产品价格、能耗、组合调整的灵活性、紫外、红外辐射量等。

关于指标要求，现有的博物馆照明最主要的规范文本 GB/T23863-2009《博物馆照明设计规范》和 JGJ66-2015《博物馆建筑设计规范》，主要针对传统光源，具体指标不一定适用于 LED 照明，因此，本次实验测试倾向于在理解应用需求和价值取向的基础上，对指标提出理想方向，如"有害辐射越低越好"、"均匀度越高越好"、"热量越小越好"等，开放征集，由参与测试方根据各自产品的优势，从产品选型、安装方式、排布方式等角度，提供最能趋近理想指标的解决方案。

表1 检测仪器列表

测量项目	设备名称	设备型号	计量日期	有效期
亮度	成像亮度计	LMK mobile advance	2015.12.23	2016.12.22
亮度	亮度计	KONICAMINOLTACS-200	2015.01.04	2016.01.03
照度	照度计	新叶/XYI-III	2015.06.03	2016.06.02
照度	照度计	T-10	2015.01.04	2016.01.03
色温/光谱	彩色照度计	SPIC-200	2015.06.03	2016.06.02
距离	激光测距仪	BOSMA	2015.01.04	2016.01.03
反射率	分光测色仪	KONICA/CM-2600d	2015.12.28	2016.12.27
环境	数显温湿度计	KT-908	2015.03.10	2016.03.09

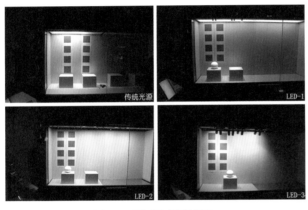

图1 三面柜测试现场照片

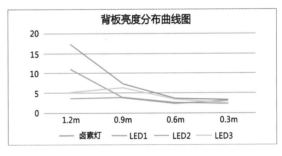

图2 不同光源下三面柜背板亮度分布曲线图

三 实验检测

对征集到的各种解决方案，在实验室内按照真实情况安装，由国家 CNAS 认可资格的专业检测机构采用有效标定的专业仪器，对各项指标进行检测，由展陈和照明设计对数据进行分析评估。

在博物馆实验中，由展柜厂家提供展柜原有的传统光源（卤素灯和荧光灯）照明解决方案，四家国内外知名的专业生产博物馆 LED 灯具的厂家，根据产品优势和要求，提供不同产品、不同组合的照明解决方案。

可见展柜背板的亮度分布对比，LED 产品均匀度差异较大，表现最优者，其均匀度远高于对比测试的传统光源。但在相对饱和度因子方面有更大的空间。紫外辐射则远低于传统光源。

在美术馆泛光洗墙照明实验中，由五家 LED 专业博物馆灯具生产厂家对 4 米高的壁挂空间提供各自优势产品，进行比对。对雕塑的重点照明，由六家厂家进行产品提供，其中一家提供金卤灯传统光源照明解决方案，进行参数比对。

四 总结展望

通过实验比对，我们认为，LED 可以提供更加灵活的照明解决方案；从技术能力的方面，大部分评价指标，均不弱于传统光源；安全保护、可控性等方面，优势非常明显。问题在于在 LED 的大概念下，不同产品的差异较大，在缺乏有效的甄别手段和市场选择机制支撑的情况下，用户处于信息不对称带来的不利地位，难以规避应用风险。

公开开放征集解决方案，进行关键指标实测比对，可以让我们了解真实的照明工业技术水平和市场供给能力。如果针对不同典型应用需求，建立解决方案与效果的数据库，将为行业实际应用提供更多参考与选择；数据库也可为博物馆、美术馆照明设计导则与规范标准的修编提供依据，设计规范是进行设计指导和验收评价的重要依据，本身也应随技术应用、社会需求的变化不断修正。

此外，通过实验可以明晰产品与解决方案和理想目标的差距，指导国内生产企业的研发方向，提升中国制

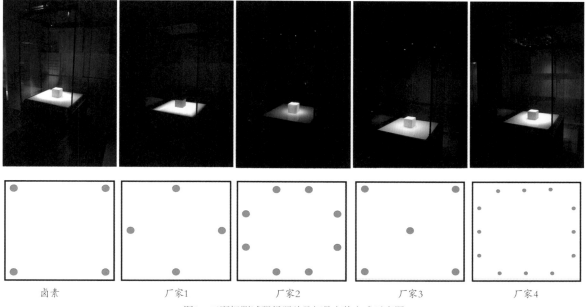

| 卤素 | 厂家1 | 厂家2 | 厂家3 | 厂家4 |

图3 三面柜测试现场照片及灯具安装方式示意图

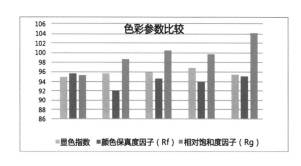

图4 灯具色彩参数对比图

图5 不同光源下柜内紫外含量对比图

造。如专业配合博物馆展柜照明的国内企业较少，水平也参差不齐，而配合美术馆柜外照明的生产企业数量较多；各厂家的导轨在通用性和兼容性方面还有待提升。

后期我们还将针对总结的典型应用场景，建设实验室。通过分析归纳典型的应用需求；跨界征集多种解决方案；用有公信力的更加灵活的实验方法进行比对，并进一步探索分析人的主观评价与物理量的相关性；提供成果示范价值展示空间，辅助专业研究人员积淀研究成果。

博物馆和美术馆LED照明的光色质量

翟其彦　罗明

博物馆照明的光色质量在国内鲜有标准，即使在国际上现在也处于争议和研究阶段；国际照明委员会（CIE）仅仅是在文物照明的照度限制方面有上限的建议值[1]，对于大部分光致损伤敏感文物，这个上限是50 lx；而在LED照明兴起以后，以显色指数CIE-Ra为代表的各项标准受到挑战[2][3][4]，国际照明委员会也正在进行新一代显色指数的建立推广，其中IES制定的TM-30-2015显色标准成为广泛认可的候选之一；这个研究热潮中，博物馆照明质量无疑是国际各地学者讨论最激烈的应用领域之一。

一　博物馆照明光色质量的一般要求

从博物馆（或美术馆，下从简省略）的功能出发考虑，一般有三项基本功能需要对照明的光色质量提出较高要求：一是展览功能，要求照明对展品达到一个较高的可视性（Visibility），这个要求和照明的照度、显色性、喜好性均有关系；二是对文物或艺术品的保存维护功能，这需要照明对目标物品的光致损伤达到最低，而传统光源（如卤素灯、荧光灯）中的紫外和红外光谱成分是危害最大的，相比之下LED光源则可以较方便地调控光谱以减少有害波段；三是研究教育功能，例如修护师或文物研究者在工作台环境下的照明需求，需要照明达到最大的显色恒定性（Colour Fidelity），这是为了保证观察到的颜色恒常一致，与日光效果相比，或与喜好色相比偏差最小。

LED由于光谱可调配的特点，能比传统光源更加适应以上要求。如果不仅仅考虑现有市场上的白光LED，比如冷白LED、暖白LED，优化的LED光源理论上是可以达到一个比传统光源更高的显色性水平。但是显色性指标目前是一个在变化中的标准。绝大部分相关研究的整体目标是探究博物馆LED的照明需要一个怎样的色温，怎样的照度，怎样的显色指数，要达到多低的损伤和耗能，才是可靠的、舒适的[5][6]。这些也是CIE现在正在推的一些照明标准的实验数据来源。近年来，海内外

研究者们做了很多实验，包括舒适性实验、色貌的实验、光致褪色实验，来搜集证据和验证博物馆照明的具体要求。

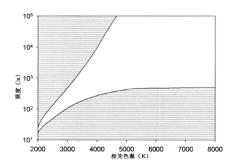

图1　Kruithof舒适度区域（空白区域）

二　海内外研究成果

1.Kruithof 舒适区域

1941年的Kruithof舒适度区域是最早的色温和照度舒适度实验结果[7]，这是一组年代非常久远的实验数据，这个实验结果长期以来受到不少抨击[8]，但是其实验方法非常有借鉴意义，即以CCT（色温）和照度为坐标定义一个舒适区域，这也是现在比较流行的一种处理数据的方法。图1中空白区域即为Kruithof舒适区域。

2.浙江大学罗明教授研究组

笔者在2012年至2014年间先后做了几次实验[9][10]，都是在实验室的模拟环境下进行的。考虑到LED发展到以后可能不一定永远是现在的白光搭配模式，我们并没有使用市场上的一些蓝光激发荧光的白光LED，我们希望调节整个可见光谱使其在博物馆显色上面会有多样的效果；通过多通道LED混光照明系统，我们设置了三个照度水平、五个色温水平、三个显色性水平和两个Duv（离开黑体辐射线的色品距离）水平。我们使用中国美院学生习作的六幅水粉和油画为样品，邀请24名被试参与

这个实验。试验结果表明，照度越高评价越好，但是照度 200 lx 到 800 lx 其实提升不太明显；很多的指标是随着色温的升高而下降的，大部分的被试偏爱低色温的条件，比较明确的证明 3500 K 是一个比较受喜欢，或者视觉舒适度比较高的色温，会让人感觉到画面更加的舒适和明亮。另外，Duv 为负值时，评价值要略微好于黑体辐射线上的光源。

通过因子分析我们最终得出两个可控因子，一个是可视性（Visibility），一个是暖度（Warm）。这也是我们得到的博物馆的两个氛围因子，这个结果跟日本和匈牙利的一些实验结果是非常相似的。如图 2 显示，在色温 3000 K 到 4000 K 之间，照度 200 lx 以上，可视性因子的得分可以达到比较高的数值。这也是我们认为的博物馆 LED 照明是比较理想的参数。

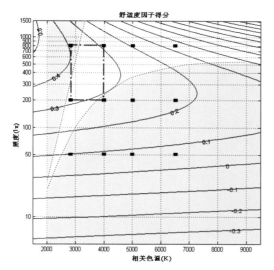

图2　浙江大学得到的博物馆照明舒适区域（点画线框）

3. 台湾科技大学和东京科技大学

台湾科技大学的研究者做了两个实验[11]，一个是在灯箱里面，一个是在真实美术馆背景下。他们使用了商用 LED 照明以及荧光灯，参数的条件比较多，包括有很

多的色温和照度等级。样品上他们也增加了水墨画。他们得到的因子也是和浙江大学的实验比较类似的结果，可视度和暖度，有一部分的评价属性是随着照度的变化而变化的，有一部分是随着色温的变化而变化。国外其他的研究项目里，日本东京科技大学做的一个实验[12]，得出的也是类似的两个因子，可视度和质感（Texture），后者其实和色温高度相关，类似于暖度。值得一提的是，在测试样品为东方艺术风格的水墨画时，艺术背景的被试习惯使用"湿－干"（Moist-Dry）来形容光色品质，这是西方文化背景中没有的指标。

4. 欧盟国家相关研究

匈牙利的 F.Szabo 研究组参与了梵蒂冈的西斯廷教堂壁画照明改造工程的欧盟计划，整个教堂照明替换成 LED 系统；照明设计分成两个等级，一个是日常照明，另一个是重大节日（Gala）的时候的高照度照明。研究者对所有 LED 照明的对光谱进行了优化，他们可以把暖色光下面壁画真实的色彩，通过色适应转换（CAT：Chromatic Adaptation Transform）的方法去匹配到日光下面壁画的颜色，这也是现在很流行的光谱优化方法。他们后续研究成果[13][14]中发现，最佳色温在 5500 K 左右，跟亚洲的一些研究结果偏差还是比较大的。随着色温的增高，色貌更加接近日光，这是评价提高的一个原因；然而实际上欧洲大多数博物馆中（不考虑现代艺术博物馆，只考虑文物陈列博物馆）里面冷白光源是非常少，甚至是没有的。喜好（preference）色温级别的实验，得到的结果是接近 4200 K，如图 3 所示，照度级别仍为 200 lx。

另一个在葡萄牙实验室进行的实验[15]得到的最宜色温结果是 5700 K，比之前所有的实验结论都更高。此外，英国纽卡斯尔大学的 Anya Hurlbert 研究组和德国达姆施塔特工业大学的研究组也对博物馆 LED 照明的光色标准有较深入的研究[16]。

5. 英国国家美术馆 LED 改造计划

英国国家美术馆（National Gallery）的照明改造计划是欧洲大型博物馆（美术馆）里面比较早地推行 LED

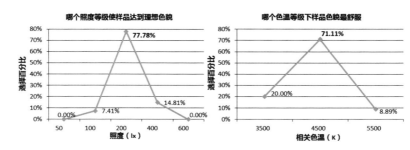

图3　匈牙利研究组关于喜好性的部分研究结果

照明改革的博物馆之一，他们得到的一个结论就是 LED 照明省电 80% 以上，这是比较显著也比较振奋人心的结果。他们的 LED 照明系统以及达到可以配合日光自动调节亮度平衡的智能水平。现在一个英国国家美术馆与英国纽卡斯尔大学、浙江大学罗明教授研究组联合运营的研究项目正在展开，此项目不仅仅考虑使用白光 LED，也使用浙江大学推出的多通道 LED 混光照明系统进行测试。在多样的光谱波段下面，搜集馆方文物修复师、文物学家以及策展人的一些评价和反馈，通过这些评价和反馈，得到所需要的光谱和其他照明参数[16]。

三　关于显色指数的使用

国际照明委员会现行 LED 照明的显色性评价（CIE-Ra, R1 ~ R15）是有一定缺陷的，但我们习惯使用的 Ra 短期内是不会被淘汰掉的[17]。最近 IES 提出的是 TM-30-2015 这个指数里面有很多部分，有关于照明色域大小的部分（Rg, ColourGamut），也有我们常说的照明显色性（Rf, ColourFidelity）的部分[18]。最近，国际照明委员会 CIETC1-90 和 CIETC1-91 这两个议题，已经进入制定新显色性标准的结题阶段，一个可能结果就是推荐 IESTM-30-2015 中的 Rf（ColourFidelity 部分）与现行 CIE-Ra（R1 ~ R15）成为并行标准。Rf 相比 Ra 的优势在于取样更均匀繁密，不会因为特殊的光谱参数得到虚假的高显色性，厂商需要切实提高光谱质量才能达到高的 Rf 值；Rf 的劣势是计算更加复杂。在博物馆照明这样的高显色要求应用中，笔者推荐使用 IESTM-30-2015（Rf）进行照明光源的显色性评价，并使用 IESTM-30-2015（Rg）辅助研究照明色域大小和喜好性。

四　应用与展望

可以发现，大部分研究者得到的博物馆照明评价因子结果都是类似的，可视度会跟照度有极大的相关性，暖度会跟色温有相关性，而舒适区域这个实验方法已经被广泛地应用在很多国家地区的相关研究中；另外，显色指数 CRI 和偏离黑体辐射线距离 Duv 都会影响照明的品质。我们所认为的最佳色温在不同的环境不同的背景下的差别是较大的，差异的原因可能是因为文化背景不一样，也可能是因为样品题材风格不一样，模拟策展的主题不一样，全球比较一致的结果是照度要求在 200 lx 以上，跟 CIE 原标准 50 lx 相差比较大。博物馆 LED 的照明需求，从光色品质方面来说就是需要紫外红外截止、比较高的显色性（Rf）、色温在 3000 ~ 6000 K 可控可调节、照度在 200 lx 以上可控可调节、甚至是色品可调节。得到了这些指标，日常博物馆的照明光色调试就可以不再依据传统的没有标准的肉眼反馈，而是通过物理测量建立和视觉量的联系，根据不同展品风格和环境建立不同的色光要求。

博物馆 LED 改造及其光色评价是各国政府非常重视的工程项目，尤其在欧盟；综合目前国内博物馆和美术馆的硬件条件，虽然实地研究应用尚未展开，但是技术手段完全可以跟上甚至在超过国际先进水平，缺乏的只是高校、厂商、馆方和政府机构之间的合作交流。此领域今后的研究方向主要包括：（1）探究 LED 在每个光谱波段对各种文物，包括壁画、油画以及其他各种材质的文物光致损伤程度；这是研究的一个最重要方向，目前德国达姆施塔特工业大学主导一个该主题欧盟项目，浙江大学罗明教授研究组亦参与合作其中；（2）照明氛围的研究，这是浙江大学和英国国家美术馆今后希望合作的一个方向；（3）智能人工照明如何配合自然日光的照明，如何让 LED 照明达到实时可变，而且是可自动调节的，即自动运算和调节室内光的亮度等参数达到整个展厅的亮度平衡；（4）立体文物的照明光色质量；（5）展品的多媒体颜色管理[19]；（6）色适应转换（CAT）算法的优化[20]，尤其是针对彩度较高的艺术作品的色适应转换算法。

[1] Commission Internationale de L'Eclairage. Control of Damage to Museum Objects by Optical Radiation. CIE Publication157, Vienna：CIE, 2004.

[2] J.Schanda, N. Sandor. Colour rendering, past-present-future：Proceedings of the International Lighting and Colour Conference, Cape Town, SA, Nov2-5：2003：pp. 76-85.

[3] N.Narendran, L. Deng. Color rendering properties of LED lightsources.Solid State Lighting II：Proceedings of the SPIE, Seattle, 7-11 July 2002：61-67.

[4] Y.Ohno. Color rendering and luminous efficacy of white LED spectra. Proceedings of the SPIE, Denver, 2-6 August 2004：5530：88-98.

[5] C.Cuttle.Damage to museum objects due to light exposure. Lighting Research and Technology 1996：28：1-9.

[6] X.Mou, R.Berns. Design of LEDs for museum lighting application：Proceeding soft the CIE Centenary Co-nference 'Toward a New Century of Light' Paris, 758-766. CIE publication 038, Vienna：CIE,15-16 August 2013.

[7] AA.Kruithof. Tubular luminescence lamps for general illumination. Philips Technical Review 1941：6：65-96.

[8] F.Vie-not, ML. Durand, E. Mahler. Kruithof'srulerevisitedusing LED illumination.Journal of Modern Optics 2009：56：1433-1446.

[9] QY.Zhai, M. R. Luo, and XY. Liu. The impact of illuminan ceand colour temperature on viewing fine art paintings under LED lighting. Lighting Research & Technology. 2015：Vol. 47(7)：795-809.

[10] QY.Zhai, M. R. Luo, and XY. Liu. The impact

of LED lighting parameters on viewing fine art paintings. Lighting Research & Technology. 1477153515578468.

[11] H.Luo, C. Chou, H. Chen, M. R. Luo. Using LED technology to build up museum lighting environment: Proceedings of AIC Colour 2013, Newcastle upon Tyne, UK, Volume 4, July 8－12: 2013: 1757－1760.

[12] N.Yoshizawa, T. Fujiwara, T. Miyashita. Astudy on the appearance of paintings in the museum under violet and blue LED: Proceedings of the CIE Centenary Conference "Toward a New Century of Light" . Paris, 374－381. CIE Publication 038, Vienna: CIE15－16 August 2013.

[13] Szabo' F, Csuti P, Schanda J. Light Emitting Diodes in Museum Lighting-Colour Quality Requirements for Visitors' Acceptance. CIE Publication x038, Vienna: CIE, 2012, pp. 767－771.

[14] Szabo' F, CsutiP, SchandaJ. Colour fidelity for picture gallery illumination, Part1: Determining the optimum light-emitting diode spectrum. Lighting Research and Technology 2014. doi: 1477153514538643.

[15] Nascimento SMC, Masuda O. Best lighting for visualappreciation of artistic paintings-experiments with real paintings and real illumination. Journal of the Optical Society of America A 2014; 31: 214－219.

[16] J.Padfield, B. M. Pearce, M. R. Luo, A. C. Hurlbert. Optimisation Of Artwork Illumination Spectra By Museum Professionals. Proceedings of the CIE Conference, Melbourne, 3－5 March 2016. CIEx042: 7－11.

[17] Commission Internationale de L' Eclairage. Methods of Measuring and Specifying Colour Rendering Properties of Light Sources. CIE Publication 13.3, Vienna: CIE, 1995.

[18] A.David, PT. Fini, KW. House, Y. Ohno, M. P. Royer, K. A. G. Smet, M. Wei, L. Whitehead. Development of the IES method for evaluating the color rendition of light sources. Optics Express 2015; 23(12): 15888－15906.

[19] Q.Zhai, M. R. Luo, and X. Liu. Monitor reproduction of oil paintings under museum LED lighting using CIECAM02. CIE2015,Jun－Jul. 2015, Manchester. pp 941－947

[20] Q.Zhai, M. R. Luo, P. Hanselaer, K. Smet. Chromatic Adaptation and Simultaneous Colour Contrast Effect under both Neutral and Colour Backgrounds. ACA2016, May. 2016, Changshu. Tobereported.

博物馆用LED灯具产品的研发方向

饶连江

随着国家经济的快速发展，人民物质与精神文化的需求日益提高，各地方也相继新建或扩容了博物馆项目，总量约5000座，现代博物馆主要以"面向大众、服务于大众"为目标，致力于介绍知识与教育推广并引发观众美感体验，进而认知真善美的生命真理。为配合博物馆的展示，各照明厂商与设计师各施拳脚，通过不同的照明手法将最美的一面呈现给参观者。

博物馆管理方除了做到面向大众展示的公益性外，更重要的还是要进行文物保护与文物传承，近年来LED迅猛发展，技术也基本成熟，相比于传统光源，它在节能、红外线与紫外线、维护方面的优势日益明显。大部分博物馆亦逐渐在采用LED照明技术，包括中国国家博物馆、故宫博物院等，也侧面印证了博物馆使用LED照明技术的现实性，相关的照明灯具也在发生着越来越快的变化，下文主要对今后照明灯具的研发方向进行一些探讨。

一 优秀的色彩一致性与显色性

"LED在博物馆、美术馆的应用现状与前景研究"项目团队对目前的博物馆进行了广泛调研，部分博物馆仍旧存在着色差较大的现象，特别是出现在同一展区内，严重破坏了我们的视觉感受，有别于此，先进的博物馆照明灯具应优先选用1step的LED技术，使整个空间的

色调保持一致，营造舒适与真切的照明环境，这也是现在很多照明公司应该改进的地方。

在色彩还原性方面（又称显色性），现阶段很多场合还是在使用一般显色指数Ra并辅以R9的评价体系，在积极推动博物馆照明改善工作中，将来可引入北美照明工程学会（IES）在TM-30-15中提出的R_f和R_g双重体系指标，（图1）前者用于表征各标准色在测试光源照射下与参考光源相比的相似程度，此体系采用99种标准色，明显优于Ra所使用的8种标准色；后者则代表各标准色在测试光源下与参考光源相比饱和度的改变。

由于这两个指标只能综合评价光源对于各种颜色的平均显色能力，对于某些特定颜色的显色能力有时也很重要（特别对于照明设计师而言）。所以，此方法在提供双指标的同时还提供了一个颜色失真图标（图2）可以提供更为直观的信息，用以表示各种颜色的色漂以及饱和度的改变，以此将更真实的展物呈现给参观者。

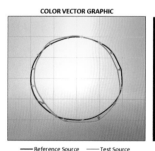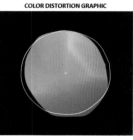

图2 颜色失真图标

博物馆照明对灯光的选用相当严格，不仅要控制微量的红外线与紫外线，还要科学地使用灯光色温与显色性，目前还有很多新建场馆仅使用相关色温CCT与一般显色指数Ra这两个评价指标，但未来将会有更多的照明厂家和设计师关注色彩一致性与多重指数的显色性评价方法，自设计之初严格筛选合适的灯具，成为一个行业的设计标准，优化博物馆的展品保护与展品观赏功能。

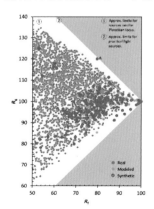

图1 R_f和R_g双重体系指标

二　色温调制与灯具调焦

目前阶段大多数博物馆仍在使用以 3000 K 为主的常规色温，但是很多情况下，恒定不变的色温无法去满足展品对色泽的需求，例如展品本身的各种颜色，有的偏深，有的偏明，在同一色调的灯光下，反射到人眼里的感受会存在失真。在做照明效果的调试时，设计师只能一次一次地更换不同的灯具去尝试，受限于展馆空间与灯具品类，往往很难在短时间内达到设计师设想的效果。也有些厂家尝试用 RGBW 的方式去混光，但是控制方式复杂并且难以达到较好的色彩与显色性，很难在博物馆场合中去大量使用。这时，一款色温可无级调制的灯具便能轻松的解决。

在表现展品效果时，根据其物理颜色的特点，寻找到某一最能突显展品真实性色温段，除了喜好具有色温可调制的功能外，往往还需依据展品的物理尺寸，选择能进行无级调节光束角度与光斑大小的照明设备，将有用的光线控制在设想的区域内，并达到照明要求，其他多余的光线又不能干涉展品的层次效果或照亮不需要灯光的地方，这时，具有可调焦功能的灯具会成为博物馆设计师的一个好帮手，同样物理尺寸的平面展品与立体展品对光束的要求也不一样，如果光束或光斑大小不能根据现场调整，我们想照亮的地方与不想照亮的地方将无法控制，只能折中去选择相近的灯具，实际场景跟事先设计的效果往往会产生偏差。可调焦的这种趋势已经在逐渐显现，WAC 有一款 Palomafocus 产品，在具有优秀光品质的同时，还具备调焦的功能，也正是把握住了博物馆照明的需求，获得了美国 LFI 创新大奖的表彰。

常用 LED 可分为单颗芯片封装与多芯集成封装（COB），在色温可调制方面，COB 中的芯片更为集中，色彩一致性往往能混合得更好。在不久的将来，我们可能会优先用到使用色彩控制优良且具有较高显色性的COB 灯具，不仅能满足博物馆所需的色彩效果，同时兼具光束角可调的功能（调焦）。博物馆照明设计师也会受益于此，将最好的效果展现给广大的参观者。

图3　WAC Palomafocus外形图

三　调光与智能控制

博物馆开馆之初，设计师往往会不遗余力的对照明环境做一系列调试，除了要根据国家标准对展品的照度、曝光度、光束大小有着特殊的要求，还需要根据其本身的展览规划进行场景效果的设置，博物馆空间高度一般不低，安装灯具的位置需要借助专用设备，调试时，重点照明灯具还需要做对准调试，需要多人团队配合才能完成，这期间无疑会耗费大量的人力与物力，一旦展品更换，又需要进行重复性的调试，特别是非固定式展品或者可移动式博物馆，对灯具的可调性提出了更多的要求，可调性不仅包含有色温和光束可调制的要求之外，还需要能够进行灯光亮度的调节，并具有光束中心辅助或自动对准功能，将光束中心投射到展品最恰当的位置上。LED 技术的应用，使得传统的照明行业得以引入现代化的控制技术。除了成熟的可控硅和 1 V ～ 10 V 调光，DALI 与 DMX512 已然成为了现阶段的主流调光方式，但是这几种控制方式还面临着一些局限。

一些博物馆建筑本身就具有一定的历史文物研究价值，现有照明灯具多是采用传统光源实现的，DALI 与DMX512 等调光方式一般都要重新布置线路，在尝试采用 LED 调光技术时，很难接受改造施工中的物理破坏或者某些位置没有办法进行二次施工。此时，展馆所有方与照明设计师往往很难达成一致，渴望在现有线路上能够直接进行改造。通过电压载波、无线 wifi 或其他控制方式，不需要重新进行布线，这会是一种有效的解决办法。

保留这种博物馆的原始布局，简单的拆除原灯具，直接替换为新型 LED 灯具，不但能保护建筑本身的历史与文化价值，还能引入色彩可调、光束可调、亮度可调等特性，根据展品或建筑本身的特点去设置不同的照明效果，不仅能达到合理的施工需求，减少灯光调试过程中对文物带来的潜在破坏，往往还会使照明环境得到质的提高，例如台湾某著名博物馆已采用电压载波的方式得以改造实现。当然，未来将不仅限于这种特殊改造的博物馆，可能会突破博物馆本身性质的影响，采用这种施工简单的方式进行新建或改造，如果再结合飞速发展的物联网与 VR 技术，整个空间布置将会得到极大的丰富，参观者也会体验到另一种享受。

四　灯具精巧化设计

灯具精巧化设计不仅包含物理尺寸方面，还包括光线控制方面。

传统灯具和初期的 LED 灯具，受限于光源本身的尺寸、配光或者散热影响，外形往往沿袭了传统的方式，显得有些古板与笨重。伴随 LED 光效的提高和体积的减小，以及 3D 打印技术的进步，今后灯具的设计会免于这些限制，在获得相等的照明情况下，灯具外形尺寸将会更为小巧，外形的流动感将会增强，安装结构也将会更加精致，与博物馆展示空间融合得更为巧妙。

LED 光效与体积对灯具结构设计影响很大，将来可以采用尺寸更小的光学器件与电器去实现相同的灯光效果，对于重点照明而言，光束角将能做得更小，中心光强更高，也能减弱周围的副光斑。这种情况下，照明或空间设计师可以根据照明效果和展示空间的关系，提出各种定制化的要求，借助 3D 打印技术，灯具厂家可以跳出传统的模具或机械加工的生产模式，根据设计师理想的外形效果去快速打印出所需的灯具，一旦灯具外形能随心地进行定制，并与展示空间内的元素融为一体，可真正做到只见光不见灯的理想效果。

LED 光源本身的控光方式一般称为一次配光，置入灯具内所得到的光学效果多称为二次配光。现阶段灯光光线的控制主要还是采用传统的二次光学器件，例如反射器、透镜、光纤导光索等等，将来也可能会出现更为精准的控光方式，极大程度减少光源引起的眩光，满足重点投射与均匀照明的效果。另外，如果 LED 的一次配光能够直接达到照明要求，减少二次配光带来的光学器件和结构尺寸烦恼，也能缩减灯具的成本，进行灯具结构设计的灵活性也将大幅度提高。目前有很多灯具厂家已经开发出了侧重高中心光强的 LED 灯具用于重点照明，或者借助 OLED 技术进行均匀的泛光照明，尺寸都非常小巧。对于光斑的控制，一次配光比二次配光会有更大的尺寸空间去实现，这些也将会是灯具厂家着重投入研发的领域。

上述所预测的几点，可能会集成在一种灯具或一个灯具系列中实现。就像十年前我们很难想象 LED 灯具会这样快速地在博物馆照明领域进行推广与灵活地使用，未来的十年，同样也会有更多先进灯具技术的产生，它的产生速度可能会超过我们的预期。在这期间，少数具有创新能力的灯具厂家与设计师将会引领这一系列的变革，在强化 LED 技术的同时，也有可能出现比 LED 技术更为先进的照明光源，通过人类聪明的运用，会将博物馆照明设计得更好！

博物馆与美术馆照明系统研发目的与发展方向

詹益祯

一 博物馆、美术馆照明产品的研发目的与意义

博物馆与美术馆的设立目的是把丰富的史料、珍贵的文物、绘画、搜藏品或复制品等收集起来，供观赏和保管，它也是进行学术研究的场所。在场馆的内部，有门厅、文物展厅、文物库房、准备室、会议室、研究室、图书室等各种空间，依据使用功能的不同，它们对照明的要求也不相同。因此，对于博物馆与美术馆的照明系统研发，应从展示和保管的角度来考虑。其中展厅是主要部分，展厅又区分为展柜内的照明系统与开放展示区的照明系统两类，针对这两类空间的照明系统，因空间尺度与展品类别不同，通常灯具也会有所不同。

除了分别以博物馆展示空间尺度、展品类别作为照明产品的开发依据，厂商还需要以博物馆、美术馆所有的利害关系人（Stakeholder）包括：观众、策展人、文物研究与保护单位的角度思考开发。以观众的角度（即以观赏为目的），照明系统需要将展示对象的亮度对比和色彩尽量理想地表现出来，同时避免眩光产生；以策展人的角度，除了希望展示对象的形状、色彩、质感能正确的表现出来，在分秒必争的换展期间，照明系统能否由策展单位自行快速调整，也是很重要的考虑因素；另外，从文物研究与保护单位的角度出发，则希望陈列品在展示过程中，能避免因红外线、紫外线、低波长可见光导致的光化反应损伤。

完整考虑所有博物馆、美术馆利害关系人立场，考虑所有空间尺度与展品特性后，才能做出以人为本，同时兼顾展品保护与符合环境需求的照明产品。

二 博物馆照明产品研发过程

1. 研发目标说明

本文拟以汤石"微型轨道灯具系统"作为说明目标，阐述博物馆与美术馆照明产品的研发逻辑与考虑因素。

汤石"微型轨道灯具系统"简述：汤石SA-501H 微

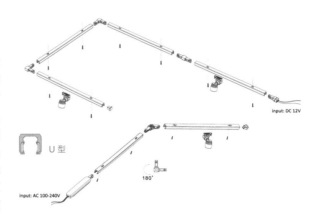

图1 汤石SA-501H微型轨道

照片来源：汤石照明

图2 WAC Palomafocus外形图

型轨道灯具组小巧精致，首创推卡安装同时完成固定与导通功能，配合双向智能型电路可根据展示品位置，让灯具在微轨上随意灵活移动，调节照射方向、角度，可充分满足展示需求。12 V 安全超低压轨道系统的设计，让非电工专业人士也能安全操作，即使手指伸进轨道也毫无触电之危；灯体可转动 355 度，上下摆动 90 度，投射几乎完全无死角。（图 1、2，表 1）

2. 研发缘起

汤石微型轨道灯具组研发初衷，是希望发展一套全世界最小的轨道射灯系统，解决博物馆展柜现存使用光

表1　汤石SA-501H产品规格

光源 (Light Source)	LED 93 lm Ra>90
瓦数 (Watts)	1.5 W(350 mA)
输入电参数(ACInput)	DC12 V
电器 Driver	内置直流驱动板
反射罩角度 (Reflector Angle)	8°、12°、24°、36°
色温 (Color Temperature)	2700 K、3000 K、4000 K、 5700 K
安规执行标准 (Standardsof Safety)	EN60598-1:2008+A11:2009 EN60598-2-4:1997 EN60598-2-6:1994+A1:1997
线材／长度／连接器 (Connecting)	导电弹片
产品材质 (Material)	Aluminum 铝
颜色／表面处理方式 (Color)	黑色阳极处理
安装方式 (Installation)	手指推卡安装
储存温度／湿度 (Storage Temperature Range)	温度：-20℃至+50℃／湿度：85%

数据来源：汤石照明

纤照明的问题。博物馆采用光纤照明具有以下较常见的问题：

光纤传输导致显色性下降与色偏；

激光机瓦数高，耗能大；

激光机风扇在展柜内产生共鸣，形成噪音；

光纤灯头调整不易，投射角度受限；

光纤灯多点发光，光分布不均，展陈效果不佳；

光纤照明系统售价偏高。

经过多年来对于各种光源的研究与应用，汤石照明认为LED光源应用在博物馆与美术馆上具有极大的优势。

发 光 二 极 管 (LighIt Emitting Diode，简 称 为 LED)，是一种可将电能变为光能的器件，属于固态光源。随着LED光色的不断丰富，特别是白光LED技术的不断成熟，发光效能不断提高，价格逐渐降低，使得LED有逐步取代传统光源的趋势，作为新一代节能环保型绿色照明灯而受到青睐。相对于传统光源，LED光源应用于博物馆照明具有明显的优势。(图3)

（1）从功能角度

通过对制备LED材料和工艺的精确控制，LED的光谱几乎可以全部集中于可见光波段，没有红外光和紫外光辐射，因此被称为"冷"光源，属于"绿色"光源。在对艺术品的保护方面，光的波长不同，对展品的损伤程度也不同，紫外线和短波可见光对展品的损伤作用较

大。无论自然光还是电器照明光源，完全不含紫外线和短波可见光的光源是很少的。而LED则可将光源对展品的损伤降到最低。

在对于艺术品的展示方面，LED发光体集中、发光大部分会聚于中心，发散角可控制程度高，可以最大限度地控制出射光，减少眩光，并且简化灯具结构，节省遮光设备，因此适合用于展品的重点照明或局部照明，并可实现动态艺术照明。如果选用传统照明设备，只能呈现出大面积均匀照度分布，缺乏层次分明的立体感。另外，LED是分立的光谱，谱线狭窄、色彩丰富、鲜艳，可以有多样化的色调选择和配光。

（2）从艺术角度

在营造美观的展示环境方面，LED光源体积小、结构紧凑、应用灵活，可在狭小空间投光，利于隐藏；也便于利用多颗粒LED光源组成线或面，甚至不规则的造型，而且能耗并不高；还能用作建筑化照明的光源，美化建筑环境，营造"见光不见灯"的艺术效果。

（3）从社会发展角度

①节能方面

一般LED灯使用低电压、低电流驱动，功率因子接近于1。不仅LED灯本身省电，与之配合的供电电源的耗电量也大大降低，用量大的可以通过多种方式组合或集成，以满足不同需要，减少浪费。另外，LED灯光线的方向性好，不要遮光装置，

光线几乎100%可利用。相比之下，普通白炽灯光线被遮光，反光装置吸收大半，真正用于照明的有效光只有原来的40%。

②环境保护方面

LED不含汞、铅等有毒成分，不使用玻璃，废弃物可回收，减少了对环境的污染。相比之下，荧光灯具的灯管中含汞，而且用于封装荧光灯具的材料又以可吸收紫外线的玻璃为主，玻璃易碎的特性加上汞废料的不易回收，均会造成严重的环境污染。欧盟已经明令在2007年开始禁用这些含汞制品。

③经济节约方面

LED寿命长，多在几万小时以上，不会出现严重的光衰现象，发光衰减量小于或等于10%，能耗小。由于寿

数据源：汤石照明

图3　汤石全方位灯具研发解决方案

命长，经久耐用，减少了维护维修费用，降低了成本。

（4）研发技术与功能需求

一般而言，优良的 LED 照明产品应该从安全规定、功能与美学等需求出发，来解决背后的技术问题。

众所皆知，一般好的 LED 照明产品，除了本身光源质量良好之外，另外要解决的技术问题不外乎光学、机构、散热与电源问题。

3. 在光源选择方面

（1）在光源色温方面

一般博物馆依据展品之不同，受光敏感性不同而选择不同的色温，最常见的光源色温为 3000 K，可应用于书画、纺织品、木器、漆器、金铜器等光敏感物质或需要表现金黄色泽的对象；对于光不敏感的对象如陶瓷、石器、青铜类的展品，则建议可以选择 4000 K 色温。至于更高的色温，则不建议，主要是因为高色温光源的整体展示效果不佳与蓝光危害。由于 LED 光源不含红外线与紫外线，因此在可见光波长中对文物相对伤害系数（Relative Damage Potential）最高者为波长最短的蓝光。从下图 4 可知，LED 的蓝光幅照度与色温成正比，因此为降低文物受蓝光危害，博物馆宜采低色温照明。

（2）在显色性方面

由于博物馆对于展品原色、质地肌理的表现要求较一般照明高，因此一般博物馆选择的 LED 显色指数需要达到 90 以上，另外在特殊显色指数 R9（鲜艳的红色）的一般要求也希望可以达到 50 以上，以确保展物的本色尽显。

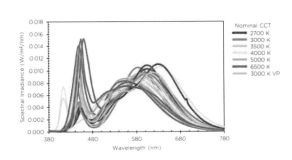

数据源:美国能源部TrueColors

图4　色温图

（3）在光色一致性方面

一般应用在博物馆的灯具所采用的 LED，其色容差（SDCM）要求多在 3 SDCM 以内（更严格要求在 2 SDCM），以确保展馆内部光色的一致性。

以上的光源特性皆可由积分球仪器进行测试。一般常见积分球测试报告如下，见图 5。

（4）在热学方面

LED 灯具除了 LED 本身的许多特性包括产品寿命、发光效率等均与温度相关，其他电子组件与金属、塑料

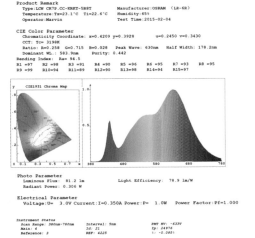

数据源:汤石照明

图5　汤石温度验证报法

零部件等材料各自需要符合各自的安全规定与寿命要求。因此如何将热流以最经济的方式包括传导、对流、辐射等方式进行管理，并将温度控制在要求的寿命与安全规定内为 LED 灯具开发过程中最重要的关键技术之一。图 6 为汤石 LED 灯具产品在进行开发时所做的温度验证，一般需要对多个测试点进行温度测试，综合不同测试点的测试结果才能确认此产品之预估寿命。

4. 在光学方面

（1）在设计灯具时，需要考虑灯具的应用空间来决定灯具的二次光学设计，汤石微型轨道灯具原本即是为了展柜内部空间重点照明进行设计，因此在二次光学上设计了四种不同角度的透镜（8 度、12 度、24 度、36 度，如图 7），提供展柜内部重点投射使用，同时为避免灯具直接眩光，我们也设计了专属此灯具的防眩光配件，提供更舒适的照明体验。

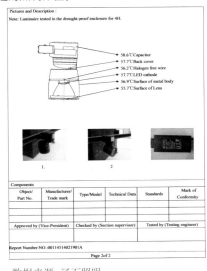

数据来源:汤石照明

图6　汤石二次光学透镜

  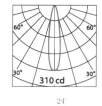 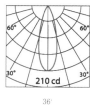

1390 cd   730 cd   310 cd   210 cd

8°   12°   24°   36°

图7　四种不同角度的透镜图

数据来源：汤石照明

图8　汤石防眩光配件

目前市面上有许多公版的透镜，可供 LED 灯具厂商选用，但如汤石专属二次光学透镜与防眩光配件（图8），此类公版的 LED 透镜均为通用型，并不是单为某一特别的光源进行开发，因此在角度精确度与配光的合理性上经常不能尽如人意，为了确保二次光学透镜能够协助 LED 灯具呈现精准、圆润、饱满的光，需要针对专用 LED 进行专属透镜的开发，并经过反复的模拟、打样、试模、确认才能成就完满的光型。

确认光型的过程，需要经过多次光分布仪的测试，一般常见测试报告如下，见图9。

（2）在机构设计方面

灯具的主要功能设计多在机构方面，微型轨道灯具组从一开始就希望是能够打造一个微型、灵活性高的一套照明系统，以解决光纤灯现有问题。因此我们设计了非常小的轨道，也针对此轨道开发了具有专利的指推卡扣的电源头，解决一般低压电源头在灯具调整角度时容易松脱的问题。另外，在灯具转向结构上，设计了两个轴向旋转轴，可以上下 90 度，旋转 355 度，在展柜内几乎没有投射死角。（图10）

（3）在驱动电源方面

微型轨道灯具设定的使用场域在展柜内，与一般天花轨道射灯不同，人员接触的机会增大，因此在驱动电路的设计中，安全成为第一优先的考虑，因此我们设定此产品之电压为安全超低压（SELV）的 12 V，由于

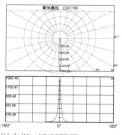 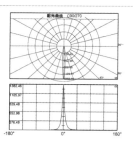

数据来源：汤石照明

图9　汤石配光曲线图

数据来源：汤石照明

图10　汤石灯具结构设计

LED 定电流驱动，因此在灯具内部需要进行线路布置，以将 12 V 定电压的电源转为定电流供应 LED 使用，在电路设计时需要考虑灯体大小限制，并同时考虑线路温升与光源产生的温升，以确保灯具寿命与信赖性能达到默认目标。

三　博物馆展柜照明方式概述

1. 通柜（器物柜／文书）

展览器物、文书的通柜的照明方式、分析见图 11 ～ 14。

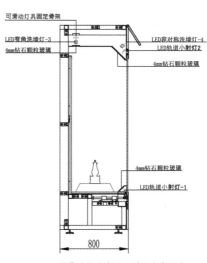

图11　通柜（器物柜/文书）内部结构建议图

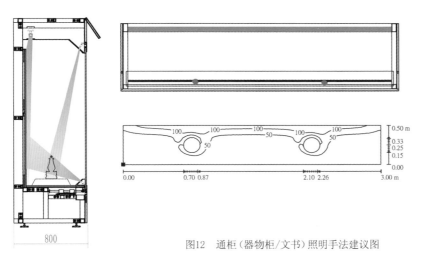

图12　通柜（器物柜/文书）照明手法建议图

选用灯具：1.SA-501H WW8° 2PCS

2.SA-501H WW36° 2PCS

3. 洗墙灯条 WW 1PCS

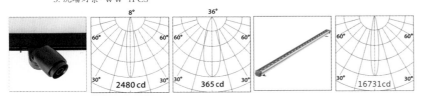

图13　通柜（器物柜/文书）照明灯具选用

加强立体感的混光效果

1　　+　　2　　+　　3　　=

调至展品正上方约 200 lx

图14　通柜（器物柜/文书）照明效果展现

2. 通柜（书画柜）

展览书画的通柜的照明方式分析见图 15 ～ 18。

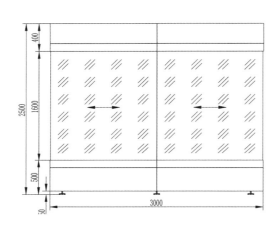

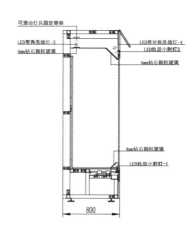

简易结构示意图，详见内部结构需要由专业展柜公司制定

图15　通柜（书画柜）内部结构建议图

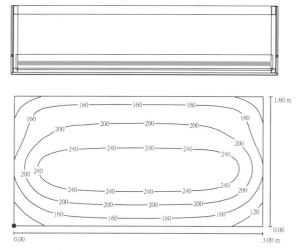

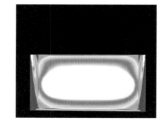

图16　通柜（书画柜）照明手法建议图

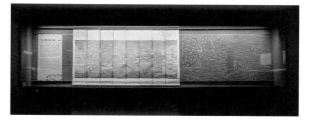

选用灯具：洗墙灯条 WW 1PCS

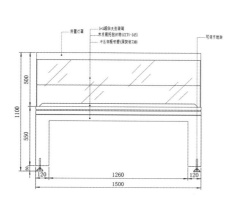

图17　通柜（书画柜）照明灯具选用

图18　通柜（书画柜）照明效果展现

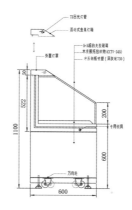

3. 俯视柜（斜面柜）

俯视框照明方式分析见图 19 ～ 22。

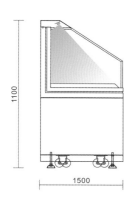

此柜结构为文博时空展柜公司提供原结构

图19　俯视柜（斜面柜）内部结构

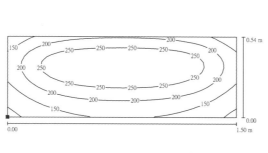

图20　俯视柜（斜面柜）照明手法建议图

选用灯具：LV-L06Q WW

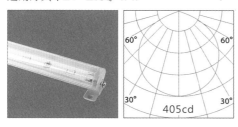

图21　俯视柜（斜面柜）照明灯具选用

图22　俯视柜（斜面柜）照明效果展现

4. 五面柜

五面柜照明方式分析见图 23 ~ 26。

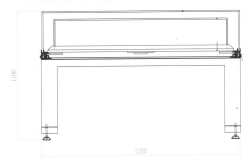

此柜结构为清控人居提供原结构

图23 五面柜内部结构

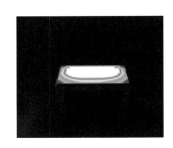

图24 五面柜照明手法建议图

选用灯具：LV-L03A-1 M WW

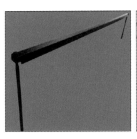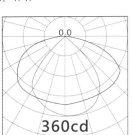

图25 五面柜照明灯具选用　　　　　　　图26 五面柜照明效果展现

5. 大四面柜

大四面柜照明方式分析见图 27 ~ 29。

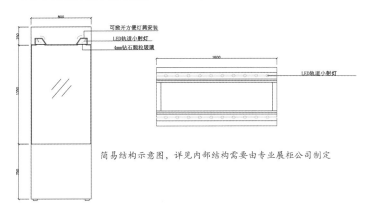

简易结构示意图，详见内部结构需要由专业展柜公司制定

选用灯具：SA-501H WW8·8PCS

图27 大四面柜内部结构建议图　　　　　　图28 大四面柜照明灯具选用

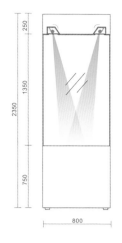
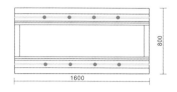
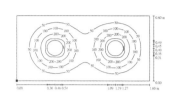

图29　大四面柜照明手法建议图

6. 小四面柜

小四面柜照明方式分析见图30～33。

四　产品实际应用案例

1. 通柜（器物／文书）

旧照明方式通常先采用 T5（36 W／M）或面板灯先在柜顶往下照做基础光，再采用前上投光（3 W／盏）做

重点照明对器物着重给光，但恰恰忽略了上投光由于角度问题造成器物脸部会产生阴影，无法让文物笑脸迎人。而 TONS 的照明方式则改变以往做法取消柜顶打光的基础部分，同样先采用前上投光（3 W／盏）对器物重点给光，但会产生前面所出现的问题，这时需要在器物底部给一个补光（1.2 W／盏）的动作，让器物"活"起来，这时又出现新的问题了，文物虽然笑脸迎人了，但由于下补光让器物产生了严重的倒影，如果不解决此难

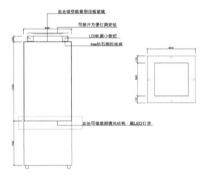

图30　小四面柜内部结构建议图

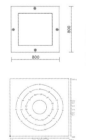

图31　小四面柜照明手法建议图

选用灯具：SA-501H　WW8°4PCS

图32　小四面柜照明灯具选用　　图33　小四面柜照明效果展现

题，倒影则会将观众的眼球吸引住，反客为主。那么此时就需要做一个窄角度背洗墙（24 W／M）让阴影去除，当然必须融入灯控调光让每一个步骤的光都达到它应有的目的，再调至符合博物馆标准的照度要求（不高于200 lx）。

以3米通柜摆放两件器物或文书为例，旧照明方式需要 T5 灯管6条＋上投光2盏，总功率约231 W，而新的照明方式则需要上投光2盏＋下补光2盏＋背洗墙2.6 M，总功率约73 W，节约功率158 W，节能比例达到74%。（表2）

光之变革

表2 台北故宫103室通柜（器物、文书）改造前后照明对比

地点	旧照明方式	新照明方式	能源节约	节能比例
台北故宫103室	231 W	73 W	158 W	74%

图34 台北故宫103室改造前

台北故宫103室改造前存在的问题，见图34。

透过 TONS 的改造之后呈现明显差异对比。灯光改造前台北故宫103室的通柜（器物、文书）整体和局部照明效果（对比图左），灯光改造后台北故宫103室的通柜（器物、文书）整体和局部照明效果（对比图右）。

图35 台北故宫103室改造后对比图

2. 通柜（书画）

旧照明方式通常先采用前上 LED 轨道非对称洗墙灯（35 W/盏）加 LED 轨道射灯（20 W/盏）做重点突出，但由于每个柜的深度会不一样，在配置上容易产生由于距离的原因造成无法让整个被照面可以上下均匀的洗亮，无法达到博物馆要求的照度均匀度。照度均匀度是指依照实际环境条件与安装高度，配合灯控调光后，对于平面展品的照度均匀度≥0.8；对于高度大于1.4 米的平面展品，照度均匀度≥0.4。而 TONS 则会更加理性的采用前上 LED 非对称的洗墙灯条（24 W/M）的照明模式，根据每个柜的深度不一而专门研发合适的配光角度，让整个柜内照度比较均匀，再透过灯控

表3 台北故宫103室通柜（书画）改造前后照明对比

地点	旧照明方式	新照明方式	能源节约	节能比例
台北故宫103室	200 W	64 W	136 W	68%

图36 台北故宫103室改造前

图37 台北故宫103室改造后对比图

调光让整个画面达到照度均匀度且符合照度需求（不高于 100 lx）。

以 3 米通柜为例柜内放两幅古画，依照旧照明方式需要轨道非对称洗墙 LED 灯盏＋轨道 LED 射灯 4 盏，总功率约 200 W，而新的照明方式只需要 LED 非对称的洗墙灯条 2.6 M，总功率约 64 W，节约功率 136 W，节能比例达到 68%。（表3）

台北故宫103室改造前存在的问题，见图36。

透过 TONS 的改造之后呈现明显差异对比。灯光改造前台北故宫103室的通柜（书画）整体和局部照明效果（对比图37左），灯光改造后台北故宫103室的通柜（书画）整体和局部照明效果（对比图37右）。

五 市场回馈与成果

经由上述研发程序，我们完整开发微型轨道三种款式、灯头四种款式、二次光学透镜四种，并延伸开发出柜内嵌灯照明系统。

微型轨道灯具组在 2012 年获得德国红点设计大奖、iF 设计大奖与台湾精品奖，成为少数能够同时获得德国两大工业设计大奖的亚洲照明产品，而其延伸产品 RA-501 R 微型嵌灯也从来自 57 个国家、共 5214 件作品之中脱颖而出，获得 2016 年德国红点设计大奖。

该项产品自 2015 年开始大量获得台北故宫博物院、台北故宫博物院南部院区、奇美博物馆、中台世界博物馆等知名博物馆大量使用，成为台湾地区博物馆展柜灯具市场占有率最高的照明系统。同时，此产品也大量外销至欧洲与日本等地，获得客户极大的反响。

对中小型博物馆用光改陈设计新方法

——河北钱币博物馆用光改造设计解析

艾晶　王孟州

河北钱币博物馆位于石家庄市，占地 3018 平方米，是一家地方性中小型博物馆，馆内分"中国人民银行旧址纪念馆"和"河北钱币博物馆"两个部分。有"红色政权货币"、"人民币发展史"、"河北历史货币"及临时展馆 4 个展厅。工程改造前，陈列相对落后，照明设备陈旧，而且还存在安全隐患，但馆方碍于资金问题，迟迟未能对陈列进行整体改造。恰逢"LED 在博物馆、美术馆的应用现状与前景研究"课题研究组正寻求一家博物馆或美术馆承担照明整体改造实验的试点，该馆主动配合我们工作促成合作计划，在只有 20 万的改造资金情况下，尝试用不改变基本陈列的内容与形式，以最小的资金投入，以照明提升改造形式，通过科技创新手段来整体提升展陈效果。本着少投入多产出的设计构想，最大程度满足该馆对展品保护和对艺术效果提升的愿望，尝试完全用光的艺术形式，来塑造展陈空间层次，重新营造艺术氛围，实现改造计划。改造工程历时 4 个多月，于 2015 年 12 月 8 日完工。下面是具体情况介绍。

一　改造前照明基本情况的信息整理

本次改造计划先是位于二层的"红色政权货币"和"人民币发展史"两个展厅，改陈面积为 300 平方米，因这两个展厅陈列着珍贵的纸币，对照明质量要求较高，目前该馆的基础照明条件差，已不能满足对文物的保护，因此急需要先对其进行照明改造。

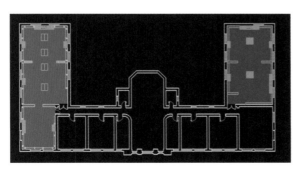

图1　二层的现状陈列：展厅

改造前展厅环境的整体照明器材落伍，缺乏设计感；陈列照明方式主要依靠柜内灯箱照明；光源为荧光灯；光色 4500 K 白光；显色 85 以下；紫外线含量高；环境照明主要依靠吊链节能灯照明；光源为螺口节能灯；显色 85 以下；紫外线含量高，对纸币文物保护极其不利。

改造前陈列照明效果：①展厅内展柜密集分布，以立面与平柜为主，照明设备落伍陈旧。②展厅照明层次不清晰，没有层次感，文物照明缺乏艺术表现力。③环境照明采用节能外露灯管、配吊链的造型灯，造型不美观，还有眩光。另外，射灯的选择不考究，色温与灯位安装也不合适，有很多耀眼的光斑影响观众参观。

改造前照明突出问题：①展陈用光集中分布在展柜立面顶端，光线有明显的明暗反差问题，对展品有效照明区域的强度明显不足，对视线指引也有误导作用。②展厅主要光源是荧光灯，此光源紫外线含量高，目前没有很好的保护措施，如果长期用此光源对纸币进行照射，会令其有泛黄、变色、发脆的化学危害作用。另外，此光源显色指标也明显低于国家标准，博物馆级 85 以上。③展厅配光设备落后，完全不能调光，不能控制展品的照明强度。④展厅内有珍贵的纸币，照明强度明显高于国家标准 50 lx，目前展品照明强度多在 200 lx 以上，不符合博物馆规范，将对文物保护不利。

二　用光设计改陈提升方案

改造工程由北京造明机电工程有限公司负责施工及调试，我们课题组负责照明设计。设计上全部优选博物馆级的 LED 光源，即 EPCOL 和 TYCHE 的 LED 灯具，理念上突出安全节能又兼顾文物的保护双结合原则。

展厅内对展柜照明的改造：由于目前该馆照明设备大部分采用显色性不高的荧光灯管做基础照明，光效也大部分集中在展板顶部，明显没有将有效光集中在照射展品上，在设计上我们重新划分了重点照明与一般照明的呼应关系，在灯具的选择上注意光效的引向问题，用光来引导观众视线，尤其对重点展品的光效指引明示作

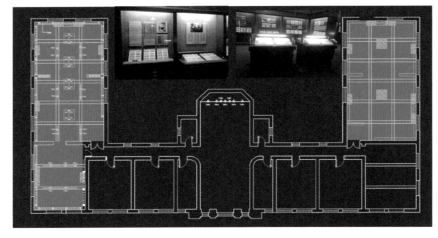

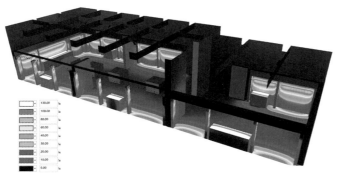

伪彩度照度分布图

图2　二层的照明设计主要改造区域：展厅柜内照明改造

上，注意用部分光对展陈空间进行有益的补光，一是增强展品照明强度，让处于底层坡面或看面较低位置的展品能有足够的观赏效果。二是用环境光来消除垂直面展品由于顶部照明投射下来僵硬的阴影，让观众欣赏展品时，视觉中少有干扰杂物来影响参观情绪。三是展厅中心位置有部分坡面展柜，我们是采取直接用环境光做柜外打光的形式来做照明处理的手法。这样既可以照亮展品，也可以起到洁净展示环境的效果。四是我们在展厅中增加了若干环境照明回路，分出诸多功能型照明方式，如清洁服务时就保留部分环境照明的布灯方式，既可节省资源又可以满足实际需要。另外，在展厅环境照明中，我们还特意设计了安保用环境照明，有特殊的感应开启装置，当展厅闭馆时，为安全保卫的监控需要保留部分安全照明灯，以及应急照明特殊需要，这些特殊设计手法，将对该馆日后正常维护方面，发挥重要的职能作用。其次就是，我们设计上还特别注意了对环境光的防眩光的处理，由于展厅高度才4米，很容易产生耀眼的眩光，因此我们特意选择灯具可以加遮光片的类型进行遮挡，并从展厅中各个角度进行调试，以寻求最为满意的观赏效果。

用突显。其间我们还采集了改陈前与改造后的传统光源与LED的各项指标数据以及展陈艺术效果进行比对。还有我们在展品表现上，注重对色彩还原的效果，新选用光源要求显色性指标都在90以上的LED光源，用它来提升整体展陈的照明艺术效果。

展厅的环境照明，对整个陈列展览艺术氛围的营造至关重要，我们在设计中，除了考虑艺术的表现形式，给观众一种宁静而温馨的氛围，还特意关注对观众心理舒适度的体现，光效较均匀，不留死角和杂光，有干净感的体现来表现设计目标。另外，我们在环境光的设计

三　改造提升后的数据采集比对

我们为了课题研究的需要，在设计施工前后分别作了两次数据的采集工作：主要采集了大厅过廊、陈列展

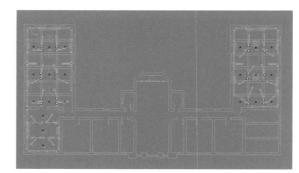

图3　二层照明设计主要改造区域：为安全保卫而采取的应急照明布灯　　　　图4　二层的照明设计主要改造区域：展厅环境照明补光

表 1　展厅改造前

类型	测绘位置	平均照度(lx)	均匀度	色温(K)	一般显色指数 Ra	照明方式(可多选)	灯具类型(可多选)	光源类型(可多选)	照明配件(可多选)	照明控制(可多选)
展厅	地面	42	—	2847	75	明装式	直接型	荧光灯	无	手动控制

表 2　展厅改造后

类型	测绘位置	平均照度(lx)	均匀度	色温(K)	一般显色指数 Ra	照明方式(可多选)	灯具类型(可多选)	光源类型(可多选)	照明配件(可多选)	照明控制(可多选)
展厅	地面	120	—	3020	83	轨道式	直接型	LED	防眩光配件	单灯调光

表 3　普通展柜及展板区改造前

类型	细分类型	水平照度(lx)/亮度(cd/m²)	垂直照度(lx)/亮度(cd/m²)	色温(K)	一般显色指数 Ra	照明方式(可多选)	光源类型(可多选)	灯具类型(可多选)	照明配件(可多选)	照明控制(可多选)
展柜	壁柜1（三面柜）	57/9.8	40/2.3	3500	75	其他	节能灯	直接型	无	手动控制
	壁柜2（三面柜）	130/28	88/17	4285	85	发光顶棚	节能灯	直接型	无	手动控制
	独立柜1（四面柜）	37/9	54/20	5850	83	其他	节能灯	直接型	无	手动控制
	龛柜1（测一面）	43/3.8	33/4.6	4400	84	发光顶棚	节能灯	直接型	无	手动控制
展板	平柜1（测顶面）	150/45	110/24	4370	85	发光顶棚	节能灯	漫射型	无	手动控制
	前言	203/30	118/38	3000	93	导轨投光	卤素	直接型	无	手动控制
	段首	190/11	270/10.8	3000	93	导轨投光	卤素灯	直接型	无	手动控制
	辅助展板	370/21	230/8	4902	85	发光顶棚	荧光灯	漫射型	无	手动控制

表 4　普通展柜及展板区改造后

类型	细分类型	水平照度(lx)/亮度(cd/m²)	垂直照度(lx)/亮度(cd/m²)	色温(K)	一般显色指数 Ra	照明方式(可多选)	光源类型(可多选)	灯具类型(可多选)	照明配件(可多选)	照明控制(可多选)
展柜	壁柜1（三面柜）	106/10	278/15	3090	82	嵌入式重点	LED	直接型	无	手动可调光
	壁柜2（三面柜）	124/5	223/16.2	3530	95	嵌入式重点	LED	直接型	无	手动可调光
	独立柜1（四面柜）	191/12	350/12.9	3010	83	可移动式	LED	直接型	无	手动可调光
	龛柜1（测一面）	280/3.8	225/4.5	3200	95	嵌入式重点	LED	直接型	无	手动可调光
展板	平柜1（测顶面）	150/45	210/13.8	3015	82	可移动式	LED	直接型	无	手动可调光
	前言	141/4	168/5.2	3020	82	导轨投光	LED	直接型	无	手动可调光
	段首	144/4.4	175/6.1	3025	83	导轨投光	LED	直接型	无	手动可调光
	辅助展板	421/26	135/8	3350	93	嵌入式重点	LED	直接型	无	手动可调光

厅、普通展柜及展板区和主要展品区域四个类型进行实地测试。本文主要针对展陈改造工作的总结，对大厅数据采集这里不做陈述。采集工作我们课题组有统一格式要求，由课题组成员单位晶谷科技来完成。

1. 采集展览名称

"红色货币记忆"面积 220 平方米，展厅高度 4 米，

图5　二层打印机重点照明的改造前后对比

展览开展时间 2009 年 12 月，展品多为纸币。光源基本是荧光灯，明装形式，照明光源的显色指数 Ra75，低于国家标准。改造后，同一位置取点又做了一次实测，照明强度方面明显调高，观众的舒适度有所提升，色温方面增加到 3000 K 左右，色色更自然，辨色程度提高。另外在显色性 Ra83 也接近国家对博物馆现行标准 Ra85 的要求。

2. 普通展柜及展板区

展板和展柜区域是陈列展示的重点，我们在改造前后也做了数据的重点采集工作。改造前展品与展柜照明色温偏高、偏冷在 4000 K 左右，偏冷色温会给人一种疏远的距离感，另外光源主要是节能灯管，光源的照明均匀度不高。改造后的情况是我们选择的光源色温在 3000 K 左右，与环境照明的光源在色温上基本一致，用光的效果力求在色彩上统一。另外，展品的照明方面，在选择光源时，有意选择色彩还原高 LED 灯具做设计，

表 5　改造前后光源对比

	灯具类型	光源功率	控制方式	平均寿命
改造前	荧光灯	6.5 kW	开关	8000 小时
改造后	LED	1.64 kW	手动调光	50000 小时

显色指数 Ra90 以上，只有高显色的光源，才能对展品的色彩还原方面有明显的真实度提高。此外，从垂直面的亮度取值方面，也明显缩小均匀度差距，并降低展品亮度来保护展品。

3. 选择主要展品区域测试

测试采集工作，我们选择了重点展品打印机进行了数据采集，该展品在改造前没有做重点照明，虽然此展品放在展厅中心位置，但材质是金属暗材质容易吸光，

表 6　主要展品改造前

展品	材质	平均照度(lx)/亮度(cd/m²)	垂直照度(lx)/亮度(cd/m²)	色温(K)	照明方式(可多选)	光源类型(可多选)	灯具类型(可多选)	照明配件(可多选)		照明控制(可多选)	UGR 值			
印刷机	铁质	120/0.3	—	2170	吸顶灯	荧光灯	半直接型	无		手动控制	—			
Ra	R1	R2	R3	R4	R5	R6	R7	R8	R9	R10	R11	R12	R13	R14	R15
24.9	79	48	−85	84	3	−8	74	5	−38	−46	38	−176	54	7	47

表 7　主要展品改造后

展品	材质	平均照度(lx)/亮度(cd/m²)	垂直照度(lx)/亮度(cd/m²)	色温(K)	照明方式(可多选)	光源类型(可多选)	灯具类型(可多选)	照明配件(可多选)	照明控制(可多选)	UGR 值			
印刷机	铁质	285/0.3	—	3000	轨道式	LED	直接型	防眩光配件	手动调光控制	—			
Ra	R1	R2	R3	R4	R5	R6	R7	R8	R9	R10	R11	R12	R13	R14	R15
83	80	89	96	80	80	85	84	61	15	74	78	72	82	98	74

图6　人民币发展史展厅

图7　人民币发展史展厅

图8　获奖证书

图11　人民币发展史展厅

图9　红色政权货币展厅

图10　红色政权货币展厅

也不容易被照亮，改造前在没有照明补光的情况下，材质辨析度差，观众很难将展品的细节看清楚。就此现象，我们在照明改造设计上，将特殊的重点展品逐一进行了特殊设计，除了强调它们在展厅中的视觉中心，加强明暗对比在空间中突出醒目以外。我们在选择 LED 光源上，还特别注意了它对此材质色彩的还原效果与表现，尤其是青冷色系数值的还原。测试中比对光源，最终选择了 R1 ～ R15 的色彩和指标都较高的 LED 光源，来表现此金属材质色泽。当然还有更好的光源可供选择，但我们改造资金有限不能事事都要求尽善尽美，只能用有限的资金做最好的工作。

另外，在用电量方面，我们也进行了数据采集，进行改造前后的比对，整个改造任务我们节约用电量在 60%以上，大大节约了能源。此外，由于 LED 光源指向性比较强的特性，可以很方便地控制与调节，尤其是在短距离洗墙照明方式上效果明显。因此馆方也十分认可我们的改造工作。

小结：河北钱币博物馆经我们改造提升后，使整个博物馆展陈光环境有了明显的改善，不仅提高了展品与文物的欣赏价值，还利用高显指 LED 专业光源，真实地还原了展品色彩，新增加的可控硅调节器，也可以将光源调到符合文物保护规范的要求。此外，LED 光源紫外线和红外线含量低的功能优势，对保护文物很有帮助。而且 LED 的长寿命特性，也降低了维护时间，可以大大节约该博物馆日常维护与改造成本。对今后我国诸多中小型博物馆在利用现有资金，改造博物馆陈列方面提供了新的设计思路。

本项目的照明改造工程获得 2016 年第八届中国照明应用设计大赛 —— 北京赛区"优胜奖"。

浅谈博物馆陈列展览中的照明设计思路和照明方式

——以《南昌汉代海昏侯国考古成果展》和《纪念殷墟妇好墓考古发掘四十周年特展》为例

索经令

陈列展览作为博物馆的重要功能，在国内和国际范围内的交流越来越广泛。与此同步的是观众的欣赏水平也随之不断提高，从而对展览陈列的照明设计也提出了更高要求。博物馆展览照明设计不仅要注重展品的保护，还要结合展览的陈列形式，从观众的角度，通过照明为观众创造舒适的视觉光环境，提升展览的品质，吸引观众到博物馆参观展览，从而达到通过展览传播历史文化、展现藏品艺术魅力的目的。

博物馆陈列展览照明是陈列形式设计一个不可分割的部分，展览照明不能脱离展览陈列设计，因为光本身是不可见的，通过光，我们周围的物体才得以见，所以照明设计是利用和控制恰当形式的光来体现展览的设计形式、设计意图，从视觉上和心理上带给观众丰富而饱满的感受。展览照明设计包括展览专用照明、基础照明和装饰照明、应急照明等。由于应急照明是按照规范要求必须设置的，是功能性要求，因此暂不放在此处阐述。

以下就从展厅照明设计、展厅照明方式和展览照明对光源和灯具的要求三个方面依次介绍。

一　展厅照明设计

展览陈列设计空间类型一般包括序厅、主体展区和尾厅几个主要区域。针对不同空间区域设计的特点，照明设计也需考虑不同的应对策略。

1. 序厅照明

序厅是一个展览非常重要的部分，每个展览的序厅都是契合展览的主题基调量身定制，展览序厅既是一个展览的开始部分，同时又是一个展览空间与外部空间的连接过渡部分。序厅着重氛围渲染，高度概括展览内容和背景。序厅是一个展览的门面和招牌，是整个展览给观众的第一印象，如果一个展览的序厅做得好，它可以让参观者迅速进入观展状态。序厅的照明有两个方面需要考虑：一方面要配合展览主题，利用灯光渲染出展览主题需要表现出的氛围；另一方面序厅照明要考虑到展厅外部和展厅内部照明的过渡。

2. 主体展区照明

展览主体展区是一个展览的最主要部分，是用来展示文物藏品、营造展览氛围的空间。该区域一般展览陈列形式设计会根据展览大纲按单元内容分成几个相对独立的区域，每个区域的展览陈列设计形式和表现手法可能各不相同。照明设计需要与展陈形式效果设计人员进行充分的沟通，通常包括：展览流线、展览平面和天花布局以及天花、地面和墙面的材质；展品类型、分布及拟采用的展示方式；对整个展览效果和照明的整体要求。

在了解了陈列形式设计人员的设计意图和照明效果要求的基础上，首先按照展览流线和展览内容对整个展厅的光分布进行数量和质量的界定。由于博物馆陈列展览的主体是不同类型的文物，不同材质的文物对照明数量和质量的限制要求是不一样的。所以在展览主体的照明确定后，再综合考虑整个展场的光分布，包括基础照明和装饰照明。做好展厅各部分的照明衔接，使整个展览的照明既要保证观众能够安全自如地在展厅欣赏展品，又能够感受到环境照明带来的展览氛围。有一点在设计时要着重考虑的是展厅内玻璃材质较多，高亮度的物体包括多媒体影像、自发光灯箱、墙面装饰灯和天花安装的射灯等均要小心考量其安装位置和处理方式，以免其在玻璃上形成影像干扰观众正常参观，进而影响整个展览的品质。

3. 尾厅照明

尾厅是一个展览的结束部分，是对整个展览内容做总结和展望。很多展览不单独设置尾厅，而是把尾厅融入到展览主展区中。尾厅也是展览空间与外部空间连接的部分，该部分的照明一方面要考虑到与展览主体空间的协调，同时也需要考虑到展厅内部和展厅外部照明的过渡。

二　展厅照明方式

以下就按照展览序厅、主体展厅和尾厅三个部分的照明结合本人在首都博物馆近期举办的《南昌汉代海昏

图1 《南昌汉代海昏侯国考古成果展》序厅照明

侯国考古成果展》和《纪念殷墟妇好墓考古发掘四十周年特展》两个展览的照明设计中的实践与体会对两个展览的照明设计思路和采用的照明方式做简要介绍。

1. 展览序厅照明方式

序厅并没有固定的照明方式，一般都是在展览形式设计要求的效果和气氛的基础上选择和配置相适应的照明方式。

《南昌汉代海昏侯国考古成果展》序厅照明相对来说比较简洁，利用底部的漫射光照亮背板墙上的格栅和两侧的汉阙造型。采用漫射光照明一方面可以提供柔和的

图2 《纪念殷墟妇好墓考古发掘四十周年特展》序厅照明

均匀照明，另一方面可以避免采用定向照明照射格栅背景墙在对面留下过多的影子，影响视觉和有可能造成的眩光。背景板上部的展标采用窄光束射灯照明加强视觉冲击效果；下部的展览标题采用中光束的射灯照射增加灯光的层次感；整个展板还增加了一套洗墙效果的灯具为背板增加均匀照明，柔化由于射灯照射造成的立体字的阴影。同时由于该序厅的面积较少，利用漫射照明也适当地提高了整个序厅的照度，给观众提供由展厅外较高亮度到展厅展示区较低亮度之间的视觉过渡。

《纪念殷墟妇好墓考古发掘四十周年特展》序厅的空间面积较大，观众有较长的时间来适应，展厅的墙面上

采用的是动态投影灯依次向前投射凤凰的各个形态的图案，引导人们进入展厅。展厅入口对面的墙上是该展览的标题，采用的是立体发光字的形式，利用柔性的LED灯条嵌在发光字和装饰图案的后面勾勒轮廓，利用在天花上安装的中光束射灯进行重点照明，来突出和强调。序厅的中央是仿照资料记载搭建的享殿，享殿的下部有地台和台阶，在展厅的照度较低的情况下，为保证观众安全，在地台的四周利用LED软灯条提供轮廓照明，提醒观众。在台阶处利用窄光束射灯提供照明。

享殿的内部正中央是利用玻璃展柜展出的司母辛方鼎，由于方鼎体积比较大，为保证观赏效果，此次设计采用窄光束射灯四面照射的形式来给展品提供重点照明。整个享殿的顶部结构并没有设置单独的灯具提供照明，而是利用为文物提供重点照明的射灯打在展柜玻璃上的反光恰当地提供。为保证享殿环境和氛围照明，此次采取在享殿的上部结构处安装射灯导轨，利用靠近结构柱子轨道安装的窄光束射灯下照，在照亮柱子立面的同时，对悬挂的红色帷幔进行掠射照明，营造装饰氛围，同时给享殿内部提供环境光。

2. 展览主体展厅照明方式

展览主体展厅的照明设计思路和形式，在这里不按区域介绍，而是按照展览照明包括的几个部分来介绍，并且每个部分根据其在展览中照明通常使用的方式做相应的介绍。其中包括展览专用照明、基础和装饰照明等。

图3 《南昌汉代海昏侯国考古成果展》展柜照明

（1）展览专用照明

展览专用照明是针对展览的内容（包括展品、各种文字说明及配套图片等）设置的。展览专用照明形式多样，需要根据不同的展示手段、展品类型来选择合适的照明方式。

①展柜照明

对于展示展品的展柜内部照明，根据不同的展示要求，我们采用不同的照明手法。

《南昌汉代海昏侯国考古成果展》的展柜以壁龛柜和独立展柜为主，二者均采用展柜内自带照明，不采用柜外照明，但部分展柜展品比较大，采用了外部照明进行

图4　《纪念殷墟妇好墓考古发掘四十周年特展》展柜照明图

图5　《南昌汉代海昏侯国考古成果展》展板照明

补光。壁龛柜的展示形式有几种：一种是双面观看展柜仅展示文物；一种是双面看展柜在展示文物的同时上部空间悬挂展示内容；一种是单面观看展柜展示文物，同时在展柜背板上有大量说明文字和图片。针对这三种展示形式同时保持展柜的一致性，此次设计采用的照明方式为展柜上部采用荧光灯＋嵌装LED可调角度射灯的照明方式，荧光灯提供漫射照明，为整个展柜内部提供空间照明，同时为展柜内背板文字、图片和悬挂的展示内容提供照明。嵌装LED可调角度射灯对文物提供重点照明，同时LED射灯配置可调光LED驱动电源以方便根据文物保护需要调节照度值至要求范围。

《纪念殷墟妇好墓考古发掘四十周年特展》的展柜同样以壁龛柜和独立展柜为主，二者均采用展柜内自带照明，不采用柜外照明，壁龛柜由于展柜背板无文字和图片内容要展示，所以采用的是窄光束和宽光束轨道射灯结合的照明方式。由窄光束射灯照射文物展品提供重点照明，宽光束射灯照射悬挂的竹帘背板，强调背板基质的同时增加展柜内的背景光。窄光束和宽光束轨道射灯均能够单独调光，在保证文物保护需要的照度值的基础上，能够调节展柜内的照明层次至最佳状态。

两个展厅使用的独立柜采用的均是展柜自带照明装置，方形独立中心柜采用的是光纤照明，每个展柜可以单独调光，光纤端头可以调节出光角度。长方形独立展柜采用的是3W嵌装可调角度的变焦LED射灯，可变焦的范围一般约是6度～40度，可变焦的好处就是一盏灯就能够满足从窄光束到宽光束无极变换，非常实用。

②垂直面照明（展板和展墙照明）

除了展柜照明外，具有文字和图片等垂直面展板照明也是需要着重考虑的。

《南昌汉代海昏侯国考古成果展》在展墙立面上有大量的文字和图片内容的展板，展板位于整个墙面偏下的位置，本次设计采用的是宽光束的射灯进行照明。之所以采用宽光束射灯，一方面可以降低光的重心，将照明重点聚焦于展板；另一方面展墙的上部不会被照亮，不会让整个墙面成为视觉的中心，而保持展柜内的文物为视觉的中心。

展墙上的文字和图片还可以通过灯箱等内透光的照明方式来表现，这种表现方式要注意灯箱的表面亮度，与邻近的墙面亮度不要相差太大，避免形成视觉上的不舒适眩光。另外灯箱表面亮度过高，还容易在相邻玻璃展柜上产生映像，导致展览照明品质的下降，影响观众欣赏展品。

图6　《纪念殷墟妇好墓考古发掘四十周年特展》展墙照明

③场景照明

场景照明也是展览照明的一个重要组成部分，场景一般是根据展览内容的需要，特别制作的、直观的场面还原。所以相应的照明也是采用立体的、多层次的照明方式，尽最大可能性利用灯光还原和渲染展陈设计的展览设计意图。

图7　《纪念殷墟妇好墓考古发掘四十周年特展》场景照明

图8 《南昌汉代海昏侯国考古成果展》
基础照明

图9 《纪念殷墟妇好墓考古发掘四十周
年特展》装饰照明

图10 《纪念殷墟妇好墓考古发掘四十
周年特展》尾厅照明

④基础照明和装饰照明

展览中除了展示照明外，还需要提供基础照明和装饰照明。基础照明一方面在展厅正常开放时，保证观众能够在展厅内安全地参观行走，避免一些潜在的危险；另一方面两个在不同照明要求的展览区域之间提供照明过渡。装饰照明的作用就是配合展览形式设计，用照明来强调陈列效果和烘托展览氛围。展示照明的手法多种多样，但在一个展览中展览照明手法和数量不宜太多，以免造成喧宾夺主，成为展览的视觉主导。

在展览中一般利用展柜灯具的逸出光、照射墙面展板灯具的逸出光和反射光等补充环境光，但根据实际的参观流线，保证参观的安全行走和平衡整个展览光环境的效果，在部分区域还需要增加基础照明。上图就是在观众的行走路线上增加了下照射灯，保证了展览的视觉效果。

装饰照明是对展览照明的有益补充和衬托，能够在一定程度上提升展览的品质。上图为《纪念殷墟妇好墓考古发掘四十周年特展》对妇好作为女性其生活的部分展示，利用天花上垂下的黄色珠帘和红色帷幔烘托女性氛围。采用窄光束射灯对珠帘和帷幔进行掠射的照明方式，产生明暗对比和光影变换。但装饰照明的光色以及装饰材料的颜色也需要列入设计考量的范围，因为其反射光或逸出光如果叠加到展览照明中时，可能对文物展品的原有颜色产生影响。

3. 展览尾厅照明方式

尾厅同样没有固定的照明方式，同样是在展览形式设计要求的效果和气氛的基础上选择和配置相适应的照明方式。

《纪念殷墟妇好墓考古发掘四十周年特展》的展览结束部分设置了与展览内容和形式结合的观众休息区。该部分的照明采用了天花射灯配合拉伸镜片的方式，椭圆形重点照明区域覆盖墙面展板文字区，其逸出光覆盖展板之间的墙面和观众休息座椅区域。同时此区域的照明很好地起到展厅内部和外部空间的过渡作用。

三 对光源和灯具的要求

1. 文物藏品保护的要求

博物馆陈列展览中的照明有别于其他场所的照明是因为照明所带来的光和热会对博物馆的藏品有影响，很多案例事实证明光学辐射与藏品的蜕变有直接的关系。所以为了保护藏品，在对文物展品进行照明的时候，应该对给其提供的照明有严格要求。一般来讲，需要尽量减少短波成分（主要是紫外线）和长波部分（主要是红外线）。尤其是紫外线能够使有机展品发生化学变化，而这种变化是不可逆的，所以在博物馆陈列照明中严格控制紫外线含量。《博物馆照明设计规范》（GB/T23863-2009）中有明确阐述"应减少灯光和天然光中的紫外辐射，使光源的紫外线相对含量小于 20 μW/lm"。减少照射光线中的紫外线含量可以通过选择紫外含量少的光源（例如 LED 光源）或者在灯具上附加滤除紫外线的配件来实现。

本次展览使用的专用照明基本上都是 LED 射灯，其几乎不含红外线和紫外线，满足文物藏品的保护要求。对于使用传统光源的卤素射灯在为有保护要求的展品提供照明时，采用在灯具上增加滤紫外线镜片或使光通过贴滤紫外线膜的玻璃来滤除紫外线，从而达到文物藏品保护要求。

2. 展览照明效果的要求

理解不同展览陈列设计的基调，选用与展厅环境氛围相匹配的灯具设备与照明方式。为了使照明具有良好的效果，所选用的光源的色温最好与要求的照度水平相适应。一般来说，在照度水平较低时，采用低色温的光人会感到舒适；而在要求高照度时，选用高色温的光可获得舒适的效果。

博物馆陈列照明中，对光源显色性要求很高，规范规定辨色要求一般的场所 Ra 不应低于 80；辨色要求高的场所，Ra 不应低于 90。

此次两个展览中对展览专用照明光源的色温要求为 3000 K，显色指数 Ra 要求大于 90。基础照明和装饰照明的显色指数 Ra 要求大于 80，色温以 3000 K 为主，根据展陈效果要求一部分装饰照明选用了 2700 K 的光源。

四 结语

博物馆的陈列展览照明不仅要采用合适的照明方式照亮展品，还需要与展览形式和内容相结合营造出优质的空间照明，现在博物馆展览光环境已经成为衡量展览水平的一个重要指标。在提倡文化为社会大众服务的今天，展览照明已由原来的仅注重文物保护和强调文物展示的真实再现，到慢慢地增加进去营造展览氛围的照明。这也越来越多地考虑到展品表现的照明和空间表现照明的平衡，使展览的个性化也越来越强，很多展览都相当于量身定制，从而使展览照明也趋向于多元化设计。如何在不影响展览品质和文物保护的前提下，增进展览效果，这也成为摆在博物馆照明人员面前一个需要不断摸索和不断改进的课题。

参考文献

[1] 俞丽华编著，《电气照明（第二版）》，同济大学出版社。

[2] M·戴维·埃甘、维克多·欧尔焦伊著，袁樵译，詹庆旋校，《建筑照明》（原著第二版），中国建筑工业出版社。

[3]《博物馆照明设计规范》GB/T23863—2009。

[4][日]中岛龙兴、近田玲子、面出薰著，马俊译，《照明设计入门》，中国建筑工业出版社。

[5] 索经令，《博物馆陈列展览中的照明设计》，《博物馆研究》2013 年第 3 期。

契合
——形神兼备的展陈光环境设计

牟宏毅

一　绪论

博物馆、美术馆以其文化传承性和人文关怀成为一个国家或民族文明高度发达的标志。而承载文化艺术的空间，不仅仅是高度集中的展品，也包括这些展品的展出方式以及呈现方式，更体现在这个场所对其参观者的态度与作为。因此，博物馆、美术馆的灯光环境，本身就是技术、艺术和人文关怀的标志。

二　光环境品质评价

我们可以剖析一下光环境品质的定义。光环境在手段层面可以包括人工光和自然光，现今博物馆建筑通过引入天然光与人工光配合，不仅大大降低能耗，同时也使环境中的自然气息和环境体验得到极大的改善。其次，光环境品质更集中表现在对展品的呈现上，雕塑类、画作类、文史器物或现代装置艺术因其材质属性、文化属性不同，采用的照明手法和光源要求有着极大的区别，因此光环境的品质评价标准就有：是否符合展品保护需要，是否忠实呈现展品内涵，是否有助于达成作者与观众的心灵沟通。

三　光环境的功能意义

光环境的功能意义分为两个方面：一是纯功能化的照明技术。二是强化展品主题的光环境效果。

博物馆类的光环境是技术与艺术的融合，光与展陈主题的契合。因此，此类项目灯光品质不仅仅是照明光效参数，更是一种综合考量体系和评判标准。

展览场所的功能分区其实非常明确，场所内的人员流动和行为特点也有较明确的指向，因此灯光设计在功能表达和行为辅助上有着清晰的定位和功能表现。

四　光环境的呈现作用

不同艺术种类，不同材质，不同空间，不同展陈方式，不同观看方式对灯光的应用有着不同的要求。

展陈作品以体量、立体感、材质特性和主题宣示来传递艺术内涵，因此灯光对其特征的呈现效果直接影响了作品的观感。可以说灯光不亚于对作品的二次创作。

五　光环境的意境氛围营造

意境氛围就是环境在心理上的投射，光环境的效果与观赏者心境的合宜，是技术与艺术的融合体，与环境载体相契合。空间环境、陈设的色调、展品的意境、视觉的舒适总体上构成了心理环境。灯光技术、环境艺术与灯光效果相互依存，不可或缺。

六　光环境的软指标

现今，博物馆、美术馆已超越了传统的知识普及和教育职能。社会职能拓展到了休闲消费、交互体验等生活行为方式，成为了重要的城市文化综合设施。光环境设计也随之超越了照明技术范畴，纳入了光与视觉艺术、空间艺术等人文精神层面的思考和设计，成为展陈设计不可分割的一个组成部分。人文精神体现在对观赏者阅读方式和思考方式的考量，是衡量设计者品位与人文关怀能力的软指标。

视觉的流动性和环境识别的层次性，决定了灯光指向意义的分层。灯光通过强弱和突显作用，对环境以及展品意义进行了分层、指示和说明，从而对观者的思路进行了引领。

近期的关于博物馆、美术馆LED照明的应用调研，发现其中不乏优秀光环境案例的展现。这是照明设计理念的日趋成熟和照明产品的快速完善产生的积极效果。代表博物馆、美术馆的照明随着时代的发展和技术的进步已有长足的进步。然而在此情况下，与照明全行业灯具与技术硬指标令人惊喜的整体表现相比，博物馆、美术馆光环境设计的软指标则显得相对薄弱。部分博物馆、美术馆的整体光环境由于对博物馆、美术馆性格品质的错误解读甚至理解缺失，导致光与环境无法契合，光环境品质的核心价值不能得以完整显现。

尽管部分博物馆、美术馆严格地按照相关照明规范与指标建设，但依旧无法达到高品质光环境。标题中未使用照明质量而使用光环境品质一词，就是区别于将博物馆、美术馆的照明方式与应用只局限于硬指标的范围内，只考虑照明灯具和照明技术是否符合规范标准。同时光环境强调软指标的必要性：博物馆、美术馆的光与载体的契合。光与环境契合度体现了光环境品质评价的软指标。博物馆、美术馆光环境的软指标是指光、意境、精神空间的完美融合的高品质光环境。

七　光环境设计的多维度叠加

光环境设计就是对功能性、艺术性、人文性和舒适性的多维度叠加，在不同功能分区中有所侧重和取舍。

一些基本的照明技术指标和基本的光环境设计理论、空间形态与视觉传播方式。这些方面与一般的展示设计是相似的，但是在体现文化的艺术美学特性、设计修养内涵方面，博物馆、美术馆的光环境设计则提出了更高的要求。

光环境设计是设计因素多层面、多维度叠加，使光环境设计领域涵盖了光与文化、艺术、历史、地域、馆建筑、馆室内、展陈大纲、展品等方方面面跨领域的光环境设计因素。因而博物馆、美术馆高品质的光环境设计不单单是对展陈展品和建筑的光效设计，还要通过各层面信息的传达投射出展品背后深厚的人文内涵和审美意境。此外，博物馆、美术馆的功能构架更趋向专业化、多方向和多层次的综合平台化演变。

建立在综合化平台上光环境系统应可以满足不同功能类型要求的场景模式，使光环境展示成为一种不同于纸面信息的媒介语言。

八　博物馆、美术馆光环境设计逻辑与过程

1. 人文精神的光环境是基于博物馆、美术馆载体属性的确立

（1）博物馆、美术馆属性的确立

（2）光环境主题的确立

2. 光与载体空间环境的完整性

（1）光与建筑景观的完整

（2）光与建筑和室内的完整

（3）光与室内和展品的完整

3. 展品信息的全要素传递

（1）物理信息的传递

（2）人文精神的传递

（3）观展人群与展陈展品、空间环境的对话交流

九　人文精神的光环境是基于博物馆、美术馆载体属性的确立

1. 博物馆、美术馆属性的确立

博物馆、美术馆的文化属性决定了光环境的文化艺术属性，从视觉光效延伸至人文视野。博物馆、美术馆的属性构成了博物馆、美术馆光环境存在的载体。光是依附于载体的客体，也决定了光环境必须尊重环境与载体，光环境的性质必然要契合它的属性。

正确的理解、认知博物馆、美术馆的属性有助于营造和表达有品质的光环境。

博物馆、美术馆的主要功能职责是对历史文化遗产、人文艺术作品的收藏收集、保护保存、展陈展示、教育研究四大功能。在博物馆、美术馆的空间与时间里，不仅可以协助社会教育、创作研究、提供资料信息、参考借鉴、提高一般群众的文化水平和美术修养，还可以体会历史与现代的交流，优雅与舒适的多功能环境氛围。

正如万事万物皆有性格特征一样，每个博物馆、美术馆都有自己的特有展品以及风格属性。因而对博物馆、美术馆的光环境设计部分也需要与其类别属性相匹配。这种属性类别的展现甚至在建馆之初建筑设计阶段，就要求建筑形态以展品内容为主要设计元素。展陈空间也以展陈大纲内容为主线依托，展现其特有的精神内涵和空间意向。而这种类型特点正是各个博物馆、美术馆特有核心价值的显现。

博物馆、美术馆分类都具有独有的类型特点，这些特点直接影响光环境类型的概念与定义确立。所以需要理解博物馆和美术馆的划分类型，以便建立相应契合的光环境类别。

（1）博物馆的类型划分

按照博物馆的构成组合划分为综合性、纪念性和专门性（也称专题性）三类。

按照博物馆的隶属关系按主管部门和领导系统划分。分文化系统博物馆、科技系统博物馆、教育系统博物馆、军事系统博物馆和纪念馆。还有园林系统博物馆、民政系统博物馆等。其中文化系统博物馆数量最多，地方馆占绝大多数，包括省、市、自治区博物馆，地市级博物馆、县级博物馆。

按照博物馆的性质和基本陈列内容划分。历史类、艺术类、综合类、自然类、科技类等。

从历史的视角来认知，博物馆是地域文化最好的历史教科书，犹如一幅展开的历史画卷，和可以穿越的时空隧道联结着的古往今来。博物馆是国家与民族的物化的发展史，可以增加民族自豪感和认同感；美术馆也是国家精神文化领域的构建组成部分，甚至负有建立文化防御重任。严格讲，美术馆也是博物馆的一个种类，美

术馆是博物馆的特殊类型。因而美术馆和博物馆既有共性，又有特殊性。这一特征也体现在光环境的性格上。

（2）美术馆类型划分

按照美术馆藏品年代上分类，划分为古代藏品的博物馆和近现代藏品的美术馆。

按照美术馆藏品的品种类型上分类，划分为绘画馆、雕塑馆、民间美术馆和工艺美术馆等。

按照美术馆所有制划分，划分为国立、皇家、公立和私立等，有的附属于学校企事业等团体。

以特殊类型、流派和美术家命名的美术馆。

类型划分明晰后，博物馆、美术馆光环境设计目标即可确立。

2. 光环境核心价值的显现和主题目标的确立

（1）博物馆、美术馆展示展陈是以观展受众感受为核心价值

现代展陈价值理念的转变：以观展受众为核心，强化交互体验，重视情感和尊重审美的需求。营造光环境品质的核心价值是博物馆、美术馆本质属性与光环境的完美契合。

光环境从属于展示展陈空间。光环境设计在现代展陈设计中改变了重展品轻受众的设计观念，更加注重文化精神层面的需求。受众是博物馆、美术馆存在的基础和服务目的。光环境设计由照明功能性展品单向信息的传递，开始重视受众的感受，延展到受众感受体验的双向反馈。让观展人群得到人文精神享受和文化消费体验成为贯穿整个光环境设计的核心价值。

（2）博物馆、美术馆光环境主题的确立

光环境主题形式与空间相契合的一致性，是对展陈展品最深入、全方位的诠释。

博物馆、美术馆光环境品质的主题形式必然与其存在的地域环境以及其他构成元素密不可分。不同的博物馆、美术馆都有属于自己的展陈主题、文化内质和场所精神。营造一个与博物馆、美术馆性格属性、文化特质、地域环境内容相契合的光环境主题，需要寻找出博物馆、美术馆特定的属性加以突显。光环境品质与博物馆、美术馆的性质及其展品内容息息相关，展品的品格特质必然决定光环境的主题与形式。

展陈展品是各个博物馆、美术馆的存在基础和主要构成，是光环境依附的载体。在这里展品与受众之间得到交流、互动，观展人群与主题内容产生了对话。并且来自切身感受带来的感知，这些感知来自于对博物馆、美术馆深层次创新理论和实践的研究，从而提炼出现代博物馆在展示和教育特征基础上的主题要素；因此博物馆、美术馆所有工作、流程都以此中心为运行轨迹。

光环境设计主题目标应该清晰明确，加以策划以取得光环境空间重点的塑造。在主题内容确立的先决条件下，需要与光环境表现形式相协调统一。对主题要素进行消化、吸收，进而实施再创作和系统集成，并且光环

境表现手法上产生新的思维跨越，突显环境和载体的主题内容。

十　光与载体空间环境的完整性

对于博物馆、美术馆的完整性而言，包含硬件的场馆建设和藏品展示对人文精神的弘扬。其完整性是硬件载体与人文精神层面的完整，将光与不同的设计元素有机的结合成一个整体。

完整的光环境，是各设计要素相互之间的渗透与融合，包含光、人文、空间（环境、建筑、室内）展品等等构成因素。按照展陈内容所界定的内在核心价值，伴随展陈空间的动线，完成有秩序、节奏的光环境视觉效果和心理感受。从建筑及景观开始，到室内装饰、展陈展示，自外及里，由内而外。光契合于文化、艺术、环境并且有助于塑造博物馆、美术馆的品质形象。在场馆建设和文化经营两个层面实现更高的价值。

博物馆、美术馆光环境的完整性应有统一的规划，由展品的展陈大纲光环境主题扩展到光与建筑景观的完整、光与建筑和室内的完整、光与室内和展品的完整与光与展品信息的完整表达。

1. 展陈大纲叙事完整性的光环境解读

现代展陈空间是基于人的体验感受，而不只是仅仅为展品本身存在。展陈大纲是构成展陈空间完整性重要的一环。光环境配合展陈大纲形成主次有序，节奏清晰的展陈空间，引导观展人群的视觉体验。搭接起展品与受众、建筑各载体之间的交互联系。光环境的完整性要考虑展陈策划的定位、展陈大纲的导引、展陈空间的布局，取决于设计师对展陈内容、空间序列、观展动线光环境设计的解读。如何在光环境空间中使观展人群得到知识的传递、审美的体验，展陈大纲是贯穿光环境设计全过程中，最先需要重视的策划环节。

2. 基于建筑空间环境完整性的光环境契合

当代博物馆、美术馆共同的特征是给予受众以鉴赏为目的的浸入式体验，增强受众与博物馆、美术馆之间的沟通与联系。光环境空间为这种视觉和心理感受体验提供了条件。

光环境与载体环境的协调一致性，需要与建筑与环境的整体规划、建筑和室内的转承、展陈展品与光相互融入与渗透。

（1）建筑光环境的整体布局

大多数博物馆、美术馆的建筑环境与设计与自身展陈展示主题有着不可分割的联系。博物馆、美术馆夜间光环境是对载体空间本质的透射，是对建筑景观外部基本要素的再次诠释和内在气质的补充。博物馆、美术馆夜间经营和运行模式的开启，即将改变通常只关注室内光环境而忽略光环境的完整性的现象。从建筑景观环境开始，建筑景观外部光环境的主题已经明确了展示性质

与机构功能，决定了建筑风格与其内在展陈展示的内容相契合。

（2）建筑和室内光环境的转承

博物馆、美术馆设计中不仅需要建筑师为其提供有主题形式的建筑形态和室内设计师解决展陈空间构成、观展动线，并且需要光环境来导引由建筑向室内的承托、转换。

建筑和室内光环境的转承由展陈空间与展示动线设计进行条件预设和安排布局。光环境设计需要对的建筑特定条件和室内展厅空间进行充分的研究与分析。利用光的性质调动和调整观展人群的情绪和感觉。将建筑环境表达的意境顺畅的导入室内展陈部分，使得室外室内光环境衔接流畅自然。

（3）室内展示空间光环境的划分

光环境对室内展示空间的界定、衔接、营造。

光是物理的，但是却不是固化的实体。因而运用光的特性：照度、色温、色相可以进行空间的划分、界定、营造。并且配合室内展示动线、展陈框架，构成了光环境设计的主题风格基调。

利用光的明暗和色彩变化，对空间进行划分、切割。这种对空间的界定是软性的，既是物理空间的场域又是心理空间的领域。

利用光的明暗和色彩变化，同样可以将不同的区域空间进行连贯和衔接结构的均衡、保持视觉导引展陈动线的通畅、展陈主题节奏的韵律、控制观展受众情绪的变化。光环境搭建起了室内不同展陈空间的衔接。

伴随光环境主题基调的具体展开和落实。载体的造型与材料特性产生节奏和韵律。

亮点的突出，以及色彩的冷暖，用光的强弱和材质的对比等等，都是构成整体展览效果的因素。

（4）相互融入与渗透

相对于一般的商业建筑，博物馆、美术馆类建筑的形式和内部空间结构的限定特征性很强。光环境设计通过空间的组织与划分、自外而内的融入、自内而外的渗透形成完整的室内室外光环境，将展陈展品内容与展陈空间、建筑形式、环境地貌整合为一体。有助于映射出博物馆、美术馆特有的精神气息。

十一　光与展品信息的全要素传递

博物馆、美术馆光环境设计是以高效传递展品信息和观展人群接受信息为核心目的。在光环境空间中，限定的空间和地域内，以展品为中心载体，提供展品与人的交流对话。光不仅能够提供物理信息的传递还可以进行人文信息的传递。高品质的光环境是对展品全要素信息展示与主题气息的表达。

光环境需要全要素的展示和表达展品固有的信息，还需要以建筑、装饰、道具、图片、文字、影像、交互等辅助信息方式，达到信息传递和与受众交互的目的。

实现融高精尖科技信息的社会参与、人与展品的艺术体验活动。

博物馆、美术馆具有收藏保管、调查研究和普及教育、社会参与四大基本职能，光环境设计同样需要满足这四大职能。光环境品质的衡量标准应该是各个要素综合评定的标准。包括了信息要素的展示、主题气息的表达、色彩的忠实还原、形体的塑造、展品安全的保障。

1. 展品基本信息的展示

展品基本信息的传递包括：物理范畴的材料属性、质地、颜色、形体的真实传达。人文领域对历史成因、造型色彩、作品的理解，视觉感知方面对展品细节和特征的辨识度。

2. 主题气息的表达

在特定的展陈空间内，依据展陈设计形式与空间布局的要求，需要有符合展品自身光环境的主题意境。在这个重要环节上，博物馆光环境设计与展陈设计、策划设计应该摆在同样重要的位置上，用光、意境、精神空间，阐述关于展品的主题气息。完成鉴与赏的人与物的对话过程。鉴，光环境对视觉信息的辨识甄别。赏，光环境对艺术的欣赏与感悟。鉴赏是光环境条件下对博物馆展品气息的解读、对美术馆艺术品的理解。

3. 博物馆、美术馆光环境的展品信息的准确传达要求有极佳的高显色性

色彩的忠实还原，无论是博物馆馆藏展品还是美术馆的艺术作品重视准确的色彩还原是其永远是必定遵守的第一原则。对于专业的展品展示效果显色指数要求Ra在90以上，并且R9有相应的指数。照明产品的显色性和饱和度高低直接决定了博物馆、美术馆藏展品展陈的成功与否。

高显色性对于展品的欣赏价值至关重要，这是博物馆、美术馆光环境存在的基础与目标。

材料材质的色彩在色相与饱和度方面对于原貌还原的程度直接影响到正确信息的传递。藏品信息对于博物馆参观者和研究者来说，传达的色彩视觉信息对于展品鉴赏至关重要。艺术作品的色彩忠实的显现则是对每一件艺术品的艺术价值的直接评判标准。而这取决于博物馆、美术馆照明产品光谱质量对展品还原度的高低。未达标的照明产品带来的展示后果是：造成严重的色彩偏差，甚至是某种色相的缺失，导致影响展品展示的本真效果的忠实还原，从而使得某些信息元素缺失和误解。

4. 形体的塑造

高品质完备的照明效果是优质的目标的确立，在功能性与艺术性全面认识的基础上创造一个光环境空间，功能合理同时具有高品质的艺术价值的空间环境。博物馆、美术馆光环境的视觉艺术性、舒适性展品的视觉传达需要符合审美的视觉艺术范畴。视觉艺术的营造离不开光、色、影、形、体的塑造与表现。

视觉舒适性，参观者和受众是博物馆行为构成不可缺少的部分，也是展品展览展陈的目的。因而博物馆、美术馆的光环境视觉舒适性直接影响到受众的参观与欣赏感受。

5. 展品安全的保障

在博物馆、美术馆光环境对于展品的保护要求方面，尽可能避免对展品的光损害是光环境设计基本的强制性要求。在保证展陈与展品必要与合理照度的同时，要尽量减小对展品的光化学损害和光学机械损害。展陈展示产生的曝光量和其对展品产生的损害成为一对矛盾，而要妥善解决处理这一问题就对照明产品、技术和光源的选择等方面提出了硬性指标要求。好在由于 LED 照明产品在红外线紫外线对展品的伤害上有其得天独厚的先天条件，相对于传统光源的这种伤害几乎可以忽略。

十二　结语

光环境设计的终极目标是给观展人群创造一个高品质的视觉光环境，显现博物馆、美术馆独有的灵魂与价值。博物馆、美术馆光环境设计是涉及艺术、科技领域的综合科学。设计要素涵盖建筑、环境艺术、博物馆、美术、传媒、心理、社会经济等各个学科。以光环境的功能的合理性为基础，以人文艺术为表现形式。

合宜的博物馆、美术馆光环境品质已不仅仅是对照明技术的要求，同时要求光环境契合于载体。强调人与物的结合，将展品的内容通过对美学、艺术、文化、历史的理解得到诠释。

附件　课题研究其他背景资料

一 课题工作

1. 课题研究进程工作会议现场与合影

2015 年 6 月 6 日项目负责人在珠海中国照明学会举办的"高级照明设计师同学会"与参会的高级照明设计师们合影

2015 年 7 月 13 日在中国国家博物馆召开项目启动与协调会

2015 年 8 月 31 日在首都博物馆召开课题第一阶段工作协调会

2016 年 3 月 24 日课题组在首都博物馆召开调研研讨会

2016 年 1 月 16 日课题组与中国博物馆协会陈列艺术委员会成员合影

2016 年 1 月 16 日课题组在南京博物馆召开课题中期汇报工作合影

2016 年 1 月 16 日课题组在南京博物馆召开课题中期汇报工作现场

2016 年 4 月 15 日项目负责人在"北京照明展"上受邀作课题汇报

2016 年 4 月 15 日在北京照明展上课题组程旭、荣浩磊参与论坛（图中为首都博物馆副馆长黄雪寅女士主持研讨）

2016 年 4 月 15 日在 "北京照明展" 课题组李跃进、陈同乐、程旭、艾晶、荣浩磊、索经令、伍必胜与部分合作企业代表共同出席了 "中国首届博物馆照明及智能设计高峰论坛"

2016 年 5 月 31 日在中国国家博物馆召开课题研发工作会议

2. 在全国开展实地调研工作

课题组技术人员在北京汽车博物馆现场做测试工作

项目负责人与课题组成员一起调研深圳博物馆

姚丽博士在做浙江省美术馆实地测试工作

课题组艾晶、陈开宇、程旭与照明设计师周红亮等人在中国美术馆现场测试

课题特约专家焦胜军与课题组成员在山东省美术馆调研

课题组艾晶、程旭与课题组技术人员在中央美术学院美术馆实地调研

课题组艾晶、荣浩磊与课题组技术人员在中国人民抗日战争纪念馆实地调研

课题组技术人员与震旦博物馆工作人员合影　　　　　课题组技术人员与关山月美术馆工作人员合影

课题组艾晶、索经令与课题组人员一起在中国海关博物馆实地调研

课题组徐华与课题组技术人员在广东省博物馆调研

3. 实验室测试工作

2016 年 3 月 10 日课题组成员在做博物馆模拟测试

2016 年 3 月 17 日课题组艾晶、程旭、邱岩、施恒照、牟弘毅、索经令与
课题主要成员高帅、郑春平、李坡等人在中央美术学院建筑学院建筑光
环境实验室模拟美术馆测试后工作合影

2016 年 3 月 17 日课题组成员在中央美术学院建筑学院建筑光环境实验室
模拟美术馆测试后工作合影

4. 课题研究工作

2016 年 7 月 21 日项目负责人与技术人员一起探讨研发工作

2016 年 7 月 15 日项目负责人在中国地质博物馆召开研发会议

2016 年 7 月 28 日项目负责人与课题组成员探讨研发工作

2016 年 8 月 18 日项目负责人与课题组陈开宇、索经令、牟宏毅等探讨研发工作

二 大数据调研问询卷设计的二维码

1. 针对博物馆、美术馆的调研问卷

问卷访问链接：http://www.wenjuan.com/s/eyEfyi/
问卷访问二维码：

2. 针对照明厂家的调研问卷

问卷访问链接：http://www.wenjuan.com/s/6ra6be/
问卷访问二维码：

3. 针对照明设计师、室内设计师、建造师的调研问卷

问卷访问链接：http://www.wenjuan.com/s/q2I7Vz/
问卷访问二维码：

课题进程中相关工作会议信息表

时间	地点	会议名称	主题	参会人员	参会人数	会议主要工作
2015年6月6日	广东珠海	全国高级照明设计师同学会	宣读与介绍了课题研究内容	全国高级照明设计师	90余人	采集针对设计师和厂家的大数据问卷
2015年7月13日	中国国家博物馆	项目启动与协调会	启动课题的研究工作并部署工作计划	课题组专家和课题组成员以及特约专家	35人	全面启动研究工作，落实实地调研任务
2015年8月31日	首都博物馆	课题第一阶段工作会议	调整工作内容，部署实地调研计划	课题组专家、课题组成员、特约专家及首博展览部人员	40人	听取前期调研工作，集中反映问题，并商议如何解决存在问题
2015年11月26日	江苏南通	南通博物苑110年暨中国博物馆事业发展110年学术研讨会	介绍课题研究与调研工作	全国各地博物馆领导与博物馆学者	200余人	采集针对博物馆调研的大数据问卷
2016年1月16日	南京博物院	2015年中国博物馆学会陈列艺术委员会年会与课题中期成果汇报研讨会	课题中期成果汇报	各地中国博物馆学会陈列艺术委员会委员、课题组专家、课题组成员、特约专家及南博展览部人员	90余人	汇报调研的中期成果和调整计划启动实验室比对工作，并采集大数据调研问卷
2016年3月24日	首都博物馆	课题阶段性集体调研与学术研讨	集体参观与小型研讨	课题组专家、课题组成员	45人	对调研中优选成功案例进行学术探讨
2016年4月15日	北京国际展览中心	中国博物馆照明及智能设计高峰论坛	课题阶段性工作成果汇报	北京地区博物馆工作人员代表、参展单位代表、课题组专家与成员	400余人	对课题调研与实验室工作进行汇报总结
2016年5月31日	中国国家博物馆	课题研发工作交流与学术研讨会	研发工作部署与前期工作汇报	课题组专家和课题组成员以及特约专家	40余人	听取前期研发工作汇报，集中专家意见进行改进工作

课题研究在期刊上发表情况表

论文名称	作者	发表时间	字数统计	期刊名称	备注
"LED在博物馆与美术馆的应用现状与前景研究"课题的整体介绍	艾晶	2015年12月	3500字	《照明人》2015年第12期	全国照明设计师同学会主办
"LED在博物馆与美术馆的应用现状与前景研究"中期成果汇报综述	艾晶、李晨	2016年4月	6000字	《照明人》2016年第3期	全国照明设计师同学会主办
"LED在博物馆、美术馆的应用现状与前景研究"解析一	艾晶	2016年3月	约9500字	《中国博物馆》2016年第1期	中国博物馆界的领军学术刊物，国家级期刊
LED在我国博物馆、美术馆中的应用现状分析	艾晶	2016年6月	约8500字	《照明工程学报》2016年第3期	中国照明学会主办的中国科技论文核心期刊
当前我国美术馆LED应用调研现状与分析研究	艾晶、李晨	2016年6月	约11000字	《中国美术馆》2016年第3期	中国美术出版总社主办
2015~2016年文化部科技创新项目"LED在博物馆、美术馆的应用现状与前景研究"研发工作会议纪要	艾晶	2016年6月	约1500字	《照明人》2016年第6期	全国照明设计师同学会主办
2015~2016年文化部科技创新项目"LED在博物馆、美术馆的应用现状与前景研究"阶段汇报解析之二	艾晶	2016年6月	约1500字	《照明人》2016年第6期	全国照明设计师同学会主办

媒体报道节录

媒体	报道名称	日期
照明人	[博物馆调研启动会]"跨界、合作、共赢"的博物馆、美术馆未来照明发展之路探索	2015 年 7 月 16 日
云知光	光的社会责任：博物馆、美术馆未来发展照明之路探索	2015 年 7 月 18 日
爱帮网	光的社会责任：博物馆、美术馆未来照明发展之路探索	2015 年 7 月 18 日
阿拉丁新闻网	[博物馆调研启动会]"跨界、合作、共赢"的博物馆、美术馆未来照明发展之路探索	2015 年 8 月 19 日
258 商业网	[博物馆调研启动会]"跨界、合作、共赢"的博物馆、美术馆未来照明发展之路探索	2015 年 8 月 20 日
书生商务网	[博物馆调研启动会]"跨界、合作、共赢"的博物馆、美术馆未来照明发展之路探索	2015 年 8 月 20 日
优变网	[博物馆调研启动会]"跨界、合作、共赢"的博物馆、美术馆未来照明发展之路探索	2015 年 8 月 20 日
好展会	博物馆、美术馆未来照明发展之路探索	2015 年 9 月 1 日
中国酒店工程网	博物馆、美术馆未来照明发展之路探索	2015 年 9 月 1 日
照明人	[博物馆调研第二次会议]博物馆、美术馆用光的评估研讨会综述	2015 年 9 月 1 日
数智库	博物馆、美术馆未来照明发展之路探索	2015 年 9 月 2 日
中国智信网	博物馆、美术馆未来照明发展之路探索"2016 北京照明展"成为"LED 在博物馆、美术馆的应用现状与前景研究"支持单位	2015 年 9 月 2 日
中国建筑报道	博物馆、美术馆未来照明发展之路探索	2015 年 9 月 2 日
中国企业信息网	博物馆、美术馆未来照明发展之路探索"2016 北京照明展"成为"LED 在博物馆、美术馆的应用现状与前景研究"支持单位	2015 年 9 月 6 日
Expoon 网展	2016 北京照明展—博物馆、美术馆未来照明发展之路探索	2015 年 9 月 7 日
中国知网	博物馆、美术馆未来照明发展之路探索	2015 年 10 月 1 日
维普网	博物馆、美术馆未来照明发展之路探索	2015 年 10 月 1 日
百度学术	博物馆、美术馆未来照明发展之路探索	2015 年 10 月 2 日
万方数据	探索博物馆、美术馆未来照明的发展之路	2015 年 11 月 27 日
中国照明网	"LED 在博物馆、美术馆的应用现状与前景研究"中期成果汇报研讨会在南京召开	2016 年 1 月 20 日
中国半导体照明网	博物馆、美术馆未来照明发展之路探索	2016 年 2 月 22 日
中国照明网	"LED 在博物馆、美术馆的应用现状与前景研究"课题研发工作学术研讨会举行	2016 年 4 月 18 日
中国照明学会	艾晶："LED 在博物馆、美术馆的应用与前景研究"课题分析	2016 年 4 月 18 日

媒体	报道名称	日期
OFweek 半导体照明网	博物馆照明这块技术高地　如何找寻应用的红利	2016 年 6 月 1 日
照明人	2015 ～ 2016 年文化部科技创新项目"LED 在博物馆、美术馆的应用现状与前景研究"课题研发工作学术研讨会——会谈纪要	2016 年 6 月 3 日
北京照明展	文博会议｜"LED 在博物馆、美术馆的应用现状与前景研究"课题研发工作学术研讨会举行	2016 年 6 月 5 日
中国社会科学网	多科学研讨 LED 在博物馆、美术馆的应用现状与前景	2016 年 6 月 7 日
中国百科网	博物馆照明这块技术高地　如何找寻应用的红利	2016 年 6 月 10 日
一灯网	如何找寻应用的红利　博物馆照明这块技术高地	2016 年 6 月 10 日
云财经	如何找寻博物馆应用的红利?	2016 年 6 月 10 日

课题参与人员名单

课题项目负责人

艾 晶

中国国家博物馆副研究员，国家注册高级照明设计师，首都师范大学科德学院客座教授，《照明工程学报》特约编辑，参与过获得"全国十大精品奖"的《周恩来诞辰 100 周年》、《百年中国》的设计工作，和国家重点陈列展览《古代中国基本陈列》、《纪念十一届三中全会胜利展开 20 周年》、《建党 80 周年图片展》等工作，主持与主创过《中国古代钱币》、《中国博物馆十大陈列精品 15 年回顾展》等陈列展览。照明设计作品两次荣获中国建筑装饰协会主办的"祝融奖"照明设计大赛奖项，目前主导 2015 年文化部科技创新项目"LED 在博物馆、美术馆的应用现状与前景研究"项目，参与制定 2015 年度文化部"美术馆绿色照明规范标准"的研究工作。

李 晨

文化部全国美术馆藏品普查工作办公室副主任，中国博物馆协会法律专业委员会副主任委员，《中国博物馆》杂志编辑，《国际博物馆》杂志特约编辑，高级信息管理师，中央文化管理干部学院艺术学院客座教授。曾先后工作于国家文物局博物馆与社会文物司、中国博物馆协会秘书处、中国文物信息咨询中心等单位，长期从事博物馆、美术馆业务工作相关研究，著有《博物馆常用合同概论》（合作）。

伍必胜

晶谷（科技）香港有限公司设计总监，企业管理及机械设计双学位，硕士学历。国家注册高级照明设计师，二十年照明从业经验。曾进入多家欧美照明跨国企业，从事产品、照明设计等工作，主导多个大型照明产品的开发。2008 年创立"晶谷科技"照明品牌，专注博物馆照明设计及产品提供服务，期间完成中国版画博物馆、中国华侨历史博物馆、长江文明馆、国防科大校史馆等国家级博物馆的灯光设计及技术支持工作，完成国家级、省部级及地市级博物馆灯光工程近百个。

课题组专家成员（按姓名拼音顺序排列）

常志刚

中央美术学院建筑学院副院长，教授。北京视觉艺术高精尖创新中心副主任，国际媒体建筑学会·中国主任，中国绿色建筑与节能委员会委员，中国照明学会理事，中国美术家协会会员，国家自然科学基金项目同行评议专家，教育部学位与研究生教育发展中心学科评估专家。主持媒体建筑的研究领域，成为"媒体建筑"在亚洲和中国的重要理论与实践的研究中心，备受国际相关行业地重视。2015 年曾主持了"北京媒体建筑峰会"，是中国第一次举办这样的高规格国际活动，并主创了"海上丝绸之路亚洲艺术公园"的光艺术与媒体装置的设计工作等。

陈同乐

江苏苏州人，1985 年毕业于南京艺术学院，之后一直从事博物馆陈列艺术的研究和工作。曾主持设计或参与南京博物院、山西博物院、甘肃博物馆、中国珠算博物馆、中国民族工商业博物馆等大型陈列展览。设计作品曾获全国十大陈列精品奖、最佳形式设计奖。原为南京博物院陈列艺术研究所所长、研究馆员，现为江苏省美术馆副馆长、中国博物馆学会陈列艺术委员会副主任、中国国学中心展陈艺术顾问、文化部优秀专家、中国历史博物馆艺术顾问、《陈列艺术》杂志执行编辑、南京艺术学院特聘教授。

陈开宇

中国地质博物馆展览艺术研究室处长，研究馆员。1990 年大学毕业开始从事博物馆陈列设计工作，清华大学美术学院艺术硕士。主持中国地质博物馆新馆、首都博物馆新馆、大庆油田历史陈列馆、中国工业博物馆等陈列设计，并曾多次主持国家大型成就展展区艺术设计，获"全国博物馆陈列展览十大精品奖"和"最佳设计奖"。先后担任新中国 60 周年国家大型成就展艺术顾问、上海世博会中国国家馆艺术顾问、全国一级博物馆现场考核评审组长。现为中国博物馆协会陈列艺术委员会副主任、北京工业大学艺术设计学院兼职教授。

程　旭

首都博物馆副研究员，中国博物馆协会陈列艺术委员会副秘书长，北京博物馆学会陈列设计专委会副主任、国务院、发改委、国家政府采购项目评审专家，首都博物馆新馆建设通史陈列项目责任人。设计曾获全国十大陈列精品奖。曾受聘为毛主席纪念堂陈列改造、国家博物馆建筑工程改造、中国农业博物馆改造；中国工业博物馆建馆、国家海洋博物馆建馆艺术顾问；国家发改委"建国 60 周年国家大型成就展"、国家博物馆《复兴之路》等陈列专家组成员。

李跃进

中国人民革命军事博物馆展陈设计部部长、研究馆员、全军文博系列高级职称评审委员会委员、中国博物馆协会理事、中国博物馆学会陈列艺术委员会主任。国家社会科学艺术基金评审专家，长期从事博物馆陈列艺术设计的创意规划，陈列方案设计、施工计划与组织。完成多项国家级、全军级大型主题展览的设计，多次担任地方纪念馆等陈列工程艺术总监和艺术顾问。主持完成多项部队军史馆的陈列工程。参与和主持设计的数项陈列设计获"中国博物馆十大精品"陈列奖、最佳形式设计奖。

李铁楠

中国建筑科学研究院环能院光环境研究设计中心研究员、中国照明学会照明设计师委员会主任、中国照明学会常务理事、中国建筑学会建筑物理分会理事、北京市城市照明专家委员会专家、《照明设计》杂志副主编。从事建筑照明、道路照明、景观照明等的研究设计工作，曾完成多项国家科研课题和国家行业标准，完成多项各类照明工程。

仇　岩

1996 年毕业于清华大学精密仪器系机械电子工程专业，现任中国文物信息咨询中心影视部主任，中国博物馆协会登记著录专业委员会副秘书长，中央文化干部管理学院客座教授。长期从事文物与信息化研究，主持或参与多个文博信息化业务工作，2015 主持编制文化部文化科技标准研究课题《美术馆绿色照明规范》。

荣浩磊

建筑技术科学博士，教授级高工，清控人居光电研究院院长，中国照明学会常务理事，北京城市照明协会副理事长，中国建筑装饰与照明设计师联盟主席，国家科技专家库成员，以光环境为主要研究方向，主持了大量一线城市的照明规划、核心区和重点建筑的照明设计；主持和参与了国家 863 等多项科研课题研究，作为主要编制人参与了多项国家标准和地方标准的编制，多次受邀作国际照明会议的主题发言。

施恒照

照奕恒照明设计（北京）有限公司总经理，毕业于美国纽约帕森斯设计学院（Parsons School of Design）建筑照明设计硕士，现任四川美术学院照明设计系客座教授、中国建筑装饰与照明设计师联盟副主席、亚洲照明设计师协会（AALD）常务委员、北美照明协会（IES）专业会员。曾任首都博物馆照明顾问及设计完成包括广安邓小平博物馆、世博会中国船舶馆、天津萨马兰奇纪念馆、台湾世界宗教博物馆等多个项目，并获北美照明协会（IES）、中照奖等国内外多项奖项。

徐 华

清华大学建筑设计研究院有限公司电气总工程师、照明与智能化研究中心主任、教授级高工、注册电气工程师、注册监理工程师、高级照明设计师。中国照明学会副理事长、北京照明学会副理事长、中国勘察设计协会建筑电气工程设计分会副会长、中国节能协会建筑电气与智能化节能专业委员会专家组副秘书长、全国建筑物电气装置标准化技术委员会委员、住建部电气标准化技术委员会委员、中国建筑学会建筑电气分会常务理事、获中国建筑学会当代中国杰出工程师称号。

项目特约专家

崔学谙　北京博物馆学会秘书长

宋向光　北京大学赛克勒考古与艺术博物馆副馆长

周士琦　中国国家博物馆研究员

牟宏毅　中央美术学院建筑学院建筑光环境研究所执行所长

罗　明　浙江大学光电科学与工程学系博士生导师

翟其彦　浙江大学博物馆照明专业博士生

索经令　首都博物馆展览部副主任

姚　丽　武汉理工大学艺术与设计学院 2013 级博士

王文丽　电子科技大学光电信息学院博士

焦胜军　山东建大建筑规划设计研究院照明分院院长、高级工程师

翟　睿　中国国家博物馆美术工作部副主任

孙　淼　故宫博物院陈列部主任

王耀希　故宫博物院研究员

刘欲晓　中国国家大剧院艺术品部主任

周洪伟　中国照明学会副秘书长

朱雅娟　北京陈列艺术委员会主任

陈　翔　北京鲁迅博物馆研究员

韩晓玲　中国海关博物馆展陈处副处长

杨　君　中国钱币博物馆研究信息部主任

亢　宁　中国抗日战争纪念馆展览陈列部副主任

郭　豹　北京市正阳门管理处主任

窦丽敏　北京汽车博物馆馆长助理

王　瑞　中国妇女儿童博物馆陈列部副部长

后记

艾晶

　　LED 光源以其能耗低、寿命长、控制灵活与方便等优势，正逐步替代传统的光源。而博物馆、美术馆作为保护与展示人类文明最为重要的场所，对照明产品的性能与质量要求也最为苛刻，需要特别强调光对展品的保护与合理利用问题。但目前 LED 光源在博物馆、美术馆的应用如何，有无不适用等问题，国内还没有专门针对博物馆、美术馆应用 LED 光源而开展的理论研究工作。因此很多博物馆、美术馆在应用 LED 光源方面普遍存在应用顾虑。我们的课题 "LED 在博物馆、美术馆的应用现状与前景研究" 作为 2015 年度文化部科技创新资助项目，填补了此领域的空白。

　　本课题由中国国家博物馆联合中国美术馆（文化部全国美术馆藏品普查工作办公室）、晶谷科技（香港）有限公司三家单位联合申报，项目组成员由来自文博界和照明领域有影响力的专家组成，同时还吸纳了国内外合作单位（14 家）以及参与单位（7 家）配合我们整个工作，科研院所（4 家）作为技术支持后盾，同时，还得到了中国博物馆学会陈列委员会、高级照明设计师同学会、首都博物馆、南京博物馆、河北钱币博物馆等相关社团和博物馆支持。媒体方面《中国文物报》、《照明人》、《云知光》、《中国照明网》、《中国文物信息网》、《中国装饰网》、《阿拉丁新闻》等众多媒体也协助了宣传推广工作，可谓真正意义上的一次跨学科、跨领域的合作研究项目。

　　虽然课题是以 LED 光源技术形式而出现，但更是以博物馆、美术馆照明更好地保护展品与发挥其在展陈中艺术作用为目标的研究，是解决博物馆、美术馆用光科学问题，以及在运营管理方面如何用光问题的综合研究。课题研究还进行了全国范围内的抽样实地调研，在此基础上，在实验室进行模拟比对分析传统光源与 LED 光源的优缺实验，为 LED 在博物馆、美术馆未来广泛应用打下坚实的理论基础。尤其在调研方面，通过认真筛选国内新建和改扩建中有影响力的馆所，并实地调研，与一线工作人员面对面交流，现场采集数据，力求认真与严谨，我们力求真实而全面地汇聚一手研究材料。另外，在此基础上我们还辅以来自三个方面的大数据调研信息进行补充调研（对博物馆、美术馆的调研，照明厂家的调研，对照明设计师、室内设计师、建造师的调研）。通过报纸、杂志、网页、微信等多种媒体收集大数据，以使整个研究工作科学和全面。在实验室方面，我们协同清控人居光电、中央美术学院灯光研究所进行实验室模拟比对工作，分博物馆与美术馆两个不同应用领域，进行传统光源与 LED 优越性比对实验，用调研数据和实验室综合数据进行分析，来验证当前国内博物馆、美术馆应用 LED 产品的现实问题，并在此基础上进行科学的展望，形成一套科学立体的交叉研究新形式。此外，课题还从博物馆、美术馆 LED 实际应用出发，研发"照明与展柜一体化设计"，开发新展柜设计以满足日益多样化社会需求，这些研究成果无疑对整个行业的发展有积极的促进作用。

本书的研究内容是我们课题组开展一年多研究工作的汇编，主要包括总报告（课题各环节的研究内容、研究方式与方法详解），分报告（实地调研的优秀案例调研报告节选）和课题拓展研究（港澳台及国外部分案例，大数据调研报告分析，博物馆、美术馆实验室报告与课题组专家的研究成果等）三大块内容，各章节内容之间信息相辅相成，互为验证与内容依托，是课题组协同配合的结果。总报告内容主要由课题负责人艾晶撰写，其中第三章实验室分析内容由清控人居光电的马晔撰写，第四章和第五章由晶谷科技的伍必胜撰写，其他分报告与拓展研究部分是由课题组其他成员来完成。本书的书名由中国国家博物馆研究员晁岱双博士题写。报告的整个编著工作在我们课题组专家们的指导下，是在研究团队不同知识背景与不同领域视角下，为共同研究目标而努力工作的成果，是一次真正意义上的跨界合作，通过群策群力，最终完成了本书的撰写工作。我们也希望通过本书的研究，能为读者全面而真实地反映当前 LED 在国内博物馆、美术馆的应用现状与前景蓝图，能够代表我国当前在博物馆、美术馆照明领域最新成果，以满足各行业共同发展的需求。